Klaus Denecke

Algebra und Diskrete Mathematik für Informatiker

Klaus Denecke

Algebra und Diskrete Mathematik für Informatiker

Teubner

B. G. Teubner Stuttgart · Leipzig · Wiesbaden

Bibliografische Information der Deutschen Bibliothek
Die Deutsche Bibliothek verzeichnet diese Publikation in der Deutschen Nationalbibliographie; detaillierte bibliografische Daten sind im Internet über <http://dnb.ddb.de> abrufbar.

Prof. Dr. rer. nat. habil. Dr. h. c. Klaus Denecke
Geboren 1944 in Thale (Harz). Studium der Mathematik und Physik von 1962 bis 1966 an der Martin-Luther-Universität Halle-Wittenberg. Lehrer in Quedlinburg (Harz), Promotion 1978 an der Pädagogischen Hochschule Potsdam, wissenschaftlicher Mitarbeiter am Institut für Züchtungsforschung Quedlinburg, Habilitation 1983 an der PH Potsdam. Professor an der PH Potsdam seit 1989, Professor an der Universität Potsdam seit 1994. Gastprofessuren in Blagoevgrad (Bulgarien), Chiangmai, KhonKaen (Thailand) und Kunming (China).
Mitorganisator der Veranstaltungsreihen „Konferenzen für Junge Algebraiker" und „Arbeitstagungen Allgemeine Algebra".
Forschungsgebiete: Allgemeine Algebra und Anwendungen in der Theoretischen Informatik, Halbgruppentheorie, Hyperidentitäten und solide Varietäten.

1. Auflage April 2003

Der B. G. Teubner Verlag ist ein Unternehmen der Fachverlagsgruppe BertelsmannSpringer.
www.teubner.de

Umschlaggestaltung: Ulrike Weigel, www.CorporateDesignGroup.de

Gedruckt auf säurefreiem und chlorfrei gebleichtem Papier.

ISBN-13: 978-3-519-02749-2 e-ISBN-13: 978-3-322-80109-8
DOI: 10.1007/978-3-322-80109-8

Vorwort

Die Frage, welche Mathematik Informatiker benötigen, läßt sich nur schwer beantworten. Dazu sind die Arbeitsfelder der Informatiker zu vielfältig. Immer stärker setzt sich aber die Erkenntnis durch, daß Diskrete Mathematik und Algebra für Informatiker einen höheren Stellenwert besitzen als beispielsweise Analysis. Neben der Auswahl des konkreten Stoffes stehen bei der Mathematikausbildung von Informatikstudenten vor allem das Entwickeln und Trainieren von Denkweisen, die Erarbeitung von Modellen und Lösungsstrategien im Mittelpunkt. Das soll die notwendige geistige Flexibilität und Aufgeschlossenheit für ständiges Weiterlernen auch auf dem Gebiet der mathematischen Methoden der Informatik schaffen.
Jedes der 11 Kapitel dieses Buches wird durch einen Aufgabenteil beendet. In einem Anhang werden die Aufgaben kommentiert und Lösungshinweise oder vollständige Lösungen gegeben. Der interessierte Leser findet unter

http://www.users.math.uni-potsdam.de/~denecke/teaching/aufgaben.htm

im Internet weitere Aufgaben und Lösungshinweise. Im ersten Kapitel werden Grundbegriffe über Zahlen, Zahlendarstellungen, Grundbegriffe der Aussagen- und Prädikatenlogik, der Mengenlehre und über Funktionen und Relationen vermittelt. Hier soll der Leser unter anderem zu der Erkenntnis gelangen, daß die klassische Aristotelessche Logik in der Mathematischen Logik zu einem Kalkül entwickelt wurde, der es gestattet, die logische Äquivalenz zu "berechnen". Die Entwicklung der mathematischen Logik durch G. Boole und E. Schröder war damit der erste Meilenstein in der Entwicklung der Informatik. Im zweiten Kapitel geht es um das Bekanntmachen mit den wichtigsten kombinatorischen Grundaufgaben und Formeln. Eine Einführung in Methoden des strukturellen Denkens wird im dritten Kapitel am Beispiel der Strukturbegriffe Halbgruppe, Monoid, Gruppe, Ring, Körper, Boolesche Algebra und Verband gegeben. Als Beispiel für Halbgruppen und Monoide werden die Worthalbgruppe und das Wortmonoid betrachtet. Permutationsgruppen, Restklassenringe, Polynomringe und Restklassenkörper veranschaulichen die Strukturbegriffe der Gruppe, des Ringes und des Körpers. Damit werden gleichzeitig einige algebraische Fundamente der Codierungstheorie gelegt, der Vektorraumbegriff vorbereitet und die Entwicklung des Denkens von konkreten Objekten zu abstraktdefinierten geübt. Das vierte Kapitel wird dann mit der Graphentheorie wieder ganz anschaulich, wenn auch auf den Unterschied zwischen einem Graphen und seiner Veranschaulichung durch ein Diagramm Wert gelegt werden muß.

Hier findet der Leser auch erste Beispiele für graphentheoretische Algorithmen. Kapitel 5 vermittelt einen umfassenden Einblick in die Lineare Algebra und Analytische Geometrie. Vektorräume werden über kommutativen Körpern betrachtet. Kapitel 6 beschäftigt sich mit der Verallgemeinerung der Strukturbegriffe zum Begriff der universalen Algebra. Am Beispiel deterministischer Automaten werden auch mehrbasige Algebren betrachtet. Die Kapitel 7 und 8 befassen sich mit dem Homomorphiebegriff und mit direkten, beziehungsweise mit subdirekten Produkten. Ein wichtiger Begriff in der Informatik ist der des Terms, der in Kapitel 9 studiert wird. Identitäten, Varietäten und der algebraische Folgerungsbegriff beenden mit Kapitel 10 diesen kleinen Einblick in die Begriffswelt der Universellen Algebra. Der Leitgedanke des Kapitels 11 ist die Anwendung algebraischer Strukturbegriffe bei der Erfassung, Erkennung, Verschlüsselung und Übertragung von Daten, sowie der Auswertung von Datenmengen unter begrifflichem Aspekt. Damit erbringt dieses Kapitel einen Beleg für die eingangs aufgestellte These, daß Algebra und Diskrete Mathematik wichtige Grundlagen für die Informatik liefern.
Der Autor hofft, daß dieses Lehrbuch dazu beitragen wird, die Mathematikausbildung der Studierenden der Informatik zu verbessern, sowie Spaß und Freude am Studium zu erhöhen. Es ist aus Vorlesungen entstanden, die der Autor im Institut für Informatik der Universität Potsdam gehalten hat. Den Mitarbeitern der Professur "Allgemeine Algebra und Diskrete Mathematik" des Instituts für Mathematik der Universität Potsdam, insbesondere Frau Dr. Marlen Fritzsche, Herrn PD Dr. habil. Jörg Koppitz und Herrn Dr. Hippolyte Hounnon, aber auch Frau PD Dr. habil. Christine Böckmann, Frau Ilona Iglewska-Nowak und Herrn Dr. Axel Brückner sei an dieser Stelle für ihre Mitwirkung und kritischen Anregungen herzlich gedankt. Dank gilt auch Herrn Jürgen Weiß in Leipzig und dem Teubner-Verlag für die Unterstützung bei der Verwirklichung dieses Projekts. Ganz besonders bedanke ich mich jedoch bei meiner Frau Uta für ihre Geduld.

Potsdam, im März 2003 Klaus Denecke

Für Kerstin

Inhaltsverzeichnis

1 Grundbegriffe

1.1 Zahlenbereiche

Der Begriff der Zahl ist eine der grundlegenden Errungenschaften menschlicher Kultur. Zahlen sind ein unentbehrliches Hilfsmittel jeder Tätigkeit. Sie sind aus dem Bedürfnis entstanden, die Mächtigkeit konkreter Mengen zu erfassen und Mengen zu vergleichen oder die Elemente einer Menge zu zählen. Symbole für Zahlen wurden in den frühesten Zeugnissen menschlichen Schrifttums gefunden. Die ersten Computer waren Rechenmaschinen. Mit ihrer Hilfe konnten arithmetische Operationen automatisch ausgeführt werden. Arithmetische Operationen bilden aber nur einen Bruchteil der Tätigkeiten, die moderne Computer ausführen können.
Für die Zahlenbereiche der *natürlichen, ganzen, gebrochenen, rationalen, reellen* und *komplexen* Zahlen wollen wir, wie es allgemein üblich ist, die Symbole $\mathbb{N}$, $\mathbb{Z}$, $\mathbb{Q}$, $\mathbb{Q}_+$, $\mathbb{R}$, $\mathbb{C}$ verwenden.

$\mathbb{N}$: $0, 1, 2, \ldots$

$\mathbb{Z}$: $\ldots, -3, -2, -1, 0, 1, 2, 3, \ldots$

$\mathbb{Q}_+$: $\frac{p}{q}, p, q \in \mathbb{N}, q \neq 0$

$\mathbb{Q}$: $\frac{p}{q}, p, q \in \mathbb{Z}, q \neq 0.$

Rationale Zahlen lassen sich auch als *Dezimalbrüche* der Form $a_0, a_1 a_2 \cdots a_l \overline{b_1 b_2 \cdots b_k}$, mit $a_0 \in \mathbb{Z}$, $a_i, b_j \in \mathbb{N}$, $0 \leq a_i, b_j \leq 9, i = 1 \ldots, l, j = 1, \ldots, k$ darstellen. Die Zifferngruppe $b_1 b_2 \cdots b_k$ wiederholt sich dabei periodisch. Daher werden derartige Dezimalbrüche *periodisch* genannt. Endliche Dezimalbrüche können auch als periodisch mit der Periode 0 aufgefaßt werden. Wir bemerken, daß zwischen der Menge $\{\frac{p}{q} \mid p, q \in \mathbb{Z}, q \neq 0\}$ und der Menge aller periodischen Dezimalbrüche ohne Neunerperiode eine eineindeutige Beziehung besteht. Jedem Bruch der Form $\frac{p}{q}, p, q \in \mathbb{Z}, q \neq 0$ kann durch den *Divisionsalgorithmus*, das heißt, indem p durch q dividiert wird, ein periodischer Dezimalbruch zugeordnet werden und natürlich ist das Ergebnis dieser Division eindeutig bestimmt. Umgekehrt entspricht jedem periodischen Dezimalbruch ohne *Neunerperiode* ein Bruch der Form $\frac{p}{q}, p, q \in \mathbb{Z}, q \neq 0$. Für endliche Dezimalbrüche bereitet diese Umrechnung keinerlei Probleme.

Folgendes Beispiel beschreibt ein Verfahren, nach dem die Umrechnung auch für unendliche Dezimalbrüche ausgeführt werden kann.

Beispiel 1.1.1 Der perodische Dezimalbruch $x = 0,5\overline{7}$ soll in einen Bruch der Form $\frac{p}{q}$ umgerechnet werden.
Die Zahl $x = 0,5\overline{7}$ wird als Summe $x = 0,5 + 0,0\overline{7}$ zerlegt. Mit $y := 0,0\overline{7}$ erhält man $100y = 7,7 + y$ und weiter $100y = \frac{77}{10} + y$, das heißt $99y = \frac{77}{10}$, also $y = \frac{77}{990}$. Damit ergibt sich $x = \frac{1}{2} + \frac{77}{990} = \frac{495}{990} + \frac{77}{990} = \frac{572}{990} = \frac{286}{495}$. (vgl. Aufgabe 1.7,1.)

Es ist klar, daß der Bruch der Form $\frac{p}{q}$ durch den gegebenen Dezimalbruch nicht eindeutig bestimmt wird. Geht man aber zum gekürzten Bruch über, so ist das Ergebnis eindeutig bestimmt. Die Hinzunahme von Dezimalbrüchen mit Neunerperiode würde ebenfalls die Eindeutigkeit der Abbildung stören (vgl. z. B. [2]).
Reelle Zahlen lassen sich als unendliche Dezimalbrüche (periodische oder nichtperiodische) darstellen. Wir erinnern daran, daß sich jede reelle Zahl als Punkt auf einer Zahlengeraden darstellen läßt, und daß umgekehrt jedem Punkt auf der Zahlengeraden eine eindeutig bestimmte reelle Zahl entspricht. Mit den rationalen Zahlen allein ist die Zahlengerade dagegen noch nicht ausgefüllt.
Die Menge der natürlichen Zahlen bildet eine Teilmenge der Menge der ganzen Zahlen, diese eine Teilmenge der rationalen Zahlen und jede rationale Zahl ist auch eine reelle Zahl. Die gebrochenen Zahlen bilden ebenfalls eine Teilmenge der rationalen Zahlen.
Besondere Bedeutung hat die Darstellung reeller Zahlen in *Positionssystemen.* Dies soll nun für natürliche Zahlen erläutert werden. Grundlage für diese Darstellung ist die *Division mit Rest.*

Satz 1.1.2 *(Satz von der Division mit Rest) Es seien n und m beliebige natürliche Zahlen, und es sei $m \neq 0$. Dann existieren genau eine natürliche Zahl q und genau eine natürliche Zahl r (Rest) mit $n = qm + r$ $(0 \leq r < m)$.*

Beweis: Wir setzen $M := \{x \mid x \in \mathbb{N} \text{ und } xm \leq n\}$. Wegen $0m = 0 \leq n$ für alle n, ist $0 \in M$, also $M \neq \emptyset$. Aus $1 \leq m$ folgt $x = x1 \leq xm \leq n$. Daher ist die Menge M nach oben beschränkt. Wir machen nun von der bekannten Tatsache Gebrauch, daß jede nichtleere, nach oben beschränkte Menge natürlicher Zahlen ein Maximum $q := maxM$ besitzt. Für dieses Maximum gilt $qm \leq n$, aber $(q+1)m > n$. Daraus ergibt sich die Existenz einer natürlichen Zahl r mit $qm + r = n$ und $n \geq 0$. Wegen $qm + r < (q+1)m = qm + m$ folgt $r < m$, denn aus $r \geq m$ würde $qm + r \geq qm + m$ folgen. Damit ist die Existenz der Darstellung bewiesen. Ihre Eindeutigkeit ergibt sich in folgender

Weise: angenommen, es gäbe zwei Darstellungen $n = q_1 m + r_1 = q_2 m + r_2$ mit $0 \leq r_1, r_2 < m$. Ohne Beschränkung der Allgemeinheit sei $q_2 \leq q_1$. Dann gilt $0 \leq (q_1 - q_2)m = r_2 - r_1 < m$ und damit ist $0 = q_1 - q_2$, also auch $0 = r_2 - r_1$.
■

Satz 1.1.3 *(Darstellungssatz) Eine beliebige natürliche Zahl $n \geq 1$ hat genau eine Darstellung $n = a_k 10^k + a_{k-1} 10^{k-1} + \cdots + a_1 10 + a_0$ im Dezimalsystem, wobei $a_k, \ldots, a_0$ natürliche Zahlen mit $0 \leq a_i \leq 9, i = 0, 1, 2, \ldots, k$ sind und $a_k \neq 0$ gilt. Diese natürlichen Zahlen werden Ziffern genannt. Man schreibt $n = a_k a_{k-1} \cdots a_0$.*

Beweis: Dividiert man die Zahl n mit Rest durch 10, so ergibt sich $n = q_0 10 + a_0$, $0 \leq a_0 \leq 9$. Wird nun q_0 mit Rest durch 10 dividiert, so erhält man $q_0 = q_1 10 + a_1$, $0 \leq a_1 \leq 9$. Dieses Verfahren bricht nach endlich vielen Schritten mit $q_k = 0$ ab, denn es gilt $n > q_1 > q_2 > \cdots > q_k = 0$. Durch Einsetzen des Terms für q_0 in die erste Gleichung, des Terms für q_1 in die zweite, usw. erhält man

$$n = a_k 10^k + a_{k-1} 10^{k-1} + \cdots + a_1 10 + a_0.$$

Die Eindeutigkeit dieser Darstellung beweist man, indem man zunächst von $n = q_0 10 + a_0 = q_0' 10 + a_0'$ auf $a_0 = a_0', q_0 = q_0'$, dann von $q_0 = q_0'$ auf $a_1 = a_1', q_1 = q_1'$, usw., und schließlich auf $a_k = a_k'$ schließt. ■

Dieser Darstellungssatz läßt sich ebenso für jede natürliche Zahl $m > 1$ als Grundziffer formulieren. Dann erhält man den folgenden Darstellungssatz natürlicher Zahlen in beliebigen (m-adischen) Positionssystemen:

Satz 1.1.4 *(Darstellung in beliebigen Positionssystemen) Jede natürliche Zahl $n \geq 1$ hat genau eine Darstellung $n = a_k m^k + a_{k-1} m^{k-1} + \cdots + a_1 m + a_0$ im m-adischen Positionssystem, wobei $a_k, \ldots, a_0$ natürliche Zahlen mit $0 \leq a_i \leq m - 1, i = 0, 1, 2, \ldots, k$ und $a_k \neq 0$ sind. Diese natürlichen Zahlen werden m-adische Ziffern genannt. Man schreibt $n = (a_k a_{k-1} \cdots a_0)_m$.*

Von besonderer Bedeutung ist die Darstellung von Zahlen im Dualsystem, das heißt für $m = 2$. Im Dualsystem gibt es nur zwei Ziffern, die zum Beispiel den beiden möglichen Zuständen eines elektrischen Schaltkreises entsprechen können. Die Darstellung natürlicher Zahlen läßt sich auf die Darstellung beliebiger reeller Zahlen erweitern, wobei die Exponenten auch negative ganze Zahlen sein können und auch unendlich viele Summanden auftreten können. Zahlen können als m-adische Zahlen addiert, mulitipliziert, subtrahiert und dividiert werden.

Aus der Beobachtung, daß nicht jede algebraische Gleichung n-ten Grades für $n \geq 2$ reelle Lösungen hat (zum Beispiel die Gleichung $x^2 + 1 = 0$), ergibt sich die Notwendigkeit, den Zahlenbereich der *komplexen Zahlen* zu konstruieren.

Komplexe Zahlen lassen sich in der Form $z = a + bi$ mit $a, b \in \mathbb{R}$, $i^2 = -1$ schreiben. Dabei ist i keine reelle Zahl. Die reelle Zahl a heißt *Realteil* von z und b wird ihr *Imaginärteil* genannt. Komplexe Zahlen lassen sich in der *Gaußschen Zahlenebene* mit Hilfe eines rechtwinkligen *kartesischen Koordinatensystems* geometrisch veranschaulichen. Die x-Achse heißt reelle Achse und die y-Achse heißt imaginäre Achse. Dabei entspricht der komplexen Zahl z eineindeutig der Punkt mit den Koordinaten (a, b). Komplexe Zahlen werden dann als Pfeile mit dem Koordinatenursprung als Anfangspunkt und dem Punkt (a, b) als Endpunkt dargestellt. Die nichtnegative reelle Zahl $|z| := \sqrt{a^2 + b^2}$ heißt *Betrag* von z und entspricht der Länge des Pfeils, welcher die komplexe Zahl z veranschaulicht. Aus der geometrischen Veranschaulichung wird sofort ersichtlich, daß z auch in der Form $z = r(\cos\varphi + \mathrm{i}\sin\varphi)$ dargestellt werden kann. Dabei ist $r = |z|$ und der Winkel φ zwischen dem z veranschaulichenden Pfeil und der positiven Richtung der reellen Achse wird *Argument* von z genannt. In diesem Fall spricht man von der *trigonometrischen Darstellung* der komplexen Zahl z.
Komplexe Zahlen werden addiert, indem man die Realteile und die Imaginärteile untereinander addiert, das heißt,

$$z_1 + z_2 = a_1 + a_2 + (b_1 + b_2)\mathrm{i}, \quad z_1 = a_1 + b_1\mathrm{i}, \quad z_2 = a_2 + b_2\mathrm{i}.$$

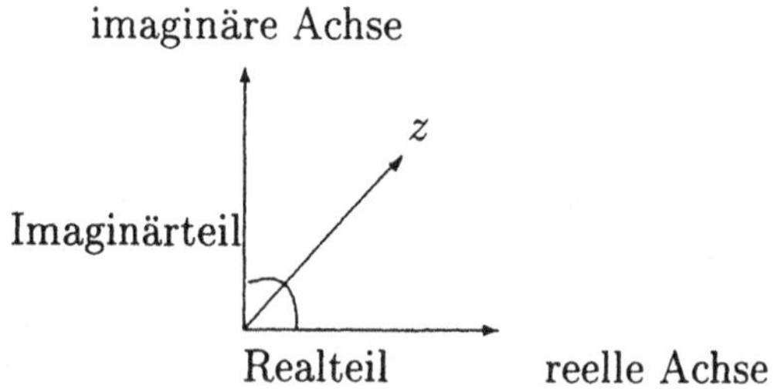

Die Subtraktion erfolgt ebenfalls komponentenweise und ist die Umkehroperation zur Addition, das heißt die Differenz $z_1 - z_2$ ist als Lösung der Gleichung $z_2 + x = z_1$ definiert. Die Multiplikation erfolgt durch Ausmultiplizieren von $z_1 = a_1 + b_1\mathrm{i}$ und $z_2 = a_2 + b_2\mathrm{i}$ unter Beachtung der Kommmutativität und der Gleichung $\mathrm{i}^2 = -1$:

$$z_1 z_2 = (a_1 + b_1\mathrm{i})(a_2 + b_2\mathrm{i}) = a_1 a_2 - b_1 b_2 + (a_1 b_2 + a_2 b_1)\mathrm{i}.$$

Die Multiplikation wird besonders einfach, wenn man die beiden komplexen Zahlen in der trigonometrischen Form angibt: $z_1 = r_1(\cos\varphi_1 + \mathrm{i}\sin\varphi_1), z_2 = r_2(\cos\varphi_1 + \mathrm{i}\sin\varphi_2)$. Dann ist

$$z_1 z_2 = r_1 r_2(\cos(\varphi_1 + \varphi_2) + \mathrm{i}\sin(\varphi_1 + \varphi_2)).$$

Komplexe Zahlen werden also miteinander multipliziert, indem man ihre Beträge multipliziert und ihre Argumente addiert. Multipliziert man n gleiche Faktoren z, so ergibt dies die *Moivresche Formel*, die leicht durch vollständige Induktion nach n bewiesen werden kann:

$$z^n = r^n(\cos\, n\varphi + \mathrm{i}\sin\, n\varphi).$$

Die Division komplexer Zahlen wird als Umkehroperation der Multiplikation definiert, das heißt durch Lösen von Gleichungen der Form $z_1 x = z_2, z_1 \neq 0$. Wie in allen anderen Zahlenbereichen ist die Division damit nicht in jedem Fall ausführbar, das heißt, sie ist eine *partielle Operation.*
Aus der Definition der komplexen Zahlen ergibt sich, daß die reellen Zahlen vollständig in der Menge der komplexen Zahlen enthalten sind. Nichtreelle komplexe Zahlen werden *imaginäre Zahlen* genannt.

1.2 Grundbegriffe der Aussagenlogik

Aussagen beschreiben Sachverhalte der Realität und des Denkens. Aussagen begegnen uns als gesprochene und geschriebene Sätze, als Formeln, als bildliche Darstellungen oder in anderer Form. Die Aussagenlogik vernachlässigt die konkreten Inhalte der Aussagen und reduziert Aussagen auf ihren Wahrheitsgehalt. In der klassischen, auf Aristoteles zurückgehenden Aussagenlogik, gibt es nur die beiden Wahrheitswerte wahr oder falsch. Mathematik, Informatik und die Naturwissenschaften basieren weitgehend auf diesem Modell. Eine Grundeigenschaft der hier betrachteten Aussagen läßt sich in folgender Weise formulieren.

Grundeigenschaft von Aussagen: Jede Aussage ist entweder wahr oder falsch.

Dies bedeutet, daß es keinen anderen Wahrheitswert außer wahr oder falsch gibt und daß nur solche sprachlichen Formulierungen, bildlichen Darstellungen, Formeln, usw. als Aussagen bezeichnet werden, denen man einen dieser beiden Wahrheitswerte sinnvoll zuordnen kann. Dies heißt allerdings nicht, daß zum gegebenen Zeitpunkt schon bekannt sein muß, ob die Aussage wahr oder falsch ist. Ein Beispiel dafür ist die *Goldbachsche Vermutung.* Darunter versteht man die folgende Aussage: Jede gerade natürliche Zahl größer als 2 ist die Summe zweier Primzahlen. Dies ist eine Aussage, da man ihr in sinnvoller Weise einen der Wahrheitswerte wahr oder falsch zuordnen kann. Allerdings ist die Frage, ob diese Aussage wahr oder falsch ist, offen. Man ist bisher nicht in der Lage, ihre Wahrheit oder Falschheit zu beweisen.

Aus Aussagen kann man durch Verwendung gewisser Bindewörter wie und, oder, wenn - so und mit Hilfe von *Aussagenvariablen* $A, B, C, \ldots$ neue Aussagen gewinnen. In der folgenden Tabelle sind die wichtigsten Aussagenverbindungen aufgeführt.

Aussagenverbindung	Bezeichnung	Schreibweise
nicht A	Negation	$\neg A$ (oder $\sim A, -A, \overline{A}$)
A und B	Konjunktion	$A \wedge B$
A oder B	Alternative (oder Disjunktion)	$A \vee B$
wenn A, so B	Implikation	$A \Rightarrow B$
A genau dann, wenn B	Äquivalenz	$A \Leftrightarrow B$

Bemerkung 1.2.1 1. In der Implikation $A \Rightarrow B$, wird A *Prämisse* (oder Voraussetzung) und B *Konklusion* (oder Behauptung) genannt. Man sagt: aus A folgt B oder A ist hinreichend für B oder B ist notwendig für A.
2. Im Fall von $A \Leftrightarrow B$ sagt man, daß A hinreichend und notwendig für B ist.
3. Die Zeichen $\neg, \wedge, \vee, \Rightarrow, \Leftrightarrow$ heißen aussagenlogische Funktoren.

Die entscheidende Frage ist, wie der Wahrheitswert einer Aussagenverbindung von den Wahrheitswerten der eingehenden Aussagen abhängt. Dabei fordern wir, daß die Wahrheit oder Falschheit einer Aussagenverbindung nur von der Wahrheit und Falschheit der "inputs" und nicht von deren sonstigem Inhalt abhängt. Man spricht vom *Extensionalitätsprinzip*. Es begründet das auf Aristoteles zurückgehende Modell natürlichen Denkens.

Die folgende Tabelle gibt die Abhängigkeit der Wahrheitswerte wichtiger Aussagenverbindungen von ihren "inputs" an. Dabei handelt es sich um Definitionen, welche die intuitive Verwendung der betreffenden Aussagenverbindungen erfassen.

A	B	$A \wedge B$	$A \vee B$	$A \Rightarrow B$	$A \Leftrightarrow B$
W	W	W	W	W	W
W	F	F	W	F	F
F	W	F	W	W	F
F	F	F	F	W	W

A	$\neg A$
W	F
F	W

Die Negation ist eine einstellige Aussagenverbindung, während Konjunktion, Alternative, Implikation und Äquivalenz zweistellige Aussagenverbindungen sind. Durch Verknüpfung der zweistelligen Aussagenverbindungen und der Negation können mehrstellige Aussagenverbindungen, zum Beispiel $(A \wedge B) \vee C$ gebildet werden. Üblicherweise bezeichnet man die Wahrheitswerte mit 0 für falsch und 1 für wahr. Dann entsprechen den Aussagenverbindungen Operationen auf der zweielementigen Menge $\{0, 1\}$. Wir bemerken noch, daß streng genommen ein Unterschied zwischen einer Aussagenverbindung und der sie beschreibenden Operation auf der Menge $\{0, 1\}$, die auch *Wahrheitswertfunktion* genannt wird, besteht. Diese Zusammenhänge werden uns in Kapitel 9 in allgemeinerem Kontext als Beziehung zwischen Polynomen und Polynomfunktionen über einer Algebra oder als Beziehung zwischen Termen und Termfunktionen wieder begegnen.
Der Unterschied zwischen Aussagenverbindungen und den ihnen entsprechenden Wahrheitswertfunktionen wird auch dadurch deutlich, daß verschiedenen Aussagenverbindungen die gleiche Wahrheitswertfunktion entsprechen kann. Der Leser überprüfe dies selbst am Beispiel der beiden Aussagenverbindungen $A \Rightarrow B$ und $\neg B \Rightarrow \neg A$. Dies führt zu folgender Definition.

Definition 1.2.2 Es seien P und P' zwei Aussagenverbindungen, die mit Hilfe der Aussagenvariablen $A, B, C, \dots$ gebildet werden. Dann heißt P aussagenlogisch äquivalent zu P', wenn P und P' gleiche Wahrheitswertfunktionen haben. In diesem Fall schreiben wir $P \sim P'$.

Wie schon bemerkt, gilt:

$$A \Rightarrow B \sim \neg B \Rightarrow \neg A.$$

Der Nachweis erfolgt, indem man die Wahrheitswerttabellen beider Aussagenverbindungen aufstellt und miteinander vergleicht. Wir bemerken, daß die Aussagenverbindung $\neg B \Rightarrow \neg A$ *Kontraposition* von $A \Rightarrow B$ genannt wird.
Als Beispiel für die Verwendung der Kontraposition betrachten wir die folgenden Aussagen:

Beispiel 1.2.3 1. Wenn eine Funktion $f(x)$ an der Stelle x_0 differenzierbar ist, so ist sie dort auch stetig.

2. Wenn $f(x)$ in x_0 nicht stetig ist, so ist sie in x_0 auch nicht differenzierbar.

Man sagt auch, daß die Stetigkeit eine notwendige Bedingung für die Differenzierbarkeit ist.
Die Implikation findet beispielsweise Anwendung in den IF THEN - Anweisungen bei höheren Programmiersprachen. Die Anweisung wird ausgeführt, wenn die Bedingung den Wert TRUE annimmt, anderenfalls wird sie übergangen.
Eine besondere Rolle spielen solche Aussagenverbindungen, die bei allen Belegungen der in ihnen vorkommenden Wahrheitswertvariablen mit den Wahrheitswerten W oder F stets den Wahrheitswert W oder stets den Wahrheitswert F annehmen. Im ersten Fall spricht man von einer *Tautologie* und im zweiten Fall von einer *Kontradiktion.*

Beispiel 1.2.4 Die Aussagenverbindung $A \wedge \neg A$ ist eine Kontradiktion, während $A \vee \neg A$ eine Tautologie ist.

Man überprüft leicht die Gültigkeit des folgenden Zusammenhangs:

Folgerung 1.2.5 *Die Aussagenverbindungen P und P' sind genau dann aussagenlogisch äquivalent, wenn $P \Leftrightarrow P'$ eine Tautologie ist.*

Die wichtigste Aufgabe der Aussagenlogik besteht darin, in geeigneter Weise alle Tautologien oder, wie wir es auch formulieren können, alle aussagenlogischen Äquivalenzen zu beschreiben. Sie gestatten es, unterschiedliche Aussagen bezüglich ihres Wahrheitsgehaltes zu überprüfen und insbesondere ihre logische Gleichwertigkeit, nämlich ihre aussagenlogische Äquivalenz festzustellen. Dabei handelt es sich im Grunde genommen nur um Rechnen mit Operationen auf der Menge $\{0, 1\}$.
Als Beispiele sollen die folgenden wichtigen Tautologien angegeben werden:

$$\begin{array}{lllll}
((A \Rightarrow B) & \wedge & (B \Rightarrow A)) & \Leftrightarrow & (A \Leftrightarrow B), \\
((A \Rightarrow B) & \wedge & (B \Rightarrow C)) & \Rightarrow & (A \Rightarrow C), \\
(A \Rightarrow B) & \Leftrightarrow & (\neg B \Rightarrow \neg A), & & \\
\neg(A \wedge B) & \Leftrightarrow & \neg A \vee \neg B, & & \\
\neg(A \vee B) & \Leftrightarrow & \neg A \wedge \neg B. & &
\end{array}$$

Die dritte Äquivalenz haben wir schon als Kontraposition kennengelernt. Die zweite wird als *Kettenschluß* bezeichnet und die letzten beiden Äquivalenzen heißen *de Morgansche Regeln.*
Wir betrachten das folgende Beispiel für einen Kettenschluß. Durch entsprechende physikalische Experimente stellt man die Wahrheit der folgenden Aussagen fest:

1. Wenn ein Pendel erwärmt wird, so wird es länger.
2. Wenn ein Pendel länger wird, so erhöht sich seine Schwingungsdauer.
Verknüpft man diese beiden Aussagen durch die Konjunktion, so entsteht eine Aussage mit der logischen Struktur $((A \Rightarrow B) \wedge (B \Rightarrow C))$. Da $((A \Rightarrow B) \wedge (B \Rightarrow C)) \Rightarrow (A \Rightarrow C)$ eine Tautologie ist, können wir aus unseren beiden Aussagen auf die Aussage:
3. Wenn ein Pendel erwärmt wird, so erhöht sich seine Schwingungsdauer.
schließen. Zur Sicherung der Wahrheit dieser Aussage ist kein weiteres physikalisches Experiment erforderlich, sie ergibt sich auf rein logischem Weg durch Anwendung des Kettenschlusses. Dies zeigt die Stärke der formal-logischen Herangehensweise und deutet auch auf ihre mögliche Nutzung in der Informatik hin, die Wahrheit von Aussagen durch geeignete Algorithmen mit Computern zu überprüfen.
Unser Beispiel zeigt auch, daß der Wahrheitsbegriff in der Physik und ebenso in anderen Naturwissenschaften von dem der Mathematik, Formalen Logik und Theoretischen Informatik sehr verschieden ist. In den Naturwissenschaften muß man sich gezwungenermaßen mit dem Überprüfen einer endlichen Anzahl von Beispielen im Experiment begnügen, um die Wahrheit einer Aussage zu sichern. Um die Gültigkeit einer mathematischen Aussage für alle Individuen aus einem gegebenen Grundbereich zu sichern, benötigt man ein allgemeines Verfahren, etwa das aus der Schule bekannte Beweisverfahren der vollständigen Induktion, mit dem der Nachweis der Wahrheit von Aussagen für alle natürlichen Zahlen geführt werden kann.

Diese Bemerkungen deuten auch darauf hin, daß Tautologien und aussagenlogische Äquivalenzen mit Schließen und Beweisen in Verbindung stehen. Wir geben dazu folgendes Beispiel an. Mit Hilfe der Wahrheitswerttabellenmethode überprüfen wir, daß $((A \wedge (A \Rightarrow B)) \Rightarrow B)$ eine Tautologie ist.

A	B	$A \Rightarrow B$	$A \wedge (A \Rightarrow B)$	$(A \wedge (A \Rightarrow B)) \Rightarrow B$
W	W	W	W	W
W	F	F	F	W
F	W	W	F	W
F	F	W	F	W

Diese Tautologie zeigt, daß aus der Wahrheit von A und der Wahrheit der Implikation $A \Rightarrow B$ auf die Wahrheit von B geschlossen werden kann. Dies führt uns auf die als *modus ponens* bekannte Schlußregel, die auch durch das folgende Schema symbolisiert werden kann:

$$\frac{A, A \Rightarrow B}{B}.$$

Die durch das Schema

$$\frac{B, \neg A \Rightarrow \neg B}{A}$$

symbolisierte Schlußregel wird als *indirekter Schluß* bezeichnet. In diesem Zusammenhang ergibt sich die Frage, ob aus einer gegebenen Menge von Tautologien (nach Möglichkeit soll diese Menge endlich sein) unter Verwendung einer gegebenen Menge von Schlußregeln jede beliebige Tautologie in endlich vielen Schritten erhalten werden kann. Eine solche Folge von Schritten wird Beweis genannt und die gegebene Menge von Tautologien heißt Axiomensystem. In der Aussagenlogik ist dieses Problem für spezielle Axiomensysteme und spezielle Mengen von Schlußregeln gelöst worden. In der Informatik interessiert man sich insbesondere für Algorithmen, die es gestatten, Beweise maschinell zu führen.

Wir wollen abschließend noch eine andere Methode erwähnen, die es gestattet, aus gegebenen aussagenlogischen Äquivalenzen auf weitere zu schließen. Der *Aussagenalgebra* liegen die folgenden aussagenlogischen Äquivalenzen zugrunde, deren Wahrheit durch die Wahrheitswerttabellenmethode überprüft werden kann.

$$\begin{array}{llllll}
A \vee B & \sim & B \vee A, & A \wedge B & \sim & B \wedge A, \\
A \vee (B \vee C) & \sim & (A \vee B) \vee C, & A \wedge (B \wedge C) & \sim & (A \wedge B) \wedge C, \\
A \vee A & \sim & A, & A \wedge A & \sim & A, \\
A \vee (A \wedge B) & \sim & A, & A \wedge (A \vee B) & \sim & A, \\
A \vee (B \wedge C) & \sim & (A \vee B) \wedge (A \vee C), & & & \\
A \wedge (B \vee C) & \sim & (A \wedge B) \vee (A \wedge C). & & &
\end{array}$$

Wendet man nun auf diese aussagenlogischen Äquivalenzen die üblichen Regeln für das Rechnen mit Gleichungen an, so erhält man weitere und schließlich alle Äquivalenzen. Darauf soll im Kapitel 10 näher eingegangen werden.

1.3 Quantifizierte Aussagen

Außer Aussagen spielen auch noch andere Ausdrücke eine Rolle, etwa $x < 3, x + y = 3$, usw. In diesen Fällen kann man den Ausdrücken nicht sinnvoll einen der beiden Wahrheitswerte wahr oder falsch zuordnen. Der Grund dafür ist das Auftreten der Variablen x und y. Setzt man für x und für y Elemente aus einem vorgegebenen Grundbereich ein, so entstehen Aussagen. Für $x = 2$ und $y = 4$ etwa entsteht aus dem ersten Ausdruck eine wahre Aussage und aus dem zweiten eine falsche. Eine andere Möglichkeit, aus den gegebenen

Ausdrücken Aussagen zu erhalten, besteht darin, Formulierungen wie: "für alle" oder "es gibt ein" oder "es gibt genau ein", davor zu setzen. Eine wahre Aussage entsteht beispielsweise durch die Formulierung: es gibt eine natürliche Zahl x, für die $x < 3$ ist. Um dies begrifflich genauer zu erfassen, definieren wir

Definition 1.3.1 E sei ein Grundbereich von Objekten. Das Zeichen x heißt *Variable* über E, wenn x ein Zeichen ist, für das beliebige Elemente aus E eingesetzt werden können.

Definition 1.3.2 H heißt *Aussageform* über E, wenn H folgende Eigenschaften besitzt:
1. In H tritt wenigstens eine Variable über E auf (freie Variable).
2. Beim Einsetzen von Objekten aus E für alle in H auftretenden Variablen entsteht eine Aussage.

Die Formulierungen "es gibt ein" und "für alle" werden *Quantifikatoren* genannt. Wir wollen für Quantifikatoren die folgenden Symbole verwenden:

$\forall x \in E$	"für alle x aus E"	Allquantor
$\exists\, x \in E$	"es gibt ein x aus E"	Existenzquantor.

Mit Hilfe der Quantifikatoren überführt man die Aussageform $H(x)$ in die Aussagen

$\forall x \in E\ (H(x))$	"für alle x aus E gilt $H(x)$"
$\exists\, x \in E\ (H(x))$	"es gibt ein x aus E mit $H(x)$".

Zusätzlich verwendet man noch

$\exists\ !x \in E\ (H(x))$	"es gibt höchstens ein x aus E mit $H(x)$"
$\exists\ !!x \in E\ (H(x))$	" es gibt genau ein x aus E mit $H(x)$".

Die Formulierung es gibt (mindestens) ein x bedeutet, daß ein solches x existiert, es kann aber auch viele x mit der betrachteten Eigenschaft geben. Es gibt ein x bedeutet daher genauer, daß es mindestens ein x mit der betrachteten Eigenschaft gibt. Gibt es aber höchstens ein x mit der betrachteten Eigenschaft, so ist damit die Existenz dieses x noch nicht gesichert. Falls aber ein x mit der Eigenschaft existiert, so nur eines. Man sagt, es gibt genau ein x, wenn es mindestens eines und höchstens eines gibt.
Auch bei quantifizierten Aussagen besteht das Hauptproblem darin, logisch äquivalente Ausdrücke zu erkennen oder zu formulieren. In diesem Fall spricht man von *prädikatenlogischer Äquivalenz.*
Als erstes wollen wir uns mit der Vertauschung von Quantifikatoren beschäftigen.

Aussage 1.3.3 *Es sei E ein Grundbereich für die Variablen $x, y, \ldots$. Dann gelten die folgenden Äquivalenzen:*

(i) $\forall\, x \,\forall\, y\, (H(x,y)) \Leftrightarrow \forall y\, \forall x (H(x,y))$,

(ii) $\exists\, x \,\exists\, y\, (H(x,y)) \Leftrightarrow \exists\, y \,\exists\, x\, (H(x,y))$,

(iii) $\exists\, x \,\forall\, y\, (H(x,y)) \overset{\not\Leftarrow}{\Rightarrow} \forall\, y \exists\, x (H(x,y))$.

Beweis: Die Aussagen (i) und (ii) sind klar. Für den Beweis von (iii) überlegen wir uns, daß, wenn es ein (festes) x gibt, so daß für alle y die Aussageform $H(x,y)$ erfüllt ist, es dann auch für alle y (zu jedem y) ein x mit $H(x,y)$ gibt. Wenn es aber zu jedem y ein (eigenes) x mit $H(x,y)$ gibt, so muß es nicht unbedingt ein x geben (das gleiche), das für alle y die Aussageform $H(x,y)$ erfüllt. Daher ist die Umkehrung von (iii) falsch. ■

Zur Aussage (iii) untersuchen wir noch das folgende Beispiel:

Beispiel 1.3.4 Es gibt eine ganze Zahl x (nämlich $x = 0$), die für alle ganzen Zahlen y die Gleichung $y + x = y$ erfüllt. Dann besitzt auch jede ganze Zahl y ihre Zahl x mit $y + x = y$ (nämlich sogar die gleiche ganze Zahl 0). Andererseits gibt es zu jeder ganzen Zahl y eine ganze Zahl x ($x = -y$) mit $y + x = 0$. Dies bedeutet aber nicht, daß es eine ganze Zahl x gibt, die Entgegengesetztes für alle y ist.

Eine weitere Frage ist, wie Konjunktionen und Alternativen quantifiziert werden.

Aussage 1.3.5 *Es sei E ein Grundbereich für Variable $x, y, \ldots$ Dann gelten*

(i) $\forall\, x\, (H_1(x) \wedge H_2(x)) \Leftrightarrow \forall\, x\, (H_1(x)) \wedge \forall\, x\, (H_2(x))$, *(da die beiden Quantifizierungen auf der rechten Seite voneinander unabhängig erfolgen, kann man auch schreiben:* $\forall\, x\, (H_1(x)) \wedge \forall\, y\, (H_2(y))$*)*,

(ii) $\exists\, x\, (H_1(x) \vee H_2(x)) \Leftrightarrow \exists\, x\, (H_1(x)) \vee \exists\, x\, (H_2(x))$,

(iii) $\forall\, x\, (H_1(x) \vee H_2(x)) \overset{\not\Rightarrow}{\Leftarrow} \forall\, x\, (H_1(x)) \vee \forall\, x\, (H_2(x))$.

Beweis: Die Aussagen (i) und (ii) leuchten schnell ein. Um (iii) zu beweisen, überlegen wir uns folgendes: Wenn für alle x die Aussageform $H_1(x)$ gilt oder wenn für alle x die Aussageform $H_2(x)$ gilt, dann gilt auch für alle x die Aussageform $H_1(x) \vee H_2(x)$. Die Umkehrung gilt nicht, denn $\forall\, x (H_1(x) \vee H_2(x))$

bedeutet, daß für einige x die Aussageform $H_1(x)$ gilt, für andere aber $H_2(x)$, aber nicht für alle $H_1(x)$ oder für alle $H_2(x)$. ■

Zum besseren Verständnis der Aussage (iii) untersuchen wir folgendes Beispiel.

Beispiel 1.3.6 Es gilt:

$$\forall\, x \in \mathbb{R}\ (x^2 \geq 2\ \vee\ x^2 < 2),$$

aber es gilt nicht:

$$\forall\, x \in \mathbb{R}\ (x^2 \geq 2)\ \vee\ \forall\, x \in \mathbb{R}\ (x^2 < 2).$$

Vom umgangssprachlichen Gebrauch her weiß man, daß es logisch völlig äquivalent ist, zu formulieren, daß es ein x gibt, welches eine Eigenschaft nicht besitzt oder daß nicht für alle x die betreffende Eigenschaft erfüllt ist. Damit kommen wir zur Negation von Quantifizierungen. Hierbei gelten, wie wir ohne Beweis mitteilen, die folgenden Aussagen:

Aussage 1.3.7 *(i)* $\neg\forall\, x\ (H(x)) \Longleftrightarrow \exists\, x\ (\neg H(x))$,

(ii) $\neg\exists\, x\ (H(x)) \Longleftrightarrow \forall\, x\ (\neg H(x))$.

Auch bei prädikatenlogischen Ausdrücken nennt man solche, die immer wahr sind, Tautologien. Wir wollen nun an einem Beispiel zeigen, wie prädikatenlogische Tautologien nachgewiesen werden können.

Beispiel 1.3.8 Man zeige, daß die folgende Implikation eine Tautologie ist:

$$\forall\, x\ (H_1(x) \Rightarrow H_2(x)) \Rightarrow (\forall\, x\ (H_1(x)) \Rightarrow \forall\, y\ (H_2(y))). \qquad (*)$$

1. Schritt: Wir beweisen die Gültigkeit der folgenden aussagenlogischen Äquivalenz mit Hilfe der Wahrheitswerttabellenmethode: $A \Rightarrow B \sim \neg A \vee B$.

A	B	$A \Rightarrow B$	$\neg A \vee B$
W	W	W	W
W	F	F	F
F	W	W	W
F	F	W	W

2. Schritt: Mit Hilfe dieser Äquivalenz kann $(*)$ in folgender Weise umgeformt werden:

$$\forall\, x\ (\neg H_1(x) \vee H_2(x)) \Rightarrow (\neg\forall\, x\ (H_1(x)) \vee \forall\, y\ (H_2(y)))$$

und weiter

$$\forall\, x\ (\neg H_1(x) \vee H_2(x)) \Rightarrow (\exists\, x\ (\neg H_1(x)) \vee \forall\, y\ (H_2(y))).$$

Diese Implikation ist wahr, falls die Prämisse falsch ist. Daher untersuchen wir nur die Fälle, in denen die Prämisse wahr ist. (Für diese Fälle ist dann zu zeigen, daß die Konklusion auch wahr ist.)

2.1 Gibt es kein x, welches nicht $H_1(x)$ erfüllt, so muß $H_2(x)$ für alle x erfüllt sein, damit die Prämisse wahr wird. Damit ist aber auch die Konklusion wahr und die gesamte Implikation wahr.
2.2 Gibt es ein x, für das nicht $H_1(x)$ wahr ist, so ist die Konklusion wahr und die gesamte Implikation ebenfalls.

1.4 Grundbegriffe der Mengenlehre

Mengen können im endlichen Fall durch die Angabe aller ihrer Elemente definiert werden. Eine andere Möglichkeit besteht darin, Mengen durch verbale Formulierungen oder durch *erzeugende Aussageformen* zu definieren. Dabei wird eine Eigenschaft angegeben, die alle und nur die Elemente der zu beschreibenden Menge gegenüber den anderen Elementen der gegebenen Grundmenge auszeichnet. Dies soll durch folgendes Beispiel veranschaulicht werden:

Beispiel 1.4.1 Die Menge aller reellen Zahlen, deren Quadrat kleiner als 3 ist, wird durch

$$\{x \in \mathbb{R} \mid x^2 < 3\}$$

angegeben. Dabei ist $x^2 < 3$ die erzeugende Aussageform $H(x)$.

Ist $H(x)$ die eine Menge M erzeugende Aussageform, so schreibt man allgemein

$$M = \{x \mid x \in E \text{ und } H(x)\}.$$

Dabei ist E der Grundbereich für die Variable x. Die Angabe des Grundbereichs ist wesentlich. Nur in den Fällen, in denen der Grundbereich aus dem Kontext ersichtlich ist, kann auf seine explizite Angabe verzichtet werden.

Dem Leser wird aufgefallen sein, daß unser kurzer Exkurs über die Grundlagen der Mengenlehre nicht mit einer Definition des Begriffs der Menge begann. Versuche des Hallenser Mathematikers Georg Cantor, den Begriff der Menge

etwa als Zusammenfassung wohl unterschiedener Objekte zu definieren, führten am Ende des 19. und Beginn des 20. Jahrhunderts zu den *Antinomien*, also Widersprüchen der Mengenlehre. Da die Mengenlehre als Grundlage jeder mathematischen Disziplin aufgefaßt werden kann, wurde dadurch sogar eine Grundlagenkrise der gesamten Mathematik ausgelöst. Einen Eindruck davon vermittelt der Versuch, den Begriff der Menge aller Mengen zu definieren. Ist dies tatsächlich eine Menge, so muß sie Element von sich selbst sein. Dies widerspricht der Auffassung von der Elementbeziehung. Dieser und andere Widersprüche konnten nur dadurch gelöst werden, daß man zu einem axiomatischen Aufbau der Mengenlehre überging. Durch Axiome, das heißt durch Aussagen, die als wahr an den Anfang des Aufbaus einer Theorie gestellt werden, aber innerhalb dieser Theorie nicht bewiesen werden können, werden die Eigenschaften des mathematischen Grundbegriffs "Menge" beschrieben. Beispiele für solche Axiome sind:
Mengenbildungsaxiom: Zu jeder Aussageform $H(x)$ in einer Variablen x über dem Grundbereich E existiert stets genau eine Menge, die aus allen Objekten x aus E besteht, für die $H(x)$ wahr ist.
Extensionalitätsaxiom: Mengen sind genau dann gleich, wenn sie dieselben Elemente enthalten.
Unendlichkeitsaxiom: Es gibt mindestens eine unendliche Menge.

Die Frage, wie aus gegebenen Mengen neue Mengen erzeugt werden können, führt uns zur Definition der *Mengenoperationen*. Sie gestatten es, mit Mengen zu rechnen.

Definition 1.4.2 Die *Vereinigungsmenge* der beiden Mengen A und B ist die Menge aller Elemente, die zu A oder zu B gehören:

$$A \cup B := \{x \mid x \in A \ \vee \ x \in B\}.$$

(Dabei gehören alle Elemente x zu einem gegebenen Grundbereich E.)

Da die Vereinigungsmenge für beliebige Mengen A und B existiert, handelt es sich bei der Vereinigungsmengenbildung um eine Rechenoperation im üblichen Sinn. Wollen wir aus A und B eine neue Menge bilden, indem wir alle Elemente des Grundbereichs auswählen, die zu A und zu B gehören, so muß dies nicht notwendig zu einer Menge, die überhaupt Elemente enthält, führen. Aus diesem Grunde definiert man eine zusätzliche Menge, genannt die *leere Menge*, als Menge ohne Elemente etwa durch

$$\emptyset := \{x \mid x \in E \wedge x \neq x\}.$$

Damit existiert dann für beliebige Mengen A und B auch die folgende Menge.

Definition 1.4.3 Die *Durchschnittsmenge* der beiden Mengen A und B enthält genau die Elemente des Grundbereichs E, die zu A und zu B gehören:

$$A \cap B := \{x \mid x \in A \ \wedge \ x \in B\}.$$

Die Bildung der Vereinigungsmenge und der Durchschnittsmenge erfüllt die folgenden Rechengesetze

Aussage 1.4.4 *Es seien A, B, C beliebige Mengen. Dann gelten:*

$$\begin{array}{llllll}
A \cup B & = & B \cup A, & A \cap B & = & B \cap A, \\
A \cup (B \cup C) & = & (A \cup B) \cup C, & A \cap (B \cap C) & = & (A \cap B) \cap C, \\
A \cup A & = & A, & A \cap A & = & A, \\
A \cup (A \cap B) & = & A, & A \cap (A \cup B) & = & A, \\
A \cup \emptyset & = & A, & A \cap \emptyset & = & \emptyset. \\
A \cup (B \cap C) & = & (A \cup B) \cap (A \cup C), & & & \\
A \cap (B \cup C) & = & (A \cap B) \cup (A \cap C), & & &
\end{array}$$

Beweis: Die Beweise dieser Aussagen erfolgen durch Anwendung der Eigenschaften der logischen Funktoren $\vee, \wedge$. Als Beispiel geben wir den Beweis der ersten Regel an. Es gilt:

$$A \cap B = \{x \mid x \in A \ \wedge x \ \in B\} = \{x \mid x \in B \wedge x \in A\} = B \cap A,$$

da die Konjunktion kommutativ ist. ∎

Wie üblich werden diese Rechenregeln als Kommutativgesetze (für beide Operationen), Assoziativgesetze, idempotente Gesetze, Distributivgesetze und Verschmelzungsgesetze (Absorptionsgesetze) bezeichnet. Die leere Menge wirkt bezüglich der Durchschnittsmengenbildung wie 0 bei der Multiplikation von Zahlen und bei der Vereinigungsmengenbildung wie 0 bei der Addition.
Die folgende Mengenoperation kommt nur mit einem "input" aus.

Definition 1.4.5 Es sei E ein Grundbereich, und es sei A eine beliebige Teilmenge von E. Dann besteht die *Komplementärmenge* von A genau aus den Elementen von E, die nicht zu A gehören:

$$\neg A := \{x \mid x \in E \ \wedge \ x \notin A\}.$$

Statt $\neg A$ verwendet man auch die Bezeichnungen A' oder $\sim A$.
Mit Hilfe der Komplementärmenge definiert man eine weitere binäre Operation, das heißt eine Operation, die mit zwei Inputmengen arbeitet, die *Differenzmenge*.

Definition 1.4.6 Es sei E ein Grundbereich für Variable, und es seien A, B Teilmengen von E. Dann ist die *Differenzmenge* von A und B als Menge aller Elemente aus E, die zu A, aber nicht zu B gehören, definiert:

$$A \setminus B := \{x \mid x \in A \wedge \neg(x \in B)\}.$$

Für die Komplementärmenge und die Differenzmenge gelten die folgenden Beziehungen:

Aussage 1.4.7 *Es seien A, B, C beliebige Mengen. Dann gelten:*

$$\begin{array}{lcllcl}
\neg(A \cup B) & = & \neg A \cap \neg B, & \neg(A \cap B) & = & \neg A \cup \neg B, \\
(A \cup B) \setminus C & = & (A \setminus C) \cup (B \setminus C), & (A \cap B) \setminus C & = & (A \setminus C) \cap (B \setminus C), \\
A \setminus (B \cup C) & = & (A \setminus B) \cap (A \setminus C), & A \setminus (B \cap C) & = & (A \setminus B) \cup (A \setminus C),
\end{array}$$

$$\begin{array}{lcl}
\neg(\neg A) & = & A, \\
A \setminus B & = & A \cap \neg B.
\end{array}$$

Beweis: Die Beweise erfolgen wieder durch Zurückgehen auf die Definition und direkte Anwendung der entsprechenden logischen Äquivalenzen. Als Beispiel beweisen wir:
$A\setminus(B\cap C) = \{x \mid x \in A \wedge \neg(x \in (B\cap C))\} = \{x \mid x \in A \wedge (\neg(x \in B) \vee \neg(x \in C))\} = \{x \mid (x \in A \wedge (\neg(x \in B))) \vee (x \in A\wedge(\neg(x \in C)))\} = (A\setminus B)\cup(A\setminus C)$.

■

Die beiden ersten Regeln werden auch *de Morgansche Regeln* genannt.

Eine weitere binäre Mengenoperation ist das kartesische Produkt zweier Mengen.

Definition 1.4.8 Es sei E ein Grundbereich für Variable, und es seien A, B Teilmengen von E. Dann ist das *kartesische Produkt* von A und B als Menge aller geordneten Paare $(a, b), a \in A, b \in B$ definiert.

$$A \times B := \{(a, b) \mid a \in A \wedge b \in B\}.$$

Geordnete Paare sind gleich, falls die ersten Komponenten untereinander gleich sind und die zweiten Komponenten übereinstimmen, das heißt,

$$(a, b) = (c, d) \Longleftrightarrow a = c \wedge b = d.$$

Das kartesische Produkt kann auf mehr als zwei Mengen verallgemeinert werden. Dies trifft auch auf die Vereinigungsmengenbildung und die Durchschnittsmengenbildung zu. Wegen der Gültigkeit des Assoziativgesetzes für die beiden letztgenannten Operationen kann jedes erhaltene Ergebnis sukzessive mit einem Element aus einer weiteren Menge verknüpft werden. Dies trifft auf das kartesische Produkt nicht mehr zu, da $A \times (B \times C)$ verschieden von $(A \times B) \times C$ ist, denn die Elemente der Form $(a, (b, c))$ stimmen natürlich nicht mit den Paaren $((a, b), c)$ überein. Deshalb definiert man das kartesische Produkt $A_1 \times A_2 \times \cdots A_n$ für $n \geq 2$ als Menge aller n-Tupel $(a_1, a_2, \ldots, a_n)$ mit $a_i \in A_i$ für $i = 1, \ldots, n$. Stimmen alle Faktoren A_i überein, so spricht man von der n-ten kartesischen Potenz A^n. Die erste kartesische Potenz der Menge A ist die Menge A selbst. Um kartesische Potenzen für alle natürlichen Zahlen bilden zu können, müssen wir uns noch über die Definition der 0-ten kartesischen Potenz Gedanken machen. Die nullte Potenz einer von Null verschiedenen reellen Zahl ist die Zahl 1. Daher ist es naheliegend, als nullte kartesische Potenz einer von der leeren Menge verschiedenen Menge eine einelementige Menge zu definieren. Aber welche? Da die leere Menge in jeder anderen Menge enthalten ist, spielt sie eine besondere Rolle und wir definieren, falls A von der leeren Menge verschieden ist,

$$A^0 := \{\emptyset\}, \quad A \neq \emptyset.$$

Das Extensionalitätsaxiom gestattet den Vergleich zweier Mengen und die Feststellung, wann zwei Mengen gleich sind, nämlich genau dann, wenn sie genau die gleichen Elemente enthalten. Wenn alle Elemente der Menge A in der Menge B enthalten sind, so nennt man A *Teilmenge* von B. Im Fall der Gleichheit von A und B ist sowohl A Teilmenge von B, als auch B Teilmenge von A. Für die Kennzeichnung der Teilmengenbeziehung verwenden wir das Zeichen $A \subseteq B$. Die Teilmengenbeziehung wird mit Hilfe der Implikation definiert.

Definition 1.4.9 $A \subseteq B :\Longleftrightarrow (x \in A \Rightarrow x \in B)$.

Die durch $\subseteq$ bezeichnete Relation wird auch *Inklusion* genannt.

Neben der Teilmengenbeziehung benötigt man auch die Beziehung, daß die Menge A echte Teilmenge der Menge B ist. In diesem Fall ist jedes Element von A auch ein Element von B, es gibt aber wenigstens ein Element in B, das nicht zur Menge A gehört und wir schreiben $A \subset B$. Man verwendet auch die Bezeichnungen $A \supseteq B$ und $A \supset B$, die, von rechts nach links gelesen, die Bedeutung der Relationen Teilmenge und echte Teilmenge haben. Liest man sie von links nach rechts, so sagt man, A ist Obermenge von B, beziehungsweise A ist echte Obermenge von B. Die Teilmengenbeziehung und die echte Teilmengenbeziehung haben folgende Eigenschaften:

Aussage 1.4.10 *(i)* $A \subseteq A$, *Reflexivität,*

(ii) $((A \subseteq B) \wedge (B \subseteq C)) \Rightarrow (A \subseteq C)$, *Transitivität,*

(iii) $((A \subseteq B) \wedge (B \subseteq A)) \Rightarrow A = B$, *Antisymmetrie,*

(iv) $\emptyset \subseteq A$,

(v) $A \not\subset A$, *Irreflexivität,*

(vi) $((A \subset B) \wedge (B \subset C)) \Rightarrow (A \subset C)$, *Transitivität,*

(vii) $(A \subset B) \Rightarrow (B \not\subset A)$, *Asymmetrie.*

Beweis: Als Beispiel beweisen wir (ii). Es gilt:
$((A \subseteq B) \wedge (B \subseteq C)) \Rightarrow A \subseteq C :\Leftrightarrow ((x \in A \Rightarrow x \in B) \wedge (x \in B \Rightarrow x \in C)) \Rightarrow (x \in A \Rightarrow x \in C)$. Die rechte Seite folgt aus den Eigenschaften der Implikation. (vgl. 1.2) ■

Wir bemerken noch, daß (i) und (v) auch für $A = \emptyset$ gelten, denn $x \in \emptyset \Rightarrow x \in \emptyset$ ist als Implikation mit falscher Prämisse eine wahre Aussage.

Es liegt nahe, auch die Menge sämtlicher Teilmengen einer gegebenen Menge zu untersuchen.

Definition 1.4.11 Unter der Potenzmenge einer Menge M versteht man die Menge aller ihrer Teilmengen.

$$\mathcal{P}(M) := \{B \mid B \subseteq M\}.$$

Für jede Menge M haben wir $\emptyset \in \mathcal{P}(M)$ und $M \in \mathcal{P}(M)$. Die Potenzmenge von $\{a, b, c, d\}$ besteht zum Beispiel aus der leeren Menge, aus $\{a, b, c, d\}$ selbst, aus den einelementigen Mengen $\{a\}, \{b\}, \{c\}, \{d\}$, aus den zweielementigen Mengen $\{a, b\}, \{a, c\}, \{a, d\}, \{b, c\}, \{b, d\}, \{c, d\}$ und den dreielementigen Mengen $\{a, b, c\}, \{a, b, d\}, \{a, c, d\}, \{b, c, d\}$, insgesamt also aus 16 Mengen. Allgemein können wir beweisen:

Aussage 1.4.12 *Für jede natürliche Zahl n besteht die Potenzmenge einer n-elementigen Menge aus 2^n Elementen.*

Beweis: Der Beweis kann vom Leser durch vollständige Induktion nach n geführt werden (vgl. 1.7,13). Wir wollen an dieser Stelle auf einen Beweis verzichten, da im Kapitel 2 ein allgemeinerer Satz bewiesen wird, der diese Aussage als Spezialfall enthält. ∎

1.5 Relationen

In relationalen Datenbasen werden Daten als Mengen geordneter n-Tupel gespeichert. So könnte eine relationale Datenbasis, in der bestimmte Angaben über Studenten enthalten sind, die Form einer Menge

$$R = \{(a,b,c,d,e) \mid a = \text{ Name des Studierenden, } b = \text{ Geburtsdatum,}$$

$$c = \text{ Matrikelnummer, } d = \text{ Größe, } e = \text{ Klausurergebnis } \}$$

haben. Eine geeignete Organisation einer Datenbank ist sehr wichtig, um schnellen Zugriff zu den benötigten Daten zu haben. Der mathematische Hintergrund sind n-stellige Relationen, mit denen wir uns nun beschäftigen wollen.

Definition 1.5.1 Eine n-stellige Relation R in einer Menge M ist eine Teilmenge der n-ten kartesischen Potenz von M.

Ist $n = 2$, so spricht man von einer binären Relation, ist $n = 3$, von einer ternären Relation. Einstellige Relationen sind Teilmengen von M. Die leere Menge wird als leere Relation bezeichnet.

Beispiel 1.5.2 1. Es sei $M = \{0,1\}$ und $R_1 = \{(0,0),(0,1),(1,1)\}$ eine binäre Relation in M. An Stelle von $(0,0) \in R_1$ kann man in diesem Fall auch $0 \leq 0$ schreiben, denn offensichtlich ist R_1 die $\leq$ - Relation auf der zweielementigen Menge $\{0,1\}$.
2. Es sei $R_2 = \{(0,0,1,1),(0,1,0,1),(0,0,0,0),(1,1,1,1), (1,1,0,0),(1,0,1,0),(1,0,0,1),(0,1,1,0)\}$ eine vierstellige (quaternäre) Relation in M. Die Relation R_2 kann offensichtlich auch in der Form

$$R_2 = \{(a,b,c,d) \mid a,b,c,d \in M \wedge a+b = c+d\}$$

geschrieben werden, wobei $+$ die durch die Tabelle

+	0	1
0	0	1
1	1	0

gegebene Addition modulo 2 ist.

Binäre Relationen können als *gerichtete Graphen* (vgl. Kapitel 4) dargestellt werden, wobei die Elemente der Menge M als Punkte interpretiert werden. Stehen zwei Elemente in Relation, so sind sie durch eine gerichtete Kurve miteinander verbunden.

Beispiel 1.5.3 Es sei $M = \{1, 2, 3, 4, 5\}$. Die Relation

$$R = \{(1,2),(1,4),(2,4),(2,3),(3,4),(3,1),(4,5)\}$$

kann durch den Graphen

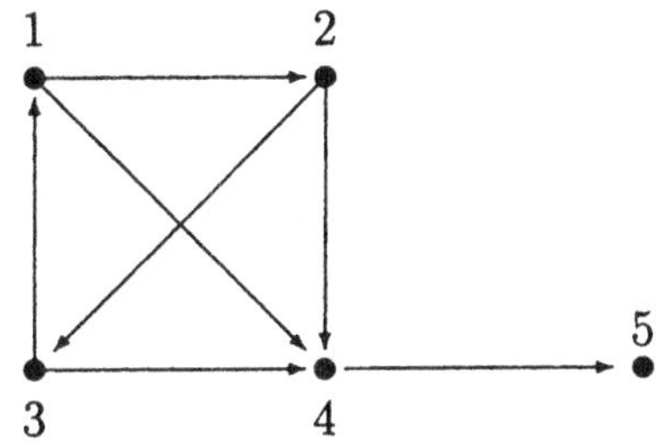

interpretiert werden.

Wir wenden uns nun der Untersuchung der Eigenschaften zweier wichtiger Klassen binärer Relationen, der *Äquivalenzrelationen* und der *Ordnungsrelationen*, zu.

Definition 1.5.4 Eine Äquivalenzrelation R in einer Menge M ist eine binäre Relation in M, die folgende Eigenschaften erfüllt:

(Ä 1) R ist reflexiv: $\forall x \in M\ ((x,x) \in R)$,

(Ä 2) R ist symmetrisch: $\forall x, y \in M\ ((x,y) \in R \Rightarrow (y,x) \in R)$,

(Ä 3) R ist transitiv: $\forall x, y, z \in M\ (((x,z) \in R \wedge (z,y) \in R) \Rightarrow (x,y) \in R)$.

Beispiel 1.5.5 1. Es seien

$$M = \{0,1,2\} \text{ und } R = \{(0,0),(1,1),(2,2),(1,2),(2,1)\}.$$

Offensichtlich ist R reflexiv, symmetrisch und transitiv.
2. Es sei m eine feste positive ganze Zahl und x, y beliebige ganze Zahlen. Wir definieren

$$x \equiv y(m) :\Leftrightarrow \exists g \in \mathbb{Z}(x - y = gm).$$

Dann ist $R_m := \{(x,y) \mid x,y \in \mathbb{Z} \wedge x \equiv y(m)\}$ eine Äquivalenzrelation in $\mathbb{Z}$, die *Kongruenz modulo m* genannt wird. Für $m = 5$ sind zum Beispiel $1 \equiv 6(5), 2 \equiv 7(5)$.
3. Die Gleichheit von Zahlen ist eine Äquivalenzrelation in dem betrachteten Zahlenbereich.
4. Die Ähnlichkeit von Dreiecken ist eine Äquivalenzrelation in der Menge aller Dreiecke einer gegebenen Ebene.
5. Es sei X die Menge aller Programme, die in einer gegebenen Programmiersprache geschrieben sind und $P, Q \in X$. Dann ist durch
$P \sim Q := \forall I$ (inputs) P terminiert genau dann, wenn Q terminiert und beide outputs gleich sind,
eine Äquivalenzrelation in X gegeben.

Mitunter braucht man zwischen Elementen, die zueinander äquivalent sind, nicht zu unterscheiden. Daher sind die Mengen aller untereinander äquivalenten Elemente von besonderem Interesse.

Definition 1.5.6 Es sei R eine Äquivalenzrelation in M und $x \in M$. Dann heißt

$$[x]_R := \{y \mid y \in M \wedge (y,x) \in R\}$$

die von x erzeugte Äquivalenzklasse und

$$M/R := \{[x]_R \mid x \in M\}$$

Faktormenge von M nach R.

Beispiel 1.5.7 1. Die Äquivalenzklassen des ersten Beispiels sind $[0]_R, [1]_R$ mit $1, 2 \in [1]_R$, da $(1,2) \in R$; und die Faktormenge ist gegeben durch $M/R = \{[0]_R, [1]_R\}$.
2. Im zweiten Beispiel ist $\mathbb{Z}/m := \{[0]_m, \ldots, [m-1]_m\}$ die Faktormenge.

Durch die Faktormenge wird die Menge M in eine Menge elementfremder Teilmengen zerlegt.

Definition 1.5.8 Es sei M eine nichtleere Menge. Dann heißt eine Teilmenge K der Potenzmenge $\mathcal{P}(M)$ eine Zerlegung von M, wenn die leere Menge nicht zu K gehört, wenn jedes Element von M in einer Menge von K vorkommt und wenn die Mengen von K paarweise elementfremd (disjunkt) sind, das heißt:
K Zerlegung von $M :\Leftrightarrow K \subseteq \mathcal{P}(M) \wedge$
1. $\forall X \ (X \in K \Rightarrow X \neq \emptyset) \wedge$
2. $\forall m \in M \ \exists X \in K \ (m \in X) \wedge$
3. $\forall X, Y \in K \ (X \cap Y \neq \emptyset \Rightarrow X = Y)$.

Zwischen Äquivalenzrelationen und Zerlegungen der Menge M besteht ein enger Zusammenhang, so daß es sich bei diesen Begriffen im Grunde genommen um zwei Seiten einer Medaille handelt. Dies bringen wir im *Hauptsatz über Äquivalenzrelationen* zum Ausdruck.

Satz 1.5.9 *Es sei R eine Äquivalenzrelation in der Menge M. Dann bildet die Menge aller Äquivalenzklassen über R (die Faktormenge M/R) eine Zerlegung von M. Ist umgekehrt K eine Zerlegung von M, dann gibt es eine Äquivalenzrelation in M, deren Äquivalenzklassen gerade die Mengen der Zerlegung sind. Werden die zu K gehörige Äquivalenzrelation mit R_K und die zu R gehörige Zerlegung mit K_R bezeichnet, so gelten*

$$K_{R_K} = K, \quad R_{K_R} = R.$$

Beweis: Die Äquivalenzklassen sind Teilmengen von M. Jede Äquivalenzklasse enthält wegen der Reflexivität von R wenigstens ein Element, ist also nicht leer. Ebenfalls wegen der Reflexivität gehört auch jedes Element zu einer Äquivalenzklasse. Wir zeigen, daß ein und dasselbe Element nicht zu zwei verschiedenen Äquivalenzklassen gehören kann, daß zwei verschiedene Äquivalenzklassen also disjunkt sind. Es seien $[a]_R, [b]_R$ zwei Äquivalenzklassen mit $[a]_R \cap [b]_R \neq \emptyset$. Dann gibt es ein $c \in M$ mit $c \in [a]_R$ und $c \in [b]_R$, das heißt, mit $(c,a) \in R, (c,b) \in R$. Wegen der Symmetrie und Transitivität von R ist dann auch $(a,b) \in R$, das heißt $[a]_R = [b]_R$. Daher bilden die Äquivalenzklassen bezüglich der Äquivalenzrelation R eine Zerlegung von M.
Es sei umgekehrt K eine Zerlegung von M. Dann definieren wir durch

$$R_K := \{(a,b) \mid a \text{ und } b \text{ liegen in derselben Menge der Zerlegung } K\}$$

eine Äquivalenzrelation in M, deren Äquivalenzklassen die Mengen der Zerlegung K sind.
Wir beweisen nun die beiden Gleichungen. Ist $X \in K$ und $x \in X$, so haben wir nach Definition von R_K die Gleichheit $X = [x]_{R_K} \in K_{R_K}$ und umgekehrt. Dies beweist die Gleichung $K = K_{R_K}$. Weiter gilt:

$$(x,y) \in R \Leftrightarrow (x,y) \in R_{K_R}$$

nach Definition von R_{K_R}. ■

Eine weitere wichtige Klasse binärer Relationen sind die *Ordnungsrelationen.*

Definition 1.5.10 Eine Relation R in einer Menge M (auch geschrieben als $\leq$) heißt *partielle Ordnungsrelation* in M, wenn sie *reflexiv, transitiv* und *antisymmetrisch* ist, das heißt, wenn

$$\forall a,b,c \in M \ (a \le a,\ (a \le b \wedge b \le c) \Rightarrow a \le c,\ (a \le b \wedge b \le a) \Rightarrow a = b)$$

erfüllt sind. Das Paar $(M;\le)$ heißt *partiell geordnete Menge.* Zwei Elemente a, b einer partiell geordneten Menge heißen *vergleichbar*, falls $a \le b$ oder $b \le a$, sonst *unvergleichbar.* Die partiell geordnete Menge $(M;\le)$ heißt *linear geordnet*, falls je zwei Elemente von M vergleichbar sind.

Liest man $a \le b$ von links nach rechts, so sagt man, a ist kleiner oder gleich b, liest man die Beziehung von rechts nach links, so wird b größer oder gleich a genannt. Im letzteren Fall schreibt man auch $b \ge a$.

Beispiel 1.5.11 1. Die Menge der natürlichen Zahlen bildet zusammen mit der durch

$$a|b :\Leftrightarrow \exists c \in \mathbb{N} \ (b = ca)$$

definierten *Teilerrelation* eine partiell geordnete Menge $(\mathbb{N};|)$. Der Leser überprüfe, daß

$$\forall a,b,c \in \mathbb{N} \ (a|a, (a|b \wedge b|c) \Rightarrow a|c, (a|b \wedge b|a) \Rightarrow a = b)$$

erfüllt sind. Die partiell geordnete Menge $(\mathbb{N};|)$ ist aber nicht linear geordnet. Wir bemerken an dieser Stelle, daß $(\mathbb{Z};|)$ keine partiell geordnete Menge ist. Aus $a|b \wedge b|a$ folgt im Bereich der ganzen Zahlen $a = b \vee a = -b$, die Antisymmetrie ist daher nicht erfüllt.
2. Die natürlichen Zahlen bilden zusammen mit der Relation $\le$ eine partiell geordnete Menge $(\mathbb{N};\le)$, die sogar linear geordnet ist.
3. Die auf $M = \{0,1\}$ definierte binäre Relation $R = \{(0,0),(0,1),(1,1)\}$ ist ebenfalls eine partielle Ordnungsrelation und sogar eine lineare Ordnung.
4. Die Potenzmenge $\mathcal{P}(M)$ einer Menge M bildet zusammen mit der Inklusion eine partiell geordnete Menge $(\mathcal{P}(M);\subseteq)$.

Mit Hilfe einer partiellen Ordnungsrelation wird durch

$$a < b :\Leftrightarrow a \le b \wedge a \ne b$$

eine weitere binäre Relation definiert. Die Relation $<$ ist offensichtlich transitiv, aber *irreflexiv*, das heißt, es gilt für alle $a \in M$ die Beziehung $(a \not< a)$ (dies bedeutet $\neg(a < a)$) und *asymmetrisch*, das heißt,

$$\forall a,b \in M \ (a < b \Rightarrow \neg(b < a)).$$

Definition 1.5.12 Es sei $(A; \leq)$ eine partiell geordnete Menge und $B \subseteq A$. Ein Element $a \in A$ heißt *obere Schranke* von B, falls für alle $b \in B$ die Ungleichheit $b \leq a$ und *untere Schranke* von B, falls für alle $b \in B$ die Ungleichheit $b \geq a$ erfüllt ist. Eine obere Schranke a heißt *Supremum* von B, falls a kleinste obere Schranke ist, das heißt, falls die beiden Bedingungen

1. $\forall b \in B \ (b \leq a)$ und
2. $\forall a' \in A \ \forall b \in B \ (b \leq a' \Rightarrow a \leq a')$

erfüllt sind. Eine untere Schranke a heißt *Infimum* von B, falls a größte untere Schranke ist, das heißt, falls die beiden Bedingungen

1. $\forall b \in B \ (b \geq a)$ und
2. $\forall a' \in A \ \forall b \in B \ (b \geq a' \Rightarrow a \geq a')$

erfüllt sind. Man bezeichnet Supremum und Infimum einer Teilmenge B von A durch $a = \bigvee B$ beziehungsweise durch $a = \bigwedge B$.

Beispiel 1.5.13 Wir wollen das Infimum und das Supremum einer zweielementigen Menge $\{a, b\}$ natürlicher Zahlen bezüglich der Teilerrelation ermitteln. Das Supremum c von a und b erfüllt die beiden Bedingungen

1. $a|c, b|c$,
2. $\forall c' \in \mathbb{N}((a|c' \wedge b|c') \Rightarrow c|c')$

und das Infimum von a und b erfüllt die Bedingungen

1. $c|a, c|b$,
2. $\forall c' \in \mathbb{N} \ ((c'|a \wedge c'|b) \Rightarrow c'|c)$.

Damit ist klar, daß es sich bei dem Supremum um das kleinste gemeinsame Vielfache $kgV(a, b)$ und beim Infimum um den größten gemeinsamen Teiler $ggT(a, b)$ handelt. Wir erwähnen, daß der größte gemeinsame Teiler mit Hilfe des *euklidischen Algorithmus* ermittelt werden kann (vgl. Aufgabe 1.7,12.).

Definition 1.5.14 Es sei $(A; \leq)$ eine partiell geordnete Menge, und es sei $B \subseteq A$ eine Teilmenge von A. Dann heißt $b \in B$ *maximales Element* von B, falls gilt:

$$\forall a \in A \ (b < a \Rightarrow a \notin B).$$

Das Element $b \in B$ heißt *minimales* Element von B falls gilt:

$$\forall a \in A\ (a < b \Rightarrow a \notin B).$$

Das *größte Element* b von $B \subseteq A$ ist definiert durch

$$\forall b' \in B\ (b' \leq b)$$

und das *kleinste Element* b von $B \subseteq A$ ist durch

$$\forall b' \in B\ (b \leq b')$$

definiert.
Eine linear geordnete Menge $(A; \leq)$ heißt *wohlgeordnet*, wenn für jede nichtleere Teilmenge $B \subseteq A$ das kleinste Element existiert.
Die Begriffe *abgeschlossenes* und *offenes* Intervall sind durch

$$[a, b] := \{x \mid a \leq x \leq b\},$$

beziehungsweise durch

$$(a, b) := \{x \mid a < x < b\}$$

definiert. Ein Element $b \in A$ heißt *oberer Nachbar* von $a \in A$, geschrieben als $a \prec b$, falls $[a, b] = \{a, b\}$.

Endliche partiell geordnete Mengen können durch Hasse-Diagramme, das sind gerichtete Graphen, deren Knoten die Elemente der geordneten Menge sind, dargestellt werden. Die Richtung ihrer Kanten ist durch die Festlegung "unten - oben" definiert.

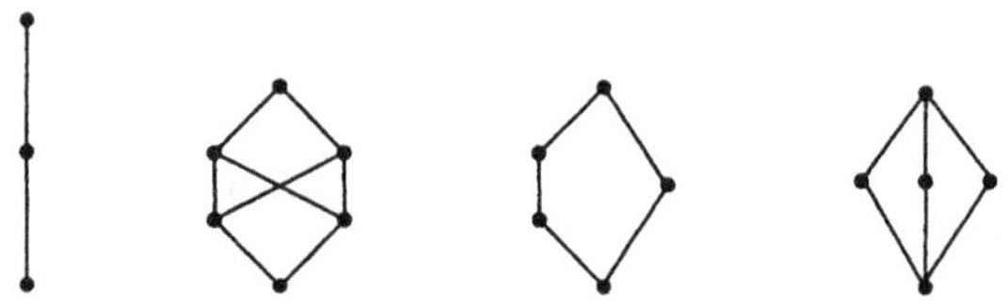

1.6 Funktionen

Der Begriff der Funktion ist einer der wichtisten mathematischen Begriffe und hat wegen seiner Allgemeinheit vielfältige Anwendungen.

Definition 1.6.1 Es seien M_1 und M_2 nichtleere Mengen. Eine Teilmenge $f \subseteq M_1 \times M_2$ ihres kartesischen Produktes heißt *Funktion von M_1 in M_2*, falls die folgenden Bedingungen erfüllt sind:

(i) $\forall x \in M_1 \; \exists y \in M_2 \; ((x, y) \in f)$,

(ii) $\forall x \in M_1 \; \forall y_1, y_2 \in M_2 \; (((x, y_1) \in f \wedge (x, y_2) \in f) \Rightarrow y_1 = y_2)$
das heißt, f ist *eindeutig.*

Wir werden die folgende Schreibweise verwenden:

$$f : M_1 \rightarrow M_2, \; y = f(x), \text{ falls } (x, y) \in f, \;\; x \mapsto y.$$

Weiter sollen die folgenden Bezeichnungen verwendet werden:
Bild von f: $Im(f) := \{y \in M_2 \mid \exists x \in M_1 \; ((x, y) \in f)\}$.
Das Bild von f wird auch *Wertebereich von f*, $Wb(f)$, genannt.
Original von f: $Preim(f) := \{x \in M_1 \mid \exists y \in M_2 \; ((x, y) \in f)\}$.
Das Original von f wird auch *Definitionsbereich*, $Db(f)$, genannt.
Man nennt f *partielle Funktion* aus M_1 in M_2, falls $Db(f) \subset M_1$.
Es sei f eine Funktion von M_1 in M_2, das heißt $Db(f) = M_1$.
f heißt *injektiv* $:\Leftrightarrow \forall x, x' \in M_1 \; \forall y \in M_2 \; (((x, y) \in f \wedge (x', y) \in f) \Rightarrow x = x')$ (f ist eineindeutig oder umkehrbar eindeutig).
f heißt *surjektiv* $:\Leftrightarrow \forall y \in M_2 \; \exists x \in M_1 \; ((x, y) \in f)$ (f bildet auf M_2 ab).
f ist *bijektiv*, falls f injektiv und surjektiv ist.

Beispiel 1.6.2 1. $id_{M_1} := \{(x, x) \mid x \in M_1\}$, die identische Funktion auf M_1, ist bijektiv.
2. Die Funktion $f = \{(n, 2n) \mid n \in \mathbb{N}\}$ ist bijektiv, denn jeder natürlichen Zahl ist umkehrbar eindeutig ihr Doppeltes zugeordnet.

Ist f eine Funktion $f : M_1 \rightarrow M_2$ und ist $A \subseteq M_1$, so definieren wir

$$f(A) := \{y \in M_2 \mid \exists x \in A \; ((x, y) \in f)\}$$

und nennen $f(A)$ *Bild* von A. Ist $B \subseteq M_2$, so definieren wir

$$f^{-1}(B) := \{x \in M_1 \mid \exists y \in B \; ((x, y) \in f)\}$$

und nennen $f^{-1}(B)$ *Urbild* oder *Original* von B.

Funktionen kann man vergleichen und auf Mengen von Funktionen kann man Rechenoperationen anwenden. Da Funktionen als Mengen definiert wurden, handelt es sich um das Vergleichen von Mengen und um die Anwendung der Mengenoperationen:

a) *Gleichheit:* Es seien f und g Funktionen. Dann ist die Gleichheit durch

$$f = g :\Leftrightarrow \{(x, f(x)) \mid x \in Db(f)\} = \{(y, f(y)) \mid y \in Db(g)\}$$

gegeben. (Daher sind f und g genau dann gleich, wenn $Db(f) = Db(g)$ und $f(x) = g(x)$ für alle $x \in Db(f)$.)
b) *Inklusion:* Es seien f und g Funktionen. Dann ist die Inklusion durch

$$f \subseteq g :\Leftrightarrow \{(x, f(x)) \mid x \in Db(f)\} \subseteq \{(y, f(y)) \mid y \in Db(g)\}$$

gegeben. (Daher ist $f \subseteq g$ genau dann, wenn $Db(f) \subseteq Db(g)$ und $f(x) = g(x)$ für alle $x \in Db(f)$.)
c) *Verkettung:* Es seien $f : M \to N$ und $g : N \to P$ Funktionen von M in N und von N in P. Dann heißt $g \circ f : M \to P$ mit $(g \circ f)(x) := g(f(x))$ *verkettete Abbildung* oder Produkt von f und g.

Aussage 1.6.3 *Die Multiplikation* $\circ$ *ist assoziativ, das heißt es gilt* $(f \circ g) \circ h = f \circ (g \circ h)$*, falls beide Seiten existieren.*

Beweis: Es sei $x \in Db(h), h(x) \in Db(g)$ und $g(h(x)) \in Db(f)$. Dann ist auch $h(x) \in Db(f \circ g)$ und beide Seiten existieren. Die folgende Rechnung zeigt die Gleichheit:
$((f \circ g) \circ h)(x) = (f \circ g)(h(x)) = f(g(h(x))) = f((g \circ h)(x)) = (f \circ (g \circ h))(x)$.
■

Die inverse Abbildung einer Funktion $f : M \to N$ ist definiert durch

$$f^{-1} := \{(y, x) \mid (x, y) \in f\}.$$

Satz 1.6.4 *Die inverse Abbildung einer Funktion* $f : M \to N$ *von* M *in* N *ist genau dann eine Funktion von* N *in* M*, wenn* f *bijektiv ist. Ist* f *bijektiv, so ist auch* f^{-1} *bijektiv. Sind* f *und* g *beide bijektiv, so ist* $f \circ g$ *bijektiv.*

Der Beweis des Satzes sei dem Leser als Übungsaufgabe überlassen (vgl. Aufgabe 1.7, 14). ■

1.7 Aufgaben

1. Die folgenden Formeln zur Berechnung der Bruchdarstellung aus der Dezimaldarstellung $a_0, a_1 \dots a_l\overline{b_1 \dots b_k}$ einer gebrochenen Zahl a sind zu begründen:

$$a = \frac{a_0 10^l + a_1 10^{l-1} + \dots + a_l + \dfrac{b_1 \dots b_k}{10^k - 1}}{10^l}$$

$$\text{bzw.} \quad a = a_0 + \frac{a_1 \dots a_l \cdot (10^k - 1) + b_1 \dots b_k}{10^l (10^k - 1)}.$$

2. Welcher Zusammenhang besteht zwischen der g - adischen, der g^2 - adischen und g^3 - adischen Darstellung einer natürlichen Zahl n?
Man erläutere dies für $g = 2$ und $g = 3$.

3. Man stelle die folgenden Dezimalbrüche als Brüche der Form $\frac{p}{q}$ dar: $0,72$; $0,\overline{72}$; $0,7\overline{2}$; $1,625$; $0,\overline{142857}$!

4. Man stelle die Zahlen $(4152)_{10}$, $(2135)_{10}$, $(747)_{10}$, $(11536)_{10}$, im Dualsystem, im Oktalsystem und im Hexadezimalsystem dar! Für die Darstellung im Hexadezimalsystem verwende man folgende Bezeichnungen für Ziffern größer als 9: $A := (10)_{10}, B := (11)_{10}, C := (12)_{10}, D := (13)_{10}, E := (14)_{10}, F := (15)_{10}$.

5. Man berechne:

a) $(2543)_8 + (17453)_8 + (37)_8$,

b) $(10101)_2 \cdot (10011)_2$.

6. Für welche Grundzahlen m gilt: $(778)_m = (1282)_{10}$, $(987)_m = (10101110111)_2$, $(112)_m = (14)_{10}$?

7. Es ist zu beweisen, daß für alle rationalen Zahlen $0 < a \leq b \leq c \leq d$ stets

$$\frac{a}{b} + \frac{b}{c} + \frac{c}{d} + \frac{d}{a} \geq \frac{b}{a} + \frac{c}{b} + \frac{d}{c} + \frac{a}{d} \text{ gilt.} \qquad (*)$$

Man gebe eine notwendige und hinreichende Bedingung dafür an, daß in $(*)$ das Gleichheitszeichen steht.

8. Man bestimme die g-adische Bruchdarstellung der in der Form $\frac{p}{q}$ (dezimal) gegebenen gebrochenen Zahlen

$$\frac{1}{4} \ (g = 10,\ g = 2),\ \ \frac{1}{3} \ (g = 10,\ g = 3),\ \ \frac{17}{12} \ (g = 10,\ g = 6).$$

9. Es ist die Gleichheit der folgenden gebrochenen Zahlen zu begründen:

$$\frac{37}{99}, \frac{3737}{9999}, \frac{373737}{999999}.$$

Man bilde weitere Beispiele nach diesem Muster.

10. Man beweise, daß die gebrochenen Zahlen

$$c_1 = 0,\overline{a_1a_2a_3a_4},\quad c_2 = 0,\overline{a_4a_1a_2a_3},\quad c_3 = 0,\overline{a_3a_4a_1a_2},\quad c_4 = 0,\overline{a_2a_3a_4a_1}$$

in der reduzierten Bruchdarstellung alle denselben Nenner haben.

11. Wie groß kann die Vorperiodenlänge einer echt gebrochenen Zahl $a = \frac{p}{q}$ mit $q = 1000$ höchstens sein?

12. Man ermittle mit Hilfe des euklidischen Algorithmus den größten gemeinsamen Teiler der folgenden Paare bzw. Tripel natürlicher Zahlen.

a) 3584, 497,

b) 987987, 635635,

c) 168, 108, 117,

d) 2123, 825, 1045

und stelle den ggT als Linearkombination der gegebenen Zahlen dar!

13. Man beweise Aussage 1.4.12!

14. Man beweise Satz 1.6.4!

15. Man beweise die de Morganschen Regeln!

16. Beweisen Sie, daß die Multiplikation binärer Relationen in M assoziativ ist. Dabei ist für zwei binäre Relationen ρ_1, ρ_2 das Produkt $\rho_1 \circ \rho_2 := \{(x, y) \mid \exists z((x, z) \in \rho_2, (z, y) \in \rho_1)\}$.

Außerdem gilt $(\rho_1 \circ \rho_2)^{-1} = \rho_2^{-1} \circ \rho_1^{-1}$.

17. Man beweise $(\bigcup_{i \in I} \rho_i) \circ \sigma = \bigcup_{i \in I} \rho_i \circ \sigma, \quad \sigma \circ \bigcup_{i \in I} \rho_i = \bigcup_{i \in I} \sigma \circ \rho_i$.

18. Man beweise $(\bigcup_{i \in I} \rho_i)^{-1} = \bigcup_{i \in I} \rho_i^{-1}, \quad (\bigcap_{i \in I} \rho_i)^{-1} = \bigcap_{i \in I} \rho_i^{-1}$.

19. Beweisen Sie die folgenden Eigenschaften von Äquivalenzklassen:

a) $a \in [a]_\rho$.

b) Aus $b \in [a]_\rho$ folgt $[b]_\rho = [a]_\rho$.

c) Aus $[a]_\rho \cap [b]_\rho \neq \emptyset$ folgt $[a]_\rho = [b]_\rho$.

20. Auf der Menge M der Geraden der euklidischen Ebene sei die Relation ρ: „ g_1 ist parallel zu g_2“ gegeben. Man zeige, daß ρ eine Äquivalenzrelation ist. Jede Klasse nach ρ enthält alle Geraden, die zueinander parallel sind.

21. Auf der Menge M der Geraden der euklidischen Ebene sei die Relation ρ: „g_1 steht senkrecht auf g_2“ gegeben. Man zeige, daß ρ keine Äquivalenzrelation ist: sie ist nur symmetrisch, aber weder reflexiv noch transitiv.

22. Man sagt, daß zwei ganze Zahlen die gleiche Parität haben, wenn sie entweder beide gerade oder beide ungerade sind. Man beweise, daß die Relation

$$\rho := \{(a,b) \mid a,b \in \mathbb{Z}, \text{ und } a,b \text{ haben die gleiche Parität}\}$$

eine Äquivalenzrelation ist und für die Faktormenge M/ρ nach ρ gilt: $M/\rho = \{A, B\}$ mit $A \cap B = \emptyset$, wobei A die Klasse aller geraden und B die Klasse aller ungeraden ganzen Zahlen bezeichnen.

23. Beweisen Sie, daß die natürlichen, rationalen und reellen Zahlen zusammen mit der üblichen Ordnung linear geordnete Mengen $(\mathbb{N}; \leq)$, $(\mathbb{Q}; \leq)$, $(\mathbb{R}; \leq)$ sind.

2 Elemente der Kombinatorik

Wir beginnen dieses Kapitel mit einigen Beispielen für kombinatorische Fragestellungen.

1. Eine Anzahl n von Tischtennisspielern möchte ein Turnier austragen. Wieviel Spiele sind erforderlich, wenn jeder Spieler gegen jeden genau einmal spielen soll?

2. Wie viele verschiedene Anordnungen von n verschiedenfarbigen Perlen auf einer Perlenkette gibt es?

3. Wie viele Automaten mit zwei Eingängen, einem Ausgang und dem Ein-Ausgabealphabet $\{a, b\}$ gibt es?

Alle diese und ähnliche Fragestellungen können auf gewisse Grundprobleme zurückgeführt werden.

2.1 Permutationen und ihre Verkettung

Grundproblem: Es seien n verschiedene Elemente gegeben. Wie viele verschiedene Anordnungen dieser n Elemente gibt es ?

Beispiel 2.1.1 Wir wollen wissen, Wie viele Anordnungen der drei Zahlen $1, 2, 3$ es gibt. Offensichtlich sind dies genau die folgenden:

$$1,2,3;\ \ 1,3,2;\ \ 2,1,3;\ \ 2,3,1;\ \ 3,1,2;\ \ 3,2,1.$$

Wir stellen sie durch

$$s = \begin{pmatrix} 1 & 2 & 3 \\ 1 & 2 & 3 \end{pmatrix}, \begin{pmatrix} 1 & 2 & 3 \\ 1 & 3 & 2 \end{pmatrix}, \begin{pmatrix} 1 & 2 & 3 \\ 2 & 1 & 3 \end{pmatrix}, \begin{pmatrix} 1 & 2 & 3 \\ 2 & 3 & 1 \end{pmatrix}, \begin{pmatrix} 1 & 2 & 3 \\ 3 & 1 & 2 \end{pmatrix},$$

$$\begin{pmatrix} 1 & 2 & 3 \\ 3 & 2 & 1 \end{pmatrix} \text{ dar.}$$

Diese Anordnungen nennt man *Permutationen.*

Definition 2.1.2 Es sei M eine von der leeren Menge verschiedene endliche Menge. Ohne Beschränkung der Allgemeinheit können wir die Menge $M = \{1, 2, \ldots, n\}$ nehmen. Eine Permutation der Ordnung n ist eine bijektive Funktion der Menge M auf die Menge M. Mit S_n bezeichnen wir die Menge aller Permutationen der Ordnung n und stellen deren Elemente in der Form

$$s = \begin{pmatrix} 1 & 2 & \cdots & n \\ k_1 & k_2 & \cdots & k_n \end{pmatrix}, k_i \in M, k_i \neq k_j \text{ für } i \neq j$$

dar.

Eine andere Möglichkeit Permutationen darzustellen, besteht darin, sie als Produkte elementfremder Zyklen zu schreiben. Elemente, die in sich selbst überführt werden, treten in dieser Darstellung nicht auf. Wir geben einige Beispiele an.

$$s = \begin{pmatrix} 1 & 2 & 3 \\ 1 & 3 & 2 \end{pmatrix} = \begin{pmatrix} 2 & 3 \end{pmatrix}, \quad \begin{pmatrix} 1 & 2 & 3 & 4 \\ 2 & 1 & 4 & 3 \end{pmatrix} = \begin{pmatrix} 1 & 2 \end{pmatrix}\begin{pmatrix} 3 & 4 \end{pmatrix},$$

$$\begin{pmatrix} 1 & 2 & 3 \\ 1 & 2 & 3 \end{pmatrix} = (1).$$

Dabei bedeutet zum Beispiel

$$\begin{pmatrix} 1 & 2 \end{pmatrix}\begin{pmatrix} 3 & 4 \end{pmatrix},$$

daß die Permutation die Zahl 1 in 2, sowie 2 in 1 und 3 in 4, und 4 in 3 überführt. Die identische Permutation jeder Ordnung wird vereinbarungsgemäß als (1) dargestellt.

Wir erinnern daran, daß $n!$ (gesprochen "n Fakultät") das Produkt $1 \cdots n$ bezeichnet, falls $n \geq 1$ ist. Zusätzlich definieren wir $0! := 1$.

Satz 2.1.3 *Es gibt genau $n!$ Permutationen der Ordnung n.*

Beweis: Der Beweis wird durch vollständige Induktion nach n geführt. Es sei $M = \{1\}$, S_1 besteht aus genau einem Element, das heißt, $|S_1| = 1! = 1$. Es sei nun $M = \{1, \ldots, n+1\}$. Dann gibt es nach Induktionsvoraussetzung $n!$ Permutationen auf dieser Menge, bei denen 1 als erstes Element erscheint, $n!$ Permutationen, bei denen 2 als erstes Element erscheint, usw. und $n!$ Permutationen, bei denen $n+1$ als erstes Element erscheint. Dies sind insgesamt $(n+1)n! = (n+1)!$ Permutationen. ∎

Permutationen lassen sich als bijektive Funktionen verketten. Das Ergebnis ist dann wieder eine Permutation der gleichen Ordnung. Wir betrachten dazu folgendes Beispiel:

$$s_1 = \begin{pmatrix} 1 & 2 & 3 \\ 2 & 1 & 3 \end{pmatrix}, s_2 = \begin{pmatrix} 1 & 2 & 3 \\ 2 & 3 & 1 \end{pmatrix}.$$

Dann berechnen wir $(s_1 \circ s_2)(x) := s_1(s_2(x))$ für alle $x \in \{1, 2, 3\}$ und erhalten

$$s_1 \circ s_2 = \begin{pmatrix} 1 & 2 & 3 \\ 1 & 3 & 2 \end{pmatrix}.$$

2.2 Variationen von Elementen einer Menge

Grundproblem: Wie viele Möglichkeiten gibt es, aus einer n-elementigen Menge k Elemente in unterschiedlicher Reihenfolge auszuwählen?

Definition 2.2.1 Unter einer Variation k-ter Ordnung von Elementen einer n-elementigen Menge M versteht man ein geordnetes k-Tupel von verschiedenen Elementen aus M.

Beispiel 2.2.2 Man bestimme die Anzahl aller Variationen der Ordnungen 2 und 3 der Menge $M = \{1, 2, 3, 4\}$:
Variationen der Ordnung 2:
$(1,2), (2,1), (1,3), (3,1), (1,4), (4,1), (2,3), (3,2), (2,4), (4,2), (3,4), (4,3)$.
Die Anzahl der Variationen der Ordnung 2 aus einer vierelementigen Menge beträgt demnach $12 = 4 \cdot (4 - (2 - 1))$.
Variationen der Ordnung 3:
$(1,2,3), (1,3,2), (2,1,3), (2,3,1), (3,1,2), (3,2,1), (1,2,4), (1,4,2), (2,1,4)$, $(2,4,1), (4,1,2), (4,2,1), (1,3,4), (1,4,3), (3,1,4), (3,4,1), (4,1,3), (4,3,1)$, $(2,3,4), (2,4,3), (3,2,4), (3,4,2), (4,2,3), (4,3,2)$.
Die Anzahl beträgt $24 = 4 \cdot (4 - 1)(4 - (3 - 1))$.

Für beliebiges n erhalten wir folgendes Ergebnis:

Satz 2.2.3 *Es gibt genau*

$$n(n-1)(n-2)\cdots(n-(k-1))$$

Variationen k-ter Ordnung einer n-elementigen Menge.

Beweis: Wir wählen ein beliebiges $n \in \mathbb{N}$, halten es für das weitere fest und führen den Beweis durch vollständige Induktion nach k, $k \in \mathbb{N}$, $k \geq 1$.
$k = 1$: Es gibt n Variationen der Ordnung 1. Damit ist die Formel für $k = 1$ richtig.
Angenommen, die Formel sei richtig für k. Zu jedem k-tupel gibt es $n - k$ Elemente, die in ihm nicht vorkommen. Fügt man je eines dieser Elemente am Ende jedes k-tupels hinzu, so ergibt dies jeweils $n - k$ Variationen. Verfährt man so mit jedem der $n(n-1)(n-2)\cdots(n-(k-1))$ k-tupel, so erhält man insgesamt $n(n-1)\cdots(n-(k-1))(n-k)$ Variationen. ∎

Bisher hatten wir Wiederholungen von Elementen ausgeschlossen. Wir haben also genauer Variationen k-ter Ordnung von Elementen einer n-elementigen Menge ohne Wiederholung betrachtet. Nun sollen auch Wiederholungen zulässig sein.

Beispiel 2.2.4 Es seien $M = \{1, 2, 3\}, n = 3, k = 2$. Dann gibt es die folgenden Variationen zweiter Ordnung der gegebenen dreielementigen Menge mit Wiederholungen:
$(1,1), (1,2), (1,3), (2,1), (2,2), (2,3), (3,1), (3,2), (3,3)$
und ihre Anzahl beträgt $3^2 = 9$.

Allgemein gilt:

Satz 2.2.5 *Es gibt genau n^k Variationen k-ter Ordnung einer n-elementigen Menge mit Wiederholung.*

Beweis: Nachdem die natürliche Zahl n einmal gewählt wurde, wird sie fest gehalten und der Beweis wird durch vollständige Induktion nach k geführt. Die Behauptung ist für $k = 1$ richtig.
Unter der Annahme, daß die Behauptung für irgendein k schon bewiesen ist, zeigen wir, daß die Anzahl der Variationen $(k+1)$-ter Ordnung mit Wiederholung n^{k+1} ist. Diese Variationen erhält man, indem man zu jeder der nach Voraussetzung existierenden n^k Variationen k-ter Ordnung nach und nach jedes der gegebenen n Elemente am Ende hinzufügt. Damit ist die Anzahl der Variationen $(k+1)$-ter Ordnung mit Wiederholung $n^k \cdot n = n^{k+1}$. ∎

Beispiel 2.2.6 Als Beispiel ermitteln wir die Anzahl der Funktionen von $\{0,1\} \times \{0,1\}$ in $\{0,1\}$. Nach unserer Formel gibt es 2^2 Paare von Elementen der Menge $\{0,1\}$ (Variationen zweiter Ordnung einer zweielementigen Menge mit Wiederholung). Jedem dieser Paare wird ein Element aus $\{0,1\}$ eindeutig zugeordnet, um eine dieser Funktionen zu erhalten. Dies ergibt insgesamt $2^{2^2} = 16$ Funktionen. (Allgemein gibt es 2^{2^n} Funktionen $f : \{0,1\}^n \to \{0,1\}$.)

2.3 Kombinationen, binomischer Satz

Grundproblem: Wieviel k-elementige Teilmengen kann man aus einer n-elementigen Menge auswählen (wobei $k \leq n$ ist)?

Definition 2.3.1 Unter einer Kombination k-ter Ordnung einer n-elementigen Menge versteht man eine Auswahl einer k-elementigen Teilmenge aus einer n-elementigen Menge.

Beispiel 2.3.2 Man bestimme die Anzahl der Kombinationen zweiter Ordnung der vierelementigen Menge $M = \{1,2,3,4\}$. Offensichtlich gibt es $6 = \frac{4 \cdot 3}{1 \cdot 2}$ zweielementige Teilmengen von M, nämlich die Mengen $\{1,2\}, \{1,3\}, \{1,4\}, \{2,3\}, \{2,4\}, \{3,4\}$.

Satz 2.3.3 *Es gibt genau* $\frac{n(n-1)\cdots(n-(k-1))}{1\cdots k}$ *Kombinationen k-ter Ordnung einer n-elementigen Menge.*

Beweis: Wir wählen wieder eine beliebige natürliche Zahl n, halten sie dann fest und führen den Beweis durch vollständige Induktion nach $k \leq n$. Es gibt genau $n = \frac{n}{1}$ einelementige Teilmengen einer n-elementigen Menge. Angenommen, unsere n-elementige Menge hat $\frac{n(n-1)\cdots(n-(k-1))}{1\cdots k}$ k-elementige Teilmengen. Zu jeder dieser Teilmengen gibt es $n-k$ Variationen. Dabei tritt dann jede Menge $(k+1)$-mal auf, das heißt, die vorhandene Anzahl ist mit $\frac{n-k}{k+1}$ zu multiplizieren. Daher gibt es $\frac{n(n-1)\cdots(n-(k-1))(n-k)}{1\cdots k(k+1)}$ $(k+1)$-elementige Teilmengen unserer n-elementigen Menge. ■

Definition 2.3.4

$$\binom{n}{k} := \frac{n(n-1)\cdots(n-(k-1))}{1\cdots k}, \quad 0 < k \leq n$$

heißt Binomialkoeffizient n über k. Zusätzlich definieren wir

$$\binom{n}{0} := 1.$$

Durch Erweitern des Quotienten $\frac{n(n-1)\cdot\dots\cdot(n-(k-1))}{1\cdots k}$ mit $(n-k)!$ beweist man

$$\binom{n}{k} = \frac{n!}{k!(n-k)!}. \qquad (*)$$

Folgerung 2.3.5 *Die Anzahl der Kombinationen k-ter Ordnung einer n-elementigen Menge beträgt* $\binom{n}{k}$.

Der Beweis dieser Aussage wird dem Leser überlassen.

Satz 2.3.6 *Der Binomialkoeffizient* $\binom{n}{k}$ *hat die folgenden Eigenschaften:*

(i) $\binom{n}{k} = \binom{n}{n-k}$,

(ii) $\binom{n}{k} + \binom{n}{k+1} = \binom{n+1}{k+1}$,

(iii) $\binom{n}{0} + \cdots + \binom{n}{n} = \sum_{k=0}^{n} \binom{n}{k} = 2^n$.

Beweis: (i): Die Anwendung der Formel $(*)$ ergibt $\binom{n}{k} = \frac{n!}{k!(n-k)!} = \frac{n!}{(n-k)!(n-(n-k))!} = \binom{n}{n-k}$.

(ii): Wir wenden wieder $(*)$ an und erhalten
$\binom{n}{k} + \binom{n}{k+1} = \frac{n!}{k!(n-k)!} + \frac{n!}{(k+1)!(n-(k+1))!} = \frac{n!(k+1)+n!(n-k)}{(k+1)!(n-k)!} = \frac{n!(n+1)}{(k+1)!(n+1-(k+1))!} = \binom{n+1}{k+1}$.

(iii) ist ein Spezialfall des nächsten Satzes. ∎

Die ersten Werte von $\binom{n}{r}$ können im *Pascalschen Dreieck* dargestellt werden. Man beginnt damit, die beiden Schenkel eines gleichseitigen Dreiecks mit Einsen auszufüllen. Die im Inneren des Dreiecks stehenden Zahlen ergeben sich dann durch Addition der beiden diagonal darüber stehenden Zahlen.

n											
0						1					
1					1		1				
2				1		2		1			
3			1		3		3		1		
4		1		4		6		4		1	
5	1		5		10		10		5		1
					...						

Satz 2.3.7 *(Binomischer Satz) Für alle $n \geq 1$ gilt:*

$$(a+b)^n = \binom{n}{0} a^n + \binom{n}{1} a^{n-1}b + \cdots + \binom{n}{n-1} ab^{n-1} + \binom{n}{n} b^n.$$

Beweis: Der Beweis wird durch vollständige Induktion nach n geführt. Für $n = 1$ haben wir $(a+b)^1 = \binom{1}{0} a + \binom{1}{1} b$.

Angenommen, die Formel ist für n richtig. Wir zeigen, daß sie dann auch für $n+1$ erfüllt ist. In der Tat, es gilt:

$$(a+b)^{n+1} = (a+b)^n(a+b) =$$

$$\left[\binom{n}{0} a^n + \binom{n}{1} a^{n-1}b + \cdots + \binom{n}{n-1} ab^{n-1} + \binom{n}{n} b^n\right](a+b) =$$
$$\binom{n}{0} a^{n+1} + \binom{n}{1} a^n b + \cdots + \binom{n}{n-1} a^2b^{n-1} + \binom{n}{n} ab^n + \binom{n}{0} a^n b +$$
$$\binom{n}{1} a^{n-1}b^2 + \cdots + \binom{n}{n-1} ab^n + \binom{n}{n} b^{n+1}.$$

Durch Zusammenfassen, Anwendung der Formel (ii) der vorherigen Aussage und unter Berücksichtigung von $\binom{n}{0} = \binom{n+1}{0}$ und $\binom{n}{n} = \binom{n+1}{n+1}$ erhält man daraus

$$(a+b)^{n+1} = \binom{n+1}{0} a^{n+1} + \binom{n+1}{1} a^n b + \cdots + \binom{n+1}{n} ab^n +$$
$$\binom{n+1}{n+1} b^{n+1}.$$

■

2.4 Aufgaben

1. Man bestimme die Anzahl aller zweistelligen und die Anzahl aller dreistelligen Operationen auf $\{0, 1\}$ und beweise die Formel für die Anzahl aller n-stelligen Operationen auf $\{0, 1\}$. Man gebe alle zweistelligen Operationen auf $\{0, 1\}$ durch ihre Strukturtafeln an.

2. Mit Hilfe des binomischen Satzes beweise man Satz 2.3.6 (iii)!

3. Wie viele natürliche Zahlen kleiner als 1000 enthalten die Ziffer 3 nicht, Wie viele enthalten die Ziffer 4 nicht und Wie viele enthalten keine der Ziffern 3, 4 und 5?

4. Ein Computer hat drei Speicher zu je 1000 Kilobyte. Es sollen 17 Dateien, und zwar 10 mit 100K, 5 mit 200K und 2 mit 500K gespeichert werden. Wie viele Möglichkeien gibt es, die Dateien zu speichern.

5. Man ermittle (*i*) die Anzahl der Funktionen, (*ii*) die Anzahl der injektiven Funktionen, (*iii*) die Anzahl der surjektiven Funktionen und (*iv*) die Anzahl der bijektiven Funktionen, die es in den folgenden Fällen von X nach Y gibt:

$$
\begin{array}{llcl}
a) & X & = & \{1,2\}, Y = \{3,4\}, \\
b) & X & = & \{1,2\}, Y = \{2,3,4\}, \\
c) & X & = & \{1,2,3,4,5\}, Y = \{2,3,4\}, \\
d) & X & = & \{3\}, Y = \{57\}, \\
e) & X & = & \{3\}, Y = \emptyset, \\
f) & X & = & \emptyset, Y = \{57\}, \\
g) & X & = & \{2,3\}, Y = \{\mathbb{N}\}.
\end{array}
$$

3 Algebraische Strukturen

Algebra beinhaltet die Untersuchung von Mengen und auf ihnen definierten Operationen. In diesem Kapitel wollen wir die klassischen Srukturbegriffe Halbgruppe, Gruppe, Ring und Körper einführen und einige ihrer elementaren Eigenschaften untersuchen. Diese Begriffe werden in der Linearen Algebra benötigt und im Kapitel 7 zu beliebigen universalen Algebren verallgemeinert, da in der Informatik über die klassischen Strukturbegriffe hinausgehende Strukturen und deren Eigenschaften gebraucht werden.

3.1 Strukturen mit einer binären Operation

Definition 3.1.1 Eine Funktion von $A \times A$ in A , $A \neq \emptyset$ heißt (totale) *binäre Operation* in A.

Beispiele für binäre Operationen sind Addition und Multiplikation in den Zahlenbereichen $\mathbb{N}, \mathbb{Z}, \mathbb{Q}, \mathbb{R}$. Division und Subtraktion in $\mathbb{N}$ sind dagegen keine (totalen) binären Operationen in $\mathbb{N}$.

Eine Funktion von A in A wird *unäre* Operation in A genannt. Die Bildung von Entgegengesetzten in $\mathbb{Z}$ ist eine unäre Operation.

Definition 3.1.2 Eine nichtleere Menge A mit einer binären assoziativen Operation in A (geschrieben zum Beispiel als $+$ oder als $\cdot$) heißt eine *Halbgruppe.* Wir schreiben $\mathcal{A} = (A;\ +)$, beziehungsweise $\mathcal{A} = (A;\ \cdot)$. Ist die binäre Operation kommutativ, so heißt die Halbgruppe *kommutativ.*

Kommutativgesetz und Assoziativgesetz können in der Form

$$\forall a, b\ (a + b = b + a)$$

$$\forall a, b, c\ (a + (b + c) = (a + b) + c)$$

geschrieben werden.
Die natürlichen, ganzen und reellen Zahlen bilden jeweils bezüglich Addition und Multiplikation sogar kommutative Halbgruppen.

Definition 3.1.3 Ein Element $0 \in A$ einer Halbgruppe $\mathcal{A} = (A; +)$ heißt *Nullelement* von $\mathcal{A}$, falls

$$\forall a \in A\ (a + 0 = 0 + a = a)$$

gilt, und ein Element $e \in A$ heißt *Einselement* der Halbgruppe $\mathcal{A} = (A; \cdot)$, falls

$$\forall a \in A \ (a \cdot e = e \cdot a = a)$$

erfüllt sind.

Wir bemerken an dieser Stelle, daß man das Nullelement und das Einselement auch als *nullstellige Operationen* hinzufügen kann. Die dann entstehenden algebraischen Strukturen $\mathcal{A} = (A; +, 0)$, beziehungsweise $\mathcal{A} = (A; \cdot, e)$ nennt man *Monoide.*
Als wichtiges Beispiel für eine Halbgruppe erläutern wir die Definition der für die Theorie Formaler Sprachen wichtigen *Worthalbgruppe.*

Beispiel 3.1.4 Es sei $A = \{a, b, c, \ldots\}$ eine nichtleere endliche Menge. Die Elemente von A heißen *Buchstaben* und A selbst heißt *Alphabet. Wörter* über A werden folgendermaßen definiert:

(i) Das Symbol λ ist ein Wort über A, genannt *leeres Wort.*
(ii) Ist $a \in A$, so ist a ein Wort über A, das heißt, jeder Buchstabe ist ein Wort.
(iii) Sind w_1 und w_2 Wörter, so ist auch $w_1 w_2$ ein Wort.

Durch A^* bezeichnen wir die Menge aller Wörter über dem Alphabet A. Wörter entstehen also aus Buchstaben einfach durch Hintereinanderschreiben.
Definiert man nun auf A^* eine binäre Operation c (Concatenation) durch $c : A^* \times A^* \to A^*$ vermöge $(w_1, w_2) \mapsto c(w_1, w_2) = w_1 w_2$, so erhält man eine Halbgruppe $\mathcal{A}^* = (A^*; c)$, die *Worthalbgruppe* über A. Dies ist völlig klar, denn das Hintereinanderschreiben von Buchstaben ist offensichtlich assoziativ, das heißt, für beliebige Wörter w_1, w_2, w_3 über A gilt

$$(w_1 w_2) w_3 = w_1 (w_2 w_3).$$

Fügt man zu A^* noch das leere Wort λ hinzu und definiert für beliebige Wörter w noch $w\lambda = \lambda w = w$, so erhält man das *Wortmonoid* oder *freie Monoid* $(A^* \cup \{\lambda\}; c, \lambda)$.

Definition 3.1.5 Eine Halbgruppe $(A; +)$ heißt *Gruppe*, wenn die in ihr definierte binäre Operation umkehrbar ist, das heißt, wenn bei additiver Schreibweise der binären Operation gilt:

$$\forall a, b \in A \ \exists x, y \in A \ (a + x = y + a = b)$$

oder wenn in multiplikativer Schreibweise $(A; \cdot)$ gilt:

$$\forall a, b \in A \ \exists x, y \in A \ (a \cdot x = y \cdot a = b).$$

Im Fall der Kommutativität genügt die Angabe von einer der beiden Bedingungen. Beispiele für Gruppen sind die ganzen Zahlen bezüglich der Addition, sowie die von 0 verschiedenen rationalen Zahlen bezüglich der Multiplikation, das heißt $(\mathbb{Z}; +)$ und $(\mathbb{Q} \setminus \{0\}; \cdot)$.
Ein weiteres Beispiel ist $(\{e, a, b\}; \cdot)$, wobei die binäre Operation $\cdot$ durch die folgende Tabelle definiert ist:

$\cdot$	e	a	b
e	e	a	b
a	a	b	e
b	b	e	a

Um die Assoziativität zu überprüfen, hat man sämtliche Produkte mit drei Faktoren zu bilden. Die Umkehrbarkeit erkennt man daran, daß jedes Element in jeder Zeile und in jeder Spalte einmal vorkommt.

Definition 3.1.6 Es sei $(A; +)$ eine Gruppe. Ein Element $-a \in A$ heißt *entgegengesetztes Element* von $a \in A$, falls $a + (-a) = -a + a = 0$ gilt. Bei multiplikativer Schreibweise spricht man vom *inversen Element* a^{-1}. Dieses erfüllt die Gleichungen $a \cdot a^{-1} = a^{-1} \cdot a = e$. Nullelement und inverses Element verallgemeinernd spricht man auch vom *neutralen Element.*

Die Forderung der Umkehrbarkeit der binären Operation kann äquivalent durch die Forderung nach der Existenz des Nullelementes und des entgegengesetzten Elementes (beziehungsweise bei multiplikativer Schreibweise durch die Forderung nach der Existenz von Einselement und inversem Element) ersetzt werden.

Folgerung 3.1.7 *Ist $\mathcal{A} = (A; +)$ eine Gruppe, so gibt es stets ein Nullelement und zu jedem $a \in A$ ein entgegengesetztes Element.*
Existiert umgekehrt in einer Halbgruppe ein Nullelement und zu jedem $a \in A$ ein entgegengesetztes Element, so handelt es sich um eine Gruppe. Eine entsprechende Aussage gilt für Einselement und inverses Element.

Beweis: 1. Ist $\mathcal{A}$ eine Gruppe, so gilt

$$\forall c \in A \; \exists y \in A \; (y + c = c)$$

und

$$\forall a, c \in A \; \exists x \in A \; (a = c + x).$$

Dann folgt $y + a = y + (c + x) = (y + c) + x = c + x = a$. Daher gibt es ein $y = 0_L$ mit $0_L + a = a$ für alle $a \in A$ (Linksnullelement). In entsprechender Weise zeigt man die Existenz eines Rechtsnullelementes mit $a + 0_R = a$ für alle

$a \in A$. Aus $0_R = 0_L + 0_R = 0_L$ folgt die Gleichheit des Rechtsnullelementes mit dem Linksnullelement und damit die Existenz eines Elementes $0 \in A$ mit $a + 0 = 0 + a$ für alle $a \in A$.
Aus der Umkehrbarkeit der Addition folgt die Existenz von Elementen $x, y \in A$ mit $a + x = 0$ und $y + a = 0$ für alle $a \in A$. Wegen $x = 0 + x = (y + a) + x = y + (a + x) = y + 0 = y$ stimmen x und y überein und daher gibt es zu jedem Element $a \in A$ ein entgegengesetztes Element $-a$.

2. In einer Halbgruppe $\mathcal{A} = (A; +)$ existiere das Nullelement $0 \in A$ und zu jedem $a \in A$ das entgegengesetzte Element $-a$. Dann haben wir

$$a+x = b \Rightarrow -a+(a+x) = -a+b \Rightarrow (-a+a)+x = -a+b \Rightarrow 0+x = x = -a+b.$$

In entsprechender Weise beweist man, daß $y = b + (-a)$ für beliebige Elemente $a, b \in A$ die Gleichung $y + a = b$ löst. Daher ist $\mathcal{A} = (A; +)$ eine Gruppe. Es ist kein Problem, den Beweis in die multiplikative Schreibweise zu übertragen.

■

Die folgenden Eigenschaften von Halbgruppen und Gruppen sind ebenfalls leicht zu überprüfen.

Bemerkung 3.1.8 1. In jeder Gruppe gelten die *Kürzungsregeln*, das heißt

$$\forall a, x, y \ (a + x = a + y \Rightarrow x = y \wedge x + a = y + a \Rightarrow x = y).$$

(Bei multiplikativer Schreibweise:

$$\forall a, x, y \ (a \cdot x = a \cdot y \Rightarrow x = y \wedge x \cdot a = y \cdot a \Rightarrow x = y).)$$

2. Jede endliche Halbgruppe $\mathcal{A} = (A; +)$, in der die Kürzungsregel gilt, ist eine Gruppe. Da A endlich ist, kann die Menge in der Form $A = \{a_1, \ldots, a_n\}$ geschrieben werden. Ist $b \in A$ ein beliebiges Element von A, so stimmt die Menge aller Summen der Form $b + a_i$ wegen der Gültigkeit der Kürzungsregel und da $\mathcal{A}$ eine Halbgruppe ist, mit A überein: $\{b + a_1, \ldots, b + a_n\} = A$. Dies bedeutet aber, daß es zu beliebigem b und beliebigem a aus der Menge A ein Element x aus A mit $b + x = a$ gibt. Eine entprechende Argumentation zeigt, daß es zu jedem b und jedem a aus A ein Element $y \in A$ mit $y + b = a$ gibt und die Addition ist umkehrbar.
3. Wegen $a \cdot (a \cdot a) = (a \cdot a) \cdot a$ kann man durch die rekursive Definition $a^0 := e, a^n := a \cdot a^{n-1}$ eindeutig Potenzen von Gruppenelementen mit natürlichzahligen Exponenten bilden. Diese Definition läßt sich durch $a^{-n} = (a^{-1})^n$

auf Potenzen mit beliebigen ganzzahligen Exponenten fortsetzen. Man beweist leicht die Gültigkeit der Potenzgesetze:

$$a^{g_1} \cdot a^{g_2} = a^{g_1+g_2}, (a^{g_1})^{g_2} = a^{g_1 \cdot g_2}, a^g \cdot b^g = (a \cdot b)^g.$$

Selbstverständlich gelten entsprechende Aussagen für die additive Schreibweise. Dann spricht man von *Vielfachen* an Stelle von Potenzen.

Bilden die Elemente der Teilmenge einer Gruppe wieder eine Gruppe, so spricht man von einer *Untergruppe* der gegebenen Gruppe.

Definition 3.1.9 Es sei $(G; \cdot)$ eine Gruppe, und es sei G' eine nichtleere Teilmenge von G. Gehört für alle $a, b \in G'$ das Produkt $a \cdot b$ auch zur Menge G' und ist $(G'; \ \cdot|_{G'})$ eine Gruppe, so spricht man von einer *Untergruppe* von $(G; \ \cdot)$. Hierbei ist $\cdot|_{G'}$ die *Einschränkung* von $\cdot$ auf G'.

Ein anderer wichtiger Begriff ist die *Isomorphie* von Gruppen. Er bringt zum Ausdruck, daß es auf die Bezeichnung der Elemente nicht ankommt.

Definition 3.1.10 Es seien $(G; \ \cdot_G)$ und $(G'; \ \cdot_{G'})$ zwei Gruppen. Eine eineindeutige Abbildung $\varphi : G \to G'$ von G auf G' heißt *Isomorphismus*, falls $\varphi(a \cdot_G b) = \varphi(a) \cdot_{G'} \varphi(b)$ für alle $a, b \in G$ erfüllt ist. Die Gruppe $(G'; \ \cdot_{G'})$ heißt *isomorphes Bild* von $(G; \ \cdot_G)$.

3.2 Permutationsgruppen

Permutationen der Ordnung n wurden im zweiten Kapitel als Bijektionen auf der Menge $M = \{1, \ldots, n\}$ eingeführt. Als bijektive Funktionen lassen sich Permutationen verketten und das Ergebnis sind wieder Permutationen auf M. Damit hat man eine binäre Operation auf M und wir erhalten eine algebraische Struktur.

Um das Rechnen mit Permutationen effektiver zu gestalten, führen wir ihre Darstellung als Produkte *elementfremder Zyklen* ein. Diese Darstellung soll zunächst an folgendem Beispiel erläutert werden. Wir betrachten auf $M = \{1, 2, 3\}$ die Permutation $\begin{pmatrix} 1 & 2 & 3 \\ 2 & 3 & 1 \end{pmatrix} = \begin{pmatrix} 1 & 2 & 3 \end{pmatrix}$. Wir haben die Permutation als *Zyklus* dargestellt. Die Darstellung bedeutet, daß durch die Permutation die einzelnen Elemente in folgender Weise abgebildet werden: $1 \mapsto 2 \mapsto 3 \mapsto 1$. Dabei wird die Klammer geschlossen, wenn das Ausgangselement wieder erreicht wird. Permutationen dieser Art werden *zyklisch* genannt. Nicht alle Permutationen sind zyklisch, es gilt aber:

Satz 3.2.1 *Jede Permutation kann eindeutig bis auf die Reihenfolge der Faktoren als Produkt elementfremder Zyklen dargestellt werden. (Diese Darstellung wird Hauptproduktdarstellung genannt.) In der Hauptproduktdarstellung einer von der identischen Abbildung der Menge M verschiedenen Permutation treten nur solche Elemente von M auf, die durch die Permutation wirklich geändert werden.*

Beweis. Für die identische Permutation vereinbaren wir die Darstellung (1). Jede andere Permutation s enthält Elemente, die tatsächlich geändert werden und nur diese betrachten wir. Bei geeignet gewählter Bezeichnung dieser Elemente liefere die Permutation s zunächst die Zuordnungen

$$i_1 \mapsto i_2, i_2 \mapsto i_3, \ldots, i_{r-1} \mapsto i_r, i_r \mapsto i_{r+1},$$

dabei ist i_{r+1} das erste mehrfach auftretende Element. Dann ist $i_{r+1} = i_1$, denn aus $i_{r+1} = i_l$ mit $2 \leq l \leq r$ folgt wegen $i_r \mapsto i_l$ und $i_{l-1} \mapsto i_l$ und wegen der Eineindeutigkeit der Zuordnung $i_r = i_{l-1}$ mit $1 \leq l-1 \leq r-1$ im Widerspruch zur Wahl von i_{r+1}. Durch die angegebenen Zuordnungen ist der Zyklus $(i_1 i_2 \cdots i_r)$ gegeben.
Sind $i_1 \cdots i_r$ schon alle durch die Permutation s geänderten Elemente, so ist s zyklisch und die Behauptung bewiesen. Anderenfalls existiert ein noch nicht erfaßtes Element j_1, das nach den gleichen Überlegungen wie vorher zu einem Zyklus $(j_1 \cdots j_p)$ führt. Dabei ist wegen der Eineindeutigkeit von s keines der Elemente $j_1, \ldots, j_p$ gleich einem der Elemente $i_1, \ldots, i_r$. Dieses Verfahren setzt man fort bis kein weiteres Element mehr vorhanden ist und dies beweist den Satz. ■

In dem vorangegangenen Beweis haben wir ein Verfahren entwickelt, das für eine beliebig vorgegebene Permutation als "input" in endlich vielen wohldefinierten, jedesmal in der gleichen Weise auszuführenden Schritten, ihre Hauptproduktdarstellung als "output" ermittelt. Dies führt zu dem für die Informatik so bedeutungsvollen Begriff des *Algorithmus.* An Stelle einer formalen Definition beschreiben wir, welche Kriterien ein Algorithmus zu erfüllen hat:
Ein Algorithmus muß effektiv arbeiten, dies bedeutet, daß es eine endliche Menge von Regeln gibt, die seine Arbeitsweise beschreiben. Die zweite Bedingung ist, daß der Algorithmus nach einer endlichen Anzahl von Schritten *terminieren* muß. Ein Programm ist eine konkrete Realisierung eines Algorithmus und besteht aus einem Ausdruck oder aus einer endlichen Folge von Ausdrücken in einer gegebenen Programmiersprache. Um sicher zu sein, daß der Algorithmus oder ein Programm als seine Implementation die geforderte Aufgabe erfüllen, muß seine *Korrektheit* bewiesen werden.

Es sei S_n die Menge aller Permutationen der Ordnung n. Dann gilt:

Satz 3.2.2 *Die Menge aller Permutationen der Ordnung n bildet mit der Verkettung $\circ$ eine Gruppe $(S_n;\ \circ)$.*

Beweis. Das Assoziativgesetz gilt für die Verkettung beliebiger Funktionen. Die identische Permutation $id_M = (1)$ erfüllt $(1) \circ s = s \circ (1) = s$ und ist daher Einselement bezüglich $\circ$. Die inverse Permutation s^{-1} ist das inverse Element bezüglich $\circ$: $s \circ s^{-1} = s^{-1} \circ s = (1)$. ■

Beispiel 3.2.3 Als Beispiel wollen wir die Gruppenoperation $\circ$ der Gruppe $(S_3; \circ) = (\{(1), (12), (13), (23), (123), (132)\};\ \circ)$ aller Permutationen der Ordnung 3 (dargestellt in Hauptproduktdarstellung) durch ihre Strukturtafel angeben.

$\circ$	(1)	(12)	(13)	(23)	(123)	(132)
(1)	(1)	(12)	(13)	(23)	(123)	(132)
(12)	(12)	(1)	(132)	(123)	(23)	(13)
(13)	(13)	(123)	(1)	(132)	(12)	(23)
(23)	(23)	(132)	(123)	(1)	(13)	(12)
(123)	(123)	(13)	(23)	(12)	(132)	(1)
(132)	(132)	(23)	(12)	(13)	(1)	(123)

Diese Gruppe ist nicht kommutativ, denn im allgemeinen ist $s_1 \circ s_2 \neq s_2 \circ s_1$. Die Gruppe S_n wird die *volle symmetrische Gruppe* genannt. Der Leser mache sich klar, welche Eigenschaften der Strukturtafel die Umkehrbarkeit der Operation $\circ$, die Existenz des Einselementes und des Inversen zum Ausdruck bringen.

Bemerkung 3.2.4 Die Hauptproduktdarstellung bietet wesentliche Vorteile beim Rechnen mit Permutationen. Nach Definition ordnet ein Zyklus z jedem in ihm vorkommenden Element das jeweils erste nachfolgende Element zu. Führt man dies m-mal hintereinander aus, erhält man für die m-te Potenz, daß sie jedem Element das jeweils m-te nachfolgende Element zuordnet. Dabei brauchen nicht alle Potenzen selbst zyklische Permutationen zu sein:

$$\begin{aligned} z &= (12345) & \qquad z &= (1234) \\ z^2 &= (13524) & z^2 &= (13)(24) \\ z^3 &= (14253) & z^3 &= (1432) \\ z^4 &= (15432) & z^4 &= (1) \\ z^5 &= (1). \end{aligned}$$

Dagegen ist das Inverse einer zyklischen Permutation $z = (i_1 i_2 \cdots i_r)$ stets wieder eine zyklische Permutation, nämlich die Permutation $z^{-1} = (i_r \cdots i_2 i_1)$.

Ist $s = z_1 z_2 \cdots z_l$ eine Permutation in Hauptproduktdarstellung bestehend aus den Zyklen $z_1, \cdots, z_l$, so gilt für die m-te Potenz von s:

$$s^m = z_1^m z_2^m \cdots z_l^m$$

und für das Inverse von s:

$$s^{-1} = z_1^{-1} z_2^{-1} \cdots z_l^{-1}.$$

In der identischen Permutation können die Elemente so angeordnet werden, daß sie oben und unten in der natürlichen Reihenfolge stehen. Jede andere Permutation weist bei jeder Anordnung von Spalten mindestens ein Paar von Spalten auf, bei dem die Anordnung oben gegenläufig der Anordnung unten ist:

$$s = \begin{pmatrix} \cdots & i_\mu & \cdots & i_\nu & \cdots \\ \cdots & j_\mu & \cdots & j_\nu & \cdots \end{pmatrix} \text{ mit } \begin{matrix} i_\mu & < & i_\nu \\ j_\mu & > & j_\nu \end{matrix}$$

oder umgekehrt.

Ein Spaltenpaar $\begin{pmatrix} i_\mu \\ j_\mu \end{pmatrix}, \begin{pmatrix} i_\nu \\ j_\nu \end{pmatrix}$ mit $\begin{matrix} i_\mu & < & i_\nu \\ j_\mu & > & j_\nu \end{matrix}$ oder umgekehrt, wird *Inversion* genannt.

Definition 3.2.5 Eine Permutation s heißt gerade oder ungerade, je nachdem, ob die Anzahl ihrer Inversionen gerade oder ungerade ist.

$$sgn(s) := \begin{cases} 1 & : \ s \text{ gerade} \\ -1 & : \ s \text{ ungerade} \end{cases}$$

heißt *Signum* von s.

Satz 3.2.6 *$sgn : S_n \to \{-1, +1\}$ vermöge $s \mapsto sgn(s)$ für jede Permutation $s \in S_n$ ist eine Funktion, für die gilt*

$$sgn(s_1 \circ s_2) = sgn(s_1) \cdot sgn(s_2).$$

Beweis. Zum Beweis betrachten wir das Differenzenprodukt

$$\begin{array}{rcl} \Pi := \prod\limits_{\mu<\nu} (x_\mu - x_\nu) & = & (x_1 - x_2) \quad \cdots \quad (x_1 - x_n) \\ & & \qquad \ddots \\ & & \qquad\qquad (x_{n-1} - x_n). \end{array}$$

Mit $s(\Pi)$ bezeichnen wir für $s \in S_n$ das Differenzenprodukt, das aus Π durch Permutation der Indizes gemäß s hervorgeht, das heißt,

$$s(\prod) := \prod_{\mu<\nu} (x_{s(\mu)} - x_{s(\nu)}).$$

Beispielsweise ist

$$\begin{array}{rcllcl}(12)(\prod) & = & (x_2 - x_1) & (x_1 - x_3) & \cdots & (x_1 - x_n) \\ & & & & \ddots & \\ & & & & & (x_{n-1} - x_n)\end{array}$$

und daher $(12)(\prod) = -\prod$.
Allgemein gilt folgender Zusammenhang:

$$s(\prod) = \prod \Leftrightarrow s \text{ gerade }, s(\prod) = -\prod \Leftrightarrow s \text{ ungerade.}$$

Damit erhalten wir
für $sgn(s_1) = sgn(s_2) = +1 : (s_1 \circ s_2)(\prod) = s_1(s_2(\prod)) = \prod$ und
$sgn(s_1 \circ s_2) = +1 = sgn(s_1) \cdot sgn(s_2)$,
für $sgn(s_1) = sgn(s_2) = -1 : (s_1 \circ s_2)(\prod) = s_1(s_2(\prod)) = s_1(-\prod) = -(-\prod) = \prod$ und
$sgn(s_1 \circ s_2) = +1 = (-1) \cdot (-1) = sgn(s_1) \cdot sgn(s_2)$,
für $sgn(s_1) = +1, sgn(s_2) = -1 : (s_1 \circ s_2)(\prod) = s_1(s_2(\prod)) = s_1(-\prod) = -\prod$ und
$sgn(s_1 \circ s_2) = -1 = +1 \cdot (-1) = sgn(s_1) \cdot sgn(s_2)$,
für $sgn(s_1) = -1, sgn(s_2) = +1 : (s_1 \circ s_2)(\prod) = s_1(s_2(\prod)) = s_1(\prod) = -\prod$ und
$sgn(s_1 \circ s_2) = -1 = (-1) \cdot +1 = sgn(s_1) \cdot sgn(s_2)$.
Damit ist die Formel für alle möglichen Fälle bewiesen. ∎

Ist die Permutation s in Hauptproduktdarstellung als Produkt von l Zyklen gegeben und kommen in der Hauptproduktdarstellung r Elemente vor, so kann man beweisen, daß $sgn(s) = (-1)^{r-l}$ gilt.

Dazu geben wir folgendes Beispiel an:

Beispiel 3.2.7 Es sei $s = (12)(345)$. Dann ist $r = 5$, $l = 2$, $sgn(s) = (-1)^{5-2} = -1$.

Eine weitere Beobachtung ist

Folgerung 3.2.8 *Die Menge S_n enthält genauso viele gerade wie ungerade Permutationen.*

Beweis: Der Beweis wird indirekt geführt, indem wir annehmen, dies wäre nicht der Fall. Ohne Beschränkung der Allgemeinheit möge es mehr gerade als ungerade Permutationen geben. Mit A_n bezeichnen wir die Menge aller geraden Permutationen von S_n. Es sei s_u eine beliebige ungerade Permutation aus S_n. Wir bilden die Menge aller Produkte $\{s_g \circ s_u \mid s_g \in A_n\}$. Aus der Kürzungsregel, die in der Gruppe S_n erfüllt ist, ergibt sich, daß diese Produkte paarweise verschieden sind. Ihre Anzahl ist daher gleich der Anzahl der Elemente in A_n. Da jedes der Produkte ungerade ist, gibt es daher mehr ungerade als gerade Permutationen. Dieser Widerspruch zeigt, daß die Anzahl der geraden und der ungeraden Permutationen gleich ist. ■

Die Menge A_n aller geraden Permutationen ist gegenüber der Multiplikation abgeschlossen. Wir meinen damit, daß das Produkt aus der Menge A_n nicht herausführt. Die identische Permutation ist gerade und man kann leicht zeigen, daß die Inverse einer geraden Permutation auch gerade ist, denn sonst wäre das Produkt aus einer Permutation und ihrer inversen ungerade im Widerspruch dazu, daß dieses Produkt die gerade Permutation (1) ergibt. Dies zeigt uns, daß $(A_n; \circ)$ ebenfalls eine Gruppe ist. Man spricht von einer *Untergruppe* der Gruppe $\mathcal{S}_n$ und nennt sie die *alternierende Gruppe*. Die Anzahl ihrer Elemente beträgt $\frac{n!}{2}$, da es $n!$ Permutationen der Ordnung n gibt.

3.3 Strukturen mit zwei binären Operationen

Die Zahlenbereiche sind wegen der Möglichkeit Zahlen zu addieren oder sie zu multiplizieren algebraische Strukturen mit zwei binären Operationen.

Definition 3.3.1 Eine algebraische Struktur $\mathcal{A} = (A;\ +,\cdot), A \neq \emptyset$, heißt *Ring*, falls $(A;\ +)$ eine kommutative Gruppe ist, $(A;\ \cdot)$ eine Halbgruppe ist und die Distributivgesetze

$$\forall a, b, c\ (a \cdot (b + c) = a \cdot b + a \cdot c,\ \ (a + b) \cdot c = a \cdot c + b \cdot c)$$

gelten.

Beispiel 3.3.2 $(\mathbb{Z};\ +,\cdot)$, $(\mathbb{Q};\ +,\cdot)$, $(\mathbb{R};\ +,\cdot)$, $(\mathbb{C};\ +,\cdot)$ sind Ringe, aber $(\mathbb{N};\ +,\cdot)$ ist kein Ring, da die Addition natürlicher Zahlen nicht umkehrbar ist. Bei den genannten Beispielen handelt es sich um kommutative Ringe, da die Multiplikation in allen Beispielen auch kommutativ ist. Ist die Multiplikation kommutativ, so braucht nur die Gültigkeit eines der beiden Distributivgesetze gefordert zu werden, da sich das zweite mit Hilfe der Kommutativität ergibt.

Ein Ring ist bezüglich der Addition eine (kommutative) Gruppe. Daher hat jeder Ring ein Nullelement 0. Die Wirkung des Nullelements bei der Multiplikation ist vom Rechnen mit Zahlen her geläufig und läßt sich verallgemeinern.

Folgerung 3.3.3 *In jedem Ring* $(A;\ +,\cdot)$ *gelten für alle* $a, b \in A$*:*

(i) $a \cdot 0 = 0 \cdot a = 0$,

(ii) $a \cdot (-b) = (-a) \cdot b = -(a \cdot b), (-a) \cdot (-b) = a \cdot b$ *(Vorzeichenregeln)*.

Beweis: (*i*): Es gelten $a \cdot 0 = a \cdot (0 + 0) = a \cdot 0 + a \cdot 0$ und $a \cdot 0 = a \cdot 0 + 0$. Der Vergleich der rechten Seiten ergibt dann $a \cdot 0 + a \cdot 0 = a \cdot 0 + 0$, woraus nach Anwendung der Kürzungsregel $a \cdot 0 = 0$ folgt. Entsprechend zeigt man $0 \cdot a = 0$.
(*ii*): Aus $a \cdot b + (-a \cdot b) = 0$ und $a \cdot b + a \cdot (-b) = a(b + (-b)) = a \cdot 0 = 0$ folgt durch Gleichsetzen der linken Seiten $a \cdot b + ((-a) \cdot b) = a \cdot b + a \cdot (-b)$, woraus sich nach Anwendung der Kürzungsregel $-(a \cdot b) = a \cdot (-b)$ ergibt. Die anderen Gleichungen werden in entsprechender Weise bewiesen.
In Ringen von Zahlen ist ein Produkt genau dann gleich Null, wenn einer der beiden Faktoren Null ist. Dies muß bei beliebigen Ringen nicht der Fall sein, wie das folgende Beispiel belegt.

Beispiel 3.3.4 $\mathcal{A} = (\{0, b, c, d\};\ +, \cdot)$, wobei die Operationen durch die folgenden Strukturtafeln definiert sind.

$+$	0	b	c	d
0	0	b	c	d
b	b	c	d	0
c	c	d	0	b
d	d	0	b	c

$\cdot$	0	b	c	d
0	0	0	0	0
b	0	b	c	d
c	0	c	0	c
d	0	d	c	b

Man überprüft, daß $(A;\ +)$ eine kommutative Gruppe ist, daß $(A;\ \cdot)$ eine Halbgruppe ist und daß die Distributivgesetze gelten. Der Nachweis des Assoziativgesetzes erfordert etwas mehr Rechenaufwand, da alle Produkte mit drei Faktoren zu überprüfen sind. Obwohl c nicht Nullelement ist, gilt $c \cdot c = 0$. Es gibt also ein Produkt, welches 0 ist, ohne daß einer der Faktoren 0 ist.

Definition 3.3.5 Ein Ringelement $a \neq 0$, zu dem es ein Ringelement $b \neq 0$ mit $a \cdot b = 0$ gibt, heißt linker Nullteiler. Entsprechend wird der Begriff des rechten Nullteilers definiert. Ist a linker und rechter Nullteiler, so spricht man einfach von einem Nullteiler.

In kommutativen Ringen ist eine Unterscheidung zwischen linken und rechten Nullteilern nicht erforderlich. Hat ein Ring keine Nullteiler, so heißt er *nullteilerfrei*. Eine umfangreiche Klasse nullteilerfreier Ringe bilden die *Körper*.

Definition 3.3.6 Ein kommutativer Ring $\mathcal{K} = (K;\ +, \cdot)$ heißt *Körper*, falls $(K \setminus \{0\};\ \cdot)$ eine kommutative Gruppe ist.

Ist die Multiplikation nicht kommutativ, so spricht man auch von einem *Schiefkörper.*

Beispiel 3.3.7 ($\mathbb{R}$; $+,\cdot$), ($\mathbb{Q}$; $+,\cdot$), ($\mathbb{C}$; $+,\cdot$) sind Körper. Die natürlichen Zahlen und die ganzen Zahlen bilden dagegen bezüglich Addition und Multiplikation keine Körper.
Jeder Körper enthält wenigstens Nullelement und Einselement. Fallen diese Elemente zusammen, so spricht man von einem *trivialen Körper.* Der kleinste nichttriviale Körper besteht nur aus Null- und Einselement und kann in der Form $(\{0,1\};\ +,\wedge)$ geschrieben werden, wobei $+$ die Addition modulo 2 ist und $\wedge$ die Konjunktion bezeichnet.

+	0	1
0	0	1
1	1	0

$\wedge$	0	1
0	0	0
1	0	1

Satz 3.3.8 *Ein Körper hat keine Nullteiler.*

Beweis: $\mathcal{K} = (K;\ +,\cdot)$ sei ein Körper und $a\cdot b = 0,\ a \neq 0$. Dann existiert das Inverse von a und wir erhalten $0 = a^{-1}\cdot 0 = a^{-1}\cdot(a\cdot b) = (a^{-1}\cdot a)\cdot b = e\cdot b = b$. Dies beweist die Nullteilerfreiheit. ■

Die Umkehrung dieses Satzes ist falsch, denn der Ring der ganzen Zahlen ist nullteilerfrei, aber kein Körper, da Inverse im allgemeinen nicht existieren.
Es gilt aber:

Folgerung 3.3.9 *In einem nullteilerfreien Ring $\mathcal{R}$ gelten die Kürzungsregeln*

$$\forall a,x,y \in R, a \neq 0\ (a\cdot x = a\cdot y \Rightarrow x = y \wedge x\cdot a = y\cdot a \Rightarrow x = y).$$

Beweis: Aus $a\cdot x = a\cdot y$ folgt $a(x-y) = 0$ und wegen $a \neq 0$ und der Nullteilerfreiheit $x = y$. Die zweite Kürzungsregel wird analog bewiesen. ■

Der Begriff des Unterringes wird analog zu Untergruppen definiert.

Definition 3.3.10 Es sei $(R;+,\cdot)$ ein Ring, und es sei R' eine nichtleere Teilmenge von R. Gehören für alle $a,b \in R'$ das Produkt $a\cdot b$ und die Summe $a+b$ auch zur Menge R' und ist $(R';+|_{R'},\cdot|_{R'})$ ein Ring, so spricht man von einem Unterring von $(R;+,\cdot)$. Hierbei sind $+|_{R'},\ \cdot|_{R'}$ die Einschränkungen von $+$ und von $\cdot$ auf R'. Der Ring $(R;+,\cdot)$ heißt Oberring des Ringes $(R';+|_{R'},\cdot|_{R'})$.

Ein anderer wichtiger ringtheoretischer Begriff ist die *Isomorphie* von Ringen. Er bringt wie auch bei Gruppen zum Ausdruck, daß es auf die Bezeichnung der Elemente nicht ankommt.

Definition 3.3.11 Es seien $(R; +_R, \cdot_R)$ und $(R'; +_{R'}, \cdot_{R'})$ zwei Ringe. Eine eineindeutige Abbildung $\varphi : R \to R'$ von R auf R' heißt Isomorphie, falls $\varphi(a \cdot_R b) = \varphi(a) \cdot_{R'} \varphi(b)$ und $\varphi(a +_R b) = \varphi(a) +_{R'} \varphi(b)$ für alle $a, b \in R$ erfüllt sind. Der Ring $(R'; +_{R'}, \cdot_{R'})$ heißt isomorphes Bild von $(R; +_R, \cdot_R)$.

3.4 Restklassenringe und -körper

Bisher haben wir im wesentlichen die Zahlenbereiche als Beispiele für Ringe und Körper kennengelernt. Wir kommen nun zu einer weiteren Klasse von Beispielen, den Restklassenringen und Restklassenkörpern. In 1.5 haben wir die Kongruenz modulo m als Beispiel für eine Äquivalenzrelation eingeführt. Die Äquivalenzklassen bezüglich der Kongruenz modulo m, das heißt, die Mengen $[a]_m = \{b \mid b \in \mathbb{Z} \wedge b \equiv a(m)\}$, heißen auch *Restklassen modulo m*. Das ist sinnvoll, denn wenn $b_1, b_2 \in [a]_m$, so bedeutet dies $b_1 \equiv a(m)$ und $b_2 \equiv a(m)$ und daher gibt es ganze Zahlen g_1, g_2 mit $b_1 - a = g_1 \cdot m$, $b_2 - a = g_2 \cdot m$ oder $b_1 = a + g_1 \cdot m, b_2 = a + g_2 \cdot m$. Dies bedeutet, daß b_1 und b_2 bei Division durch m den gleichen Rest a lassen. Umgekehrt überprüft man ebenso leicht, daß zwei Zahlen, die bei Division durch m den gleichen Rest lassen, kongruent modulo m sind und damit in der gleichen Restklasse modulo m liegen.
Für $m = 5$ ist $\{[0]_5, [1]_5, [2]_5, [3]_5, [4]_5\}$ die Menge aller Restklassen modulo 5. Eine Restklasse modulo m ist eine Menge, die durch ein beliebiges ihrer Elemente repräsentiert werden kann. Es ist aber üblich, den Repräsentanten normiert als kleinste nichtnegative Zahl, die in der betreffenden Restklasse enthalten ist, anzugeben (Normalform).
Durch $\mathbb{Z}/_{(m)}$ bezeichnen wir die Menge $\mathbb{Z}/_{(m)} := \{[0]_m, [1]_m, \ldots, [m-1]_m\}$ aller Restklassen modulo m. Die Menge $\mathbb{Z}/_{(m)}$ kann durch die Definition von Rechenoperationen zu einer algebraischen Struktur gemacht werden.

Definition 3.4.1 Es sei $m \geq 2$ eine natürliche Zahl, und es sei $\mathbb{Z}/_{(m)}$ die Menge aller Restklassen modulo m. Auf $\mathbb{Z}/_{(m)}$ definiert man eine Addition und eine Multiplikation durch

$$[a]_m + [b]_m := [a+b]_m, \quad [a]_m \cdot [b]_m := [a \cdot b]_m.$$

Es ist nicht völlig selbstverständlich, daß wir es tatsächlich mit binären Operationen zu tun haben, also mit Funktionen von $\mathbb{Z}/_{(m)} \times \mathbb{Z}/_{(m)}$ in $\mathbb{Z}/_{(m)}$. Um dies zu zeigen, haben wir die *Unabhängigkeit* der Definitionen vom gewählten Repräsentanten nachzuweisen. Es seien also $[a']_m = [a]_m$, $[b']_m = [b]_m$. Dann gelten $a' \equiv a(m)$ und $b' \equiv b(m)$, also gibt es ganze Zahlen g_1, g_2 mit $a' - a = g_1 \cdot m, b' - b = g_2 \cdot m$. Daraus folgt durch Addition $a' - a + (b' - b) =$

$(g_1 + g_2) \cdot m$ und daher $a + b \equiv a' + b'(m)$. Dies bedeutet $[a + b]_m = [a' + b']_m$. Entsprechend zeigt man die Unabhängigkeit der Multiplikation vom gewählten Repräsentanten.

Beispiel 3.4.2 Als Beispiel geben wir die Strukturtafeln für die Addition und die Multiplikation auf der Menge $\mathbb{Z}/_{(4)}$ der Restklassen modulo 4 an.

$+$	$[0]_4$	$[1]_4$	$[2]_4$	$[3]_4$
$[0]_4$	$[0]_4$	$[1]_4$	$[2]_4$	$[3]_4$
$[1]_4$	$[1]_4$	$[2]_4$	$[3]_4$	$[0]_4$
$[2]_4$	$[2]_4$	$[3]_4$	$[0]_4$	$[1]_4$
$[3]_4$	$[3]_4$	$[0]_4$	$[1]_4$	$[2]_4$

$\cdot$	$[0]_4$	$[1]_4$	$[2]_4$	$[3]_4$
$[0]_4$	$[0]_4$	$[0]_4$	$[0]_4$	$[0]_4$
$[1]_4$	$[0]_4$	$[1]_4$	$[2]_4$	$[3]_4$
$[2]_4$	$[0]_4$	$[2]_4$	$[0]_4$	$[2]_4$
$[3]_4$	$[0]_4$	$[3]_4$	$[2]_4$	$[1]_4$

Satz 3.4.3 $\mathbb{Z}/_{(m)}$ *ist ein kommutativer Ring, der Restklassenring modulo* m.

Beweis: Wie bereits bewiesen wurde, sind Addition und Multiplikation von Restklassen binäre Operationen auf $\mathbb{Z}/_{(m)}$. Kommutativgesetze und Assoziativgesetze für die Addition zeigt man wie folgt:

$$[a]_m + [b]_m = [a + b]_m = [b + a]_m = [b]_m + [a]_m,$$

$$[a]_m \cdot [b]_m = [a \cdot b]_m = [b \cdot a]_m = [b]_m \cdot [a]_m,$$

$$([a]_m + [b]_m) + [c]_m = [a + b]_m + [c]_m = [(a + b) + c]_m = [a + (b + c)]_m$$
$$= [a]_m + ([b]_m + [c]_m),$$

$$([a]_m \cdot [b]_m) \cdot [c]_m = [a \cdot b]_m \cdot [c]_m = [(a \cdot b) \cdot c]_m = [a \cdot (b \cdot c)]_m = [a]_m \cdot ([b]_m \cdot [c]_m).$$

Die Restklasse $[0]_m$ ist das Nullelement und $[-a]_m$ ist die zu $[a]_m$ entgegengesetzte Restklasse, wie leicht zu überprüfen ist. Beim Nachweis der Kommutativgesetze und der Assoziativgesetze hat man schon gesehen, daß sich ihre Gültigkeit aus den entsprechenden Gesetzen in $\mathbb{Z}$ ergibt. Entsprechendes gilt auch für das Distributivgesetz, dessen Nachweis dem Leser überlassen bleiben soll. ■

Bemerkung 3.4.4 Der Restklassenring modulo m hat im allgemeinen Nullteiler. Rechnet man zum Beispiel modulo 4, so ist $[2]_4 \cdot [2]_4 = [0]_4$, aber $[2]_4$ ist nicht das Nullelement. Daher sind Restklassenringe im allgemeinen keine Körper, denn wir wissen schon, daß Körper keine Nullteiler haben.

Stellt man die Strukturtafel für die Multiplikation der Restklassen modulo 5 auf,

$\cdot$	$[0]_5$	$[1]_5$	$[2]_5$	$[3]_5$	$[4]_5$
$[0]_5$	$[0]_5$	$[0]_5$	$[0]_5$	$[0]_5$	$[0]_5$
$[1]_5$	$[0]_5$	$[1]_5$	$[2]_5$	$[3]_5$	$[4]_5$
$[2]_5$	$[0]_5$	$[2]_5$	$[4]_5$	$[1]_5$	$[3]_5$
$[3]_5$	$[0]_5$	$[3]_5$	$[1]_5$	$[4]_5$	$[2]_5$
$[4]_5$	$[0]_5$	$[4]_5$	$[3]_5$	$[2]_5$	$[1]_5$,

so bemerkt man, daß die Multiplikation der von $[0]_5$ verschiedenen Restklassen aus der Menge der von $[0]_5$ verschiedenen Restklassen nicht herausführt und $(\mathbb{Z}/_{(5)} \setminus \{[0]_5\}; \cdot)$ eine Gruppe ist.
Etwas allgemeiner gilt:

Satz 3.4.5 *Der Restklassenring* $(\mathbb{Z}/_{(m)};\ +, \cdot)$ *ist genau dann ein Körper, wenn* $m = p$ *eine Primzahl ist.*

Beweis: $(\mathbb{Z}/_{(p)}; +, \cdot)$ ist ein kommutativer Ring. Wir haben noch die Umkehrbarkeit der Multiplikation für alle von $[0]_m$ verschiedenen Elemente zu zeigen. Es seien $a, b \in \mathbb{Z}$ mit $0 \leq a, b \leq p-1$. Ist p ein Teiler von $a \cdot b$, so ist p als Primzahl Teiler von a oder Teiler von b. (Dabei nutzen wir, daß sich jede natürliche Zahl eindeutig als Produkt von Primzahlpotenzen darstellen läßt.)
Daher gilt

$$a \cdot b \equiv 0(p) \Rightarrow a \equiv 0(p) \vee b \equiv 0(p)$$

und nach dem Übergang zu Restklassen

$$[a]_p \cdot [b]_p = [0]_p \Rightarrow [a]_p = [0]_p \vee [b]_p = [0]_p.$$

Daher hat $(\mathbb{Z}/_{(p)};\ +, \cdot)$ keine Nullteiler und es gilt die Kürzungsregel. Wieder aus der Nullteilerfreiheit folgt, daß
$(\mathbb{Z}/_{(p)} \setminus \{[0]_p\}; \cdot)$ eine Halbgruppe ist, die nur endlich viele Elemente enthält. Nach Bemerkung 3.1.8(2) handelt es sich um eine Gruppe und daher ist $(\mathbb{Z}/_{(p)}; +, \cdot)$ ein Körper.
Ist umgekehrt $(\mathbb{Z}_{(m)}; +, \cdot)$ ein Körper, so enthält er keine Nullteiler und es gilt

$$[a]_m \cdot [b]_m = [0]_m \Rightarrow [a]_m = [0]_m \vee [b]_m = [0]_m.$$

Dies bedeutet

$$a \cdot b \equiv 0(m) \Rightarrow a \equiv 0(m) \vee b \equiv 0(m)$$

und m ist eine Primzahl. ■

Wir bemerken noch, daß nicht nur die von $[0]_p$ verschiedenen Restklassen modulo p für Primzahlen p bezüglich der Multiplikation Gruppen bilden. Dazu betrachten wir solche Restklassen $[a]_m$, für die der größte gemeinsame Teiler $ggT(a, m) = 1$ ist.

Definition 3.4.6 $[a]_m$ heißt prime Restklasse modulo m, falls $ggT(a, m) = 1$. Mit $P(m)$ bezeichnen wir die Menge aller primen Restklassen modulo m:

$$P(m) := \{[a]_m \mid ggT(a, m) = 1\}.$$

Satz 3.4.7 $(P(m); \cdot)$ *ist eine Gruppe, die prime Restklassengruppe modulo m.*

Zum Beweis benötigen wir einige Aussagen der Teilbarkeitslehre, die an dieser Stelle nicht zur Verfügung stehen. Deshalb verzichten wir hier auf den Beweis. Statt dessen betrachten wir als Beispiel die Menge $P(8)$ der primen Restklassen modulo 8. Genau die positiven Zahlen 1, 3, 5, 7 sind kleiner als 8 und haben mit 8 den größten gemeinsamen Teiler 1. Für die Multiplikation der primen Restklassen modulo 8 gilt die folgende Multiplikationstabelle:

$\cdot$	$[1]_8$	$[3]_8$	$[5]_8$	$[7]_8$
$[1]_8$	$[1]_8$	$[3]_8$	$[5]_8$	$[7]_8$
$[3]_8$	$[3]_8$	$[1]_8$	$[7]_8$	$[5]_8$
$[5]_8$	$[5]_8$	$[7]_8$	$[1]_8$	$[3]_8$
$[7]_8$	$[7]_8$	$[5]_8$	$[3]_8$	$[1]_8$.

Tatsächlich kann man anhand der Multiplikationstabelle nochmals die Gruppeneigenschaften von $P(8)$ erkennen. Eine besondere Rolle spielt die Anzahl der primen Restklassen modulo m. Diejenige Funktion, die jeder natürlichen Zahl $m > 1$ die Anzahl der primen Restklassen modulo m zuordnet, wird auch Eulersche φ-Funktion genannt.

Definition 3.4.8 $\varphi: \mathbb{N} \setminus \{0\} \to \mathbb{N} \setminus \{0\}$ vermöge

$$m \mapsto \varphi(m) := card P(m), \quad m \in \mathbb{N}, \quad m \geq 1$$

heißt Eulersche φ- Funktion.

Wir geben für die ersten 15 natürlichen Zahlen die Funktionswerte der Eulerschen φ-Funktion an:

m	1	2	3	4	5	6	7	8	9	10	11	12	13	14	15
$\varphi(m)$	1	1	2	2	4	2	6	4	6	4	10	4	12	6	8

Ohne Beweis sei hier mitgeteilt, daß man $\varphi(m)$ für $m = p_1^{\mu_1} \cdots p_r^{\mu_r}$ (Zerlegung von m in Primzahlpotenzen) berechnen kann gemäß:

$$\varphi(m) = \varphi(p_1^{\mu_1} \cdots p_r^{\mu_r}) = \varphi(p_1^{\mu_1})\varphi(p_2^{\mu_2}) \cdots \varphi(p_r^{\mu_r}).$$

Eine andere Berechnungsformel für $\varphi(m)$, wobei m in der Primzahlpotenzdarstellung $m = p_1^{\mu_1} \cdots p_r^{\mu_r}$ gegeben ist, lautet:

$$\varphi(m) = m(1 - \frac{1}{p_1}) \cdots (1 - \frac{1}{p_r}) = p_1^{\mu_1 - 1} \cdots p_r^{\mu_r - 1}(p_1 - 1) \cdots (p_r - 1).$$

Für die in der Tabelle angegebenen Funktionswerte kann der Leser leicht die Richtigkeit der angegebenen Formeln überprüfen.
Eine weitere Folgerung ist der sogenannte kleine Fermatsche Satz.

Folgerung 3.4.9 *Es seien a und m ganze Zahlen, $m > 1$ und $ggT(a, m) = 1$. Dann gilt $a^{\varphi(m)} \equiv 1(m)$.*

Beweis: Es sei $P(m) := \{[a_1]_m, \ldots, [a_l]_m\}$ mit $l = \varphi(m)$ die Menge der primen Restklassen modulo m. Es sei $[a]_m$ ein beliebiges Element aus $P(m)$. Da $(P(m); \cdot)$ eine Gruppe bildet, ergibt die Menge der Produkte $[a_1]_m[a]_m, \ldots, [a_l]_m[a]_m$ wieder $P(m)$, denn erstens ist $P(m)$ bezüglich der Produktbildung abgeschlossen. Ein beliebiges dieser Produkte gehört also wieder zu $P(m)$. Zweitens können keine zwei Produkte $[a_i]_m[a]_m$ und $[a_j]_m[a]_m$ übereinstimmen. Wegen der Gültigkeit der Kürzungsregel in $(P(m); \cdot)$ als Gruppe folgt nämlich aus

$$[a_i]_m[a]_m = [a_j]_m[a]_m$$

die Gleichheit $[a_i]_m = [a_j]_m$.
Aus

$$P(m) = \{[a_1]_m[a]_m, \ldots, [a_l]_m[a]_m\} = \{[a_1]_m, [a_2]_m, \ldots, [a_l]_m\}$$

folgt

$$[a_1]_m[a]_m \cdots [a_l]_m[a]_m = [a_1]_m \cdots [a_l]_m$$

und weiter

$$[a_1]_m[a_2]_m \cdots [a_l]_m([a]_m)^l = [a_1]_m \cdots [a_l]_m[1]_m.$$

Aus der Kürzungsregel in $(P(m); \cdot)$ ergibt sich dann $([a]_m)^l = [1]_m$ *oder* $a^{\varphi(m)} \equiv 1(m)$. ■

Der kleine Fermatsche Satz hat vielfältige Anwendungen bei der Lösung von Aufgaben aus der elementaren Zahlentheorie. Will man beispielsweise zeigen, daß die Zahl $2^{256} - 1$ keine Primzahl ist, so ist mit $m = 257$, $\varphi(m) = 256$ (denn 257 ist eine Primzahl). Da $ggT(2, 257) = 1$ ist, haben wir $2^{256} \equiv 1(257)$ und 257 teilt $(2^{256} - 1)$, das heißt, $2^{256} - 1$ hat einen nichttrivialen Teiler, kann daher keine Primzahl sein.

3.5 Polynomringe

Für vielfältige Anwendungen hat man die Lösung algebraischer Gleichungen n−ten Grades

$$a_n x^n + a_{n-1}x^{n-1} + \cdots + a_1 x + a_0 = 0, \; a_n \neq 0$$

zu untersuchen. Diese Lösungen können als Nullstellen von Polynomen interpretiert werden. Deshalb wollen wir uns zunächst dem Begriff des Polynoms zuwenden.

Definition 3.5.1 Es sei $\mathcal{R}$ ein Ring mit Einselement e und $\mathcal{T} \supseteq \mathcal{R}$ ein Ring, in dem $\mathcal{R}$ enthalten ist. Ein Element $x \in T$ heißt Unbestimmte über $\mathcal{R}$, falls folgendes gilt:
(i) $ax = xa$ für alle $a \in R$ und $ex = x$,
(ii) x ist transzendent über $\mathcal{R}$, das heißt, x ist nicht Lösung einer algebraischen Gleichung mit Koeffizienten aus R oder:

$$c_n x^n + c_{n-1}x^{n-1} + \cdots + c_1 x + c_0 = 0, \; c_i \in R \Rightarrow c_n = \cdots = c_0 = 0$$

(x ist algebraisch unabhängig über $\mathcal{R}$).

Sind $a_n, a_{n-1}, \ldots, a_1, a_0$ Elemente aus R und ist $x \in T \supseteq R$ eine Unbestimmte über R, so heißt das Element

$$f(x) = a_n x^n + a_{n-1}x^{n-1} + \cdots + a_1 x + a_0 \in T, \quad a_n \neq 0,$$

ein Polynom in x mit Koeffizienten aus R vom Grad n (Schreibweise: $f(x) = \sum_{i=0}^{n} a_i x^i$). Wir bemerken, daß das Polynom $f(x) = \sum_{i=0}^{n} a_i x^i$ ein Element des Oberringes $\mathcal{T} \supseteq \mathcal{R}$ ist.

Selbstverständlich stellt sich sofort die Frage, ob die Menge aller Polynome über dem Ring $\mathcal{R}$ algebraisch strukturiert, also mit Operationen versehen werden kann und ob sich dabei möglicherweise wieder ein Ring ergibt. Wenn dies der Fall ist, wäre zu untersuchen, ob jeder Ring $\mathcal{R}$ einen aus Polynomen bestehenden Ring besitzt und ob dieser eindeutig bestimmt ist. Im Verlaufe dieser Untersuchungen wird dann auch deutlich werden, daß die Definition des Begriffs „Unbestimmte“ durchaus sinnvoll ist.

Satz 3.5.2 *Zu jedem Ring $\mathcal{R}$ mit Einselement e existiert ein Ring von Polynomen in einer Unbestimmten x mit Koeffizienten aus R .*

Zum Beweis des Satzes nimmt man zunächst an, daß ein Ring $\mathcal{T} \supseteq \mathcal{R}$, der den Ring $\mathcal{R}$ umfaßt, existiert, der die Unbestimmte x über R enthält und betrachten die Menge

$$\mathcal{R}[x] \ := \ \{\sum_{i=0}^{n} a_i x^i \mid a_i \in R\}$$

aller Polynome. Man überprüft schnell, daß mit diesen Polynomen als Elementen von T gemäß der Regeln:

I. $f(x) = g(x)$ mit $f(x) = \sum_{i=0}^{n} a_i x^i$ und $g(x) = \sum_{i=0}^{m} b_i x^i$ genau dann, wenn $m = n$ und $a_i = b_i$ für alle $i = 0, \ldots, n$,

II. $f(x) + g(x) = \sum_{i=0}^{n} a_i x^i + \sum_{i=0}^{m} b_i x^i = \sum_{i=0}^{l} (a_i + b_i) x^i$, $l = max\{m, n\}$ (ist dabei $m = l$, so setzt man $a_i = 0$ für alle $n < i \leq m$),

III. $f(x) \cdot g(x) = \sum_{k=0}^{m+n} (\sum_{i+j=k} a_i b_j) x^k$

gerechnet wird. Man beachte, daß beim Nachweis von I. die algebraische Unabhängigkeit der Unbestimmten x über $\mathcal{R}$ benötigt wird und beim Nachweis von III. die Vertauschbarkeit von x mit allen $a \in R$ eine Rolle spielt.
Zum Beweis der Regel II. werden die Polynome $f(x)$ und $g(x)$ als Polynome des gleichen „formalen Grades" $l = max(m, n)$ dargestellt.
Die Regel III. zeigt, daß die Menge $R[x]$ gegenüber der Multiplikation abgeschlossen ist. Wegen $f(x) - g(x) = \sum_{i=0}^{n} (a^i - b^i) x^i \in R[x]$ ist sie auch gegenüber Addition und Entgegengesetztenbildung abgeschlossen und enthält in der Form des Polynoms $0 + 0x + 0x^2 + \cdots$ das Nullelement von $\mathcal{T}$. Damit erhalten wir einen Unterring $\mathcal{R}[x]$ von $\mathcal{T}$, den Polynomring in der Unbestimmten x mit Koeffizienten aus $\mathcal{R}$. Das Polynom e ist Einselement von $\mathcal{R}[x]$ und stimmt mit dem Einselement e von $\mathcal{R}$ überein. Der Ring $\mathcal{R}$ ist ein Unterring von $\mathcal{R}[x]$, denn jedes Element a läßt sich als Polynom in x mit Koeffizienten aus $\mathcal{R}$ schreiben. Da $\mathcal{R}[x]$ genau alle Polynome in x mit Koeffizienten aus $\mathcal{R}$ enthält, ist er minimaler, x und R enthaltender Unterring von $\mathcal{T}$, denn jeder die Unbestimmte x enthaltende Unterring von $\mathcal{T}$ muß wenigstens alle diese Polynome enthalten.
Damit ist die Struktur des Polynomringes $\mathcal{R}[x]$, falls er existiert, geklärt. Will man die Existenz des Polynomringes $\mathcal{R}[x]$ beweisen, so darf von der Existenz des Oberringes $\mathcal{T}$ nicht Gebrauch gemacht werden. Auf die Einzelheiten des Existenzbeweises wollen wir an dieser Stelle nicht eingehen (vgl. z. B. [3]).

Es gilt auch die folgende Eindeutigkeitsaussage:

Satz 3.5.3 *Je zwei Polynomringe* $\mathcal{R}[x_1]$ *und* $\mathcal{R}[x_2]$ *sind durch die Abbildung* $\varphi: \mathcal{R}[x_1] \to \mathcal{R}[x_2]$ *vermöge* $\sum_{i=0}^{n} a_i x_1^i \mapsto \sum_{i=0}^{n} a_i x_2^i$ *zueinander isomorph.*

Beweis: Der Nachweis, daß die angegebene Abbildung ein Isomorphismus ist, möge dem Leser überlassen bleiben. ■

Es seien $\mathcal{R}$ ein Ring mit Einselement e und $\mathcal{S}$ ein Oberring von $\mathcal{R}$. Unter der Einsetzung eines Elementes $c \in S$ mit $ac = ca$, $ec = c$ für alle $a \in R$ in das Polynom

$$f(x) = a_0 + a_1 x + \cdots + a_n x^n \in R[x]$$

versteht man die Bildung (den Wert) des Elementes

$$f(c) = a_0 + a_1 c + \cdots + a_n c^n \in S.$$

Ordnet man jedem in Frage kommenden Element $c \in S$ das berechnete Element $f(c) \in S$ zu, so entsteht vermöge $c \mapsto f(c)$ eine partielle Funktion aus S in S, die man *ganze rationale Funktion* nennt. Mit $G(S, R)$ bezeichnen wir die Menge aller dieser ganzen rationalen Funktionen.

Die Menge $G(S, R)$ kann man durch die naheliegende elementweise Definition einer Addition, Entgegengesetztenbildung und Multiplikation ganzer rationaler Funktionen zu einer Algebra vom Typ $\tau = (2, 2, 1, 0, 0)$ strukturieren.

Ordnet man jedem Polynom $f(x)$ die zugehörige ganze rationale Funktion zu, so wird dadurch ein Isomorphismus $\varphi : \mathcal{R}[x] \to \mathcal{G}(\mathcal{S}, \mathcal{R})$ definiert, falls $\mathcal{R}$ ein unendlicher Körper ist. Diese Voraussetzungen sind zum Beispiel dann erfüllt, wenn es sich bei $\mathcal{R}$ um den Körper der reellen Zahlen $\mathbb{R}$ oder den Körper der komplexen Zahlen $\mathbb{C}$ handelt. Der Isomorphismus φ rechtfertigt daher die weit verbreitete Gleichsetzung von Polynomen und ganzen rationalen Funktionen.

Nullteilerfreiheit und Kommutativität sind wichtige Ringeigenschaften der ganzen Zahlen. Als *Integritätsbereich* bezeichnet man einen beliebigen Ring, der diese Eigenschaften besitzt.

Satz 3.5.4 *Ist* $\mathcal{R}$ *ein kommutativer nullteilerfreier Ring (solche Ringe werden Integritätsbereiche genannt), so ist auch sein Polynomring* $\mathcal{R}[x]$ *ein kommutativer, nullteilerfreier Ring.*

Beweis: Aus der Definition der Multiplikation von Polynomen ergibt sich sofort, daß sich die Kommutativität der Multiplikation von $\mathcal{R}$ auf den Polynomring $\mathcal{R}[x]$ überträgt.

Sind $f(x) = \sum_{i=0}^{n} a_i x^i$ und $g(x) = \sum_{i=0}^{m} b_i x^i$ zwei Polynome vom Grad n bzw. vom Grad m mit $f(x) \neq 0$ und $g(x) \neq 0$, das heißt, sind $a_n,\ b_m \neq 0$, so ist auch der Koeffizient $a_n b_m$ von x^{n+m} verschieden von Null und daher ist $f(x)g(x) \neq 0$. Also sind keine Nullteiler vorhanden. ∎

Aus dem Beweis ergibt sich noch, daß, falls $\mathcal{R}$ ein Integritätsbereich ist, der Grad von $f(x)g(x)$ die Summe der Gradzahlen von $f(x)$ und $g(x)$ ist.

Man kann auch Polynome in einer Unbestimmten x_2 mit Koeffizienten aus $\mathcal{R}[x_1]$ bilden, d.h. den Polynomring $\mathcal{R}[x_1, x_2] := (\mathcal{R}[x_1])[x_2]$ betrachten und durch sukzessive Fortsetzung dieses Prozesses den Polynomring $\mathcal{R}[x_1, x_2, \ldots, x_n]$ konstruieren. Da die Reihenfolge der Hinzunahme (Adjunktion) der Unbestimmten $x_1, \ldots, x_n$ dabei vertauscht werden kann, nennt man ihn *Polynomring in den n Unbestimmten $x_1, \ldots, x_n$*.
Eine weitere Verallgemeinerung führt zum Ring der formalen Potenzreihen, der für Anwendungen in der Theorie Formaler Sprachen von Bedeutung ist.

Ebenso wie im Ring der ganzen Zahlen kann man in einem beliebigen Ring $\mathcal{R}$ mit Einselement e die Teilerrelation durch

$$a|b : \Leftrightarrow \exists c \in R \; (b = ac)$$

definieren. Das Element a heißt dann *Teiler von b* oder b *Vielfaches von a*.

Die Gleichung $b = ac$ zeigt, daß jedes Vielfache von b ein Vielfaches von a ist. Ebenso können die Begriffe *größter gemeinsamer Teiler* und *kleinstes gemeinsames Vielfaches* auch für beliebige Ringe definiert werden.

Definition 3.5.5 Es sei $\mathcal{R}$ ein Ring mit Einselement. Ein Ringelement d heißt größter gemeinsamer Teiler der Ringelemente a und b, $ggT(a, b)$, falls
(i) d Teiler von a und d Teiler von b ist und
(ii) wenn $t \in R$ Teiler von a und Teiler von b ist, so ist t auch Teiler von d.

Definition 3.5.6 Es sei $\mathcal{R}$ ein Ring mit Einselement. Ein Ringelement v heißt kleinstes gemeinsames Vielfaches der Ringelemente a und b, $kgV(a, b)$, falls
(i) v Vielfaches von a und v Vielfaches von b ist und
(ii) wenn $w \in R$ Vielfaches von a und Vielfaches von b ist, so ist v auch Vielfaches von w.

Definition 3.5.7 Ein kommutativer Ring $\mathcal{R}$ heißt euklidischer Ring, falls eine Funktion $g : R \to \mathbb{N}$ vermöge $a \mapsto g(a)$ existiert, so daß die folgenden Bedingungen erfüllt sind:
(i) für $a \neq 0$, $b \neq 0$ ist $ab \neq 0$ und $g(ab) \geq g(a)$, $g(ab) \geq g(b)$,

(ii) zu beliebigen Elementen $a, b \in R$ mit $a \neq 0$ existiert eine Darstellung $b = qa + r$, in der entweder $r = 0$ oder $g(r) < g(a)$ ist.

Beispiele für die in der Definition auftretende Funktion g sind $g(a) = |a|$ im Fall des Ringes der ganzen Zahlen und $g(f(x)) = grad\ f(x)$ für $\mathcal{K}[x]$, wobei $\mathcal{K}$ ein Körper ist.
Zwei Ringelemente $a, b \in R$, die das Einselement e von R als größten gemeinsamen Teiler haben, heißen *teilerfremd zueinander.*

In euklidischen Ringen kann man einen Algorithmus angeben, den *euklidischen Algorithmus,* um den größten gemeinsamen Teiler zweier Elemente zu berechnen. Es seien a_0, a_1 zwei Elemente eines euklidischen Ringes $\mathcal{R}$ mit $a_1 \neq 0$ und $g(a_1) \leq g(a_0)$. Dann läßt sich a_0 in der Form

$$a_0 = q_1a_1 + a_2, \quad \text{mit } g(a_2) < g(a_1) \text{ oder } a_2 = 0$$

darstellen. Ist $a_2 \neq 0$ und dividiert man nun a_1 durch a_2 mit Rest, so folgt

$$a_1 = q_2a_2 + a_3, \quad \text{mit } g(a_3) < g(a_2) \text{ oder } a_3 = 0.$$

Da wir dabei eine streng monoton fallende Folge natürlicher Zahlen

$$\cdots < g(a_3) < g(a_2) < g(a_1)$$

erhalten, muß das Verfahren mit dem Rest Null abbrechen und wir erhalten

$$a_{s-1} = q_s a_s.$$

Man überprüft nun, daß der letzte von Null verschiedene Rest, also a_s, der größte gemeinsame Teiler von a_0 und a_1 ist, denn entsprechend der letzten Gleichung ist a_s ein Teiler von a_{s-1}, nach der vorletzten Gleichung

$$a_{s-2} = q_{s-1}a_{s-1} + a_s$$

ist a_s Teiler von a_{s-2} und in dieser Weise fortfahrend erhält man a_s als gemeinsamen Teiler von a_0 und a_1. Aus der ersten Gleichung folgt, daß jeder gemeinsame Teiler von a_0 und a_1 ein Teiler von a_2 ist, damit ist er nach der zweiten Gleichung Teiler von a_3 und schließlich nach der Gleichung $a_{s-2} = q_{s-1}a_{s-1} + a_s$ ein Teiler von a_s.
Durch Auflösen der vorletzten Gleichung nach a_s und sukzessives Einsetzen erhält man eine Darstellung des größten gemeinsamen Teilers d als Linearkombination von a_0 und a_1, das heißt es gibt Ringelemente x, y mit $d = x \cdot a_0 + y \cdot a_1$.

Auch der Begriff der Primzahl läßt sich für beliebige Ringe verallgemeinern. Unter einer *Einheit* eines Ringes $\mathcal{R}$ versteht man ein Ringelement, das ein Inverses besitzt. Ein von Null und von Einheiten verschiedenes Element p eines Ringes $\mathcal{R}$ heißt *unzerlegbares Element* oder *Primelement*, falls aus $p = ab$ folgt, daß a oder b eine Einheit ist. Bei den ganzen Zahlen spricht man bekanntlich von Primzahlen und im Fall der Polynome von irreduziblen Polynomen.

Ein wichtiges mathematisches Prinzip besteht darin, Objekte durch „Elementarbausteine" darzustellen. Primelemente kann man als „Elementarbausteine" auffassen, denn in euklidischen Ringen gilt:

Satz 3.5.8 *In einem euklidischen Ring ist jedes von Null und einer Einheit verschiedene Element a ein Produkt von Primelementen:*

$$a = p_1 p_2 \cdots p_r.$$

Beweis: Wir beweisen zunächst, daß in einem euklidischen Ring für einen echten Teiler b von a gilt: $g(b) < g(a)$.
Nach Division von b durch a mit Rest erhält man für b die Darstellung

$$b = aq + r \quad \text{mit} \quad g(r) < g(a),$$

da die Division nicht aufgeht. Mit $a = bc$ folgt

$$r = b - aq = b - bcq = b(1 - cq) \quad \text{mit} \quad g(r) \geq g(b)$$

und damit $g(b) \leq g(r) < g(a)$.
Wir kommen nun zum eigentlichen Beweis des Satzes. Wir führen ihn durch sogenannte ordnungstheoretische Induktion nach $g(a)$. Angenommen, die Behauptung sei richtig für alle b mit $g(b) < n$, und es sei $g(a) = n$. Ist a ein Primelement, so haben wir die gesuchte Darstellung. Ist a zerlegbar: $a = bc$, wobei b und c echte Teiler von a sind, so ist $g(b) < g(a)$ und $g(c) < g(a)$. Nach der Induktionsvoraussetzung sind b und c Produkte von Primelementen und damit ist auch $a = bc$ ein Produkt von Primelementen. ■

Nunmehr kommen wir zum Beweis der Eindeutigkeit der Primfaktorzerlegung, die für den Ring der ganzen Zahlen bekannt ist. Wir benötigen dazu noch den Begriff der *Einheit*. Die Einheiten eines Ringes sind gerade die Elemente, die Inverse besitzen. Die Einheiten des Ringes der ganzen Zahlen sind $+1$ und -1.

Satz 3.5.9 *In einem euklidischen Ring ist die Zerlegung eines beliebigen, von Null verschiedenen Elementes in ein Produkt von Primelementen bis auf Einheiten und die Reihenfolge der Faktoren eindeutig bestimmt.*

Beweis: Es seien

$$a = p_1 p_2 \cdots p_r = q_1 q_2 \cdots q_s$$

zwei Zerlegungen desselben Elementes a. Da wir den Fall, daß a eine Einheit ist, ausschließen, nehmen wir an, p_1 und q_1 sind keine Einheiten.
Es ist zu zeigen, daß $r = s$ ist und daß die p_i mit den q_j bis auf die Reihenfolge der Faktoren und bis auf Einheiten übereinstimmen.
Für $r = 1$ ist alles klar. Wegen der Unzerlegbarkeit von $a = p_1$ kann das Produkt $q_1 \cdots q_s$ auch nur einen Faktor $q_1 = p_1$ enthalten. Wir können also den Beweis durch vollständige Induktion nach r führen.
Da p_1 das Produkt $q_1 \cdots q_s$ teilt, so muß p_1 einen der Faktoren teilen. Wir ordnen die q_j so um, daß p_1 das Element q_1 teilt: $q_1 = \varepsilon_1 p_1$. Dabei muß ε_1 eine Einheit sein, denn anderenfalls wäre q_1 kein Primelement. Durch Einsetzen in

$$p_1 p_2 \cdots p_r = q_1 q_2 \cdots q_s$$

erhalten wir

$$p_1 p_2 \cdots p_r = \varepsilon_1 p_1 q_2 \cdots q_s$$

und durch Kürzen folgt

$$p_2 \cdots p_r = \varepsilon_1 q_2 \cdots q_s.$$

Nach der Induktionsvoraussetzung müssen die Faktoren auf der linken und rechten Seite der letzten Gleichungen übereinstimmen. Da auch p_1 mit q_1 bis auf Einheiten übereinstimmt, ist damit alles bewiesen. ∎

Die letzten beiden Aussagen besagen, daß jedes Element eines euklidischen Ringes bis auf Einheiten und die Reihenfolge der Faktoren eindeutig als Produkt von Primelementen darstellbar ist. Dies gilt insbesondere für $\mathbb{Z}$ und den Polynomring $\mathcal{K}[x]$ über einem Körper $\mathcal{K}$.

Wir setzen wieder voraus, daß $\mathcal{K}$ ein Körper, (d.h., nach Definition kommutativ) $\mathcal{S}$ ein Oberkörper von $\mathcal{K}$ ist und daß

$$f(x) = a_n x^n + \cdots + a_1 x + a_0 \in \mathcal{K}[x]$$

ein Polynom in einer Unbestimmten x ist. Wir wollen uns nun mit den Nullstellen von $f(x)$ beschäftigen.

Definition 3.5.10 Ein Element α aus S heißt Nullstelle von $f(x)$, falls $f(\alpha) = 0$ gilt.

Die Bestimmung der Nullstellen eines Polynoms bedeutet also, die Unbestimmte x so durch Elemente aus S zu ersetzen, daß dabei Null entsteht. Man spricht dann auch von der Auflösung der algebraischen Gleichung

$$a_n x^n + \cdots + a_1 x + a_0 = 0.$$

Aussage 3.5.11 *Ein Element α aus S ist genau dann Nullstelle des Polynoms $f(x) \in K[x]$, wenn $f(x)$ durch $x - \alpha$ teilbar ist.*

Beweis: Division von $f(x)$ durch $x - \alpha$ ergibt im euklidischen Ring $\mathcal{K}[x]$ die Darstellung

$$f(x) = q(x)(x - \alpha) + r(x),$$

wobei der Grad von $r(x)$ kleiner als 1 ist. Daher ist $r(x) = r$ eine Konstante. Setzt man für x das Element α ein, so folgt

$$0 = f(\alpha) = g(\alpha)0 + r$$

und damit $r = 0$, da α eine Nullstelle von $f(x)$ ist. Daher gestattet $f(x)$ die Darstellung $f(x) = q(x)(x - \alpha)$ und $x - \alpha$ ist Teiler von $f(x)$.
Die Umkehrung ist klar. ■

Aussage 3.5.12 *Sind $\alpha_1, \ldots, \alpha_k$ paarweise verschiedene Nullstellen des Polynoms $f(x)$, so ist $f(x)$ durch das Produkt $(x-\alpha_1)(x-\alpha_2)\cdots(x-\alpha_k)$ teilbar.*

Beweis: Für $k = 1$ haben wir diese Aussage bereits bewiesen. Angenommen, sie ist für $k - 1$ bewiesen. Dann hat man

$$f(x) = (x - \alpha_1) \cdots (x - \alpha_{k-1})g(x).$$

Für $x = \alpha_k$ ergibt sich:

$$f(\alpha_k) = (\alpha_k - \alpha_1) \cdots (\alpha_k - \alpha_{k-1})g(\alpha_k).$$

Da die Elemente $\alpha_1, \ldots, \alpha_k$ paarweise verschieden sind und da $\mathcal{K}[x]$ keine Nullteiler hat, folgt aus

$$0 = (\alpha_k - \alpha_1) \cdots (\alpha_k - \alpha_{k-1})g(\alpha_k),$$

daß $g(\alpha_k) = 0$ ist. Damit gestattet $g(x)$ die Darstellung $g(x) = (x-\alpha_k)h(x)$. Insgesamt haben wir

$$f(x) = (x - \alpha_1) \cdots (x - \alpha_{k-1})(x - \alpha_k)h(x),$$

und $f(x)$ ist durch das Produkt $(x - \alpha_1) \cdots (x - \alpha_{k-1})(x - \alpha_k)$ teilbar. ■

Eine Folgerung dieser Aussage ist, daß ein von Null verschiedenes Polynom vom Grad n in einem Integritätsbereich höchstens n Nullstellen haben kann. Dies gilt nicht mehr in Ringen mit Nullteilern. So hat das Polynom $f(x) = x^2 \in \mathbb{Z}/_{(16)}[x]$ in $\mathbb{Z}/(16)$ die Nullstellen $[0]_{16}, [4]_{16}, [8]_{16}$ und $[12]_{16}$.

Ist das Polynom $f(x)$ durch $(x-\alpha)^k$, aber nicht durch $(x-\alpha)^{k+1}$ teilbar, so nennt man das Element α k-fache Nullstelle von $f(x)$. Man überlegt sich nun leicht, daß die voneinander verschiedenen Elemente $\alpha_1, \ldots, \alpha_k$ aus S genau dann Nullstellen der Vielfachheiten $l_1, \ldots, l_k$ eines Polynoms $f(x) \in K[x]$, $f(x) \neq 0$, sind, wenn in $K[x]$ eine Zerlegung der Form

$$f(x) = (x-\alpha_1)^{l_1} \cdots (x-\alpha_k)^{l_k} g(x) \text{ mit } g(\alpha_i) \neq 0 \text{ für alle } i = 1, \ldots, k$$

existiert.

Zur Bestimmung gemeinsamer Nullstellen zweier Polynome $f(x)$, $g(x) \in K[x]$ ist das folgende Kriterium sehr nützlich:

Aussage 3.5.13 *Es seien $f(x)$ und $g(x)$ zwei Polynome aus $K[x]$. Dann ist ein Element α eines Oberringes $\mathcal{S}$ von $\mathcal{K}$ genau dann gemeinsame Nullstelle von $f(x)$ und $g(x)$, wenn α Nullstelle des größten gemeinsamen Teilers $d(x)$ von $f(x)$ und $g(x)$ ist.*

Beweis: Es sei α eine gemeinsame Nullstelle von $f(x)$ und $g(x) \in K[x]$. In dem euklidischen Ring $\mathcal{K}[x]$ existiert der größte gemeinsame Teiler $d(x)$ von $f(x)$ und $g(x)$ und läßt sich als Linearkombination dieser beiden Polynome darstellen:

$$d(x) = f(x)h(x) + g(x)k(x).$$

Durch Einsetzen von α für x folgt $d(\alpha) = 0$. Da $d(x)$ Teiler von $f(x)$ und $g(x)$ ist, gibt es Polynome $f_1(x)$ und $g_1(x)$ mit $f(x) = d(x)f_1(x)$ und $g(x) = d(x)g_1(x)$. Ist α Nullstelle von $d(x)$, so ist α daher auch Nullstelle von $f(x)$ und $g(x)$. ∎

Als Folgerung erhalten wir:

Folgerung 3.5.14 *Es sei $f(x)$ ein irreduzibles und $g(x)$ ein beliebiges Polynom aus $\mathcal{K}[x]$. Haben dann $f(x)$ und $g(x)$ in einem Oberring $\mathcal{S}$ von $\mathcal{K}$ eine gemeinsame Nullstelle, so ist $f(x)$ ein Teiler von $g(x)$.*

Beweis: Nach 3.5.13 müssen $f(x)$ und $g(x)$ einen nicht konstanten größten gemeinsamen Teiler haben. Da $f(x)$ irreduzibel ist, muß dieser mit $f(x)$ übereinstimmen. ∎

Wir wollen nun ein Kriterium für die Existenz mehrfacher Nullstellen angeben. Dazu definieren wir durch

$$D: \; K[x] \to K[x] \text{ vermöge } \sum_{i=0}^{n} a_i x^i \mapsto \sum_{i=1}^{n} (ia_i) x^{i-1}$$

eine Abbildung, die jedem Polynom $f(x) \in K[x]$ seine *Ableitung* $f'(x) \in K[x]$ zuordnet.
Die Funktion D erfüllt die folgenden Differentiationsregeln:

$$\begin{array}{lrcl} (1) & D(af(x)+bg(x)) & = & aD(f(x)) + bD(g(x)) \\ (2) & D(f(x)g(x)) & = & f(x)D(g(x)) + g(x)D(f(x)) \\ & \text{für alle } a,\ b \in K & \text{und} & f(x),\ g(x) \in K[x]. \end{array}$$

Dann gilt:

Aussage 3.5.15 *Eine Nullstelle α eines Polynoms $f(x) \in K[x]\backslash\{0\}$ ist genau dann mehrfach, wenn $f'(\alpha) = 0$ ist.*

Beweis: Ist α mehrfache Nullstelle von $f(x)$, so ist $f(x) = (x-\alpha)^k g(x)$ mit $k \geq 2$. Dann gilt

$$f'(x) = k(x-\alpha)^{k-1} g(x) + (x-\alpha)^k g'(x)$$

nach (2). Wegen $k-1 \geq 1$ ist α Nullstelle von $f'(x)$.
Ist umgekehrt $f'(\alpha) = 0$, so spaltet $f'(x)$ einen Linearfaktor ab, d.h., es gilt $f'(x) = (x-\alpha)g(x)$. Ist r die Vielfachheit der Nullstelle α von $f(x)$, so gilt $f(x) = (x-\alpha)^r h(x)$ mit $h(\alpha) \neq 0$. Daraus folgt nach (2)

$$f'(x) = r(x-\alpha)^{r-1} h(x) + (x-\alpha)^r h'(x).$$

Aus beiden Gleichungen für $f'(x)$ folgt

$$(x-\alpha)g(x) = r(x-\alpha)^{r-1} h(x) + (x-\alpha)^r h'(x).$$

Damit ist $x-\alpha$ Teiler von $r(x-\alpha)^{r-1}h(x)$ und wegen $h(\alpha) \neq 0$ Teiler von $(x-\alpha)^{r-1}$. Also ist $r \geq 2$ und die Nullstelle α ist mehrfach. ∎

Der Beweis von 3.5.15 zeigt insbesondere, daß eine k–fache Nullstelle von $f(x)$ mindestens $(k-1)$–fache Nullstelle der Ableitung $f'(x)$ ist.

3.6 Boolesche Algebren und Verbände

Boolesche Algebren beschreiben die Struktur der Menge der Ausdrücke des klassischen Aussagenkalküls und bilden damit auch den strukturellen Hintergrund des Entwurfs von Schaltkreisen. Die kleinste Boolesche Algebra ist der Datentyp "boolean" mit den beiden Elementen wahr und falsch, geschrieben als 1 und als 0, aber es gibt auch viele Beispiele für Boolesche Algebren mit mehr als zwei Elementen.

Definition 3.6.1 Eine Menge B zusammen mit zwei binären Operationen, einer einstelligen Operation und zwei nullstelligen Operationen, das heißt $\mathcal{B} = (B; \wedge, \vee, -, 0, 1), 0, 1 \in B$ heißt Boolesche Algebra, falls für alle $x, y, z \in B$ die folgenden Aussagen erfüllt sind
Kommutativgesetze: $x \wedge y = y \wedge x,\ \ x \vee y = y \vee x,$
Assoziativgesetze: $x \wedge (y \wedge z) = (x \wedge y) \wedge z,\ \ x \vee (y \vee z) = (x \vee y) \vee z,$
Distributivgesetze: $x \wedge (y \vee z) = (x \wedge y) \vee (x \wedge z), x \vee (y \wedge z) = (x \vee y) \wedge (x \vee z),$
idempotente Gesetze: $x \wedge x = x,\ \ x \vee x = x,$
de Morgansche Gesetze: $-(x \vee y) = -x \wedge -y,\ \ -(x \wedge y) = -x \vee -y,$
doppelte Negation: $- - x = x,$
sowie: $0 \wedge x = 0,\ \ 0 \vee x = 1 \wedge x = x,\ \ 1 \vee x = 1,\ \ x \wedge (-x) = 0,\ \ x \vee (-x) = 1,\ \ 1 = -0.$

Einige dieser Axiome sind redundant, das heißt, dies ist nicht die ökonomischste Menge von Axiomen und einige der Aussagen können aus anderen hergeleitet werden.

Jede Boolesche Algebra kann als partiell geordnete Menge aufgefaßt werden, wenn man die folgende binäre Relation betrachtet:

Definition 3.6.2 Es sei $\mathcal{B} = (B; \wedge, \vee, -, 0, 1)$ eine Boolesche Algebra. Dann definiert man:

$$a \leq b :\Leftrightarrow a \wedge b = a\ .$$

Aussage 3.6.3 *(i) Die Relation $\leq$ definiert eine partielle Ordnungsrelation auf der Trägermenge B einer Booleschen Algebra $\mathcal{B} = (B; \wedge, \vee, -, 0, 1)$.*

(ii) Es gilt $a \leq b$ genau dann, wenn $a \vee b = b$ ist.

(iii) Es gilt $a \leq b$ genau dann, wenn $-b \leq -a$ ist.

(iv) $a \wedge b$ und $a \vee b$ sind das Infimum, bzw. das Supremum bezüglich der Relation $\leq$.

Beweis: (i): Die Relation $\leq$ ist reflexiv, da $a \wedge a = a$ gilt. Sie ist antisymmetrisch, denn wenn $a \leq b$ und $b \leq a$ erfüllt sind, so folgt $a \wedge b = a$ und $b \wedge a = b$. Zusammen mit der Kommutativität der Operation $\wedge$ folgt daraus $a = b$. Die Relation $\leq$ ist auch transitiv, denn aus $a \leq b$, das heißt aus $a \wedge b = a$ und aus $b \leq c$, das heißt aus $b \wedge c = b$ folgt $a = a \wedge (b \wedge c) = (a \wedge b) \wedge c = a \wedge c$ und daher $a \leq c$.
(ii): Es sei $a \leq b$, das heißt $a \wedge b = a$. Dann erhalten wir $a \vee b = (a \wedge b) \vee (b \wedge b) = (a \vee b) \wedge b = (-a \wedge 0) \vee ((a \vee b) \wedge b) = (-a \wedge (-b \wedge b)) \vee ((a \vee b) \vee b) = (-(a \vee b) \wedge b) \vee ((a \vee b) \wedge b) = (-(a \vee b) \vee (a \vee b)) \wedge b = 1 \wedge b = b$.
Umgekehrt sei $a \vee b = b$. Daher gilt $-a \wedge -b = -(a \vee b) = -b$. Aus $-a \wedge -b = -b$ folgt nach dem ersten Teil $-a \vee -b = -a$ und daher $a \wedge b = - - (a \wedge b) = -(-a \vee -b) = - - a = a$ und daher $a \leq b$.
(iii): Es gelten die folgenden Äquivalenzen:

$$a \leq b \Leftrightarrow a \wedge b = a \Leftrightarrow -a \vee -b = -a \Leftrightarrow -b \leq -a.$$

(iv): Entsprechend der Definition des Infimums haben wir zu zeigen:
1. $a \wedge b$ ist eine untere Schranke von a und von b.
Tatsächlich ist $(a \wedge b) \wedge a = a \wedge b$ und $(a \wedge b) \wedge b = a \wedge b$ und daher $a \wedge b \leq a, a \wedge b \leq b$.
2. $a \wedge b$ ist die größte untere Schranke von a und b, denn sei $c \leq a, c \leq b$, das heißt $c \wedge a = c, c \wedge b = c$, so folgt $c \wedge (a \wedge b) = c \wedge b = c$, das heißt $c \leq a \wedge b$.
Eine entsprechende Rechnung zeigt, daß $a \vee b$ das Supremum von a und b ist. ∎

Bemerkung 3.6.4 1. Wir bemerken noch, daß aus $1 \wedge x = x$ für alle $x \in B$ die Ungleichheit $x \leq 1$ und aus $0 \wedge x = 0$ die Ungleichheit $0 \leq x$ folgt. Daher ist 1 größtes Element bezüglich $\leq$ und 0 ist kleinstes Element bezüglich $\leq$.
2. Tauscht man in einem beliebigen Axiom für Boolesche Algebren $\wedge$ gegen $\vee$ aus und umgekehrt, so erhält man wieder ein Axiom. Dies trifft auch für beliebige abgeleitete Gleichungen zu. Man spricht in diesem Zusammenhang vom *Dualitätsprinzip*.

Wir diskutieren nun einige Beispiele für Boolesche Algebren.

Beispiel 3.6.5 1. Aus den Eigenschaften von Konjunktion, Disjunktion und Negation erhält man leicht, daß $\mathcal{B} = (\{0,1\}; \wedge, \vee, -, 0, 1)$ eine Boolesche Algebra ist.
2. Aus den Eigenschaften der mengentheoretischen Operationen Durchschnitt, Vereinigung und Komplement folgt, daß $(\mathcal{P}(X); \cap, \cup, -, X, \emptyset)$ für jede Menge

X eine Boolesche Algebra ist. Wir bemerken ohne Beweis, daß sich jede endliche Boolesche Algebra als Potenzmengenalgebra darstellen läßt.
3. Es sei $\{p_1, \ldots, p_n\}$ eine Menge von Variablen, gedacht als Aussagenvariablen über der Menge $\{0, 1\}$. Es sei A die Menge aller Funktionen von $\{p_1, \ldots, p_n\}$ in $\{0, 1\}$. Wir definieren $f_1 \wedge f_2$ durch $(f_1 \wedge f_2)(x) := f_1(x) \wedge f_2(x)$ und $f_1 \vee f_2$ durch $(f_1 \vee f_2)(x) := f_1(x) \vee f_2(x)$ für alle $x \in \{p_1, \ldots, p_n\}$, sowie $-f$ durch $(-f)(x) := -f(x)$ für alle $x \in \{p_1, \ldots, p_n\}$. Als nullstellige Operationen wählen wir die konstanten Funktionen mit Wert 0 beziehungsweise 1. Dann entsteht eine Boolesche Algebra $(A; \wedge, \vee, -, \mathbf{0}, \mathbf{1})$.

Vom Gesichtspunkt der Semantik von Programmiersprachen sind Strukturen, die etwas allgemeiner sind als Boolesche Algebren, von Bedeutung. Dies sind zum Beispiel *Verbände* und beliebige partiell geordnete Mengen.
Eine Algebra $\mathcal{V} = (V; \wedge, \vee)$ vom Typ (2, 2) heißt *Verband*, falls für alle $x, y, z \in V$ die folgenden Gleichungen erfüllt sind:

$$
\begin{array}{llll}
\text{(V1)} & x \vee y = y \vee x, & \text{(V1')} & x \wedge y = y \wedge x, \\
\text{(V2)} & x \vee (y \vee z) = (x \vee y) \vee z, & \text{(V2')} & x \wedge (y \wedge z) = (x \wedge y) \wedge z, \\
\text{(V3)} & x \vee x = x, & \text{(V3')} & x \wedge x = x, \\
\text{(V4)} & x \vee (x \wedge y) = x, & \text{(V4')} & x \wedge (x \vee y) = x.
\end{array}
$$

Die Gleichungen $(V3), (V3')$ heißen idempotente Gesetze und $(V4), (V4')$ werden Absorptionsgesetze genannt.
Gelten zusätzlich:

(V5) $x \wedge (y \vee z) = (x \wedge y) \vee (x \wedge z)$,
(V5') $x \vee (y \wedge z) = (x \vee y) \wedge (x \vee z)$ *(Distributivgesetze)*,

so heißt der Verband *distributiv*. Wir bemerken, daß jede Boolesche Algebra ein distributiver Verband ist. Verbände sind partiell geordnete Mengen. Es gilt:

Satz 3.6.6 *Eine partiell geordnete Menge $(L; \leq)$ definiert einen Verband $(L; \wedge, \vee)$, falls für alle $x, y \in L$ das Infimum $\bigwedge\{x, y\}$ und Supremum $\bigvee\{x, y\}$ existieren. Umgekehrt definiert jeder Verband eine partiell geordnete Menge, in der für alle x, y das Infimum $\bigwedge\{x, y\}$ und Supremum $\bigvee\{x, y\}$ existieren.*

Beweis: Es sei $(L; \leq)$ eine partiell geordnete Menge, in der zu je zwei Elementen $x, y \in L$ das Infimum $\bigwedge\{x, y\}$ und das Supremum $\bigvee\{x, y\}$ existieren. Setzt man $x \wedge y := \bigwedge\{x, y\}$ und $x \vee y := \bigvee\{x, y\}$, so sind (V1) - (V4) und (V1') - (V4') leicht nachweisbar.
Ist umgekehrt $(L; \wedge, \vee)$ ein Verband, so definiert man durch

$$x \leq y :\Leftrightarrow x \wedge y = x$$

eine partielle Ordnungsrelation auf L, denn:
aus (V3'): $x \wedge x = x$ folgt die Reflexivität;
aus

$$(x \leq y) \wedge (y \leq x) \Leftrightarrow (x \wedge y = x) \wedge (y \wedge x = y)$$

und aus der Kommutativität

$$x = x \wedge y = y \wedge x = y$$

folgt die Antisymmetrie und aus $(x \wedge y = x) \wedge (y \wedge z = y) \Rightarrow x = x \wedge y = x \wedge (y \wedge z) = (x \wedge y) \wedge z = x \wedge z \Leftrightarrow x \leq z$ ergibt sich die Transivität. Es ist leicht zu überprüfen, daß $\bigwedge\{x, y\} = x \wedge y$ und $\bigvee\{x, y\} = x \vee y$ gelten. ■

Definition 3.6.7 Ein *vollständiger Verband* ist eine partiell geordnete Menge $(L; \leq)$, in der für alle Mengen $B \subseteq L$ das Infimum $\bigwedge B$ und das Supremum $\bigvee B$ existieren.

Offensichtlich ist jeder endliche Verband vollständig.
Ein *beschränkter Verband* $(V; \wedge, \vee, 0, 1)$ ist eine Algebra vom Typ (2, 2, 0, 0), die außer den Gleichungen (V1) - (V4), (V1') - (V4') noch
(V6) $\forall x \in V\ (x \wedge 0 = 0)$ und (V7) $\forall x \in V\ (x \vee 1 = 1)$
erfüllt.
Wir geben noch einige Beispiele für Verbände an.

Beispiel 3.6.8 1. Endliche Verbände können wie beliebige partiell geordnete Mengen durch Hasse-Diagramme veranschaulicht werden (vgl. 1.5). 2. Wir betrachten die Menge der positiven natürlichen Zahlen mit der Teilerrelation $(\mathbb{N}\setminus\{0\}; |)$. Es ist klar, daß $|$ eine partielle Ordnungsrelation auf $\mathbb{N}\setminus\{0\}$ ist. Man überprüft schnell, daß der größte gemeinsame Teiler $ggT(a, b)$ zweier Zahlen a, b dem Infimum von a und b und das kleinste gemeinsame Vielfache $kgV(a, b)$ dem Supremum von a und b entspricht. Daher ist $(\mathbb{N}\setminus\{0\}; |)$ ein Verband, jedoch keine Boolesche Algebra, denn $(\mathbb{N}\setminus\{0\}; |)$ hat kein größtes Element.

3.7 Aufgaben

1. Man beweise die folgenden Teilbarkeitsregeln (für dekadisch geschriebene Zahlen) durch Übergang zu den entsprechenden Kongruenzen modulo m:
a) 2, 4 bzw. 8 gehen genau dann in einer Zahl a auf, wenn sie in der von der letzten Ziffer, den beiden letzten Ziffern beziehungsweise den drei letzten Ziffern von a gebildeten Zahl aufgehen.

b) 3 bzw. 9 gehen genau dann in einer Zahl a auf, wenn sie in der Summe aller Ziffern (der sog. Quersumme) von a aufgehen.
c) 11 geht genau dann in einer Zahl a auf, wenn 11 in der durch abwechselnde Addition und Subtraktion der Ziffern von a entstehenden Zahl (der sogenannten alternierenden Quersumme) aufgeht.

2. Die Teiler des Einselementes eines Ringes mit Einselement werden Einheiten genannt. Man beweise, daß die Menge aller Einheiten eines Ringes eine Gruppe bildet.

3. Man beweise: für den größten gemeinsamen Teiler und das kleinste gemeinsame Vielfache in $\mathbb{N}$ gilt:

$$ggT(a_1, a_2, \ldots, a_n) = ggT(ggT(a_1, a_2, \ldots, a_{n-1}), a_n),$$

$$kgV(a_1, a_2, \ldots, a_n) = kgV(kgV(a_1, a_2, \ldots, a_{n-1}), a_n).$$

4. In $\mathcal{R}[x]$ ist der Grad des größten gemeinsamen Teilers mehrerer Polynome größer oder gleich dem Grad eines beliebigen gemeinsamen Teilers dieser Polynome. Entsprechend ist der Grad des kleinsten gemeinsamen Vielfachen mehrerer Polynome kleiner oder gleich dem Grad eines beliebigen gemeinsamen Vielfachen dieser Polynome.

5. In einem euklidischen Ring sind genau die Elemente ε Einheiten, für die $g(\varepsilon) = g(e)$ erfüllt ist.

6. Man stelle den folgenden größten gemeinsamen Teiler mit Hilfe des euklidischen Algorithmus als Linearkombinationen in $\mathbb{Q}[x]$ dar: $ggT(f(x) = 2x^6 + 3x^5 - 4x^4 - 5x^3 - 2x - 2,\ g(x) = x^5 - 2x^3 - 1)$.

7. Man beweise die beiden folgenden Beziehungen:
Aus $a \mid m,\ b \mid m, \ldots,$ folgt $kgV(a,\ b, \ldots) \mid m$.
Aus $a \mid a',\ b \mid b', \ldots,$ folgt $kgV(a,\ b, \ldots) \mid kgV(a'\ b', \ldots)$.

8. Das Polynom

$$f(x) = x^7 + x^6 - x^5 - x^4 - x^3 - x^2 + x + 1 \in \mathbb{Z}[x]$$

hat die Nullstellen $1,\ -1,\ i,\ -i$. Man bestimme ihre Vielfachheiten.

9. Die gemeinsamen Nullstellen zweier Polynome $f(x)$ und $g(x)$ aus $\mathbb{R}[x]$ sind genau die Nullstellen des größten gemeinsamen Teilers von $f(x)$ und $g(x)$. Als Beispiel bestimme man die gemeinsamen Nullstellen von

$$f(x) = x^7 - 2x^4 - x^3 + 2 \text{ und } g(x) = x^5 - 3x^4 - x + 3.$$

10. Zwei Polynome, die in keinem Oberring $\mathcal{R}^*$ von $\mathcal{R}$ eine gemeinsame Nullstelle haben, sind in $\mathcal{R}[x]$ teilerfremd.

4 Graphentheorie

4.1 Grundbegriffe der Graphentheorie

Viele Probleme lassen sich graphentheoretisch beschreiben. Wir beginnen mit folgendem Beispiel:

Beispiel 4.1.1 Ein Tischtennisturnier mit 5 Teilnehmern a, b, c, d, e soll unter folgenden Bedingungen ausgetragen werden:
1. Jeder Spieler spielt gegen jeden anderen genau einmal.
2. Kein Teilnehmer spielt in zwei aufeinanderfolgenden Spielen.

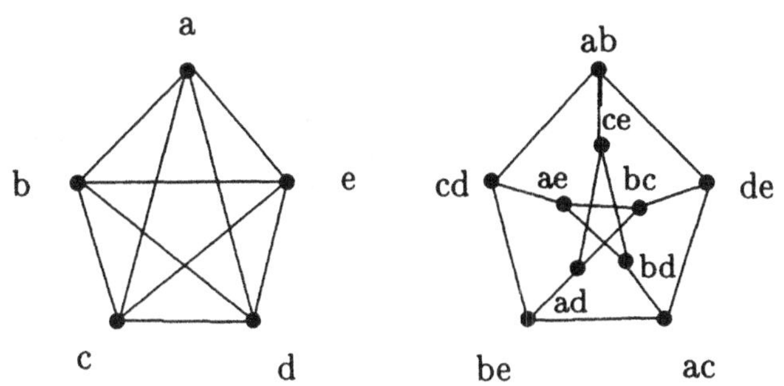

Diese Situationen können durch die obigen Graphen veranschaulicht werden. Im ersten Graphen bedeuten die Ecken (Knoten) die Spieler a, b, c, d, e und die Strecken zwischen den Punkten (Kanten) alle möglichen Spiele. Im zweiten Graphen bedeuten die Ecken die Spiele. Zwei Ecken sind genau dann durch eine Kante verbunden, wenn die zugehörigen Spiele keinen gemeinsamen Spieler haben. Um das Problem zu lösen, ist ein Kantenzug durch den zweiten Graphen gesucht, der jedes Spiel genau einmal erfaßt. Alle Bedingungen sind erfüllt, wenn die Spiele in der Reihenfolge $ab - cd - be - ac - de - bc - ae - bd - ce - ad$ ausgetragen werden.
Wir präzisieren nun die erforderlichen graphentheoretischen Grundbegriffe.

Definition 4.1.2 Ein Graph ist ein Paar $G = (V, E)$, wobei V eine beliebige Menge ist und E eine Menge zweielementiger Teilmengen von V ist, das heißt, $E \subseteq \{\{v, w\} \mid v, w \in V, v \neq w\}$.

Die Elemente der Menge V (vertices) heißen *Ecken* (auch *Knoten*) und die Elemente von E heißen *Kanten* (edges) von G.

Beispiel 4.1.3 Es sei $G = (V, E)$ mit $V = \{p, q, r, s, t\}$ und $E = \{\{p,q\}, \{p,s\}, \{p,t\}, \{q,r\}, \{q,s\}, \{q,t\}, \{r,s\}, \{s,t\}\}$. Dieser Graph hat 5 Ecken und 8 Kanten und kann zum Beispiel durch die folgenden Diagramme veranschaulicht werden.

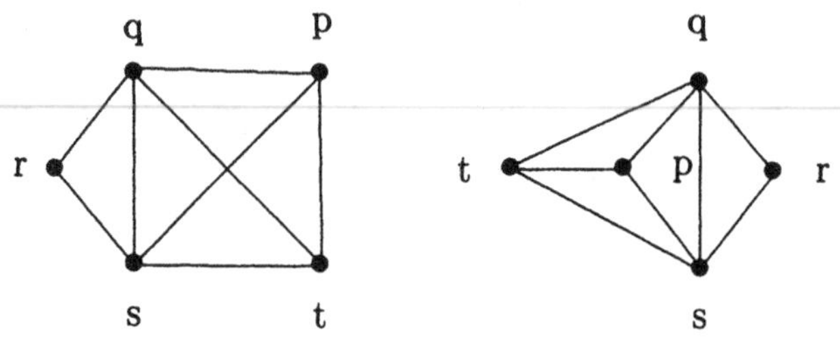

Ein Diagramm ist kein Graph, sondern kann einen Graphen nur veranschaulichen. Demselben Graphen können verschiedene Diagramme entsprechen. Unsere Definition erlaubt keine mehrfachen Kanten, keine Schlingen und keine bewerteten Kanten.

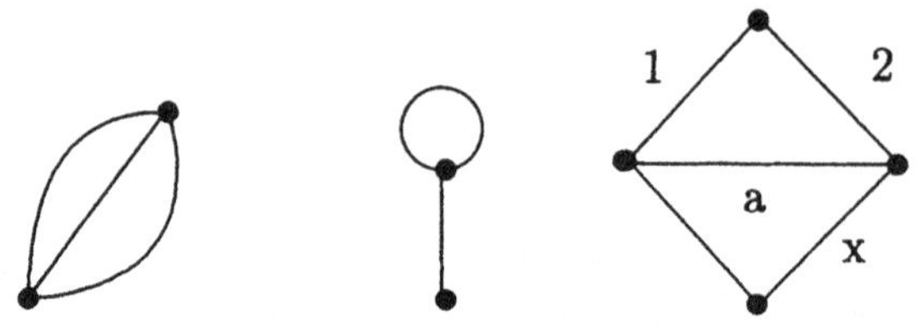

mehrfache Kanten Schlinge bewertete Kanten

Wir führen noch die folgenden Bezeichnungen und Sprechweisen ein: Für die Kante $e = \{v, w\}$ schreiben wir auch $e = vw$ und nennen v und w *Endecken* von e. Man sagt, daß v und w mit e *inzident* sind oder daß e die Ecken v und w verbindet oder daß v und w benachbart sind. Die Ecken v und w werden in diesem Fall auch *adjazent* genannt. Der Graph G heißt endlich, falls V eine endliche Menge ist.

Es sei $G = (V, E)$ ein Graph mit der Eckenmenge $V = \{1, \ldots, n\}$. Unter der Adjazenzmatrix versteht man ein quadratisches Zahlenschema aus Nullen und

Einsen, wobei $a_{ij} \in \{0,1\}$ dasjenige Element ist, das sich im Schnittpunkt der i-ten Zeile und der j-ten Spalte des Schemas befindet und durch

$$a_{ij} = \begin{cases} 1 & \text{für} \quad \{i,j\} \in E \\ 0 & \text{für} \quad \{i,j\} \notin E \end{cases}$$

definiert ist. Offenbar wird jeder Graph eindeutig durch seine Adjazenzmatrix beschrieben. Die Bezeichnung der Elemente von V und E ist unerheblich. Es kommt nur auf die Inzidenz an. Dies wird durch den Begriff der *Isomorphie* von Graphen zum Ausdruck gebracht.

Definition 4.1.4 Zwei Graphen $G_1 = (V_1, E_1)$ und $G_2 = (V_2, E_2)$ heißen isomorph, falls es eine bijektive Abbildung $\varphi : V_1 \to V_2$ gibt, so daß für alle $x, y \in V_1$ gilt

$$\{x,y\} \in E_1 \Leftrightarrow \{\varphi(x), \varphi(y)\} \in E_2.$$

Die Abbildung φ heißt dann Isomorphismus von G_1 auf G_2 und wir schreiben $G_1 \cong G_2$. Stimmen beide Graphen überein, das heißt, ist $G := G_1 = G_2$, so heißt ein Isomorphismus φ Automorphismus von G.

Im Grunde genommen bedeutet dies, G_1 und G_2 sind genau dann isomorph, wenn einer der Graphen aus dem anderen durch Umbenennung der Ecken hervorgeht.

Beispiel 4.1.5 Wir wollen untersuchen, ob die folgenden Graphen isomorph zueinander sind oder nicht.

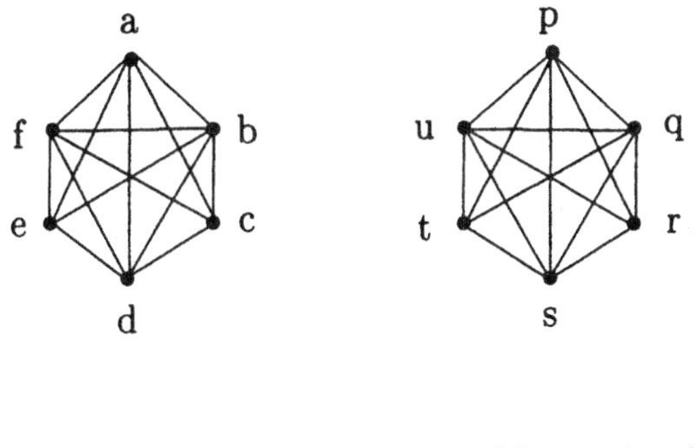

Die beiden Graphen sind isomorph. Ein Isomorphismus ist durch die folgende Abbildung φ gegeben:

x	a	b	c	d	e	f
$\varphi(x)$	p	q	r	s	t	u

IV

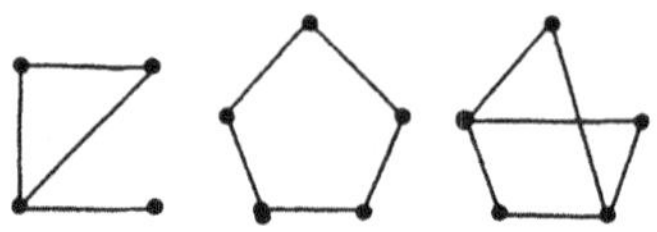

I II III

Die Graphen I und II sind nicht isomorph, da die Eckenmengen unterschiedlich viele Elemente haben, II und III sind nicht isomorph, da die Kantenmengen unterschiedlich viele Elemente haben. Die Graphen III und IV sind nicht isomorph.

Wenn nach der Anzahl von Graphen mit bestimmten Eigenschaften, zum Beispiel mit der gleichen Anzahl von Ecken gefragt wird, so ist dies immer die Frage nach der Anzahl von Klassen isomorpher Graphen. Wir wollen wissen, wie viele Graphen mit 3 Ecken es gibt. Es sei $V = \{a, b, c\}$ die Eckenmenge. Dann gibt es offensichtlich bis auf Isomorphie die folgenden Möglichkeiten für die Kantenmenge E: $E = \emptyset, E = \{\{a, b\}\}, E = \{\{a, b\}, \{a, c\}\}, E = \{\{a, b\}, \{a, c\}, \{b, c\}\}$. Diese vier möglichen Isomorphieklassen können durch die folgenden Diagramme veranschaulicht werden:

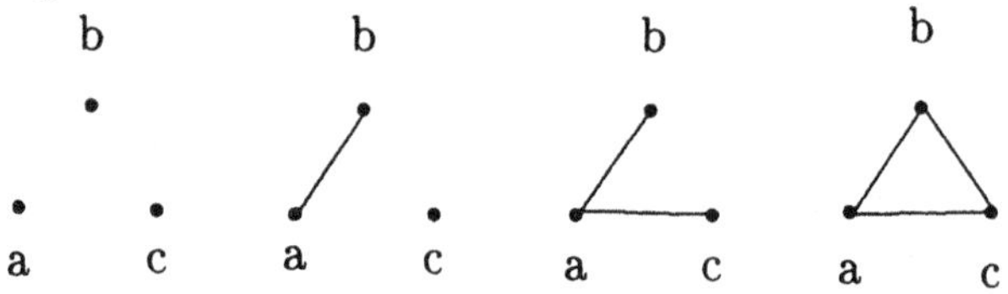

In entsprechender Weise ermittle man die Anzahl der Graphen mit einer Ecke, mit zwei Ecken, mit vier Ecken, mit fünf Ecken usw.
Das Isomorphieproblem (Identifikationsproblem) ist die Aufgabe festzustellen, ob zwei Graphen isomorph sind. Es tritt bei vielen Anwendungen in der Informatik, der Chemie und weiteren Gebieten auf und ist vom praktischen Gesichtspunkt aus eine der Grundaufgaben der Graphentheorie. Natürlich läßt sich dieses Problem in folgender Weise trivial lösen: Man nehme alle bijektiven Funktionen von V auf V' und überprüfe, ob die Isomorphiebedingung erfüllt ist. Schon bei Graphen mit mehr als 100 Ecken ist die Aufgabe praktisch selbst mit leistungsstärksten Computern nicht mehr durchführbar. Es gibt aber verschiedene sogenannte heuristische Algorithmen, die das Problem lösen. Dabei

benutzt man Invarianten bezüglich der Isomorphie. Eine dieser Invarianten ist der im weiteren einzuführende Grad einer Ecke eines Graphen.

Definition 4.1.6 Es sei $G = (V, E)$ ein Graph. Ein Graph $H = (W, F)$ mit $W \subseteq V$ und $F \subseteq E$ heißt Teilgraph von G und wir schreiben $H \subseteq G$. Gilt zusätzlich

$$F = E \cap \{\{v, w\} \mid v, w \in W\},$$

so heißt H Untergraph von G und wir schreiben $H \leq G$. In diesem Fall wird H auch der von W induzierte Untergraph von G genannt.

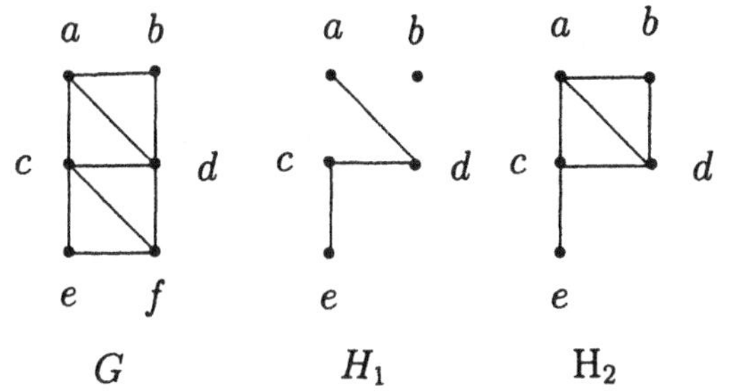

Beispiel 4.1.7 Der Graph H_2 ist der von $W = \{a, b, c, d, e\}$ induzierte Untergraph von G, denn er enthält alle Kanten zwischen diesen Ecken. Der Graph H_1 ist ein Teilgraph von G.

Um Graphen miteinander zu vergleichen, ist es sinnvoll, die Kanten zu zählen, die in eine bestimmte Ecke hineinführen.

Definition 4.1.8 Für jede Ecke v eines Graphen $G = (V, E)$ heißt

$$grdv := |\{e \in E \mid v \in e\}|$$

der *Grad* von v. Der Graph G heißt regulär, genauer r-regulär, wenn alle Ecken den gleichen Grad r haben.

Die folgende Aussage läßt sich sehr leicht beweisen.

Aussage 4.1.9 *Ist φ ein Isomorphismus des Graphen $G = (V, E)$ auf den Graphen H, so gilt*

$$\forall v \in V(grdv = grd\varphi(v)).$$

Die folgende Aussage wird auch als das "Handschlaglemma" bezeichnet, wobei man sich V als eine Gruppe von Personen vorstellt und E als die Menge der Paare von Personen aus V, die sich per Handschlag begrüßen.

Lemma 4.1.10 *Für jeden endlichen Graphen $G = (V, E)$ gilt*

$$\sum_{v \in V} grdv = 2|E|.$$

Beweis: Da eine Kante zwei Knoten verbindet und es keine Schlingen gibt, wird sie bei der Berechnung von $\sum grdv$ doppelt gezählt. Um $grdv$ zu ermitteln, benötigt man sämtliche Kanten und hat zu beachten, daß jede doppelt gezählt werden muß. Damit erhält man insgesamt das Doppelte der Kantenanzahl.

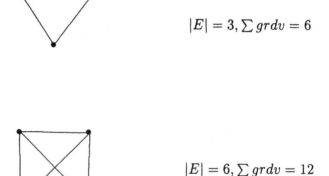

■

$|E| = 3, \sum grdv = 6$

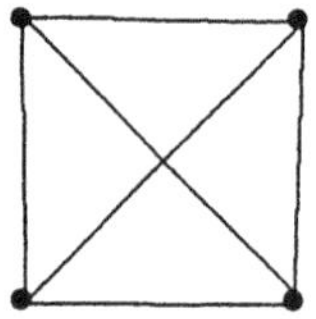

$|E| = 6, \sum grdv = 12$

Definition 4.1.11 Es sei $G = (V, E)$ ein Graph. Eine Folge $(v_0, \ldots, v_n)$ von Ecken von G heißt Kantenzug, wenn $e_i := \{v_i, v_{i+1}\} \in E$ für $i = 0, \ldots, n-1$ ist, das heißt, wenn zwei aufeinanderfolgende Ecken durch eine Kante verbunden sind. Ist $v_0 = v_n$, so handelt es sich um einen geschlossenen, anderenfalls um einen offenen Kantenzug. Sind die e_i paarweise verschieden und ist der Kantenzug offen, so handelt es sich um einen Weg. Sind die e_i paarweise verschieden und ist der Kantenzug geschlossen, so handelt es sich um einen Kreis. Kommt jede Ecke v_j nur einmal vor, so heißt der Weg ein einfacher Weg und der Kreis ein einfacher Kreis. Die Länge eines Kantenzuges ist die Anzahl der in ihm enthaltenen Kanten. Der Kantenzug $(v_0, \ldots, v_n)$ hat demnach die Länge n.

Beispiel 4.1.12 Für den durch das nachfolgende Diagramm gegebenen Graphen

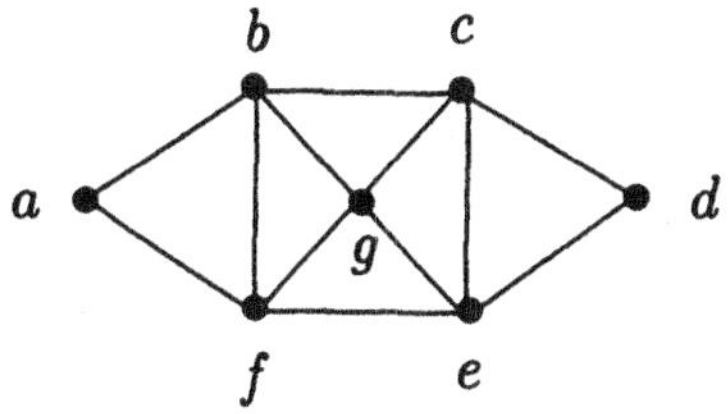

ist (a, b, c, d, e, c, b, f) ein Kantenzug der Länge 7, (a, b, d) ist kein Kantenzug, $(a, b, c, d, e, c, b, f, a)$ ist ein geschlossener Kantenzug, (a, b, c, d, e, c, g) ist ein Weg und (a, b, c, d, e, f, a) ist ein Kreis.

Definition 4.1.13 Zwei Ecken v, w eines Graphen $G = (V, E)$ heißen verbindbar, wenn es einen Kantenzug von v nach w gibt. Der Graph G heißt zusammenhängend, wenn je zwei beliebige Ecken verbindbar sind.

Die Verbindbarkeit ist eine binäre Relation auf der Menge V, die durch

$$v_1 \sim v_2 :\Leftrightarrow \exists \text{ Kantenzug } (v_1, \ldots, v_2)$$

gegeben ist.
Es ist klar, daß es sich dabei um eine Äquivalenzrelation handelt und daher führt die Relation $\sim$ zu einer Klasseneinteilung der Menge V. Die Äquivalenzklassen von V bezüglich der Relation $\sim$ heißen *Zusammenhangskomponenten* des Graphen.

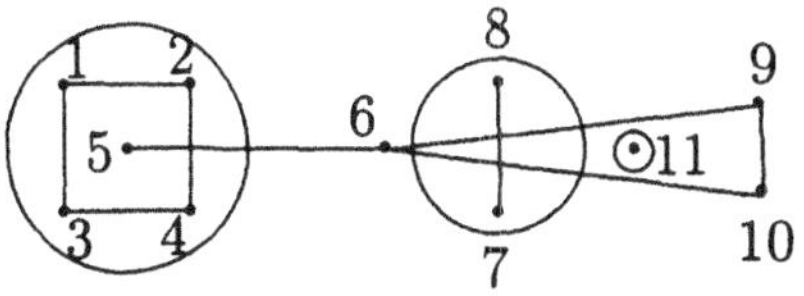

Beispiel 4.1.14 Der oben abgebildete Graph ist nicht zusammenhängend, denn die Ecken 1 und 5 sind nicht verbindbar. Die Zusammenhangskomponenten sind $\{1, 2, 3, 4\}, \{5, 6, 9, 10\}, \{7, 8\}, \{11\}$.

Lemma 4.1.15 *Ein Graph G ist genau dann zusammenhängend, wenn für jede (disjunkte) Zerlegung $V = V_1 \cup V_2, V_1 \cap V_2 = \emptyset$ der Eckenmenge V mit $V_1, V_2 \neq \emptyset$ eine Kante $e = \{v, w\}$ mit $v \in V_1, w \in V_2$ existiert.*

Beweis: $\Rightarrow$: Es sei $V = V_1 \cup V_2, V_1 \cap V_2 = \emptyset$ eine beliebige disjunkte Zerlegung von V mit $a \in V_1, b \in V_2$. Da G zusammenhängend ist, existiert ein Kantenzug $(a = v_0, v_1, \ldots, v_n = b)$. Daraus folgt, daß eine Zahl i existiert mit $v_i \in V_1, v_{i+1} \in V_2$ und $e := \{v_i, v_{i+1}\}$ ist die gesuchte Kante.
$\Leftarrow$: Angenommen, der Graph G wäre nicht zusammenhängend, erfülle aber die

Voraussetzungen des Satzes. Es sei V_1 eine Zusammenhangskomponente von G und $V_2 = V \setminus V_1$. Nach Voraussetzung existiert eine Kante $e = \{v, w\}$ mit $v \in V_1, w \in V_2$. Damit gehören v und w nach Vorraussetzung zu derselben Zusammenhangskomponente von G. Dieser Widerspruch zeigt, daß G zusammenhängend ist. ■

Der Begriff des Graphen wird häufig etwas allgemeiner gefaßt, indem Kanten durch gerichtete Kanten, also durch geordnete Paare von Ecken ersetzt werden.

Definition 4.1.16 Ein gerichteter Graph (Digraph = directed graph) ist ein Paar $G = (V, E)$, wobei V eine Menge und E eine Menge von geordneten Paaren $(v, w), v, w \in V$ von Elementen aus V sind. Das geordnete Paar (v, w) heißt Kante oder Bogen. Man schreibt auch vw. Der Fall $v = w$ ist ebenfalls zulässig. In diesem Fall spricht man von einer Schlinge. Eine Folge $(v_0, \ldots, v_n)$ von Elementen aus V heißt Kantenzug des gerichteten Graphen G, wenn dies ein Kantenzug des zugehörigen ungerichteten Graphen ist. Wege und Kreise werden durch gerichtete Wege und Kreise ersetzt. Ein gerichteter Graph heißt zusammenhängend, wenn der zugehörige ungerichtete Graph zusammenhängend ist und stark zusammenhängend, wenn es für zwei beliebige Ecken v, w immer einen gerichteten Kantenzug von v nach w gibt.

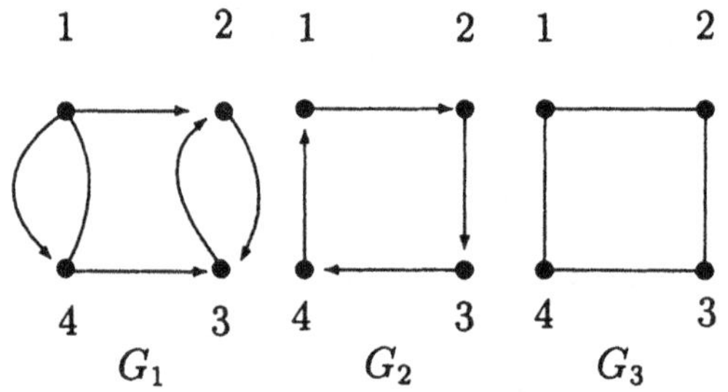

Beispiel 4.1.17 Der Graph G_3 ist der den Graphen G_1 und G_2 zugeordnete ungerichtete Graph. Die Graphen G_1 und G_2 sind zusammenhängende gerichtete Graphen. Nur G_2 ist stark zusammenhängend, da es in G_1 keinen gerichteten Kantenzug von 2 nach 4 gibt.

4.2 Eulersche und Hamiltonsche Graphen

Im Jahre 1736 veröffentlichte Leonhard Euler (1707 - 1783) die Formulierung eines graphentheoretischen Problems, das durch die Fragestellung motiviert war, ob es einen Spaziergang durch die Stadt Königsberg gibt, auf dem jede der sieben über den Königsberger Fluß, den Pregel, führenden Brücken genau einmal überquert wird.

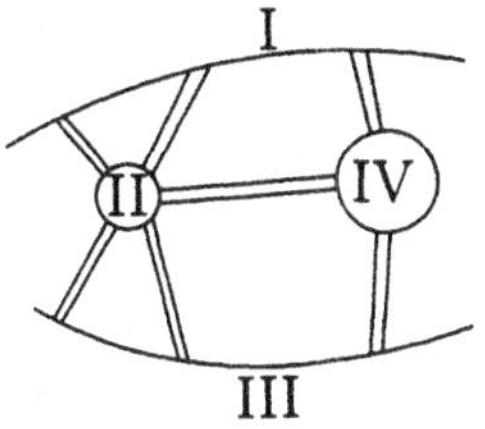

Man sieht sofort, daß ein solcher Spaziergang im Gebiet I anfangen oder enden müßte, denn von den drei in I endenden Brücken müssen sicherlich zwei in der gleichen und eine in der entgegengesetzten Richtung passiert werden. Genau dasselbe gilt aber für die Gebiete II, III und IV. Da aber ein Spaziergang nur einen Anfang und nur ein Ende hat, ist es unmöglich, die geforderte Bedingung zu erfüllen. Das so gelöste Problem gehört eigentlich der Topologie an; die Aufgabe ändert sich nicht, wenn man sich den Stadtplan auf ein Gummituch gezeichnet vorstellt und so verzerrt denkt, daß dabei keine Brücken zerissen werden. Faßt man die Landgebiete als Ecken eines Graphen auf und die Brücken als Kanten zwischen zwei Ecken, so erhält man einen durch das Diagramm

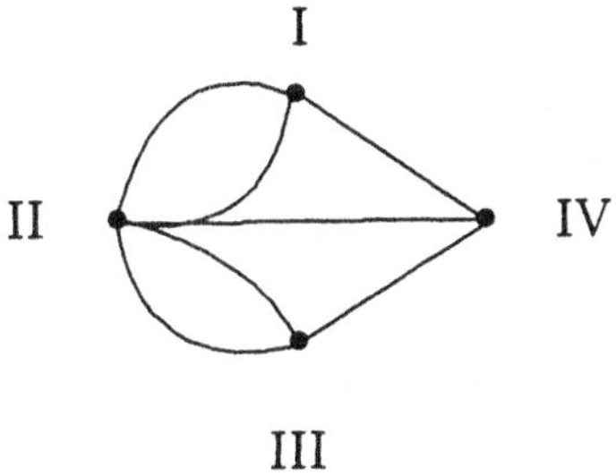

dargestellten Graphen. Ein Spaziergang heißt Eulerscher Kreis, wenn er am Ausgangspunkt endet, sonst Eulerscher Weg.

Definition 4.2.1 Ein *eulerscher Weg*, beziehungsweise *eulerscher Kreis* eines Graphen ist ein Kreis, beziehungsweise ein Weg, der jede Kante von G genau einmal enthält. Ein Graph, der einen eulerschen Kreis enthält, wird eulersch genannt.

Unsere Lösung des Königsberger Brückenproblems hatte offensichtlich etwas mit dem Grad der Ecken eines Graphen zu tun. Tatsächlich gilt:

Satz 4.2.2 *Ein endlicher zusammenhängender Graph ist genau dann eulersch, wenn alle Ecken geraden Grad haben.*

Beweis: $\Rightarrow$: Es sei G ein endlicher zusammenhängender Graph mit eulerschem Kreis $(v_0, v_1, \ldots, v_{m-1}, v_0)$. Tritt die Ecke v in der Folge $v_0, \ldots, v_{m-1}$ genau t-mal auf, so gilt $grdv = 2t$, das heißt, v hat geraden Grad. Die entsprechende Überlegung hat uns schon zur Lösung des Königsberger Brückenproblems geführt.

$\Leftarrow$: Diese Richtung ist etwas schwieriger zu beweisen. Zum Beweis geben wir einen Algorithmus an, mit dessen Hilfe ein eulerscher Kreis konstruiert werden kann. Es handelt sich also um einen konstruktiven Beweis, der nicht nur feststellt, daß der Graph eulersch ist, sondern sogar einen eulerschen Kreis liefert.

1. Schritt: Man wählt eine beliebige Ecke v_0 und konstruiert einen Kreis. Dazu werden sukzessive Ecken $v_1, v_2, \ldots, v_i$ so gewählt, solange dies möglich ist, daß $(v_0, v_1, \ldots, v_i)$ ein Weg ist. Dies ergibt einen Weg $K_0 = (v_0, v_1, \ldots, v_k)$, der sogar ein Kreis ist, denn da jede Ecke geraden Grad hat, muß zu v_0 wieder eine Kante hinführen. Ist dies ein eulerscher Kreis, so bricht der Algorithmus ab.

2. Schritt: Liefert der Algorithmus noch keinen eulerschen Keis, so gibt es eine in K_0 enthaltene Ecke w, die mit einer nicht in K_0 enthaltenen Kante inzidiert. Nun konstruiert man beginnend mit w einen Kreis K_1', der die in K_0 enthaltenen Kanten nicht verwendet. Aus K_0 und K_1' konstruiert man einen Kreis K_1, indem man zuerst K_0 bis w durchläuft, dann K_1' und schließlich den Rest von K_0. Aus der Voraussetzung folgt, daß dies tatsächlich ein Kreis sein muß. Ist dies ein eulerscher Kreis, so bricht der Algorithmus erfolgreich ab, sonst geht er zu weiteren Schritten über, die so wie der zweite Schritt ausgeführt werden. So konstruiert man Kreise $K_2, K_3, \ldots$, bis schließlich ein eulerscher Kreis erreicht ist.

3. Schritt: Es ist zu zeigen, daß der Algorithmus mit einem eulerschen Kreis abbricht, das heißt, daß der Algorithmus terminiert.

Bevor wir dies jedoch beweisen, geben wir zum besseren Verständnis ein Beispiel an. Wir wollen beweisen, daß der durch nachfolgendes Diagramm dargestellte endliche zusammenhängende Graph, der nur Ecken von geradem Grad hat, eulersch ist.

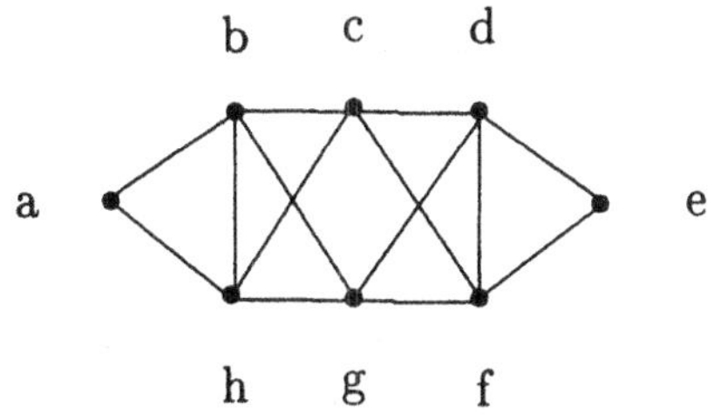

Schritt 1: Wir wählen $v_0 = a$ und bilden den Kreis $K_0 = (a, b, h, a)$. In K_0 sind alle mit a inzidenten Kanten verbraucht. Die Ecke b inzidiert mit einer nicht in K_0 enthaltenen Kante.
Schritt 2: Wir beginnen nun mit b und bilden den Kreis $K_1' = (b, c, d, f, c, h, g, b)$ und daraus den Kreis $K_1 = (a, b, c, d, f, c, h, g, b, h, a)$. Die Ecke d inzidiert mit einer nicht in K_1 enthaltenen Kante.
Schritt 3: Wir beginnen mit d und bilden $K_2' = (d, e, f, g, d)$, sowie daraus $K_2 = (a, b, c, d, e, f, g, d, f, c, h, g, b, h, a)$. Der Algorithmus bricht ab, da K_2 ein eulerscher Kreis ist.

Wir beenden nun den Beweis, indem wir zeigen, daß der Algorithmus korrekt ist, das heißt, daß er unter den gegebenen Voraussetzungen stets einen eulerschen Kreis liefert. Der in Schritt 1 konstruierte Weg ist tatsächlich ein Kreis, denn würde er in einer Ecke $v \neq v_0$ enden und wäre v von diesem Weg t-mal durchlaufen worden, so gälte $grdv = 2t + 1$ im Widerspruch dazu, daß jede Ecke nach Voraussetzung geraden Grad hat. Die in den weiteren Schritten konstruierten Wege sind aus dem gleichen Grunde ebenfalls Kreise. Wir müssen uns lediglich überlegen, daß der Algorithmus nach einer endlichen Anzahl von Schritten abbricht. Würde der Algorithmus nicht abbrechen, so gäbe es eine Zahl i, so daß der Kreis K_i noch nicht alle Kanten von G enthält, zum Beispiel die Kante e nicht, aber alle Ecken v von K_i nur mit den in K_i enthaltenen Kanten inzidieren. Dann kann es aber in G von keiner der Ecken von K_i einen Weg zu einer der beiden mit e inzidenten Ecken geben, im Widerspruch dazu, daß G zusammenhängend ist. ∎

Analog zur Definition eulerscher Wege, beziehungsweise eulerscher Kreise kann man auch fordern, daß es einen Weg oder Kreis gibt, der jede Ecke von G genau einmal enthält.

Definition 4.2.3 Ein *hamiltonscher Weg*, beziehungsweise *hamiltonscher Kreis* eines Graphen G ist ein Weg, beziehungsweise ein Kreis von G, der jede Ecke von G genau einmal enthält. Ein Graph mit hamiltonschem Kreis heißt hamiltonsch.

Beispiel 4.2.4 Der durch das nachfolgende Diagramm gegebene Graph ist hamiltonsch. Ein hamiltonscher Kreis des Graphen ist (a, b, c, d, e, a).

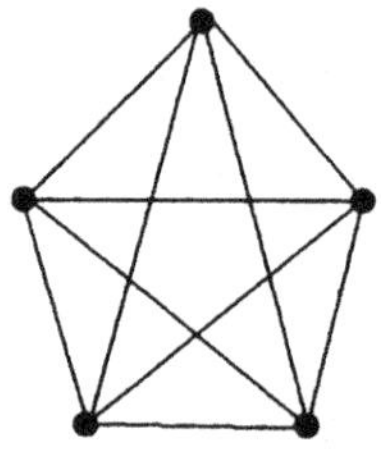

Für hamiltonsche Graphen ist keine befriedigende Charakterisierung bekannt. Man kann verschiedene hinreichende Bedingungen finden, unter denen ein Graph hamiltonsch ist, zum Beispiel:

Satz 4.2.5 *Es sei G ein Graph mit $n \geq 3$ Ecken. Haben alle Ecken von G einen Grad, der größer ist als $\frac{n}{2}$, so ist G hamiltonsch.*

Beweis: Aus G wird ein Graph G' durch Hinzufügen von k Ecken, von denen jede mit allen Ecken von G durch eine neue Kante verbunden wird, gebildet. Es sei k die kleinste Anzahl von Ecken, die erforderlich sind, damit G' hamiltonsch wird. Nun führen wir die Annahme $k > 0$, das heißt G ist nicht hamiltonsch, zum Widerspruch. Es sei $K = (a, x, b, \ldots, a)$ ein hamiltonscher Kreis von G' mit Ecken a, b von G und einer neuen Ecke x. Es ist klar, daß a und b nicht benachbart sind, denn sonst wäre x für den hamiltonschen Kreis und damit (wegen $n \geq 3$) auch für G' überflüssig. In K kann eine zu b benachbarte Ecke b' nie unmittelbar auf eine zu a benachbarte Ecke a' folgen, denn sonst könnte man $K = (a, x, b, \ldots, a', b', \ldots, a)$ durch $K' = (a, a', \ldots, b, b', \ldots, a)$ ersetzen und x wäre überflüssig (vgl. Abbildung).

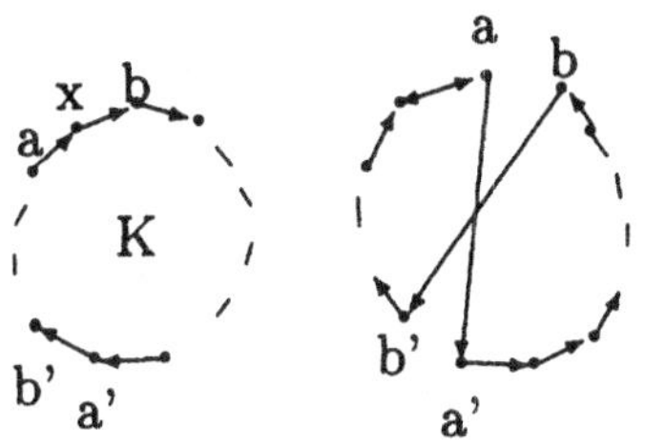

Wir setzen
M: = Menge der Nachbarn von a in G',
N: = Menge der Nachbarn von b in G',
O: = Menge der Ecken von G', die in K unmittelbar auf eine Ecke aus M folgen.

Dann folgen:
$N \cap O = \emptyset$ (da a und b nicht benachbart sind).
$|N| \geq \frac{n}{2} + k$, $|O| = |M| \geq \frac{n}{2} + k$. Daraus folgt $|N \cup O| = |N| + |O| \geq n + 2k$.
Dies ist ein Widerspruch, denn G' hat nur $n + k$ Ecken. ∎

4.3 Bäume und Wälder

Definition 4.3.1 Ein Baum ist ein zusammmenhängender Graph, der keine Kreise (mit mehr als einer Ecke) enthält.

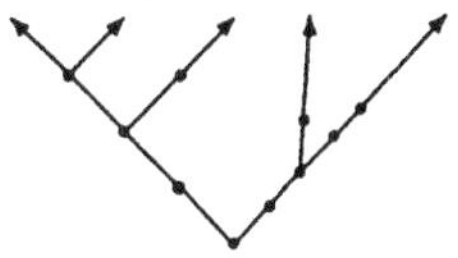

Definition 4.3.2 Ein Wald ist ein Graph, der keine Kreise (mit mehr als einer Ecke) enthält.

Daher ist ein Graph genau dann ein Wald, wenn alle seine Zusammenhangskomponenten Bäume sind.
Bäume kann man durch die folgenden Aussagen äquivalent charakterisieren:

Satz 4.3.3 *(i) G ist ein Baum mit n Ecken,*

(ii) je zwei Ecken von G sind durch genau einen Weg verbunden,

(iii) G ist zusammenhängend, aber für jede Kante e von G ist $G \setminus e$ nicht zusammenhängend,

(iv) G ist zusammenhängend und hat genau $n - 1$ Kanten,

(v) G ist kreisfrei und hat genau $n - 1$ Kanten,

(vi) G ist kreisfrei, aber für je zwei nicht benachbarte Ecken v, w von G enthält $G \cup \{v, w\}$ genau einen Kreis.

(Man beachte hier, daß die Bezeichnungen $G \setminus e$, $G \cup \{v, w\}$ mengentheoretisch nicht korrekt, aber aus dem Kontext verständlich sind.)

Beweis: $(i) \Rightarrow (ii)$: Da ein Baum ein zusammenhängender Graph ist, sind je zwei Ecken durch einen Weg verbunden. Gäbe es zwischen zwei Ecken mehr als einen Weg, so überzeugt man sich schnell davon, daß es Kreise gibt. Dieser Widerspruch zeigt, daß zwei Ecken durch genau einen Weg verbunden sind.
$(ii) \Rightarrow (iii)$: Es sei $e = \{v, w\}$ eine Kante in G. Nach Voraussetzung ist $\{v, w\}$ der einzige Weg in G, der v und w verbindet, daher ist $G \setminus \{v, w\}$ nicht zusammenhängend.
$(iii) \Rightarrow (iv)$: Entfernt man eine Kante aus G, so wird die Anzahl der Zusammenhangskomponenten jeweils um 1 erhöht. Da G aus einer Zusammenhangskomponente besteht und da man nach Entfernen aller Kanten n Zusammenhangskomponenten hat, besitzt G genau $n - 1$ Kanten.
$(iv) \Rightarrow (v)$: Angenommen, G enthält einen Kreis K. Weiter nehmen wir an, daß K genau k Ecken und damit auch k Kanten hat. Da G zusammenhängend ist, können Kanten von G so ausgewählt werden, daß mit Hilfe dieser Kanten alle restlichen $n - k$ Ecken mit K verbunden werden. Dafür werden $n - k$ Kanten benötigt, da jede weitere Kante höchstens eine weitere Ecke mit K verbindet. Insgesamt hat G daher $k + (n - k) = n$ Kanten und dies ist ein Widerspruch.
$(v) \Rightarrow (vi)$: G ist zusammenhängend, denn nimmt man die Kanten von G sukzessive hinzu, so verkleinert sich die Anzahl der Zusammenhangskomponenten pro Kante um 1. Es sei $\{v, w\}$ keine Kante in G. Jeder $\{v, w\}$ enthaltende Kreis von $G \cup \{v, w\}$ besteht aus $\{v, w\}$ und einem Weg von w nach v. Da G kreisfrei ist, gibt es nur einen solchen Weg und daher auch nur einen $\{v, w\}$ enthaltenden Kreis von $G \cup \{v, w\}$.
$(vi) \Rightarrow (i)$: Es ist nur zu zeigen, daß G zusammenhängend ist. Lägen v und w in verschiedenen Zusammenhangskomponenten von G, so könnte $G \cup \{v, w\}$ keinen Kreis enthalten. ∎

Berücksichtigt man, daß die Zusammenhangskomponenten eines Waldes Bäume sind, so erhält man die folgende Aussage:

Folgerung 4.3.4 *Ein Wald mit n Ecken und k Zusammenhangskomponenten hat $n-k$ Kanten.*

Wir zeigen noch:

Aussage 4.3.5 *Jeder endliche Baum hat mindestens eine Ecke vom Grad $\leq$ 1. (Solche Ecken werden Blätter genannt.)*

Beweis: Angenommen, der Baum G habe n Ecken. Dann ist nach Lemma 4.1.10 die Summe der Grade der Ecken doppelt so groß wie die Anzahl der Kanten, welche $n-1$ beträgt. Daher ist $\sum grdv = 2n-2$. Würde jede der n Ecken mindestens den Grad 2 haben, so wäre $\sum grdv \geq 2n$. Daher gibt es Ecken mit einem Grad ≤ 1. ■

Wir bemerken noch, daß es für Bäume mit $n \geq 2$ keine Ecken mit Grad 0 geben kann. Dann haben alle Blätter den Grad 1. Daher muß es im nichttrivialen Fall mindestens zwei Blätter geben.

4.4 Planare Graphen

Um übersichtliche Diagramme von Graphen zu erhalten, versucht man Schnittpunkte von Kanten zu vermeiden und es ergibt sich die Frage, welche Graphen sich zeichnen lassen, ohne daß sich Kanten schneiden. Es ist anschaulich nachvollziehbar, daß solche Graphen sich in die Ebene einbetten lassen müssen. Um diese Einbettbarkeit näher zu beschreiben, benötigt man den Begriff der Jordankurve als stetige schnittpunktfreie Kurve $f(t)$, wobei f eine Funktion vom reellen Intervall $[0,1]$ in den Anschauungsraum mit gewissen Eigenschaften ist. Dann definieren wir:

Definition 4.4.1 Ein Graph G heißt in die Ebene einbettbar, wenn seine Ecken als paarweise verschiedene Punkte der Ebene und seine Kanten als Jordankurven der Ebene dargestellt werden können, wobei diese Jordankurven die den zugehörigen Ecken entsprechenden Eckpunkte haben und sich paarweise nirgends schneiden.

Definition 4.4.2 Ein Graph heißt planar, wenn er zusammenhängend ist und in die Ebene eingebettet werden kann. Die zugehörigen Diagramme heißen ebenfalls eben.

Jedes Diagramm eines Graphen unterteilt die Ebene in zusammenhängende Gebiete, die Flächen genannt werden. Die Außengebiete sind dabei unbeschränkt. Zwischen der Anzahl der Ecken, Kanten und Flächen eines zusammenhängenden planaren Graphen besteht ein interessanter Zusammenhang, der durch die *Eulersche Polyederformel* zum Ausdruck gebracht wird.

Satz 4.4.3 *(Eulersche Polyederformel) Es sei f die Anzahl der Flächen eines ebenen Diagramms eines zusammenhängenden planaren Graphen mit n Ecken und m Kanten. Dann gilt*

$$n + f = m + 2.$$

Beweis: Der Beweis wird durch vollständige Induktion nach der Anzahl der Kanten geführt. Ist $m = 0$, so ist $n = 1$, denn G ist zusammenhängend. Dann ist auch $f = 1$ (denn ein einzelner Punkt kann die Ebene nicht in unterschiedliche Gebiete einteilen). Daher gilt in diesem Fall $n+f = 1+1 = 0+2 = m+2$. Obwohl dies als Induktionsanfang genügt, wollen wir noch den Fall $m = 1$ betrachten. Für $m = 1$ haben wir $n = 2, f = 1$ und $n + f = 2 + 1 = 1 + 2 = m + 2$.
Angenommen, die Formel sei für zusammenhängende Graphen mit $m - 1$ Kanten gültig. Wir zeigen, daß sie unter dieser Voraussetzung für zusammenhängende Graphen mit m Kanten gültig ist und betrachten die folgenden beiden Fälle:

1. Fall: G sei kreisfrei (das heißt G ist ein Baum). Dann gilt $m = n - 1$ und $f = 1$, da G keine Kreise hat. Damit haben wir $n+f = n+1 = n-1+2 = m+2$.

2. Fall: G ist kein Baum. Dann hat G mindestens einen Kreis. Läßt man eine Kante e von G weg, die in einem Kreis enthalten ist, bildet man also den Graphen $G' := G \setminus e$, so ist dieser zusammenhängend. Wäre dies nämlich nicht der Fall, so müßte G nach Satz 4.3.3 ein Baum sein. Für G' ist damit die Induktionsvoraussetzung anwendbar, das heißt es gilt, wenn man Flächen und Kanten von G' mit f', beziehungsweise mit m' bezeichnet, $n + f' = m' + 2$. Jedes ebene Diagramm von G entsteht durch Hinzufügen der Kante e zu einem ebenen Diagramm von G'. Dadurch wird die Fläche in 2 Teile geteilt, denn ein Kreis wird geschlossen. Daher steigt die Anzahl der Flächen um 1 und die Anzahl der Kanten ebenfalls um 1. Addiert man 1 auf beiden Seiten der Gleichung $n + f' = m' + 2$, so folgt $n + f' + 1 = m' + 1 + 2$, also $n + f = m + 2$. Dies beendet den Beweis. ∎

Beispiel 4.4.4 Wir betrachten das folgende Beispiel zur Eulerschen Polyederformel:

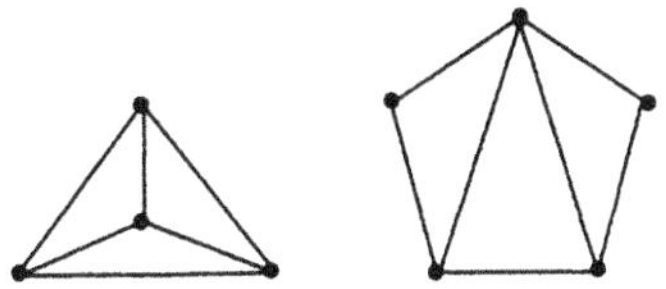

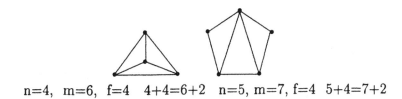

n=4, m=6, f=4 4+4=6+2 n=5, m=7, f=4 5+4=7+2

Die folgenden Aussagen, die wir ohne Beweise mitteilen, sind für den Nachweis der Planarität eines Graphen nützlich.

Bemerkung 4.4.5 1. Für jeden planaren Graphen mit n Ecken und $m \geq 2$ Kanten gilt $m \leq 3n - 6$.
2. Für jeden planaren Graphen mit n Ecken und $m \geq 2$ Kanten, der keine Kreise der Länge 3 enthält, gilt $m \leq 2n - 4$.

Beispiel 4.4.6 Wir betrachten das folgende Beispiel:

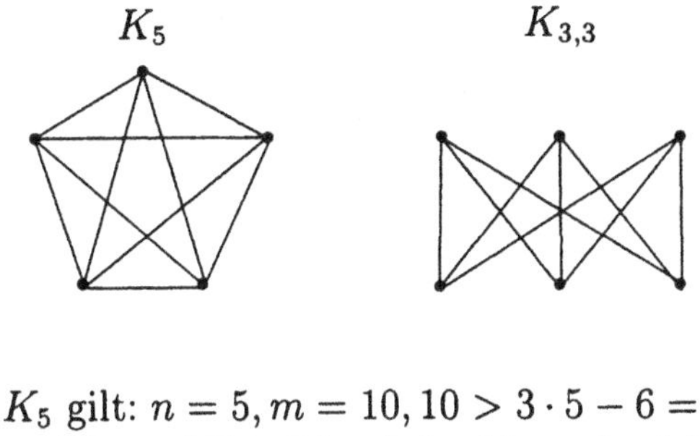

Für den Graphen K_5 gilt: $n = 5, m = 10, 10 > 3 \cdot 5 - 6 = 9$. Der Graph K_5 ist folglich nicht planar. (Tatsächlich führt jeder Versuch nicht benachbarte Ecken in der Ebene zu verbinden, zu Überschneidungen.)
Für den Graphen $K_{3,3}$ gilt $n = 6, m = 9, 9 > 2 \cdot 6 - 4 = 8$. Daher ist $K_{3,3}$ nicht planar.

Definition 4.4.7 Es seien $G = (V, E)$, $G' = (V', E')$ Graphen mit $\{a, b\} \in E, x \notin V$, $V' = V \cup \{x\}$, $E' = (E \setminus \{a, b\}) \cup \{\{a, x\}, \{x, b\}\}$ (das heißt, die Kante $\{a, b\}$ wird entfernt und die Kanten $\{a, x\}, \{x, b\}$ werden hinzugenommen). Dann sagt man, G' entsteht aus G durch Einfügen der Ecke x in die Kante $\{a, b\}$. Ein Graph H heißt Unterteilung eines Graphen G, wenn er aus G durch sukzessives Einfügen endlich vieler neuer Ecken entsteht.

Ebenfalls ohne Beweis weisen wir auf die folgende Charakterisierung planarer Graphen hin.

Satz 4.4.8 *Ein endlicher Graph ist genau dann planar, wenn er keine Unterteilung von K_5 oder von $K_{3,3}$ als Teilgraphen enthält.*

Planare Graphen, die durch Diagramme mit möglichst vielen Symmetrien dargestellt werden können, sind die *platonischen Graphen.*

Definition 4.4.9 Ein endlicher planarer Graph heißt platonisch, wenn es natürliche Zahlen $r, s \geq 3$ derart gibt, daß folgendes gilt:
(1) G ist r-regulär (vgl. Definition 4.1.8),
(2) G hat ein ebenes Diagramm, in dem alle Flächen von Kreisen der Länge s berandet werden.

Satz 4.4.10 *Es gibt bis auf Isomorphie genau* 5 *platonische Graphen, die durch die nachfolgenden Diagramme (i) – (v) dargestellt werden können*

An Stelle eines Beweises wollen wir für jeden dieser Graphen s und r angeben.

	r	s
(i)	3	3
(ii)	4	3
(iii)	3	4
(iv)	5	3
(v)	3	5

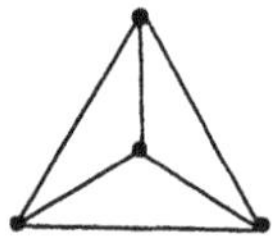

(i)

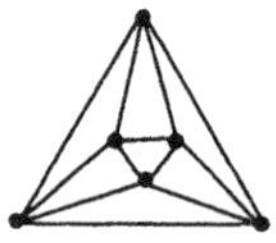

(ii)

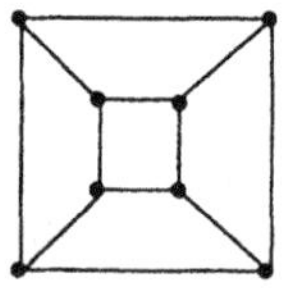

(iii)

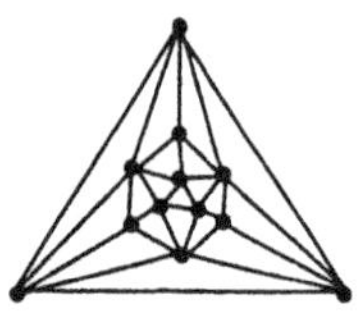

(iv)

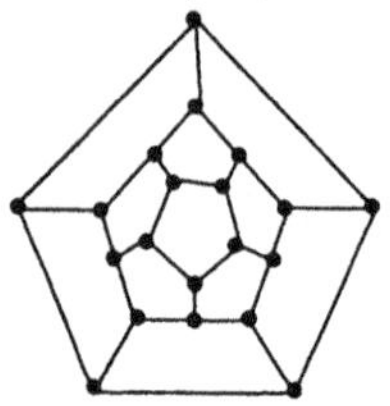

(v)

Wir erwähnen noch, daß diese 5 platonischen Graphen räumlich den 5 *platonischen Körpern Tetraeder, Hexaeder, Oktaeder, Ikosaeder* und *Dodekaeder* entsprechen. Dies sind von kongruenten n-Ecken mit gleichen Seiten und Winkeln begrenzte Körper. Die begrenzenden n-Ecke sind gleichseitige Dreiecke (Tetraeder, Oktaeder, Ikosaeder), Quadrate (Hexaeder) oder gleichseitige Fünfecke (Dodekaeder).

4.5 Färbungen von Graphen

Bei der Färbung von Landkarten tritt die Frage auf, wie viele Farben man benötigt, wenn Länder mit gemeinsamer Grenze verschiedene Farben bekommen sollen. Man könnte meinen, daß die Antwort von der Größe der Landkarte, der Anzahl der Länder und der Anzahl der Grenzen abhängt. Diese Vermutung stellt sich als falsch heraus. Wir werden beweisen, daß 5 Farben ausreichen. Ob man schon mit vier Farben auskommt, war lange Zeit ein offenes Problem, die sogenannte Vier-Farben-Vermutung: Jede Landkarte kann so mit vier Farben gefärbt werden, daß benachbarte Länder immer mit unterschiedlichen Farben gefärbt werden. Im Jahre 1976 bewiesen Appel, Haken und Koch, daß die Mindestanzahl 4 beträgt. Ihr Beweis beruht auf Computerberechnungen und nicht auf rein logischen Argumenten und ist daher bis heute umstritten.

Jede Landkarte kann als Diagramm eines endlichen planaren Graphen aufgefaßt werden. Dabei entsprechen die Grenzen den Kanten des Graphen und die Punkte, an denen die Grenzen zusammenstoßen, den Ecken. Durch Einfügen zusätzlicher Ecken vermeidet man Mehrfachkanten. Die Flächen des Diagramms werden dann unterschiedlich gefärbt. Farben sind dabei einfach als Elemente einer gewissen Menge zu verstehen. Statt Färbung der Flächen kann man ebenso Kanten oder Ecken färben.

Definition 4.5.1 Ein endlicher Graph wird *k(-Ecken) färbbar* genannt, wenn man jeder Ecke des Graphen eine von k Farben so zuordnen kann, daß benachbarte Ecken unterschiedlich gefärbt sind. Die kleinste natürliche Zahl n, für die der Graph G n-färbbar ist, heißt *chromatische Zahl* $\chi(G)$ des Graphen G.

Das Problem der Färbung einer Landkarte kann dann auf die Färbung eines Graphen zurückgeführt werden.
Wir wollen nun beweisen, daß 5 Farben auf jeden Fall genügen, wie schon von Heawood 1890 gezeigt wurde.

Satz 4.5.2 *Jeder endliche planare Graph ist* 5*-färbbar.*

Beweis: Es sei n die Anzahl der Ecken eines planaren Graphen. Für $n \leq 5$ ist der Satz erfüllt. Wir führen den Beweis durch vollständige Induktion nach n und nehmen an, daß der Satz für Graphen mit n Ecken richtig ist. Es sei G nun ein planarer Graph mit $n+1$ Ecken. Wir zeigen zunächst, daß G eine Ecke v vom Grad ≤ 5 hat. Angenommen, $grdw \geq 6$ für alle Ecken w. Dann ist nach dem Handschlaglemma $2m = \sum_{w \in V} grdw \geq 6n$, wobei m die Anzahl der Kanten ist. Das widerspricht aber Bemerkung 4.4.5,1., denn G ist planar. Wir betrachten nun den durch Streichung der Ecke v entstehenden Untergraphen G' von G. Nach Induktionsvoraussetzung ist G' 5-färbbar mit den Farben $1, 2, 3, 4, 5$. Wird eine der fünf Farben zur Färbung der zu v benachbarten Ecken nicht verwendet, so kann diese Farbe zur Färbung von v verwendet werden und wir sind fertig. Es sei nun $grdv = 5$ und angenommen, alle Farben kommen bei den Nachbarecken von v vor.

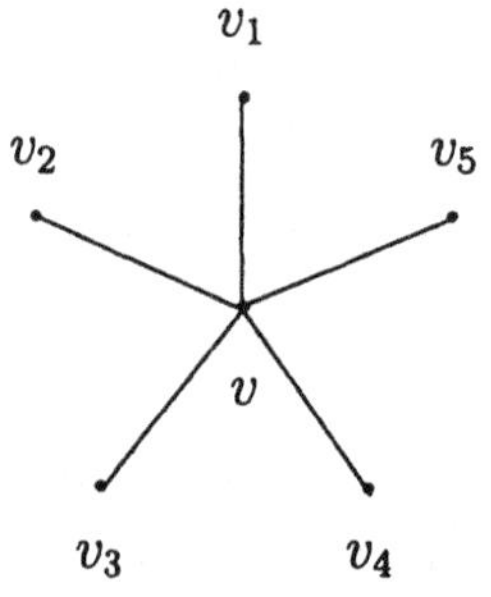

In diesem Diagramm des Graphen G werde die zur Farbe i gehörige Nachbarecke von v durch v_i bezeichnet. Es sei $G_{1,3}$ der von den mit 1 oder 3 gefärbten Ecken aufgespannte Untergraph von G'. Wenn v_1 und v_3 in G' nicht durch einen Weg verbunden sind, der nur solche Ecken enthält, die mit 1 oder 3 gefärbt sind, dann können in der Zusammenhangskomponente von $G_{1,3}$, in der v_1 liegt, die Farben 1 und 3 überall vertauscht werden. So erhalten wir eine 5-Färbung von G', bei der keine der zu v benachbarten Ecken mit 1 gefärbt ist. Nun kann v mit 1 gefärbt werden und wir sind fertig.
Gehören v_1 und v_3 in G' zur selben Zusammenhangskomponente von $G_{1,3}$, so gibt es einen v_1 und v_3 verbindenden Weg, dessen Ecken nur mit 1 oder 3 gefärbt sind. Dieser Weg bildet gemeinsam mit (v_3, v, v_1) einen Kreis, der entweder die Ecke v_2 oder die Ecken v_4 und v_5 einschließt.

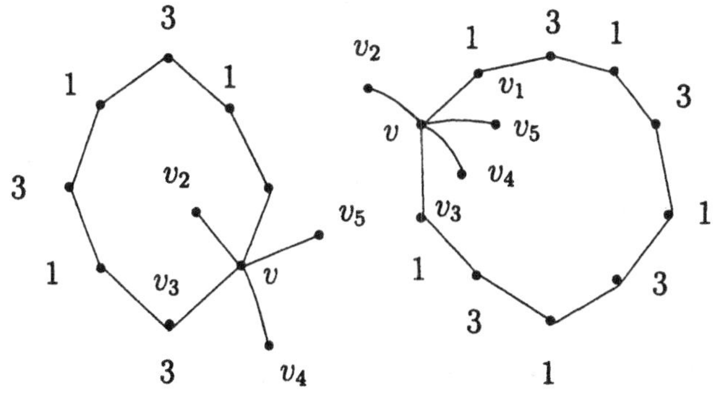

Weil G planar ist, liegen in beiden Fällen v_2 und v_4 in unterschiedlichen Zusammenhangskomponenten des von den mit 2 oder 4 gefärbten Ecken von G aufgespannten Untergraphen $G_{2,4}$ von G'. In der Zusammenhangskomponente von $G_{2,4}$, die v_2 enthält, können nun die Farben 2 und 4 vertauscht werden. Auf diese Weise erhält man eine 5-Färbung von G', bei der die v benachbarten Ecken nicht mit 2 gefärbt sind. Färben wir nun v mit 2, so sind wir fertig. ∎

4.6 Gruppen und Graphen

Die in 3.2 untersuchten Permutationsgruppen stehen in einem engen Zusammenhang zu Graphen. Dazu kommen wir auf den in 4.1 definierten Begriff des Automorphismus eines Graphen zurück. Für einen endlichen Graphen $G = (V, E)$ ist ein Automorphismus von G eine Permutation auf der Eckenmenge V und es gilt:

Lemma 4.6.1 *Die Menge aller Automorphismen eines Graphen G bildet bezüglich der Verkettung (Nacheinanderausführung) von Automorphismen eine Gruppe, die Automorphismengruppe $Aut(G)$ des Graphen G.*

Beweis: Es seien φ_1, φ_2 zwei Automorphismen von G, dann ist $\varphi_1 \circ \varphi_2$ eine Bijektion auf V und es gilt für alle $x, y \in V$ die Bedingung

$$\{x, y\} \in E \Leftrightarrow \{\varphi_2(x), \varphi_2(y)\} \in E \Leftrightarrow \{\varphi_1(\varphi_2(x)), \varphi_1(\varphi_2(y))\} =$$

$$\{(\varphi_1 \circ \varphi_2)(x), (\varphi_1 \circ \varphi_2)(y)\} \in E.$$

Es ist klar, daß die identische Abbildung auf V ein Automorphismus ist und daß die inverse Abbildung eines Automorphismus ein Automorphismus ist. ∎

Wir geben einige Beispiele an.

Beispiel 4.6.2 1. Ein Graph heißt vollständig, wenn je zwei Ecken durch eine Kante verbunden sind. Für vollständige Graphen mit den Ecken $1, 2, \ldots, n$ gilt $Aut(G) = S_n$. Ein vollständiger Graph gestattet demnach sämtliche Permutationen der Eckenmenge als Automorphismen.
2. Bei der Automorphismengruppe des Graphen, der durch nachfolgendes Diagramm gegeben ist, handelt es sich um die Gruppe $Aut(G) = \{(1), (13), (24), (12)(34), (13)(24), (14)(23), (1234), (1432)\}$.

Abschließend wollen wir zwei offene Probleme zum Zusammenhang zwischen Gruppen und Graphen formulieren, die leicht zu verstehen, aber von einer Lösung noch weit entfernt sind.
Das erste Problem wird nach dem Graphentheoretiker D. König häufig König-Problem genannt.
1. Man bestimme alle Permutationsgruppen, die Automorphismengruppen von ungerichteten (gerichteten) Graphen sind.
2. Man ermittle die Anzahl aller paarweise nichtisomorphen Graphen, deren Automorphismengruppe eine vorgegebene Gruppe ist.

4.7 Aufgaben

1. Man beweise, daß ein endlicher zusammenhängender Graph genau dann ein Baum ist, wenn er genau eine Ecke mehr als Kanten hat!

2. Beweise, daß zwei beliebige Bäume mit 3 Ecken isomorph sind!

3. Man gebe 2 nichtisomorphe Bäume mit 4 Ecken und 3 nichtisomorphe Bäume mit 5 Ecken an!

4. Man beweise, daß jeder Baum mit 2 Farben gefärbt werden kann!

5. Die Umkehrung des Vier-Farben-Satzes würde besagen, daß ein beliebiger Graph, der mit 4 Farben gefärbt werden kann, planar ist. Man beweise am Beispiel von $K_{3,3}$, daß dies falsch ist.

5 Lineare Algebra

Viele Problemstellungen der Linearen Algebra sind mit der Lösung linearer Gleichungssysteme verbunden.

5.1 Lineare Gleichungssysteme

Wir beginnen unsere Überlegungen mit einem Beispiel.

Beispiel 5.1.1 Es ist das folgende System S_1 aus drei linearen Gleichungen in drei Unbekannten x_1, x_2, x_3 gegeben:

$$S_1: \quad \begin{array}{rcrcrcl} 2x_1 & + & 2x_2 & - & 6x_3 & = & 6 \\ x_1 & - & 3x_2 & + & 2x_3 & = & 1 \\ x_1 & + & 5x_2 & - & 8x_3 & = & 5. \end{array}$$

Man spricht hier von linearen Gleichungen, da die Unbekannten nur in der ersten Potenz vorkommen. Das Gleichungssystem S_1 zu lösen bedeutet, alle drei Gleichungen zu wahren Aussagen zu machen, das heißt, alle Tripel reeller Zahlen so zu bestimmen, daß alle drei Gleichungen nach Einsetzen dieser Zahlen für x_1, x_2 und x_3 zu wahren Aussagen werden.
Etwas allgemeiner versteht man unter einem linearen Gleichungssystem S ein System aus m Gleichungen in n Unbekannten $x_1, x_2, \ldots, x_n$ der Form:

$$S: \quad \begin{array}{rcrcccrcll} a_{11}x_1 & + & a_{12}x_2 & + & \cdots & + & a_{1n}x_n & = & b_1, & \sum\limits_{k=1}^{n} a_{1k}x_k = b_1 \\ a_{21}x_1 & + & a_{22}x_2 & + & \cdots & + & a_{2n}x_n & = & b_2, & \sum\limits_{k=1}^{n} a_{2k}x_k = b_2 \\ & & & & \cdots & & & & & \cdots \\ a_{m1}x_1 & + & a_{m2}x_2 & + & \cdots & + & a_{mn}x_n & = & b_m, & \sum\limits_{k=1}^{n} a_{mk}x_k = b_m. \end{array}$$

Dabei sind die *Koeffizienten* $a_{ij}, 1 \leq i \leq m, 1 \leq j \leq n$ Elemente eines Körpers K, zum Beispiel des Körpers der reellen Zahlen. Die *absoluten Glieder* $b_1, \ldots, b_m$ sind ebenfalls Elemente aus K. Stehen auf der rechten Seite nur Nullen, so heißt das Gleichungssystem *homogen*, sonst *inhomogen*. In Kurzform kann S auch in der Form $\sum\limits_{k=1}^{n} a_{ik}x_k = b_i, i = 1, \ldots, m$ geschrieben werden. Ein n-Tupel $(a_1, \ldots, a_n)$ von Elementen des Körpers K heißt Lösung von S, wenn beim Einsetzen dieser Elemente in S wahre Aussagen entstehen. Die Lösungsmenge, das heißt die Menge aller Lösungen von S, bezeichnen wir mit L_S.

Wir sind an der Beantwortung der folgenden Fragen interessiert:
Unter welchen Bedingungen ist S lösbar?
Gibt es genau eine oder gibt es mehrere Lösungen?
Wie kann L_S bestimmt werden. Welche Lösungsalgorithmen gibt es?

Unsere Strategie besteht zunächst darin, das System S so umzuformen, daß dabei ein Gleichungssystem mit derselben Lösungsmenge entsteht und daß dieses neue Gleichungssystem einfach genug ist, um seine Lösungsmenge sofort zu erkennen. Dazu brauchen wir den Begriff *äquivalenter* Gleichungssysteme.

Definition 5.1.2 Zwei Gleichungssysteme S und S' heißen äquivalent zueinander ($S \sim S'$), wenn S und S' dieselbe Lösungsmenge haben.

Die Relation $\sim$ ist eine Äquivalenzrelation auf der Menge aller Gleichungssysteme.

Satz 5.1.3 *Aus S entsteht durch die folgenden äquivalenten Umformungen ein äquivalentes System S':*

I. Vertauschen zweier Gleichungen,

II. Vervielfachung einer Gleichung mit $c \in K, c \neq 0$,

III. Addition des Vielfachen einer Gleichung zu einer anderen.

Beweis: $I.$ ist klar. Um $II.$ zu beweisen, multiplizieren wir die i-te Gleichung mit einem vom Nullelement verschiedenen Körperelement c und erhalten $c \cdot \sum_{k=1}^{n} a_{ik}x_k = c \cdot b_i$. Ist $(x_1, \ldots, x_n)$ Lösung der Ausgangsgleichung, so auch Lösung der mit c multiplizierten Gleichung und umgekehrt. Zum Beweis von $III.$ addieren wir das d-fache der i-ten Gleichung zur j-ten Gleichung und erhalten $\sum_{k=1}^{n} a_{jk}x_k + d \cdot \sum_{k=1}^{n} a_{ik}x_k = b_j + d \cdot b_i$. Ist $(x_1, \ldots, x_n)$ Lösung der Ausgangsgleichung, so auch Lösung der neuen Gleichung und umgekehrt. ■

Wir wenden dies auf das Gleichungssystem in Beispiel 5.1.1 an.

Beispiel 5.1.4 1. Wir untersuchen zuerst das lineare Gleichungssystem

$$\begin{array}{rcrcrcll}
2x_1 & + & 2x_2 & - & 6x_3 & = & 6 & \downarrow \ \cdot 1 \quad \downarrow \ \cdot 1 \\
x_1 & - & 3x_2 & + & 2x_3 & = & 1 & \downarrow \ \cdot(-2) \\
x_1 & + & 5x_2 & - & 8x_3 & = & 5. & \qquad\qquad \downarrow \ \cdot(-2)
\end{array}$$

Daraus erhält man die Gleichungssysteme S_1' und S_1''

$$S_1': \quad \begin{array}{rcrcrcr}
2x_1 & + & 2x_2 & - & 6x_3 & = & 6 \\
 & & 8x_2 & - & 10x_3 & = & 4 \\
 & & -8x_2 & + & 10x_3 & = & -4,
\end{array}$$

$$S_1'': \quad \begin{array}{rcrcrcr}
2x_1 & + & 2x_2 & - & 6x_3 & = & 6 \\
 & & 8x_2 & - & 10x_3 & = & 4 \\
 & & & & 0 & = & 0.
\end{array}$$

Da ausschließlich äquivalente Umformungen ausgeführt wurden, hat S_1'' dieselbe Lösungsmenge wie S_1.

2. Wir untersuchen nun das Gleichungssystem S_2

$$S_2: \quad \begin{array}{rcrcrcll}
3x_1 & - & 4x_2 & + & 5x_3 & = & 0 & \downarrow \ \cdot 2 \quad \downarrow \ \cdot 1 \\
2x_1 & + & x_2 & - & 2x_3 & = & -2 & \downarrow \ \cdot(-3) \\
x_1 & & 5x_2 & + & 7x_3 & = & 3 & \qquad\qquad \downarrow \ \cdot(-3)
\end{array}$$

Nach Ausführung der durch die Pfeile angedeuteten Umformungen erhält man daraus die Gleichungssysteme S_2' und S_2''

$$S_2': \quad \begin{array}{rcrcrcr}
3x_1 & - & 4x_2 & + & 5x_3 & = & 0 \\
 & & -11x_2 & + & 16x_3 & = & 6 \\
 & & 11x_2 & - & 16x_3 & = & -9,
\end{array}$$

$$S_2'': \quad \begin{array}{rcrcrcr}
3x_1 & - & 4x_2 & + & 5x_3 & = & 0 \\
 & & -11x_2 & + & 11x_3 & = & 6 \\
 & & & & 0 & = & -33.
\end{array}$$

Die äquivalenten Umformungen führen auf den Widerspruch $0 = -33$. Das Gleichungssystem S_2'' ist daher nicht lösbar, denn es gibt keine Tripel von Zahlen, die alle drei Gleichungen erfüllen. Da aber S_2'' zu S_2 äquivalent ist, kann S_2 nicht lösbar sein.

Der in den beiden Beispielen eingesetzten Methode liegt ein Verfahren zugrunde, das auf jedes Gleichungssystem anwendbar ist, der *Gaußsche Algorithmus* zur Lösung linearer Gleichungssysteme.

Wir betrachten nun ein beliebiges lineares Gleichungssystem S bestehend aus m Gleichungen mit n Unbekannten und Koeffizienten a_{ij} aus einem Körper K.

$$\begin{array}{ccccccccccc}
a_{11}x_1 & + & a_{12}x_2 & + & \cdots & + & a_{1n}x_n & = & b_1 & \downarrow & a_{21} \quad \downarrow a_{31} \quad \cdots \\
a_{21}x_1 & + & a_{22}x_2 & + & \cdots & + & a_{2n}x_n & = & b_2 & \downarrow & -a_{11} \\
 & & \cdots & & & & \cdots & & & & \cdots \\
a_{m1}x_1 & + & a_{m2}x_2 & + & \cdots & + & a_{mn}x_n & = & b_m & \cdots &
\end{array}$$

Im ersten Schritt des Algorithmus werden die Gleichungen so mit den nach den Pfeilen angegebenen Koeffizienten multipliziert und die entstehenden Gleichungen addiert, daß die Unbekannte x_1 aus der zweiten bis m-ten Gleichung herausfällt. Im zweiten Schritt wird das lineare Gleichungssystem in den $n-1$ Unbekannten $x_2, \ldots, x_n$ untersucht, das aus diesen Umformungen entsteht. Die erste Gleichung des gegebenen Systems übernehmen wir. Die entsprechenden äquivalenten Umformungen, die im ersten Schritt ausgeführt wurden, werden nun mit dem Ziel wiederholt, die Unbekannte x_2 aus den neuen $m-1$ Gleichungen zu eliminieren. Nach $n-1$ derartigen Schritten erhält man ein Gleichungssystem der folgenden Form

$$\begin{array}{ccccccccccc}
a'_{11}x_1 & + & a'_{12}x_2 & + & \cdots & + & a'_{1r}x_r & + \cdots + & a'_{1n}x_n & = & b'_1 \\
 & & & \ddots & & & & & & & \\
 & & & & & & a'_{rr}x_r & + \cdots + & a'_{rn}x_n & = & b'_r \\
 & & & & & & & & 0 & = & b'_{r+1} \\
 & & & & & & & & & & \vdots \\
 & & & & & & & & 0 & = & b'_m
\end{array}$$

mit $a'_{11} \neq 0, \ldots, a'_{rr} \neq 0$.
Dieses Gleichungssystem ist äquivalent zum Ausgangssystem und wird die *Trapezform* von S genannt. Die Trapezform ist daher durch die folgenden Eigenschaften charakterisiert:
1. Für alle $i > k$ ist $a'_{ik} = 0$,
2. es gibt eine Zahl r, so daß $a'_{11} \neq 0, \ldots, a'_{rr} \neq 0$ und $a'_{ik} = 0$ für alle $i > r$ erfüllt sind. Diese Zahl r heißt der Trapezrang des linearen Gleichungssystems S.

Ist eines der Elemente $b'_{r+1}, \ldots, b'_m$ verschieden von Null, dann ist das Gleichungssystem nicht lösbar, sonst ist es lösbar.
Treten in der Trapezform nach der r-ten Gleichung nur noch Gleichungen der Form $0 = 0$ auf und in der r-ten Gleichung links nur noch die Variable x_n, so wird diese Gleichung nach x_n aufgelöst, der erhaltene Wert in die vorhergehende Gleichung eingesetzt und x_{n-1} errechnet. In dieser Weise fortfahrend, erhält man schließlich den Wert für x_1. In diesem Fall ist das Gleichungssystem eindeutig lösbar.

Ist das Gleichungssystem lösbar und treten in der r-ten Gleichung die Variablen $x_r, \ldots x_n$ auf, so führt man für $x_r, \ldots, x_{n-1}$ sogenannte freie Parameter ein, die zum Ausdruck bringen, daß für diese Unbekannten jedes Element aus K als Teil einer Lösung in Frage kommt. Dann löst man die r-te Gleichung nach x_n auf, wobei auf der rechten Seite die $n-r$ eingeführten Parameter erscheinen. Dieser Ausdruck für x_n wird in die $(r-1)$-te Gleichung eingesetzt und so fortfahrend erhält man schließlich den Ausdruck für x_1.

Beispiel 5.1.5 Wir wollen den letzten Schritt am Beispiel des Gleichungssystems S_1 demonstrieren.

$$\begin{array}{rcrcrcl} 2x_1 & + & 2x_2 & - & 6x_3 & = & 6 \\ & & 8x_2 & - & 10x_3 & = & 4 \\ & & & & 0 & = & 0. \end{array}$$

Jetzt wird S_1' durch äquivalente Umformungen auf *Diagonalform* gebracht.

$$\begin{array}{rcrcr} 8x_1 & = & 20 & + & 14x_3 \\ 8x_2 & = & 4 & + & 10x_3 \end{array}$$

Durch Einführung eines freien Parameters $x_3 = t$ erhalten wir $x_1 = \frac{5}{2} + \frac{7}{4}t$, $x_2 = \frac{1}{2} + \frac{5}{4}t$ und

$$L_{S_1} = \left\{ \begin{pmatrix} x_1 \\ x_2 \end{pmatrix} \middle| \begin{pmatrix} x_1 \\ x_2 \end{pmatrix} = \begin{pmatrix} \frac{5}{2} \\ \frac{1}{2} \end{pmatrix} + t \begin{pmatrix} \frac{7}{4} \\ \frac{5}{4} \end{pmatrix} \text{ and } t \in \mathbb{R} \right\}.$$

Es existieren unendliche viele Lösungen, die von einem freien Parameter abhängen.

Wir fassen die Resultate unserer Überlegungen nochmals zusammen.

1. Jedes lineare Gleichungssystem S kann durch die Anwendung des Gaußschen Algorithmus in Trapezform überführt werden. Ist S homogen, so ist auch die Trapezform von S homogen.
2. Das Gleichungssystem S ist genau dann lösbar, wenn bei der Überführung in Trapezform keine Widersprüche auftreten.
3. Ein lösbares System hat genau dann eine eindeutig bestimmte Lösung, wenn der Trapezrang mit der Anzahl der Unbekannten übereinstimmt $(r = n)$.
4. Ist $r < n$, so gibt es unendlich viele Lösungen, die von $s = n - r$ freien Parametern abhängen.
5. Ein homogenes System ist immer lösbar mit der *trivialen* Lösung $(0, \ldots, 0)$. Es ist genau dann nichttrivial lösbar, wenn $r < n$. Ein homogenes lineares Gleichungssystem mit weniger Gleichungen als Unbekannten, das heißt mit $m < n$ ist wegen $r \leq m < n$ stets nichttrivial lösbar.

5.2 Vektorräume

Wir beginnen unsere Überlegungen mit folgendem Beispiel. In einer gegebenen Ebene, etwa der Zeichenebene, führen wir auf der Menge PF aller Pfeile $\overrightarrow{PP'}$ mit dem Anfangspunkt P und dem Endpunkt P' die folgende Relation der Parallelgleichheit ein.

Definition 5.2.1 $\overrightarrow{PP'}$ pg $\overrightarrow{QQ'}$: $\iff$ $\overrightarrow{PP'} \parallel \overrightarrow{QQ'} \wedge$ Länge von $\overrightarrow{PP'}$ $=$ Länge von $\overrightarrow{QQ'} \wedge$ Richtung von $\overrightarrow{PP'}$ $=$ Richtung von $\overrightarrow{QQ'}$.

Hierbei bedeutet $\parallel$ die Parallelität von Pfeilen. Die Parallelgleichheit von Pfeilen hat die folgende Eigenschaft:

Aussage 5.2.2 *Die Relation pg ist eine Äquivalenzrelation auf der Menge PF.*

Beweis: Jeder Pfeil ist parallel, gleich lang und gleich gerichtet zu sich selbst. Daher ist die Relation pg reflexiv. Ist $\overrightarrow{PP'}$ pg $\overrightarrow{QQ'}$ und $\overrightarrow{QQ'}$ pg $\overrightarrow{RR'}$ so ist auch $\overrightarrow{PP'}$ pg $\overrightarrow{RR'}$. Daher ist die Relation pg transitiv. Sie ist auch symmetrisch, denn aus $\overrightarrow{PP'}$ pg $\overrightarrow{QQ'}$ folgt $\overrightarrow{QQ'}$ pg $\overrightarrow{QQ'}$. ■

Definition 5.2.3 Unter der durch einen Pfeil $\overrightarrow{PP'}$ repräsentierten Verschiebung der Ebene versteht man die Äquivalenzklasse von $\overrightarrow{PP'}$ bezüglich der Parallelgleichheit. Mit V_ε bezeichnen wir die Menge aller Verschiebungen der Ebene ε. Verschiebungen werden durch $\overrightarrow{a}$, $\overrightarrow{b}$, $\overrightarrow{c}$,... bezeichnet und $P' = P + \overrightarrow{a_0}$ ist der Bildpunkt, den man erhält, wenn man $\overrightarrow{a_0}$ auf P anwendet.

Zu je zwei Punkten P und P' gibt es genau eine Verschiebung $\overrightarrow{x}$, die $P' = P + \overrightarrow{x}$ erfüllt. Diese Verschiebung wird durch den Pfeil $\overrightarrow{PP'}$ repräsentiert. Ist $P' = P$, so gilt $P' = P + \overrightarrow{o}$ mit der identischen Verschiebung $\overrightarrow{o}$.
Zusammengefaßt haben wir

Satz 5.2.4 *Eine Verschiebung $\overrightarrow{a}$ einer Ebene ε ordnet jedem Punkt P der Ebene einen Bildpunkt $P + \overrightarrow{a}$ zu. Es gibt genau eine Verschiebung, die P in P' überführt, nämlich $P' - P := \overrightarrow{a}$. Aus $P + \overrightarrow{a} = P + \overrightarrow{b}$ folgt $\overrightarrow{a} = \overrightarrow{b}$.* ■

Auf der Menge V_ε führen wir in folgender Weise eine binäre Operation ein.

Definition 5.2.5 Es seien $\overrightarrow{a}, \overrightarrow{b} \in V_\varepsilon$ Dann versteht man unter $\overrightarrow{a} + \overrightarrow{b}$ die durch den Pfeil PP'' repräsentierte Verschiebung, wobei $P' = P + \overrightarrow{a}$ und $P'' = P' + \overrightarrow{b}$ gilt.

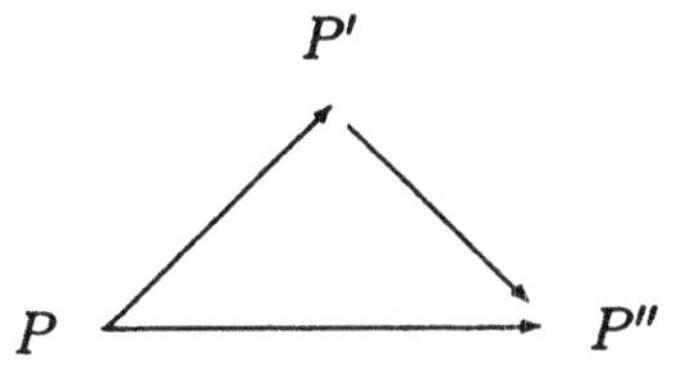

Tatsächlich handelt es sich bei $\overrightarrow{a} + \overrightarrow{b}$ um eine Verschiebung in der Ebene ε, die dem Paar $(\overrightarrow{a}, \overrightarrow{b})$ eindeutig zugeordnet ist. Da man eigentlich nur mit den Repräsentanten der Verschiebungen, den Pfeilen, arbeitet, hat man dazu die Unabhängigkeit des Ergebnisses von den ausgewählten Repräsentanten zu zeigen. Es sei $\overrightarrow{QQ'}$ ein weiterer Repräsentant der Verschiebung $\overrightarrow{a}$, und es sei $\overrightarrow{Q'Q''}$ ein weiterer Repräsentant von $\overrightarrow{b}$, das heißt $\overrightarrow{PP'}\ pg\ \overrightarrow{QQ'}$ und $\overrightarrow{P'P''}\ pq\ \overrightarrow{Q'Q''}$. Dann ist $\overrightarrow{PP''}\ pg\ \overrightarrow{QQ''}$ wie das nachfolgende Diagramm zeigt:

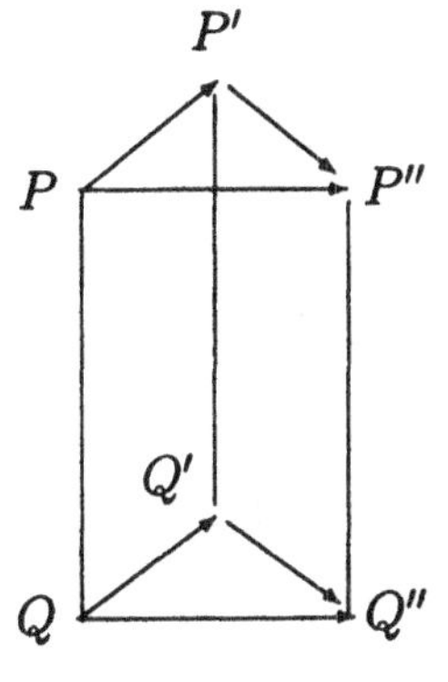

Untersucht man die Eigenschaften der Addition von Verschiebungen genauer, so stellt man fest:

Satz 5.2.6 $(V_\varepsilon; +)$ *ist eine kommutative Gruppe.*

Beweis: Das Assoziativgesetz ist aus dem folgenden Diagramm ersichtlich.

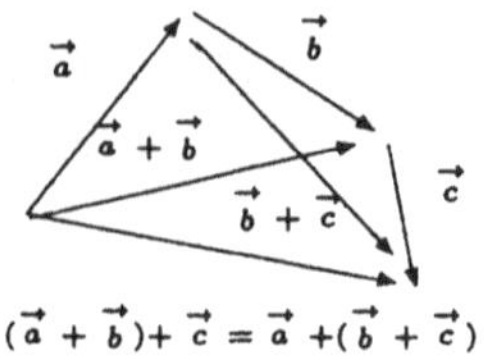

Das Kommutativgesetz

$$\vec{a} + \vec{b} = \vec{b} + \vec{a}$$

ist ebenfalls einleuchtend:

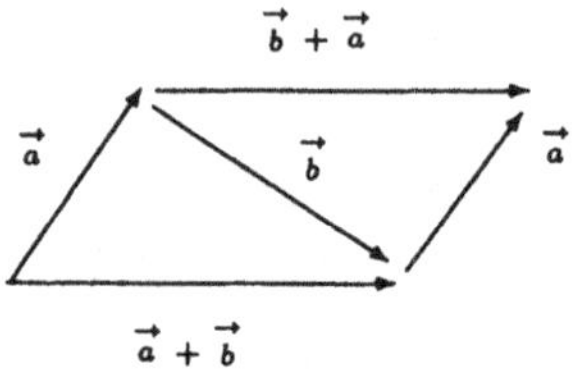

Es gibt ein Nullelement, nämlich die identische Verschiebung $\vec{o}$.
Die entgegengesetzte Verschiebung $-\vec{a}$ der Verschiebung $\vec{a}$ wird durch einen Pfeil repräsentiert, der parallel, gleich lang, aber entgegengesetzt gerichtet zu irgendeinem Repräsentanten von $\vec{a}$ ist. ∎

Bemerkung 5.2.7 Wählt man in der Ebene ε einen festen Punkt O, so kann man jede Verschiebung durch einen in O beginnenden Pfeil (Ortsverschiebung) repräsentieren. Dann bestimmt jede Verschiebung $\vec{x}$ der Ebene ε bezüglich des Punktes O eindeutig einen Punkt $P = O + \vec{x}$, dessen Ortsverschiebung sie ist.

Gegeben seien zwei Verschiebungen $\vec{a}$ und $\vec{b}$, die durch zwei auf derselben Geraden liegende und im Punkt O beginnende Pfeile $\overrightarrow{OA}$ und $\overrightarrow{OB}$ repräsentiert werden. Die gerichteten Strecken $\overrightarrow{OA}$ und $\overrightarrow{OB}$ bilden ein bestimmtes Streckenverhältnis $\lambda = \frac{\overrightarrow{OB}}{\overrightarrow{OA}}$, wobei λ diejenige reelle Zahl ist, die $\overrightarrow{OB} = \lambda \overrightarrow{OA}$ erfüllt. Die reelle Zahl λ ist positiv oder negativ, je nachdem, ob $\overrightarrow{OA}$ und $\overrightarrow{OB}$ gleich oder entgegengesetzt gerichtet sind. Die durch $\overrightarrow{OB}$ repräsentierte Verschiebung wird das λ-fache von $\vec{a}$ genannt und durch $\vec{b} := \lambda \vec{a}$ bezeichnet.

Aussage 5.2.8 *Es sei $\vec{a} \in V_\varepsilon$ und $\lambda \in \mathbb{R}$. Dann wird durch $(\lambda, \vec{a}) \mapsto \lambda \vec{a}$ eine Funktion $\mathbb{R} \times V_\varepsilon \to V_\varepsilon$ definiert, die als reelle Vervielfachung von Verschiebungen bezeichnet wird.*

Beweis: Es sei $\overrightarrow{O'C}$ ein weiterer Repräsentant der durch den Pfeil $\overrightarrow{OA}$ repräsentierten Verschiebung $\overrightarrow{a}$, und D sei ein Punkt auf der durch $\overrightarrow{O'C}$ führenden Geraden mit $\frac{\overrightarrow{O'D}}{\overrightarrow{O'C}} = \lambda$. Dann ist $\overrightarrow{O'D}$ *pg* $\overrightarrow{OB}$, und daher ist $\lambda \overrightarrow{b}$ vom gewählten Repräsentanten unabhängig. ■

Satz 5.2.9 *Für die reelle Vervielfachung von Verschiebungen gelten die folgenden Rechengesetze:*

(i) $\lambda(\mu \overrightarrow{a}) = (\lambda\mu) \overrightarrow{a}$,

(ii) $(\lambda + \mu) \overrightarrow{a} = \lambda \overrightarrow{a} + \mu \overrightarrow{a}$,

(iii) $\lambda(\overrightarrow{a} + \overrightarrow{b}) = \lambda \overrightarrow{a} + \lambda \overrightarrow{b}$,

(iv) $1 \overrightarrow{a} = \overrightarrow{a}$.

Die Beweise dieser anschaulich einleuchtenden Aussagen überlassen wir dem Leser als Übungsaufgaben.
In dieser Weise haben wir eine algebraische Struktur mit einer binären Operation gefunden, die die Eigenschaften einer kommutativen Gruppe hat, in der man aber zusätzlich die reellen Zahlen in sehr natürlicher Weise als Operatoren anwendet, wobei die Rechengesetze *(i)* – *(iv)* erfüllt sind. Strukturen dieser Art treten sehr häufig auf, weshalb die folgende allgemeinere Definition sinnvoll ist.

Definition 5.2.10 Es sei K ein Körper mit Elementen $\alpha, \beta, \gamma, \ldots$ Unter einem Vektorraum $\mathcal{V} := (V; +, \circ)$ über K (K-Vektorraum) versteht man eine nichtleere Menge V mit Elementen $a, b, c, \ldots$ den Vektoren, zusammen mit einer Addition auf V und einer Operatoranwendung der Elemente von K auf die Elemente aus V, so daß die folgenden Eigenschaften erfüllt sind:

(i) $(V; +)$ ist eine abelsche Gruppe,

(ii) $\lambda(\mu a) = (\lambda\mu)a$,

(iii) $(\lambda + \mu)a = \lambda a + \mu a$,

(iv) $\lambda(a+b) = \lambda a + \lambda b$,

(v) $ea = a$.
(An Stelle von $\alpha \circ a, \alpha \in K, a \in V$ schreiben wir kurz αa und e ist das Einselement des Körpers K).

Ist K der Körper $\mathbb{R}$ der reellen Zahlen, so spricht man von einem *reellen Vektorraum.*

Folgerung 5.2.11 *Ist* 0 *das Nullelement des* K*-Vektorraumes* V *und ist* $-a$ *das zu* a *entgegengesetzte Element, so gelten für alle* $\alpha \in K$ *:*

(i) $\alpha 0 = 0$,

(ii) $0a = 0$,

(iii) $(-e)a = -a$,

(iv) $\alpha a = 0 \Longrightarrow \alpha = 0 \vee a = 0$. *(Man beachte hierbei, daß* 0 *sowohl zur Bezeichnung des Nullelementes im Körper* K*, als auch zur Bezeichnung des Nullvektors verwendet wird.)*

Beweis: (i) : Es gilt $\alpha 0 = \alpha(0+0) = \alpha 0 + \alpha 0$. Andererseits ist $\alpha 0 + 0 = \alpha 0$. Aus diesen Gleichungen folgt wegen der Übereinstimmung in einer der Seiten $\alpha 0 + 0 = \alpha 0 + \alpha 0$. Die Anwendung der in der Gruppe $(V;+)$ gültigen Kürzungsregel führt dann zu $\alpha 0 = 0$.
(ii) : Es gilt $0a = (0+0)a = 0a + 0a$ und außerdem $0a + 0 = 0a$. Hierbei beachte man, daß die Null auf der linken Seite der Nullvektor ist. Durch Gleichsetzen folgt $0a + 0a = 0a + 0$ und nach Anwenden der Kürzungsregel $0a = 0$.
(iii) : Hier haben wir $a + (-a) = 0 = 0a = (e + (-e))a$. Daraus folgt durch Ausmultiplizieren gemäß 5.2.10 (iii) und nach Anwendung der Kürzungsregel für die Addition die Behauptung.
(iv) : Es sei $\alpha \neq 0$. Dann existiert im Körper K das Inverse α^{-1} und wir haben $a = 1a = (\alpha^{-1}\alpha)a = (\alpha)^{-1}(\alpha a) = \alpha^{-1}0 = 0$. ∎

Die folgenden Beispiele zeigen, daß der Begriff des Vektorraumes in verschiedenen Zusammenhängen auftritt.

Beispiel 5.2.12 1. Es sei $K^n = \{(a_1, \ldots, a_n) \mid a_i \in K, i = 1, \ldots, n\}$, wobei K ein Körper ist. Auf der Menge K^n definiert man eine Addition und eine

Operatoranwendung der Elemente aus K auf die Elemente aus K^n durch

$$(a_1, \ldots, a_n) + (b_1, \ldots, b_n) := (a_1 + b_1, \ldots, a_n + b_n)$$

und durch

$$\alpha(a_1, \ldots, a_n) := (\alpha a_1, \ldots, \alpha a_n).$$

(Für $n = 1$ erhält man die Addition und die Multiplikation des Körpers K.) Man überprüft nun alle Vektorraumaxiome und stellt fest, daß es sich in der Tat um einen K-Vektorraum handelt. Wir werden etwas später feststellen, daß er für eine bestimmte Klasse von Vektorräumen sogar eine besondere Rolle spielt.
2. Unser "Pilot"-Beispiel, der reelle Vektorraum V_ϵ aller Verschiebungen der Ebene ε, läßt sich ebenso für den Raum definieren.
3. Die Menge aller Polynome vom Grad n, das heißt die Menge $\{f(x) \mid f(x) = a_0 + a_1x + a_2x^2 + \cdots + a_nx^n, a_i \in \mathbb{R}, i = 0, \ldots, n\}$, ergibt mit der Addition der Polynome und der reellen Vervielfachung, wobei das Polynom dadurch mit einer reellen Zahl vervielfacht wird, daß jeder Summand mit dieser reellen Zahl multipliziert wird, einen reellen Vektorraum.
4. Ebenso stellt man leicht fest, daß die Menge aller Polynome

$$V = \{f(x) \mid f(x) = a_0 + a_1x + \cdots + a_nx^n + \cdots, a_i \in \mathbb{R}\}$$

einen reellen Vektorraum bildet.
5. Die Menge aller auf dem reellen Intervall $[0, 1]$ definierten Funktionen bildet mit den durch

$$(f + g)(x) := f(x) + g(x), (\alpha f)(x) := \alpha f(x), \alpha \in \mathbb{R}$$

definierten Operationen einen reellen Vektorraum.
6. Es sei K ein Körper und M eine beliebige Menge. Dann bildet die Menge

$$V = \{f : M \to K\}$$

aller Funktionen von M in K mit den durch $(f + g)(x) := f(x) + g(x), (\lambda f)(x) := \lambda f(x)$ definierten Operationen einen K-Vektorraum.

Im zweiten Beispiel könnte man auch die Teilmenge aller Verschiebungen einer gegebenen Geraden g der Ebene ϵ betrachten. Diese Menge ist bezüglich der Operationen des reellen Vektorraumes V_ϵ abgeschlossen. In diesem Fall spricht man von einem *Teilraum* des gegebenen Vektorraums.

Definition 5.2.13 Unter einem Teilraum (auch Unterraum) $\mathcal{U}$ eines K-Vektorraumes $\mathcal{V}$ versteht man einen K-Vektorraum mit $U \subseteq V$, so daß die Addition und die Operatoranwendung der Elemente von K auf die von U mit den entsprechenden Operationen in $\mathcal{V}$ übereinstimmen.

Die Teilraumeigenschaft kann man mit Hilfe des folgenden Kriteriums schnell nachweisen:

Satz 5.2.14 *(Teilraumkriterium) Eine Teilmenge U der Trägermenge V eines K-Vektorraumes $\mathcal{V}$ bildet genau dann einen Teilraum von $\mathcal{V}$, wenn die folgenden drei Bedingungen erfüllt sind:*

(i) $\emptyset \neq U \subseteq V$,

(ii) $a, b \in U \Longrightarrow a + b \in U$,

(iii) $\alpha \in K,\ a \in U \Longrightarrow \alpha a \in U$.

Beweis: Ist $\mathcal{U}$ ein Teilraum von $\mathcal{V}$, so sind die Bedingungen $(i), (ii)$ und (iii) erfüllt.
Seien umgekehrt diese Bedingungen erfüllt. Dann ist die Summe je zweier Elemente in U wieder ein Element von U; die Einschränkung der Addition in $\mathcal{V}$ auf die Teilmenge U ist folglich eine binäre Operation in U. Assoziativgesetz und Kommutativgesetz gelten in ganz $\mathcal{V}$, also auch in $\mathcal{U}$. Aus $0 = 0a \in U$ und $-a = (-e)a \in U$ schließen wir, daß $\mathcal{U}$ ein Nullelement und zu jedem a auch das entgegengesetzte Element enthält. Damit ist $(U; +)$ eine abelsche Gruppe. Da mit $a \in U$ auch $\alpha a \in U$ erfüllt ist und die Axiome der Operatoranwendung in ganz $\mathcal{V}$ gelten, sind sie ebenso in $\mathcal{U}$ erfüllt. ■

Das Teilraumkriterium kann beim Beweis der folgenden Aussage eingesetzt werden.

Satz 5.2.15 *Sind $U_1, \ldots, U_k$ Trägermengen von Teilräumen $\mathcal{U}_1, \ldots, \mathcal{U}_k$ eines K-Vektorraumes $\mathcal{V}$, so ist der Durchschnitt $U_1 \cap \cdots \cap U_k$ auch Trägermenge eines Teilraumes von $\mathcal{V}$.*

Beweis: Da der Nullvektor zu jedem der Teilräume gehört, so gehört er auch zum Durchschnitt und daher ist der Durchschnitt nicht die leere Menge. Aus $a, b \in U_i$ für alle $i = 1, \ldots, k$ und $\alpha \in K$ folgen $a + b,\ \alpha a \in U_i$ für alle $i = 1, \ldots, k$ und daraus $a + b, \alpha a \in U_1 \cap \cdots \cap U_k$. Damit sind die drei Bedingungen des Teilraumkriteriums erfüllt. ■
Man könnte vermuten, daß die Vereinigung der Trägermengen von Teilräumen ebenfalls wieder die Trägermenge eines Teilraumes von $\mathcal{V}$ ist. Daß dies nicht der Fall ist, zeigt das nächste Beispiel.

Beispiel 5.2.16 Die Mengen

$$V_1 = \left\{\alpha\begin{pmatrix}0\\1\end{pmatrix} \mid \alpha \in \mathbb{R}\right\},\; V_2 = \left\{\alpha\begin{pmatrix}1\\0\end{pmatrix} \mid \alpha \in \mathbb{R}\right\}$$

bilden bezüglich der durch

$$\alpha\begin{pmatrix}0\\1\end{pmatrix} + \beta\begin{pmatrix}0\\1\end{pmatrix} = (\alpha+\beta)\begin{pmatrix}0\\1\end{pmatrix},\; \beta(\alpha\begin{pmatrix}0\\1\end{pmatrix}) = \beta\alpha\begin{pmatrix}0\\1\end{pmatrix}$$

definierten Operationen Teilräume des reellen Vektorraumes $\mathcal{V}$ mit

$$V = \left\{\alpha\begin{pmatrix}0\\1\end{pmatrix} + \beta\begin{pmatrix}0\\1\end{pmatrix} \mid \alpha, \beta \in \mathbb{R}\right\}.$$

Dagegen ist $V_1 \cup V_2$ nicht Trägermenge eines Teilraumes von V, da zum Beispiel der Vektor $\begin{pmatrix}1\\1\end{pmatrix}$ als Summe zweier Vektoren von $V_1 \cup V_2$ nicht zu $V_1 \cup V_2$ gehört.

In diesem Fall kann man den von der Vereinigungsmenge erzeugten Teilraum von $\dot{\mathcal{V}}$ betrachten. Dazu definieren wir zunächst den Begriff der *linearen Hülle* einer gegebenen Menge von Vektoren.

Definition 5.2.17 Es sei $\mathcal{V}$ ein K-Vektorraum, und es sei $M \subseteq V$ eine Menge von Vektoren. Unter der *linearen Hülle* $\langle M \rangle$ von M versteht man die Menge aller *Linearkombinationen* von Elementen aus M, das heißt die Menge aller Vektoren b aus V, für die es eine natürliche Zahl n, Vektoren $a_1, \ldots, a_n \in M$ und Körperelemente $\alpha_1, \ldots, \alpha_n$ mit $b = \alpha_1 a_1 + \cdots + \alpha_n a_n$ gibt.

Wir geben zunächst einige Beispiele für diese Begriffsbildung an.

Beispiel 5.2.18 1. Es sei $V = \mathbb{R}^2$ die Menge aller Paare reeller Zahlen. Mit komponentenweise definierter Addition und reeller Vervielfachung ergibt sich ein reeller Vektorraum. Wir wählen $M = \{(0,1),(1,0)\}$. Dann ist $\langle M \rangle = \{\alpha(0,1) + \beta(1,0) \mid \alpha, \beta \in \mathbb{R}\} = \{(\alpha,\beta) \mid \alpha,\beta \in \mathbb{R}\} = \mathbb{R}^2$. Dies bedeutet, daß die lineare Hülle von M die gesamte Menge $\mathbb{R}^2$ ist.
2. Es sei $V = \mathbb{R}^2$ und $M = \{(0,1)\}$. Dann ist $\langle M \rangle = \{(0,\alpha) \mid \alpha \in \mathbb{R}\}$.

Das erste Beispiel hat gezeigt, daß die lineare Hülle auch der gesamte Vektorraum sein kann. Dieser Fall ist besonders bedeutsam, denn er gestattet es, alle Vektoren aus einer Teilmenge des Vektorraumes zu erzeugen. Alle notwendigen Informationen über den Vektorraum sind dann bereits in dieser Teilmenge von Vektoren enthalten. Der Leser ahnt an dieser Stelle schon, daß man dies bei der Informationsübertragung nutzen kann. Wir definieren nun die mathematischen Begriffe, die unsere Vorstellungen geeignet reflektieren. Zunächst stellen wir aber folgendes fest:

Satz 5.2.19 *Es sei $\mathcal{V}$ ein K-Vektorraum und $M \subseteq V$ eine nichtleere Menge von Vektoren aus V. Dann ist $\langle\mathcal{M}\rangle := (\langle M\rangle; +, \circ)$ ein Teilraum des K-Vektorraumes $\mathcal{V}$. Er heißt der von M erzeugte Teilraum von $\mathcal{V}$ und M wird Erzeugendensystem von $\langle\mathcal{M}\rangle$ genannt.*

Beweis: Wir wenden das Teilraumkriterium an, um zu beweisen, daß $\langle\mathcal{V}\rangle$ ein Teilraum von $\mathcal{M}$ ist. Da $M \neq \emptyset$ gilt, gibt es einen Vektor $a \in M$ und der Vektor $a = ea$, wobei e das Einselement von K ist, gehört zu $\langle\mathcal{M}\rangle$. Daher ist $\langle\mathcal{M}\rangle \neq \emptyset$. Es ist klar, daß die Summe zweier Linearkombinationen von Elementen aus M wieder eine Linearkombination ist, denn es gilt

$$(\alpha_1 a_1 + \cdots + \alpha_n a_n) + (\beta_1 a_1 + \cdots + \beta_n a_n) = (\alpha_1 + \beta_1)a_1 + \cdots + (\alpha_n + \beta_n)a_n.$$

Ebenso ist das Vielfache einer Linearkombination eine Linearkombination, denn

$$\beta(\alpha_1 a_1 + \cdots + \alpha_n a_n) = \beta\alpha_1 a_1 + \cdots + \beta\alpha_n a_n.$$

■

Ordnet man jeder Teilmenge M von V ihre lineare Hülle $\langle M\rangle$ zu, so ist dadurch eine Funktion, man spricht auch von einem Operator, $\langle\ \rangle : \mathcal{P}(V) \to \mathcal{P}(V)$, definiert, welche die folgenden Eigenschaften hat.

Satz 5.2.20 *Es sei $\mathcal{V}$ ein K-Vektorraum und $M \subseteq V$. Der Operator $\langle\ \rangle$ hat die folgenden Eigenschaften:*

(H1) $M \subseteq \langle M\rangle$,

(H2) $M_1 \subseteq M_2 \Rightarrow \langle M_1\rangle \subseteq \langle M_2\rangle$,

(H3) $\langle\langle M\rangle\rangle = \langle M\rangle$.

Beweis: $(H1)$: Aus $a \in M$ folgt mit dem Einselement e des Körpers K auch $a = ea \in \langle M\rangle$, denn ea ist eine Linearkombination.
$(H2)$: Aus $b = \alpha_1 a_1 + \cdots + \alpha_n a_n \in \langle M_1\rangle$ mit $a_1, \ldots, a_n \in M_1$ folgt wegen $M_1 \subseteq M_2$ auch $a_1, \ldots, a_n \in M_2$ und daher $b = \alpha_1 a_1 + \cdots + \alpha_n a_n \in \langle M_2\rangle$.
$(H3)$: $\langle M\rangle \subseteq \langle\langle M\rangle\rangle$ folgt aus $(H1)$. Für den Beweis der zweiten Inklusion sei $b \in \langle\langle M\rangle\rangle$, das heißt $b = \alpha_1 a_1 + \cdots + \alpha_n a_n$ mit $\alpha_i \in \langle M\rangle$. Da $\langle M\rangle$ als Teilraum von $\mathcal{V}$ bezüglich der Addition und der Operatoranwendung abgeschlossen ist, gilt $b \in \langle M\rangle$. ■

Beispiel 5.2.21 Jedes lineare Gleichungssystem

$$\begin{array}{ccccccccccc} a_{11}x_1 & + & a_{12}x_2 & + & \cdots & + & a_{1n}x_n & = & b_1, & & \sum_{k=1}^{n} a_{1k}x_k = b_1 \\ a_{21}x_1 & + & a_{22}x_2 & + & \cdots & + & a_{2n}x_n & = & b_2, & & \sum_{k=1}^{n} a_{2k}x_k = b_2 \\ & & & & \cdots & & & & & & \\ a_{m1}x_1 & + & a_{m2}x_2 & + & \cdots & + & a_{mn}x_n & = & b_m, & & \sum_{k=1}^{n} a_{mk}x_k = b_m \end{array}$$

kann mit

$$a_1 := \begin{pmatrix} a_{11} \\ \vdots \\ a_{m1} \end{pmatrix}, \ldots, a_n := \begin{pmatrix} a_{1n} \\ \vdots \\ a_{mn} \end{pmatrix}, b = \begin{pmatrix} b_1 \\ \vdots \\ b_m \end{pmatrix}$$

als Linearkombination in der Form

$$x_1a_1 + \cdots + x_na_n = b$$

geschrieben werden.

Ein Erzeugendensystem soll nach Möglichkeit keine überflüssigen Vektoren enthalten. Als überflüssig kann man Vektoren dann betrachten, wenn sie als Linearkombinationen anderer Vektoren erhalten werden können. Diese Vorstellung wird durch die folgende Begriffsbildung zum Ausdruck gebracht.

Definition 5.2.22 Es sei $\mathcal{V} = (V; +, \circ)$ ein K-Vektorraum. Eine Menge $\{a_1, \ldots, a_r\}$ paarweise verschiedener Vektoren heißt linear unabhängig, wenn jede nichttriviale Linearkombination dieser Vektoren vom Nullvektor verschieden ist, das heißt, wenn aus $x_1a_1 + \cdots + x_ra_r = 0$ folgt $x_1 = \cdots = x_r = 0$. Die Menge $\{a_1, \ldots, a_r\}$ heißt linear abhängig, wenn dieses Vektorsystem nicht linear unabhängig ist, das heißt, wenn ein System $x_1, \ldots, x_r$ von Elementen des Körpers K so existiert, daß nicht alle diese Elemente Null sind, aber wobei $x_1a_1 + \cdots + x_ra_r = 0$ ist.

Im Fall der linearen Abhängigkeit kann man also die Gleichung $x_1a_1 + \cdots + x_ra_r = 0$ nach demjenigen Vektor a_i auflösen und ihn damit als Linearkombination der anderen ausdrücken, dessen Koeffizient verschieden von Null ist.

Beispiel 5.2.23 1. Es sei $\mathcal{V} = \mathbb{R}^2$. Dann ist $M = \{(1,0),(0,1)\}$ linear unabhängig, denn aus

$$x \cdot \begin{pmatrix} 0 \\ 1 \end{pmatrix} + y \cdot \begin{pmatrix} 1 \\ 0 \end{pmatrix} = \begin{pmatrix} 0 \\ 0 \end{pmatrix},$$

das heißt aus $0 \cdot x + 1 \cdot y = 0,\ 1 \cdot x + 0 \cdot y = 0$ folgt $x = y = 0$.
2. Es sei $\mathcal{V} = \mathbb{R}^m$. Die Vektoren

$$a_1 = \begin{pmatrix} a_{11} \\ \vdots \\ a_{m1} \end{pmatrix}, \ldots, a_n = \begin{pmatrix} a_{1n} \\ \vdots \\ a_{mn} \end{pmatrix}$$

sind genau dann linear unabhängig, wenn das homogene lineare Gleichungssystem

$$\begin{array}{ccccccccccc} a_{11}x_1 & + & a_{12}x_2 & + & \cdots & + & a_{1n}x_n & = & 0, & & \sum\limits_{k=1}^{n} a_{1k}x_k = 0 \\ a_{21}x_1 & + & a_{22}x_2 & + & \cdots & + & a_{2n}x_n & = & 0, & & \sum\limits_{k=1}^{n} a_{2k}x_k = 0 \\ & & & & \cdots & & & & & & \\ a_{m1}x_1 & + & a_{m2}x_2 & + & \cdots & + & a_{mn}x_n & = & b_m, & & \sum\limits_{k=1}^{n} a_{mk}x_k = 0 \end{array}$$

nur trivial lösbar ist, das heißt, wenn $r = n$ ist.

3. Es soll überprüft werden, ob die Vektoren

$$\begin{pmatrix} 0 \\ 1 \\ 2 \end{pmatrix}, \begin{pmatrix} -1 \\ 2 \\ 1 \end{pmatrix}, \begin{pmatrix} 3 \\ 1 \\ 1 \end{pmatrix}$$

ein linear unabhängiges Vektorsystem bilden. Man macht dazu den Ansatz

$$x_1 \cdot \begin{pmatrix} 0 \\ 1 \\ 2 \end{pmatrix} + x_2 \cdot \begin{pmatrix} -1 \\ 2 \\ 1 \end{pmatrix} + x_3 \cdot \begin{pmatrix} 3 \\ 1 \\ 1 \end{pmatrix} = \begin{pmatrix} 0 \\ 0 \\ 0 \end{pmatrix}.$$

Dies entspricht dem linearen Gleichungssystem

$$\begin{array}{ccccccc} & & -x_2 & + & 3x_3 & = & 0 \\ x_1 & + & 2x_2 & + & x_3 & = & 0 \\ 2x_1 & + & x_2 & + & x_3 & = & 0. \end{array}$$

Nach Anwendung des Gaussschen Algorithmus ergibt sich die Dreiecksform

$$\begin{array}{ccccccc} x_1 & + & 2x_2 & + & x_3 & = & 0 \\ & & -x_2 & + & 3x_3 & = & 0 \\ & & & & 10x_3 & = & 0. \end{array}$$

mit der eindeutig bestimmten Lösung $x_1 = x_2 = x_3 = 0$.

Folgerung 5.2.24 *Ein nur aus einem einzigen Vektor bestehendes Vektorsystem ist genau dann linear abhängig, wenn dies der Nullvektor ist.*

Beweis: Wegen $1 \cdot 0 = 0$ ist $\{0\}$ linear abhängig. Ist umgekehrt ein aus einem Vektor bestehendes System linear abhängig, so folgt aus $\alpha a = 0$ mit $\alpha \neq 0$, daß $a = 0$ ist. ∎

Satz 5.2.25 *Es sei $\mathcal{V} = (V; +, \circ)$ ein K-Vektorraum. Dann gelten:*
(i) Jedes Untersystem eines linear unabhängigen Systems ist linear unabhängig.

(ii) Wenn ein Untersystem eines gegebenen Vektorsystems linear abhängig ist, so ist das gesamte System linear abhängig.

(iii) Ein linear unabhängiges System enthält den Nullvektor nicht und umgekehrt ist jedes Vektorsystem, das den Nullvektor enthält, linear abhängig.

(iv) Das System $\{a_1, \ldots, a_n\}$ ist genau dann linear abhängig, wenn sich mindestens einer der Vektoren als Linearkombination der übrigen darstellen läßt.

Beweis: (i) Es sei $\{a_1, \ldots, a_r\}$ linear unabhängig, und es sei $\{a_{i_1}, \ldots, a_{i_s}\} \subseteq \{a_1, \ldots, a_r\}$. Ist $\alpha_{i_1} a_{i_1} + \cdots + \alpha_{i_s} a_{i_s} = 0$, so gilt $0a_1 + \cdots + 0a_{i_1 - 1} + \alpha_{i_1} a_{i_1} + \cdots + \alpha_{i_s} a_{i_s} + 0a_{i_s + 1} + \cdots + 0a_r = 0$. Da das Ausgangssystem linear abhängig ist, sind alle Koeffizienten 0, folglich ist das System $\{a_{i_1}, \ldots, a_{i_s}\}$ linear unabhängig.
(ii) ist als Kontraposition von (i) erfüllt.
(iii) Ist $\{a_1, \ldots, a_n\}$ linear unabhängig und $a_i = 0$, so gilt $\lambda a_i = 0$ für $\lambda \neq 0$, das heißt, $\{a_i\}, i \in \{1, \ldots, n\}$, ist ein linear abhängiges Teilsystem im Widerspruch zu (ii).
(iv) Ist $a_i = \lambda_1 a_1 + \cdots + \lambda_{i-1} a_{i-1} + \lambda_{i+1} a_{i+1} + \cdots + \lambda_n a_n$, so folgt $\lambda_1 a_1 + \cdots + \lambda_{i-1} a_{i-1} - 1 \cdot a_i + \lambda_{i+1} a_{i+1} + \cdots + \lambda_n a_n = 0$, ohne daß alle Koeffizienten gleich 0 sind. Daher ist das System linear abhängig. Ist umgekehrt $\{a_1, \ldots, a_n\}$ linear abhängig, so gilt $\lambda_1 a_1 + \cdots + \lambda_n a_n = 0$ mit $\lambda_i \neq 0$ für ein i. Daher kann das Gleichungssystem nach a_i aufgelöst werden. ∎

Aus den bisherigen Überlegungen ergibt sich das folgende Problem: Gibt es für einen Vektorraum $\mathcal{V} = (V; +, \circ)$ eine (möglichst endliche) Teilmenge, so daß jeder Vektor dieses Vektorraums eine Linearkombination von Vektoren der Teilmenge ist und keiner der Vektoren der Teilmenge dabei weggelassen werden kann?

Definition 5.2.26 Eine Menge $B = \{a_1, \dots, a_r\} \subseteq M \subseteq V$ heißt Basis von M genau dann, wenn die folgenden Bedingungen erfüllt sind:

(i) B ist linear unabhängig.

(ii) Jedes Element der Menge M ist eine Linearkombination von Elementen aus B.

Beispiel 5.2.27 Es seien $\mathcal{V} = \mathbb{R}^n$, $e_1 := (1, 0, \dots, 0)$, $e_2 := (0, 1, 0, \dots, 0)$, $\dots, e_n := (0, \dots, 0, 1)$. Dann läßt sich jeder Vektor $b = (b_1, \dots, b_n)$ als Linearkombinationen der Vektoren $e_1, \dots, e_n$ darstellen, denn es gilt $b = b_1 e_1 + \dots + b_n e_n$, das heißt (ii) ist erfüllt. Die erste Bedingung ist wegen

$$x_1 e_1 + \dots + x_n e_n = 0 \Rightarrow (x_1, \dots, x_n) = (0, \dots, 0) \Rightarrow \forall i \in \{1, \dots, n\} \ (x_i = 0)$$

ebenfalls erfüllt. Daher bildet $\{e_1, \dots, e_n\}$ eine Basis des $\mathbb{R}^n$.

Hat der Vektorraum $\mathcal{V}$ eine (endliche) Basis, so heißt $\mathcal{V}$ endlich erzeugt, anderenfalls unendlich erzeugt.
Eine wichtige Beobachtung ist, daß die Darstellung eines Vektors in einer gegebenen Basis eindeutig bestimmt ist. Tatsächlich ist die Eindeutigkeit der Darstellung in einem gegebenen Erzeugendensystem zur linearen Unabhängigeit dieses Systems äquivalent.

Satz 5.2.28 *Es sei $\mathcal{U} = (U; +, \circ)$ ein endlich erzeugter K-Vektorraum.Dann ist die m-elementige Menge $\{a_1, \dots a_m\}, m \geq 1$, genau dann eine Basis von $\mathcal{U}$, wenn sich jeder Vektor aus U in eindeutiger Weise als Linearkombination dieser Vektoren darstellen läßt.*

Beweis: 1. Es sei $\{a_1, \dots, a_m\}$ eine m-elementige Basis von $\mathcal{U}$. Da jede Basis ein Erzeugendensystem ist, hat jeder Vektor von U wenigstens eine Darstellung als Linearkombination der Basiselemente. Angenommen, es gäbe zwei Darstellungen des Vektors x, also $x = x_1 a_1 + \dots + x_m a_m = y_1 a_1 + \dots + y_m a_m$. Dann folgt $(x_1 - y_1)a_1 + \dots + (x_m - y_m)a_m = 0$. Aus der linearen Unabhängkeit folgt dann $x_i = y_i$ für alle $i = 1, \dots, m$ und damit ist die Darstellung eindeutig bestimmt.
2. Ist umgekehrt die Darstellung eindeutig bestimmt und angenommen, das m-elementige Erzeugendensystem $\{a_1, \dots, a_m\}$ sei keine Basis, also linear abhängig, dann folgt aus $\alpha_1 a_1 + \cdots \alpha_m a_m = 0$ mit mindestens einem $\alpha_i \neq 0$, sowie aus der Darstellung $x = x_1 a_1 + \dots + x_m a_m$ des Vektors x die Gleichung $x = x + 0 = (x_1 + \alpha_1)a_1 + \dots + (x_m + \alpha_m)a_m$. Damit hat man zwei verschiedene

Darstellungen von x im Widerspruch zur Eindeutigkeit. Daher ist $\{a_1, \ldots, a_m\}$ linear unabhängig.

■

Ist der Vektorraum $\mathcal{V}$ endlich erzeugt, so ist eine Basis eine minimale Menge von Erzeugenden, das heißt, es gilt:

Satz 5.2.29 *Es sei $\mathcal{V}$ ein K-Vektorraum und $M \subseteq V$, sowie $B \subseteq M$ eine Menge, die aus r Vektoren besteht. Dann ist B genau dann eine Basis von M, wenn*

(i) B linear unabhängig ist und

(ii) je $r+1$ verschiedene Elemente von M linear abhängig sind.

Beweis: 1. Es sei B eine Basis von M. Dann ist (i) wegen der Definition des Begriffs der Basis erfüllt. Es seien $b_1, \ldots, b_{r+1}$ verschiedene Elemente von M, und es sei $B = \{a_1, \ldots, a_r\}$. Dann haben wir

$$\begin{array}{rcccccc} b_1 & = & a_{11}a_1 & + & \cdots & + & a_{1r}a_r \\ & & & & \vdots & & \\ b_{r+1} & = & a_{(r+1)1}a_1 & + & \cdots & + & a_{(r+1)r}a_r \end{array}$$

Wir haben zu zeigen, daß die Gleichung $x_1b_1 + \cdots + x_{r+1}b_{r+1} = 0$ nicht nur trivial lösbar ist. Durch Einsetzen der Ausdrücke für $b_1, \ldots, b_{r+1}$ in die rechte Seite der letzten Gleichung erhält man:

$x_1(a_{11}a_1 + \cdots + a_{1r}a_r) + \cdots + x_{r+1}(a_{(r+1)1}a_1 + \cdots + a_{r+1r}a_r) = 0$

$\Longrightarrow (x_1a_{11} + \cdots + x_{r+1}a_{(r+1)1})a_1 + \cdots + (x_1a_{1r} + \cdots + x_{r+1}a_{r+1r})a_r = 0.$

Aus der linearen Unabhängigkeit von $\{a_1, \ldots a_r\}$ folgt

$$\begin{array}{ccccccc} x_1a_{11} & + & \cdots & + & x_{r+1}a_{r+11} & = & 0 \\ & & \vdots & & & & \\ x_1a_{1r} & + & \cdots & + & x_{r+1}a_{r+1r} & = & 0 \end{array}$$

Dies ist ein homogenes lineares Gleichungssystem aus r Gleichungen in $r+1$ Unbestimmten $x_1 \ldots, x_{r+1}$. Daher gibt es nichttriviale Lösungen $\{x_1, \ldots, x_{r+1}\}$, die nicht alle gleich Null sind und das System $\{b_1, \ldots, b_{r+1}\}$ ist linear abhängig.

2. Angenommen, (i) und (ii) seien erfüllt. Wir betrachten die folgenden Fälle:

2.1 Es sei $b \in B$. Dann stimmt b mit einem der Elemente $a_1, \ldots, a_r$, etwa mit a_j überein, ist also eine Linearkombination von $a_1, \ldots, a_r$:

$$b = 0a_1 + \cdots + 0a_{j-1} + 1a_j + 0a_{j+1} + \cdots + 0a_r.$$

2.2 Ist $b \notin B$, so sind $a_1, \ldots, a_r, b$ nach (ii) linear abhängig, das heißt, es gibt eine Linearkombination $x_1a_1 + \ldots + x_ra_r + xb = 0$, in der wenigstens einer der Koeffizienten von Null verschieden ist. Das muß x sein, denn wäre $x = 0$, so hätten wir $x_1a_1 + \cdots + x_ra_r = 0$. Nach (i) folgt daraus $x_1 = \cdots = x_r = 0$ und alle Koeffizienten wären Null im Widerspruch zur linearen Abhängigkeit von $a_1, \ldots, a_r, b$. Damit gilt $b = (-\frac{x_1}{x})a_1 + \cdots + (-\frac{x_r}{x_1})a_r$, das heißt, b ist Linearkombination von Elementen aus B und die zweite Bedingung aus der Definition des Begriffs Basis ist erfüllt. ∎

Nicht alle Vektorräume sind endlich erzeugt. Als Beispiel betrachten wir die Menge $V = \{f(x) \mid f(x) = a_0 + a_1x + \cdots\}$ aller Polynome von beliebigem Grad über einem Körper K mit der Addition und Vervielfachung mit Elementen von K als Vektorraumoperationen.
Dieser Vektorraum ist nicht endlich erzeugbar, denn man benötigt alle Polynome $\{e, x, x^2, \ldots\}$, wobei e das Einselement von K ist, um jedes Polynom als Linearkombination darzustellen. Dies ist ein unendliches Erzeugendensystem, das sogar eine unendliche Basis ist, denn aus $a_0e + a_1x + \cdots + a_nx^n + \cdots = 0$ folgt $a_i = 0$ für alle $i \in \mathbb{N}$.

Es ist klar, daß man aus jedem endlichen Erzeugendensystem eines Vektorraumes eine Basis auswählen kann. Man streiche dazu aus dem Erzeugendensystem solange einzelne Vektoren, die sich als Linearkombination der übrigen darstellen lassen, bis es unverkürzbar ist. Insbesondere zeigt man so, daß jeder endlich erzeugte Vektorraum eine endliche Basis hat.
Außerdem macht man noch die folgenden Beobachtungen:

Bemerkung 5.2.30 1. Hat ein K-Vektorraum $\mathcal{V}$ eine endliche Basis, so ist jede Basis von $\mathcal{V}$ endlich. Man überlegt sich nämlich, daß je $r + 1$ Vektoren linear abhängig sind, falls $\{v_1, \ldots, v_r\}$ eine Basis von $\mathcal{V}$ ist.
2. Je zwei endliche Basen von $\mathcal{V}$ haben gleiche Länge.

Definition 5.2.31 Es sei $\mathcal{V}$ ein K-Vektorraum. Besitzt $M \subseteq V$ eine Basis $\{a_1, \ldots, a_r\}$, so heißt r der *Rang RgM* von M. Zusätzlich definiert man $Rg\{0\} = 0$. Für $M = V$ heißt r die Dimension von $\mathcal{V} : r = Dim\mathcal{V}$. In diesem Fall sprechen wir von einem r-dimensionalen K-Vektorraum. Gibt es dagegen keine aus endlich vielen Vektoren bestehende Basis, so ist der Vektorraum *unendlichdimensional*.

Beispiel 5.2.32 $Dim\mathbb{R}^n = n$, denn die n Vektoren $(1, 0, \ldots, 0), \ldots, (0, \ldots, 0, 1)$ bilden eine Basis von $\mathbb{R}^n$.

Weitere Folgerungen, deren Beweis dem Leser überlassen bleibe, sind:

Folgerung 5.2.33 *(i) Ist $DimV = n$, so ist jedes System von n linear unabhängigen Vektoren aus V eine Basis von V.*

(ii) Ist $\mathcal{V}$ ein endlich erzeugter Vektorraum und $\mathcal{V} = \langle\{a_1, \ldots, a_n\}\rangle$. Dann läßt sich jedes System $\{b_1, \ldots, b_s\}$ von $s \geq 0$ linear unabhängigen Vektoren von $\mathcal{V}$ zu einer Basis von $\mathcal{V}$ ergänzen.

Bemerkung 5.2.34 1. Ist $\{a_1, \ldots, a_n\}$ eine Basis von $\mathcal{V}$, sind b, c Vektoren aus V, so ist $\{b, c, a_2, \ldots, a_n\}$ linear abhängig.
2. Ist $\{b_1, \ldots, b_n\}$ eine Basis und ist $\{a_1, \ldots, a_r\}$ ein Erzeugendensystem, so ist $n \leq r$, das heißt, eine Basis ist ein minimales Erzeugendensystem.
3. Ist $\mathcal{U}$ ein Teilraum von $\mathcal{V}$ und ist $Dim\mathcal{V}$ endlich, so ist $Dim\mathcal{U} \leq Dim\mathcal{V}$.

5.3 Matrizen und Determinanten

Unter einer *Matrix* versteht man ein rechteckiges Schema, in dem Elemente eines Körpers $\mathcal{K}$, zum Beispiel reelle Zahlen, angeordnet sind.

$$A = \begin{pmatrix} a_{11} & \cdots & a_{1n} \\ & \vdots & \\ a_{m1} & \cdots & a_{mn} \end{pmatrix} = (a_{ik}), i = 1, \ldots m, \; k = 1 \ldots, n, a_{ik} \in K.$$

Dabei wird i Zeilenindex und k Spaltenindex von A genannt. Das geordnete Paar (m, n) heißt der *Typ* der Matrix.

Definition 5.3.1 Zwei Matrizen sind gleich, wenn sie den gleichen Typ haben und wenn für alle $i = 1, 2, \ldots, m$ und für alle $k = 1, 2, \ldots, n$ die Gleichungen $a_{ik} = b_{ik}$ erfüllt sind.

Wir wollen mit Matrizen rechnen und führen auf der Menge $K_{m,n}$ aller Matrizen vom gleichen Typ (m, n) eine Addition ein. Für Matrizen $A = (a_{ik}), B = (b_{ik})$ definieren wir die Matrizenaddition durch $C = A + B$, wobei C diejenige Matrix vom Typ (m, n) ist, so daß für alle $i = 1, \ldots, m, \; k = 1, \ldots, n$ gilt: $c_{ik} = a_{ik} + b_{ik}$. In der letzten Gleichung wird durch $+$ die Addition im Körper $\mathcal{K}$ bezeichnet. Da sich durch diese Definition die Addition in $\mathcal{K}$ sofort auf die Addition in $K_{m,n}$ überträgt, erhalten wir ohne Probleme die folgende Aussage, deren Beweis wir dem Leser als Übungsaufgabe überlassen wollen.

Satz 5.3.2 *Es sei $K_{m,n}$ die Menge aller Matrizen vom Typ (m,n). Dann ist $(K_{m,n};+)$ eine kommutative Gruppe.* ∎

Außer der Addition definieren wir auf der Menge $K_{m,n}$ eine Vervielfachung der Matrizen mit Elementen aus dem Körper $\mathcal{K}$, indem wir jedes Element mit dem entsprechenden Körperelement multiplizieren, das heißt,

$$\lambda(a_{ik}) := (\lambda a_{ik}).$$

Dann kann man durch Nachweis der entsprechenden Gesetze beweisen:

Satz 5.3.3 *$(K_{m,n};+,\circ)$ ist ein K-Vektorraum der Dimension mn.*

Beispiel 5.3.4 Wir betrachten die Menge aller reellen Matrizen vom Typ $(2,3)$.

$$\mathbb{R}_{2,3} = \left\{ \begin{pmatrix} a_{11} & a_{12} & a_{13} \\ a_{21} & a_{22} & a_{23} \end{pmatrix} \mid a_{ij} \in \mathbb{R} \right\}.$$

Die Menge

$$B = \left\{ \begin{pmatrix} 1 & 0 & 0 \\ 0 & 0 & 0 \end{pmatrix}, \begin{pmatrix} 0 & 1 & 0 \\ 0 & 0 & 0 \end{pmatrix}, \begin{pmatrix} 0 & 0 & 1 \\ 0 & 0 & 0 \end{pmatrix}, \begin{pmatrix} 0 & 0 & 0 \\ 1 & 0 & 0 \end{pmatrix}, \begin{pmatrix} 0 & 0 & 0 \\ 0 & 1 & 0 \end{pmatrix} \begin{pmatrix} 0 & 0 & 0 \\ 0 & 0 & 1 \end{pmatrix} \right\}$$

bildet eine Basis von $\mathbb{R}_{2,3}$, das heißt B ist linear unabhängig und ist ein Erzeugendensystem von $\mathbb{R}_{2,3}$. Beide Eigenschaften kann man schnell überprüfen.

Der Matrizenkalkül beweist seine Vorzüge aber erst durch die Einführung einer zweiten binären Operation mit Matrizen, die wir als Multiplikation definieren wollen. Diese Multiplikation ist nur für sogenannte verkettete Matrizen definiert. Eine Matrix A vom Typ (m,n) heißt mit der Matrix B vom Typ (p,q) verkettet, wenn $n = p$ ist, das heißt, wenn die Anzahl der Spalten von A mit der Anzahl der Zeilen von B übereinstimmt.

Beispiel 5.3.5 Es seien A und B die Matrizen

$$\begin{pmatrix} 2 & 5 & -1 \\ 3 & 4 & 1 \\ 7 & 1 & -1 \\ 1 & 0 & 2 \end{pmatrix} \begin{pmatrix} 2 & 1 \\ 7 & -4 \\ 2 & 3 \end{pmatrix}.$$

Der Typ von A ist $(4,3)$ und der Typ von B ist $(3,2)$. Damit ist A mit B verkettet.

Definition 5.3.6 Die Matrix $A = (a_{ik})$ sei mit der Matrix $B = (b_{ik})$ verkettet, das heißt, es sei der Typ von A das Paar (m,n) und der Typ von B das Paar (n,p). Dann ist $C = A \cdot B$ diejenige Matrix vom Typ (m,p), deren Elemente c_{ik} gebildet werden durch $c_{ik} = \sum\limits_{j=1}^{n} a_{ij}b_{jk} = a_{i1}b_{1k} + a_{i2}b_{2k} + \cdots + a_{in}b_{nk}$.

Beispiel 5.3.7 Die Matrizen

$$A = \begin{pmatrix} 2 & 5 & -1 \\ 3 & 4 & 1 \\ 7 & 1 & -1 \\ 1 & 0 & 2 \end{pmatrix}, \text{ und } B = \begin{pmatrix} 2 & 1 \\ 7 & -4 \\ 2 & 3 \end{pmatrix}$$

sollen miteinander multipliziert werden. Wir haben bereits festgestellt, daß sie verkettet sind. Das Produkt ist eine Matrix vom Typ $(4,2)$. Das in der ersten Zeile und ersten Spalte stehende Element berechnet man als $2\cdot2+5\cdot7+(-1)\cdot2$. In der Position $(1,2)$ befindet sich das Element $2 \cdot 1 + 5 \cdot (-4) + (-1) \cdot 3$. In dieser Weise berechnet man alle Elemente in der Produktmatrix.

Wendet man die Kurzschreibweise der Matrizen an, so kann man das Produkt in der Form

$$(a_{ik}) \cdot (b_{ik}) = (\sum_{j=1}^{n} a_{ij}b_{jk})$$

darstellen.
Wir fragen uns natürlich, welche Rechengesetze die Matrizenmultiplikation erfüllt. Das Kommutativgesetz bereitet uns die erste Enttäuschung. Wenn A mit B verkettet ist, so muß es B mit A nicht unbedingt sein. Ist wenigstens die Multiplikation quadratischer Matrizen gleichen Typs kommutativ ? Das folgende Gegenbeispiel zeigt, daß dies im allgemeinen nicht der Fall ist.

$$\begin{pmatrix} 3 & 4 \\ 0 & 2 \end{pmatrix} \cdot \begin{pmatrix} -1 & 2 \\ 1 & 1 \end{pmatrix} = \begin{pmatrix} 1 & 10 \\ 2 & 2 \end{pmatrix} \text{ aber } \begin{pmatrix} -1 & 2 \\ 1 & 1 \end{pmatrix} \cdot \begin{pmatrix} 3 & 4 \\ 0 & 2 \end{pmatrix} = \begin{pmatrix} -3 & 0 \\ 3 & 6 \end{pmatrix}.$$

Man überprüft aber schnell die Gültigkeit der folgenden Rechengesetze:

Satz 5.3.8 *Für die Matrizenmultiplikation gelten*

(i) $(A+B)\cdot C = A\cdot C + B\cdot C,\ A\cdot(B+C) = A\cdot B + A\cdot C$
(Distributivgesetze)

(ii) $A\cdot(B\cdot C) = (A\cdot B)\cdot C$
(Assoziativgesetz)

(iii) $\lambda(A\cdot B) = (\lambda A)\cdot B = A\cdot(\lambda B)$.

Eine weitere wichtige Operation mit Matrizen ist die einstellige Operation des *Transponierens.*

Definition 5.3.9 Unter der *Transponierten* der Matrix A versteht man die aus A durch Vertauschen von Zeilen und Spalten entstehende Matrix.

$$(a_{ik})^T = (a_{ki}).$$

Damit hat die Transponierte einer Matrix des Typs (m, n) den Typ (n, m). Die Matrix A heißt *symmetrisch*, wenn $A^T = A$ gilt. Es ist klar, daß jede symmetrische Matrix *quadratisch* ist, das heißt, daß $m = n$ gilt.
Für das Transponieren von Matrizen lassen sich die folgenden Rechenregeln schnell überprüfen

Satz 5.3.10 *(i) Sind A und B Matrizen gleichen Typs, so ist $(A + B)^T = A^T + B^T$.*

(ii) Ist A eine beliebige Matrix und ist $\lambda \in K$, so gilt $(\lambda A)^T = \lambda A^T$.

(iii) Sind die Matrizen A und B verkettet, so ist $(A \cdot B)^T = B^T \cdot A^T$.

Es sei $K_{n,n}$ die Menge aller Matrizen über K vom Typ (n, n). Dann gilt:

Folgerung 5.3.11 $(K_{n,n}; +, \cdot)$ *ist ein Ring.*

Tatsächlich ergibt das Produkt zweier Matrizen vom Typ (n, n) wieder eine Matrix vom Typ (n, n). Die Matrizenmultiplikation ist assoziativ, $(K_{n,n}; +)$ ist eine kommutative Gruppe und es gelten die Distributivgesetze.
In 5.2 wurde bereits der Begriff des Ranges eines Vektorsystems eingeführt. Unter Verwendung dieses Begriffs wird der Rang einer Matrix eingeführt.

Definition 5.3.12 Unter dem Rang einer Matrix A versteht man den Rang des Systems ihrer Spaltenvektoren, das heißt,

$$Rg \begin{pmatrix} a_{11} & \cdots & a_{1n} \\ & \vdots & \\ a_{m1} & \cdots & a_{mn} \end{pmatrix} = Rg(\{\, \underline{a_1}, \ldots, \underline{a_n}\}).$$

Wir betrachten das folgende Beispiel:

Beispiel 5.3.13 Es sei die Matrix

$$A = \begin{pmatrix} 6 & 1 & 2 & -3 \\ 1 & -2 & 1 & 1 \\ 3 & 7 & -1 & -6 \\ 1 & 1 & 0 & 0 \end{pmatrix} \text{ mit } \underline{a_1} = \begin{pmatrix} 6 \\ 1 \\ 3 \\ 1 \end{pmatrix}, \underline{a_2} = \begin{pmatrix} 1 \\ -2 \\ 7 \\ 1 \end{pmatrix}, \underline{a_3} = \begin{pmatrix} 2 \\ 1 \\ -1 \\ 0 \end{pmatrix},$$

$\underline{a_4} = \begin{pmatrix} -3 \\ 1 \\ -6 \\ 0 \end{pmatrix}$ gegeben. Wir haben eine Basis für das Vektorsystem $\{\underline{a_1}, \underline{a_2}, \underline{a_3}, \underline{a_4}\}$ zu berechnen. Dazu wird für jeden Vektor überprüft, ob er eine Linearkombination der übrigen ist. Ist dies der Fall, so wird er gestrichen. Zunächst stellen wir fest, daß

$$\begin{pmatrix} -3 \\ 1 \\ -6 \\ 0 \end{pmatrix} = \begin{pmatrix} 6 \\ 1 \\ 3 \\ 1 \end{pmatrix} x + \begin{pmatrix} 1 \\ -2 \\ 7 \\ 1 \end{pmatrix} y + \begin{pmatrix} 2 \\ 1 \\ -1 \\ 0 \end{pmatrix} z$$

mit $x = 5, y = -5, z = -14$ lösbar ist, denn es gilt

$$\begin{pmatrix} -3 \\ 1 \\ -6 \\ 0 \end{pmatrix} = 5 \begin{pmatrix} 6 \\ 1 \\ 3 \\ 1 \end{pmatrix} - 5 \begin{pmatrix} 1 \\ -2 \\ 7 \\ 1 \end{pmatrix} - 14 \begin{pmatrix} 2 \\ 1 \\ -1 \\ 0 \end{pmatrix} z.$$

Für $\underline{a_1}, \underline{a_2}, \underline{a_3}$ überprüft man die lineare Unabhängigkeit durch Diskussion des linearen Gleichungssystems

$$x \begin{pmatrix} -6 \\ 1 \\ 3 \\ 1 \end{pmatrix} + y \begin{pmatrix} 1 \\ -2 \\ 7 \\ 1 \end{pmatrix} + z \begin{pmatrix} 2 \\ 1 \\ -1 \\ 0 \end{pmatrix} = \begin{pmatrix} 0 \\ 0 \\ 0 \\ 0 \end{pmatrix}.$$

Man überprüft leicht, daß dieses Gleichungssystem nur mit $x = y = z = 0$, also nur trivial lösbar ist. Daraus ergibt sich, daß $\{\underline{a_1}, \underline{a_2}, \underline{a_3}\}$ eine Basis von $\{\underline{a_1}, \underline{a_2}, \underline{a_3}, \underline{a_4}\}$ ist. Daher ist der Rang der Matrix A gleich 3.

Das Beispiel zeigt, daß die Rangbestimmung nach dieser Methode aufwendig ist. Da der Rang einer Matrix eine wichtige Größe ist, suchen wir nach einem effektiveren Verfahren. Jedenfalls ist $RgA \leq n$, denn der Rang einer Matrix kann niemals größer sein als die Anzahl der Spalten. Die grundlegende Idee besteht darin, Matrizen so umzuformen, daß sich der Rang nicht verändert und man schließlich eine Matrix erhält, deren Rang man sofort erkennt. Man spricht von *elementaren Umformungen* von Matrizen.

Definition 5.3.14 Entsteht eine Matrix B aus einer Matrix A dadurch, daß

I. zwei Spalten vertauscht werden,

II. eine Spalte mit $c \in \mathbb{R}^* (:= \mathbb{R} \setminus \{0\})$ multipliziert wird,

III. zu einer Spalte ein beliebiges Vielfaches einer anderen Spalte addiert wird,

so sagt man, B entsteht durch eine *elementare Umformung* aus A:

Satz 5.3.15 *Der Rang einer Matrix bleibt bei elementaren Umformungen erhalten.*

Beweis: Es sei $\{\underline{a_1}, \ldots, \underline{a_n}\}$ das System der Spalten der Matrix A. Ist $RgA = Rg\{\underline{a_1}, \ldots, \underline{a_n}\} = r \leq n$, so gibt es eine Basis $\{\underline{a_{i_1}}, \ldots, \underline{a_{i_r}}\} \subseteq \{\underline{a_1}, \ldots \underline{a_n}\}$ von $\{\underline{a_1}, \ldots, \underline{a_n}\}$, die aus r Vektoren besteht. Dies ist unabhängig von der Reihenfolge. Daraus folgt die erste Aussage.
Ist $\{\underline{a_{i_1}}, \ldots, \underline{a_{i_r}}\}$ eine Basis von $\{\underline{a_1}, \ldots, \underline{a_n}\}$, so ist $\{\underline{a_{i_1}}, \ldots, c\underline{a_{ij}}, \ldots, \underline{a_{i_r}}\}$ ebenfalls eine Basis, denn diese Vektoren bilden ein linear unabhängiges Vektorsystem. Daraus ergibt sich die zweite Aussage.
Ist $\{\underline{a_{i_1}}, \ldots, \underline{a_{i_r}}\}$ eine Basis, so ist auch $\{\underline{a_{i_1}}, \ldots, \underline{a_{i_l}} + c\underline{a_{i_j}}, \ldots, \underline{a_{i_r}}\}$ eine Basis, woraus die dritte Aussage folgt. ■
Das Ziel der elementaren Umformung einer Matrix besteht darin, die bereits vom Gaußschen Algorithmus her bekannte Trapezform

$$Rg \begin{pmatrix} a_{11} & a_{12} & \cdots & a_{1r} & a_{1r+1} & \cdots & a_{1n} \\ 0 & a_{22} & \cdots & a_{2r} & a_{2r+1} & \cdots & a_{2n} \\ & \vdots & & & & & \\ 0 & 0 & \cdots & a_{rr} & a_{rr+1} & \cdots & a_{rn} \end{pmatrix}$$

mit $a_{ik} = 0$ für alle $i \geq k, a_{ii} \neq 0$ für alle i zu erhalten. Die in der Matrix auftretende Zahl r wird dabei *Trapezrang* der Matrix genannt.

Satz 5.3.16 *Hat die Matrix A Trapezform und ist r der Trapezrang von A, so gilt $RgA = r$.*

Beweis: Es ist zu zeigen, daß die Vektoren $\underline{a_1} = \begin{pmatrix} a_{11} \\ 0 \\ \vdots \\ 0 \end{pmatrix}$, $\underline{a_2} = \begin{pmatrix} a_{12} \\ a_{22} \\ \vdots \\ 0 \\ \vdots \\ 0 \end{pmatrix}, \ldots,$

$\underline{a_n} = \begin{pmatrix} a_{1n} \\ a_{2n} \\ \vdots \\ a_{rn} \end{pmatrix}$, ein linear unabhängiges System bilden, das heißt, daß aus

$\lambda_1 \underline{a_1} + \lambda_2 \underline{a_2} + \cdots + \lambda_n \underline{a_n} = \underline{0}$, das heißt aus $\lambda_1 \begin{pmatrix} a_{11} \\ 0 \\ \vdots \\ 0 \end{pmatrix} + \lambda_2 \begin{pmatrix} a_{12} \\ a_{22} \\ \vdots \\ 0 \\ \vdots \\ 0 \end{pmatrix} + \cdots +$

$\lambda_n \begin{pmatrix} a_{1n} \\ a_{2n} \\ \vdots \\ a_{rn} \\ 0 \end{pmatrix} = \begin{pmatrix} 0 \\ 0 \\ \vdots \\ 0 \end{pmatrix}$ und damit aus

$$\begin{array}{ccccccccccc} \lambda_1 a_{11} & + & \lambda_2 a_{12} & + & \cdots & + & \lambda_r a_{1r} & + & \cdots & + & \lambda_n a_{1n} & = & 0 \\ & & \lambda_2 a_{22} & + & \cdots & + & \lambda_r a_{2r} & + & \cdots & + & \lambda_n a_{2n} & = & 0 \\ & & & \ddots & & & & & & & & & \\ & & & & & & \lambda_r a_{rr} & + & \cdots & + & \lambda_n a_{rn} & = & 0 \\ & & & & & & & & & & 0 & = & 0 \\ & & & & & & & & & & & \vdots & \\ & & & & & & & & & & 0 & = & 0 \end{array}$$

folgt, daß alle Koeffizienten $\lambda_1, \ldots, \lambda_n = 0$ sind. Da dies schwierig ist, zeigt man zunächst, daß $RgA = RgA^T$ ist und betrachtet dann die Transponierte

$$A^T = \begin{pmatrix} a_{11} & 0 & 0 & 0 & \cdots & 0 \\ a_{12} & a_{22} & 0 & 0 & \cdots & 0 \\ a_{13} & a_{23} & a_{33} & 0 & \cdots & \\ & 0 & & & & \\ \vdots & & & & & \\ a_{1n} & a_{2n} & a_{3n} & a_{4n} & \cdots & a_{rn} \end{pmatrix}.$$

Nun folgt aus

$$\mu_1 \begin{pmatrix} a_{11} \\ a_{12} \\ \vdots \\ a_{1n} \end{pmatrix} + \mu_2 \begin{pmatrix} 0 \\ a_{22} \\ \vdots \\ a_{2n} \end{pmatrix} + \cdots + \mu_r \begin{pmatrix} 0 \\ \vdots \\ 0 \\ a_{rr} \\ a_{rn} \end{pmatrix} = \begin{pmatrix} 0 \\ 0 \\ \vdots \\ 0 \end{pmatrix},$$

$\mu_1 = \mu_2 = \cdots = \mu_r = 0$, das heißt, der Rang der Transponierten A^T ist r. Verwendet man nun noch die Gleichheit der Ränge von A und ihrer Transponierten A^T, so erhält man die Behauptung. ■

Bei der Lösung linearer Gleichungssysteme, bei denen die Anzahl der Gleichungen gleich der Anzahl der Unbestimmten ist, treten Elemente des zugrundeliegenden Koeffizientenkörpers auf, die als *Determinanten* bezeichnet werden. Als Beispiel betrachten wir das lineare Gleichungssystem $A\underline{x} = \underline{b}$ mit

$$A = \begin{pmatrix} a_{11} & a_{12} \\ a_{21} & a_{22} \end{pmatrix}, \ \underline{x} = \begin{pmatrix} x_1 \\ x_2 \end{pmatrix}, \ \underline{b} = \begin{pmatrix} b_1 \\ b_2 \end{pmatrix},$$

das heißt,

$$\begin{array}{ccccc} a_{11}x_1 & + & a_{12}x_2 & = & b_1 \\ a_{21}x_1 & + & a_{22}x_2 & = & b_2. \end{array}$$

Die Lösung ist gegeben durch $x_1 = \frac{b_1 a_{22} - b_2 a_{12}}{a_{11}a_{22} - a_{12}a_{21}}$, $x_2 = \frac{b_1 a_{21} - b_2 a_{12}}{a_{11}a_{22} - a_{12}a_{21}}$.

Das im Nenner auftretende Element des Koeffizientenkörpers wird als *Determinante 2. Ordnung* der Koeffizientenmatrix des linearen Gleichungssystems bezeichnet:

$$|A| = \begin{vmatrix} a_{11} & a_{12} \\ a_{21} & a_{22} \end{vmatrix} := a_{11}a_{22} - a_{12}a_{21}.$$

Mit den Permutationen $S_2 = \{s_1 = (1), s_2 = (12)\}$ kann man schreiben: $D = |A| = a_{1s_1(1)}a_{2s_1(2)} - a_{1s_2(1)}a_{2s_2(1)} = \sum_{s \in S_2} sgn(s) a_{1s(1)}a_{2s(2)}$.

Ist

$$A = \begin{pmatrix} a_{11} & a_{12} & a_{13} \\ a_{21} & a_{22} & a_{23} \\ a_{31} & a_{32} & a_{33} \end{pmatrix}$$

eine Matrix vom Typ $(3,3)$, so wird ihre Determinante dadurch berechnet, daß man zunächst formal die beiden ersten Spalten noch einmal aufschreibt und in dem dann entstandenen rechteckigen Schema zunächst alle Produkte der in den Hauptdiagonalen (von links oben nach rechts unten) stehenden Elemente addiert und davon alle Produkte der in den Nebendiagonalen stehenden Elemente subtrahiert (Sarrussche Regel). Dies ergibt

$$D = |A| = \begin{vmatrix} a_{11} & a_{12} & a_{13} \\ a_{21} & a_{22} & a_{23} \\ a_{31} & a_{32} & a_{33} \end{vmatrix}$$

$= a_{11}a_{22}a_{33} + a_{12}a_{23}a_{31} + a_{13}a_{21}a_{32} - a_{12}a_{21}a_{33} - a_{11}a_{23}a_{32} - a_{13}a_{22}a_{31} = \sum_{s \in S_3} sgn(s) a_{1s(1)} a_{2s(2)} a_{3s(3)}$.

Im allgemeinen Fall definieren wir:

Definition 5.3.17 Es sei $A = (a_{ik})$, $a_{ik} \in K_{n,n}$, eine Matrix über dem Körper K vom Typ (n, n), und es sei

$$s = \begin{pmatrix} 1 & 2 & \cdots & n \\ s(1) & s(2) & \cdots & s(n) \end{pmatrix}$$

eine Permutation. Dann heißt $D = \sum_{s \in S_n} sgn(s) a_{1s(1)} \cdots a_{ns(n)}$ Determinante n-ter Ordnung.

Nach dieser, auf G. W. Leibniz (1646 - 1716) zurückgehenden Definition, sind Determinanten Elemente des Körpers K. Entsprechend der Definition enthält die Determinante D aus jeder Zeile und aus jeder Spalte der Matrix A genau ein Element.

Aus der Definition ergeben sich sofort die folgenden Regeln für das Rechnen mit Determinanten:

a) Es sei

$$A = \begin{pmatrix} a_{11} & a_{12} & \cdots & a_{1n} \\ \vdots & & & \\ a_{n1} & a_{n2} & \cdots & a_{nn} \end{pmatrix}$$

eine Matrix über dem Körper K vom Typ (n, n), und es sei $D = |A|$ ihre Determinante. Gibt es in A eine nur aus dem Nullelement von K bestehende Zeile, so ist die Determinante gleich dem Nullelement.

Beweis: Da jeder Summand in $D = \sum_{s \in S_n} sgn(s) a_{1s(1)} \cdots a_{ns(n)}$ aus jeder Zeile und aus jeder Spalte genau ein Element enthält, gilt $D = 0$.

b) Ist eine Zeile von A das $c-$fache der Ausgangszeile, so ist $D = cD'$.

Beweis: Es sei

$$A = \begin{pmatrix} a_{11} & a_{12} & \cdots & a_{1n} \\ \vdots & & & \\ ca_{i1} & ca_{i2} & \cdots & ca_{in} \\ a_{n1} & a_{n2} & \cdots & a_{nn} \end{pmatrix}$$

und

$$A' = \begin{pmatrix} a_{11} & a_{12} & \cdots & a_{1n} \\ \vdots & & & \\ a_{n1} & a_{n2} & \cdots & a_{nn} \end{pmatrix}.$$

Dann gilt $D = |A| = \sum_{s \in S_n} sgn(s) ca_{1s(1)} \cdots a_{ns(n)} = cD'$ entsprechend der Determinantendefinition.

c) Sind A, A' und A'' Matrizen der Form

$$A' = \begin{pmatrix} a_{11} & a_{12} & \cdots & a_{1n} \\ \vdots & & & \\ a'_{i1} & a'_{i2} & \cdots & a'_{in} \\ \vdots & & & \\ a_{n1} & a_{n2} & \cdots & a_{nn} \end{pmatrix}, \; A'' = \begin{pmatrix} a_{11} & a_{12} & \cdots & a_{1n} \\ \vdots & & & \\ a''_{i1} & a''_{i2} & \cdots & a''_{in} \\ \vdots & & & \\ a_{n1} & a_{n2} & \cdots & a_{nn} \end{pmatrix},$$

$$A = \begin{pmatrix} a_{11} & a_{12} & \cdots & a_{1n} \\ \vdots & & & \\ a'_{i1} + a''_{i1} & a'_{i2} + a''_{i2} & \cdots & a'_{in} + a''_{in} \\ \vdots & & & \\ a_{n1} & a_{n2} & \cdots & a_{nn} \end{pmatrix},$$

so gilt $D = |A| = |A'| + |A''|$.

Beweis: Es gilt

$$\begin{vmatrix} a_{11} & a_{12} & \cdots & a_{1n} \\ \vdots & & & \\ a'_{i1} + a''_{i1} & a'_{i2} + a''_{i2} & \cdots & a'_{in} + a''_{in} \\ \vdots & & & \\ a_{n1} & a_{n2} & \cdots & a_{nn} \end{vmatrix}$$

$$= \sum_{s\in S_n} sgn(s) a_{1s(1)} \cdots (a'_{is(i)} + a''_{is(i)}) \cdots a_{ns(n)}$$
$$= \sum_{s\in S_n} sgn(s) a_{1s(1)} \cdots a'_{is(i)} \cdots a_{ns(n)} + \sum_{s\in S_n} sgn(s) a_{1s(1)} \cdots a''_{is(i)} \cdots a_{ns(n)} =$$

$$\begin{vmatrix} a_{11} & a_{12} & \cdots & a_{1n} \\ \vdots & & & \\ a'_{i1} & a'_{i2} & \cdots & a'_{in} \\ \vdots & & & \\ a_{n1} & a_{n2} & \cdots & a_{nn} \end{vmatrix} + \begin{vmatrix} a_{11} & a_{12} & \cdots & a_{1n} \\ \vdots & & & \\ a''_{i1} & a''_{i2} & \cdots & a''_{in} \\ \vdots & & & \\ a_{n1} & a_{n2} & \cdots & a_{nn} \end{vmatrix}. \qquad \blacksquare$$

Mit Hilfe dieser Regeln für das Rechnen mit Determinanten kann man quadratische Matrizen so umformen, daß sich ihre Determinanten in bestimmter Weise verändern. Dies wird unter dem Begriff der *elementaren Umformungen* von Determinanten zusammengefaßt. Elementare Umformungen basieren auf den folgenden Feststellungen:

I. Beim Vertauschen zweier Zeilen ändert die Determinante ihr Vorzeichen: $D' = -D$.
II. Multipliziert man eine beliebige Zeile mit einem Element c des Körpers, so gilt $D' = cD, c \neq 0$.
III. Multipliziert man eine Zeile mit einem Körperelement c und addiert die so erhaltene Zeile zu einer beliebigen anderen, so gilt: $D' = cD$.
Insgesamt erhält man den folgenden Satz:

Satz 5.3.18 *Jede Determinante läßt sich bis auf einen konstanten Faktor durch elementare Umformungen auf Dreiecksform bringen. (Gemeint ist dabei, daß die Matrix, deren Determinante berechnet werden soll, auf Dreiecksform gebracht wird und die Determinante sich dabei nur um einen konstanten Faktor ändert.)*

Beispiel 5.3.19

$$\begin{vmatrix} 3 & 2 & 1 & 4 \\ 3 & 1 & 5 & 1 \\ 2 & 0 & 2 & 1 \\ 1 & 2 & 1 & 2 \end{vmatrix} = - \begin{vmatrix} 2 & 3 & 1 & 4 \\ 1 & 3 & 5 & 1 \\ 0 & 2 & 2 & 1 \\ 2 & 1 & 1 & 2 \end{vmatrix} = \begin{vmatrix} 1 & 3 & 5 & 1 \\ 2 & 3 & 1 & 4 \\ 0 & 2 & 2 & 1 \\ 2 & 1 & 1 & 2 \end{vmatrix}$$

$$= \begin{vmatrix} 1 & 3 & 5 & 1 \\ 0 & -3 & -9 & 2 \\ 0 & 2 & 2 & 1 \\ 0 & -5 & -9 & 0 \end{vmatrix} = \frac{1}{3\cdot 3} \begin{vmatrix} 1 & 3 & 5 & 1 \\ 0 & -3 & -9 & 2 \\ 0 & 0 & -12 & 7 \\ 0 & 0 & 18 & -10 \end{vmatrix}$$

$$= \frac{1}{3\cdot 3\cdot 2}\begin{vmatrix} 1 & 3 & 5 & 1 \\ 0 & -3 & -9 & 2 \\ 0 & 0 & -12 & 7 \\ 0 & 0 & 0 & 1 \end{vmatrix} = \frac{1}{3\cdot 3\cdot 2}1\cdot(-3)\cdot(-12)\cdot 1 = \frac{36}{18} = 2.$$

Eine Folgerung aus der nächsten Aussage ist, daß alle für Zeilen hergeleiteten Regeln auch für Spalten einer quadratischen Matrix gelten.

Aussage 5.3.20 *Ist A^T die Transponierte der quadratischen Matrix A, so gilt für die Determinanten $|A| = |A^T|$.*

Beweis: Aus $D = |A| = \sum_{s\in S_n} sgn(s)a_{1s(1)}\dots a_{ns(n)}$ folgt $|A^T|$ $= \sum_{s\in S_n} sgn(s)a_{s(1)1}\dots a_{s(n)n}$. Ist

$$s = \begin{pmatrix} 1 & \dots & n \\ s(1) & \dots & s(n) \end{pmatrix},$$

so erhalten wir

$$s' := s^{-1} = \begin{pmatrix} s(1) & \dots & s(n) \\ 1 & \dots & n \end{pmatrix}.$$

Offensichtlich ist $sgn(s) = sgn(s^{-1})$ und dann ist

$$|A^T| = \sum_{s'\in S_n} sgn(s')a_{1s'(1)}\dots a_{ns'(n)} = D.$$

■

Die folgende Aussage ist für die Berechnung von Determinanten nützlich:

Satz 5.3.21 *(Dreiecksform von Matrizen) Die Determinante einer Dreiecksmatrix läßt sich durch*

$$\begin{vmatrix} a_{11} & a_{12} & \cdots & a_{1n} \\ 0 & a_{22} & \cdots & a_{2n} \\ & \vdots & & \\ 0 & 0 & \cdots & a_{nn} \end{vmatrix} = a_{11}a_{22}\dots a_{nn}$$

berechnen.

Beweis: Wir zeigen zuerst, daß in jedem Produkt $a_{1s(1)}a_{2s(2)}\dots a_{ns(n)}$ für $s \neq (1)$ eine Zahl i mit $i > s(i)$ existiert. Tatsächlich würde aus $1 \leq s(1), 2 \leq s(2), \dots, n \leq s(n)$ zunächst $s(n) = n$ folgen, denn in $\{1, \dots, n\}$ ist n die größte Zahl. Da Permutationen bijektive Funktionen sind, folgt aus $n - 1 \leq s(n-1)$

und $s(n) = n$, daß $s(n-1) = n-1$, usw. $s(2) = 2, s(1) = 1$ ist. Daher ist $s = (1)$. Wegen $a_{ik} = 0$ für $i > k$ ist das einzige von 0 verschiedene Produkt in der Determinantendefinition $a_{11}a_{22}\dots a_{nn}$. ∎

Eine andere Berechnungsmöglichkeit ergibt sich aus der sogenannten *Entwicklung nach der i-ten Zeile.* Dazu definieren wir zunächst den Begriff der *Unterdeterminante:*

Definition 5.3.22 Streicht man in der quadratischen Matrix A mit $D := |A|$ die i-te Zeile und die j-te Spalte, so erhält man eine Matrix, deren Determinante Unterdeterminante D_{ij} von D genannt wird.

$$D = \left|\begin{array}{ccc|c|cc} a_{11} & a_{12} & \cdots & a_{1j} & \cdots & a_{1n} \\ \vdots & & & & & \\ \hline a_{i1} & a_{i2} & \cdots & a_{ij} & \cdots & a_{in} \\ \hline \vdots & & & & & \\ a_{n1} & a_{n2} & \cdots & a_{nj} & \cdots & a_{nn} \end{array}\right|$$

Das Element $(-1)^{i+j}D_{ij}$ heißt *Adjunkte* von a_{ij}.

Beispiel 5.3.23 Die Determinante

$$D = \begin{vmatrix} a_{11} & a_{12} & a_{13} \\ a_{21} & a_{22} & a_{23} \\ a_{31} & a_{32} & a_{33} \end{vmatrix}$$

einer dreireihigen Matrix hat die Unterdeterminanten

$$D_{11} = \begin{vmatrix} a_{22} & a_{23} \\ a_{32} & a_{33} \end{vmatrix}, \quad D_{12} = \begin{vmatrix} a_{21} & a_{23} \\ a_{31} & a_{33} \end{vmatrix}, \quad D_{13} = \begin{vmatrix} a_{21} & a_{22} \\ a_{31} & a_{32} \end{vmatrix},$$

$$D_{21} = \begin{vmatrix} a_{12} & a_{13} \\ a_{32} & a_{33} \end{vmatrix}, \quad D_{22} = \begin{vmatrix} a_{11} & a_{13} \\ a_{31} & a_{33} \end{vmatrix}, \quad D_{23} = \begin{vmatrix} a_{11} & a_{12} \\ a_{31} & a_{32} \end{vmatrix},$$

$$D_{31} = \begin{vmatrix} a_{12} & a_{13} \\ a_{22} & a_{23} \end{vmatrix}, D_{32} = \begin{vmatrix} a_{11} & a_{13} \\ a_{21} & a_{23} \end{vmatrix}, D_{33} = \begin{vmatrix} a_{11} & a_{12} \\ a_{21} & a_{22} \end{vmatrix}.$$

Die Adjunkten sind: $A_{11} = D_{11}, A_{12} = -D_{12}, A_{13} = D_{13}, A_{21} = -D_{21}, A_{22} = D_{22}, A_{23} = -D_{23}, A_{31} = D_{31}, A_{32} = D_{32}, A_{33} = D_{33}$.

Satz 5.3.24 *(Entwicklung nach der i-ten Zeile, Entwicklungssatz) Für die Determinante einer Matrix $A \in K_{n,n}$ gilt:*

$$D = a_{i1}A_{i1} + \cdots + a_{in}A_{in} = \sum_{j=1}^{n} a_{ij}A_{ij}, \quad i = 1, \ldots, n.$$

Beweis: Aus $D = \sum\limits_{s \in S_n} sgn(s) a_{1k_1} \ldots a_{nk_n}$ kann man der Reihe nach $a_{11}, \ldots, a_{1n}$ ausklammern und die Reste ermitteln, da jeder Summand ein Element der ersten Zeile enthält. Dies gilt für jede Zeile. So erhält man $D = a_{i1}b_{i1} + \cdots + a_{in}b_{in}$ für $i = 1, \ldots, n$. Insbesondere entsteht dabei b_{nn} durch Ausklammern von a_{nn} aus allen Summanden als Teilsumme der Summanden, für die $k_n = n$ ist. Es folgt $a_{nn}b_{nn} = a_{nn} \sum\limits_{s \in S_{n-1}} a_{1k_1} \ldots a_{n-1k_{n-1}} = a_{nn} \begin{vmatrix} a_{11} & \ldots & a_{1n-1} \\ \vdots & & \\ a_{n-11} & \ldots & a_{n-1n-1} \end{vmatrix} = a_{nn}D_{nn}$. Nun bildet man aus D durch Zeilen- und Spaltenvertauschungen diejenige Determinante $\bar{D}$, in der das Element a_{ij} in der Position (n, n) steht. Dies sind insgesamt $n - i + n - j = 2n - i - j$ Zeilen- bzw. Spaltenvertauschungen, von denen jede einen Vorzeichenwechsel bewirkt. Damit hat man $\bar{D} = (-1)^{2n-i-j}D = (-1)^{-i-j}D = \overline{a_{n1}}\overline{b_{n1}} + \cdots + \overline{a_{nn}}\overline{b_{nn}}$ mit $\overline{a_{nn}} = a_{ij}$, $\overline{b_{nn}} = \overline{D_{nn}} = D_{ij}$. Daraus folgt dann $D = (-1)^{i+j}\bar{D} = (-1)^{i+j}(\overline{a_{n1}}\overline{b_{n1}} + \cdots + \overline{a_{nn}}\overline{b_{nn}}) = a_{ij}b_{ij} + R_{ij} = (-1)^{i+j}a_{ij}D_{ij} + R_{ij}$, wobei R_{ij} die Summe aller der Glieder von D ist, in denen a_{ij} nicht vorkommt. Der Vergleich ergibt $a_{ij}b_{ij} = (-1)^{i+j}a_{ij}D_{ij}$ und damit $b_{ij} = (-1)^{i+j}D_{ij}$, falls $A_{ij} \neq 0$. ∎

Wir bemerken, daß dies auch für Spalten möglich ist, d.h. es gilt auch $D = \sum\limits_{j=1}^{n} a_{ji}A_{ji}$, $i = 1, \ldots, n$. (Entwicklung nach der i-ten Spalte).
Als Beispiel berechnen wir die folgende Determinante:

Beispiel 5.3.25

$$D = \begin{vmatrix} 1 & 2 & 3 \\ 4 & 0 & 2 \\ 3 & 1 & 2 \end{vmatrix} = 1 \begin{vmatrix} 0 & 2 \\ 1 & 2 \end{vmatrix} - 2 \begin{vmatrix} 4 & 2 \\ 3 & 2 \end{vmatrix} + 3 \begin{vmatrix} 4 & 0 \\ 3 & 1 \end{vmatrix}$$

$= -2 - 2(8 - 6) + 3 \cdot 4 = -2 - 4 + 12 = 6.$

Sind $\alpha_1, \ldots, \alpha_n$ die Zeilen der Matrix A, so wollen wir die Bezeichnung

$$D(\alpha_1, \ldots, \alpha_n) = \sum_{j=1}^{n} (-1)^{k+j} a_{jk} D_{jk}$$

verwenden.

Werden die Elemente a_{ij} aus einer anderen Zeile (Spalte) gewählt als die Adjunkten (falsche Entwicklung), so ergibt sich 0, das heißt, es gilt:

Aussage 5.3.26 *Für $k \neq i$ und $k \neq j$ ist $\sum\limits_{j=1}^{n} a_{ij}A_{kj} = 0$ und $\sum\limits_{i=1}^{n} a_{ij}A_{ik} = 0$*

Beweis: In

$$D = \begin{vmatrix} a_{11} & \dots & a_{1n} \\ \vdots & & \\ a_{i1} & \dots & a_{in} \\ \vdots & & \\ a_{k1} & \dots & a_{kn} \\ \vdots & & \\ a_{n1} & \dots & a_{nn} \end{vmatrix}$$

ersetzen wir für $i < k$ die k-te Zeile durch die i-te Zeile und erhalten

$$D' = \begin{vmatrix} a_{11} & \dots & a_{1n} \\ \vdots & & \\ a_{i1} & \dots & a_{in} \\ \vdots & & \\ a_{i1} & \dots & a_{in} \\ \vdots & & \\ a_{n1} & \dots & a_{nn} \end{vmatrix}.$$

Die Entwicklung von D' nach der k-ten Zeile ergibt: $D' = a_{i1}A_{k1} + \ldots + a_{in}A_{kn} = 0,\ k \neq i$, da in D' zwei Zeilen übereinstimmen. ∎

Eine wichtige Frage ist die nach dem Zusammenhang zwischen dem Produkt zweier quadratischer Matrizen gleichen Typs und der Determinante des Produkts. Es gilt der folgende

Satz 5.3.27 *(Multiplikationssatz) Die Determinante des Produkts zweier Matrizen ist gleich dem Produkt ihrer Determinanten: $|A \cdot B| = |A||B|$.*

Beweis: Es seien $A = (a_{ij}), B = (b_{jk})$ zwei Matrizen vom Typ (n, n) und $C = A \cdot B = (c_{ik})$ mit $c_{ik} = \sum\limits_{j=1}^{n} a_{ij}b_{jk}, 1 \leq i, k \leq n$, ihr Produkt.
Setzen wir $\beta_j = (b_{j1}, \ldots, b_{jn}), 1 \leq j \leq n$, so erhalten wir
$|A \cdot B| = D(\sum\limits_{j_1=1}^{n} a_{1j_1}\beta_{j_1}, \sum\limits_{j_2=1}^{n} a_{2j_2}\beta_{j_2}, \ldots, \sum\limits_{j_n=1}^{n} a_{nj_n}\beta_{j_n})$

$$= \sum_{j_1=1}^{n} \sum_{j_2=1}^{n} \cdots \sum_{j_n=1}^{n} a_{1j_1} \ldots a_{nj_n} D(\beta_{j_1}, \ldots, \beta_{j_n})$$
$$= \sum_{s \in S_n} a_{1s(1)} \ldots a_{ns(n)} sign(s) D(\beta_1, \ldots, \beta_n) = |A||B|. \quad \blacksquare$$

Zwischen der Determinante und dem Rang einer quadratischen Matrix besteht ein enger Zusammenhang. Es sei $A \in K_{n,n}$ eine Matrix.

Satz 5.3.28 *$RgA = n \Leftrightarrow |A| \neq 0$ (das heißt) $RgA < n \Leftrightarrow |A| = 0$.*

Beweis: Es sei A' die Dreiecksform von A. Dann gilt $|A| = k \cdot |A'| = k \cdot a'_{11} \ldots a'_{nn}$ für ein Körperelement $k \neq 0$, denn jede quadratische Matrix kann bis auf einen Faktor auf Dreiecksform gebracht werden. Da der Rang der Matrix A mit dem Dreiecksrang übereinstimmt, gilt $RgA = n$ genau dann, wenn A' Dreiecksform hat, und daher alle Elemente $a_{ii}, i = 1, \ldots, n$ verschieden von Null sind. Dies ist genau dann der Fall, wenn $|A| \neq 0$. ■

Definition 5.3.29 Es sei A eine quadratische Matrix vom Typ (n, n) über dem Körper K. Dann heißt die Matrix A regulär, wenn der Rang von A gleich n ist, oder äquivalent, wenn die Determinante von A verschieden von 0 ist.

Im allgemeinen ist die Matrizenmultiplikation nicht umkehrbar. Es gilt aber

Satz 5.3.30 *Die Matrix A ist genau dann regulär, wenn es eine Matrix X mit $A \cdot X = X \cdot A = E$ gibt, wobei E die Einheitsmatrix ist.*

Beweis: Zum Beweis nehmen wir an, daß

$$A = \begin{pmatrix} a_{11} & a_{12} & \cdots & a_{1n} \\ \vdots & & & \\ a_{n1} & a_{n2} & \cdots & a_{nn} \end{pmatrix}$$

und

$$X = \begin{pmatrix} x_{11} & x_{12} & \cdots & x_{1n} \\ \vdots & & & \\ x_{n1} & x_{n2} & \cdots & x_{nn} \end{pmatrix}$$

sind. Dann hat die Gleichung $AX = E$ die Form

$$AX = \begin{pmatrix} \sum a_{1h}x_{h1} & \sum a_{1h}x_{h2} & \cdots & \sum a_{1h}x_{hn} \\ \vdots & & & \\ \sum a_{nh}x_{h1} & \sum a_{nh}x_{h2} & \cdots & a_{nh}x_{hn} \end{pmatrix} = \begin{pmatrix} 1 & 0 & \cdots & 0 \\ \vdots & & & \\ 0 & 0 & \cdots & 1 \end{pmatrix}.$$

Diese Gleichung ist genau dann lösbar, wenn die Gleichungssysteme

$$\begin{array}{ccccccccc} a_{11}x_{11} & + & a_{12}x_{21} & + & \cdots & + & a_{1n}x_{n1} & = & 1 \\ a_{21}x_{11} & + & a_{22}x_{21} & + & \cdots & + & a_{2n}x_{n1} & = & 0 \\ & & & & \cdots & & & & \\ a_{n1}x_{11} & + & a_{n2}x_{21} & + & \cdots & + & a_{n1}x_{n1} & = & 0, \end{array}$$

$$\begin{array}{ccccccccc} a_{11}x_{12} & + & a_{12}x_{22} & + & \cdots & + & a_{1n}x_{n2} & = & 0 \\ a_{21}x_{12} & + & a_{22}x_{22} & + & \cdots & + & a_{2n}x_{n2} & = & 0 \\ & & & & \cdots & & & & \\ a_{21}x_{12} & + & a_{n2}x_{22} & + & \cdots & + & a_{nn}x_{n2} & = & 1, \end{array}$$

$$\cdots$$

$$\begin{array}{ccccccccc} a_{11}x_{1n} & + & a_{12}x_{2n} & + & \cdots & + & a_{1n}x_{nn} & = & 0 \\ a_{21}x_{1n} & + & a_{22}x_{2n} & + & \cdots & + & a_{2n}x_{nn} & = & 0 \\ & & & & \cdots & & & & \\ a_{21}x_{1n} & + & a_{n2}x_{2n} & + & \cdots & + & a_{nn}x_{nn} & = & 1 \end{array}$$

alle lösbar sind. Dies ist aber wegen $RgA = n$ der Fall. Daher gibt es eine Matrix X mit $AX = E$. Entsprechend zeigt man die Existenz einer Matrix Y mit $YA = E$. Danach ist es nicht schwer die Gleichheit von X und Y nachzuweisen.
Es sei umgekehrt X eine Lösung der Matrizengleichung $AX = E$. Wir wollen das homogene lineare Gleichungssystem $A^T x = 0$ untersuchen. Durch Multiplikation mit der Transponierten von X erhält man $X^T(A^T x) = X^T 0$ und daraus folgt $(X^T A^T)x = X^T 0$ und weiter $(AX)^T x = 0$, also $E^T x = 0, Ex = 0$ und daher $x = 0$. Daher ist das homogene lineare Gleichungssystem $A^T x = 0$ nur trivial lösbar und damit ist $RgA^T = n$. Wegen $RgA = RgA^T$, ist $RgA = n$ und A ist regulär. ■

Man kann ebenso einfach zeigen (Übungsaufgabe!), daß die Lösung X der Matrizengleichung $AX = E$ eindeutig bestimmt ist.

Definition 5.3.31 Die eindeutig bestimmte Matrix X mit $AX = XA = E$ wird Inverse der regulären Matrix A genannt und als A^{-1} bezeichnet.

Beispiel 5.3.32 Die Inverse der Einheitsmatrix E ist die Einheitsmatrix E selbst, denn es gilt $EE = E$.
Als zweites Beispiel berechnen wir die Inverse einer Diagonalmatrix

$$D = \begin{pmatrix} d_{11} & 0 & \cdots & 0 \\ \vdots & & & \\ 0 & 0 & \cdots & d_{nn} \end{pmatrix}$$

mit $d_{ii} \neq 0$ für $i = 1, \ldots, n$. Dann gilt

$$D^{-1} = \begin{pmatrix} d_{11}^{-1} & 0 & \cdots & 0 \\ \vdots & & & \\ 0 & 0 & \cdots & d_{nn}^{-1} \end{pmatrix}$$

wie man leicht nachrechnet.

In natürlicher Weise ergibt sich die Frage nach dem Verhalten regulärer Matrizen bei Anwendung der Rechenoperationen für Matrizen.

Satz 5.3.33 *Es seien A und B reguläre Matrizen aus $K_{n,n}$. Dann ist das Produkt AB regulär und es gilt $(AB)^{-1} = B^{-1}A^{-1}$ und die inverse Matrix ist ebenfalls regulär und erfüllt die Gleichung $(A^{-1})^{-1} = A$.*

Beweis: Da A und B regulär sind, existieren die Inversen. Wir führen die Beweise durch die folgende Rechnung: $(AB)(B^{-1}A^{-1}) = A(BB^{-1})A^{-1} = AEA^{-1} = AA^{-1} = E$. Da die inverse Matrix von AB eindeutig bestimmt ist, folgt $(AB)^{-1} = B^{-1}A^{-1}$. Aus $A^{-1}(A^{-1})^{-1} = E$ und $A^{-1}A = E$ folgt, daß die Inverse von A^{-1} existiert und gleich A ist. Daher ist A^{-1} regulär. ■
Daraus ergibt sich

Folgerung 5.3.34 *Es sei $L_{n,n}$ die Menge aller regulären Matrizen vom Typ (n, n) über dem Körper K. Dann ist $(L_{n,n}; \cdot)$ eine Gruppe, die volle lineare Gruppe.*

Es ergibt sich die Frage, ob die Menge $L_{n,n}$ sogar einen Körper bildet. Dies ist nicht der Fall, wie man durch Gegenbeispiele überprüft. Es gibt Matrizen A, B mit $|A| \neq 0, |B| \neq 0$, aber $|A + B| = 0$. Aus dem Entwicklungssatz ergibt sich die folgende Formel zur Berechnung der Inversen einer regulären Matrix:

$$A^{-1} = \frac{1}{D} \begin{pmatrix} A_{11} & \ldots & A_{1n} \\ \vdots & & \\ A_{i1} & \ldots & A_{in} \\ \vdots & & \\ A_{n1} & \ldots & A_{nn} \end{pmatrix}^T .$$

Tatsächlich ist

$$A \cdot \frac{1}{D} \begin{pmatrix} A_{11} & \ldots & A_{n1} \\ \vdots & & \\ A_{1i} & \ldots & A_{ni} \\ \vdots & & \\ A_{1n} & \ldots & A_{nn} \end{pmatrix} = \frac{1}{D} \begin{pmatrix} a_{11} & \ldots & a_{1n} \\ \vdots & & \\ a_{i1} & \ldots & a_{in} \\ \vdots & & \\ a_{n1} & \ldots & a_{nn} \end{pmatrix} \begin{pmatrix} A_{11} & \ldots & A_{n1} \\ \vdots & & \\ A_{i1} & \ldots & A_{in} \\ \vdots & & \\ A_{1n} & \ldots & A_{nn} \end{pmatrix} =$$

$$\frac{1}{D}\begin{pmatrix} \sum_{i=1}^{n} a_{1i}A_{1i} & \dots & \sum_{i=1}^{n} a_{1i}A_{ni} \\ \vdots & & \\ \sum_{i=1}^{n} a_{ni}A_{1i} & \dots & \sum_{i=1}^{n} a_{ni}A_{ni} \end{pmatrix} = \frac{1}{D}\begin{pmatrix} D & 0 & \dots & 0 \\ 0 & D & \dots & 0 \\ & & & \vdots \\ 0 & \dots & 0 & D \end{pmatrix} = E.$$

Die Gleichung $A^{-1} \cdot A = E$ wird analog bewiesen.
Eine weitere einfache Folgerung ist:

$$(A^{-1})^T = (A^T)^{-1}.$$

5.4 Hauptsätze für lineare Gleichungssysteme

Unter Verwendung der Koeffizientenmatrix

$$A = \begin{pmatrix} a_{11} & a_{12} & \cdots & a_{1n} \\ \vdots & & & \\ a_{m1} & a_{m2} & \cdots & a_{mn} \end{pmatrix},$$

sowie der Matrizen

$$x = \begin{pmatrix} x_1 \\ x_2 \\ \vdots \\ x_n \end{pmatrix}, \quad B = \begin{pmatrix} b_1 \\ b_2 \\ \vdots \\ b_m \end{pmatrix}$$

hat das lineare Gleichungssystem

$$S: \begin{array}{ccccccccc} a_{11}x_1 & + & a_{12}x_2 & + & \cdots & + & a_{1n}x_n & = & b_1 \\ a_{21}x_1 & + & a_{22}x_2 & + & \cdots & + & a_{2n}x_n & = & b_2 \\ & & & & \cdots & & & & \\ a_{m1}x_1 & + & a_{m2}x_2 & + & \cdots & + & a_{mn}x_n & = & b_m \end{array}$$

die Form $A \cdot x = B$.

Satz 5.4.1 *(Hauptsatz für homogene Gleichungssysteme)*
(i) Die Lösungen eines homogenen linearen Gleichungssystems

$$H : Ax = 0, \; 0 = \begin{pmatrix} 0 \\ \dots \\ 0 \end{pmatrix}, \; A \in K_{m,n}, \; RgA = r,$$

wobei m die Anzahl der Gleichungen und n die Anzahl der Unbekannten sind, bilden einen Teilraum des Vektorraumes $(K^n; +, \cdot)$ der Dimension $s = n - r$

(den Lösungsraum L_H). Das homogene lineare Gleichungssystem H ist genau dann nichttrivial lösbar, wenn r kleiner als n ist.

(ii) Eine Basis $\{x_1, \ldots, x_s\}$ von L_H kann man mit Hilfe des Gaußschen Algorithmus erhalten. Für die Lösungsmenge gilt dann

$$L_H = \{x_H \mid x_H = t_1x_1 + \cdots + t_sx_s,\ t_1, \ldots, t_s \in K\}.$$

Beweis: Wir wenden das Teilraumkriterium an. Die Lösungsmenge L_H des homogenen linearen Gleichungssystems ist nicht leer, denn die triviale Lösung gehört dazu. Aus $Ax_1 = 0$ und $Ax_2 = 0$ folgt $Ax_1 + Ax_2 = A(x_1 + x_2) = 0$. Daher ist die Summe zweier Lösungen ebenfalls eine Lösung des homogenen Gleichungssystems. Aus $Ax = 0$ folgt für beliebige Körperelemente λ auch $\lambda(Ax) = 0$ und daraus $A(\lambda x) = 0$. Daher ist mit x auch λx eine Lösung des homogenen linearen Gleichungssystems und L_H ist ein Teilraum von $(K^n; +, \circ)$.
Wir beweisen nun die Aussage über den Rang des Lösungsraumes, indem wir eine Basis konstruieren.
Die Umformung des Gleichungssystems auf Trapezform ergibt

$$\begin{array}{ccccccccccc}
a'_{11}x_1 & + & a'_{12}x_2 & + & \cdots & + & a'_{1r}x_r & + & \ldots & + & a'_{1n}x_n & = & b'_1 \\
 & & & \ddots & & & & & & & & & \\
 & & & & & & a'_{rr}x_r & + & \cdots & + & a'_{rn}x_n & = & b'_r.
\end{array}$$

Die nachfolgende Transformation auf Diagonalform durch die Anwendung des Gaußschen Algorithmus liefert

$$\begin{array}{lcccccc}
a'_{11}x_1 & & = & c_{11}x_{r+1} & + & \cdots & + & c_{1n-r}x_n \\
 & & \vdots & & & & & \\
 & a'_{rr}x_r & = & c_{r1}x_{r+1} & + & \cdots & + & c_{rn-r}x_n.
\end{array}$$

Führen wir nun $s = n - r$ freie Parameter ein, so erhalten wir

$$\begin{array}{ccccccccc}
x_1 & = & d_{11}t_1 & + & d_{12}t_2 & + & \cdots & + & d_{1s}t_s \\
 & & & \vdots & & & & & \\
x_r & = & d_{r1}t_1 & + & d_{r2}t_2 & + & \cdots & + & d_{rs}t_s \\
x_{r+1} & = & t_1 & + & 0t_2 & + & \cdots & + & 0t_s \\
 & & & \vdots & & & & & \\
x_n & = & 0t_1 & + & 0t_2 & + & \cdots & + & 1t_s.
\end{array}$$

Um zu beweisen, daß $B = \left\{ \begin{pmatrix} d_{11} \\ \vdots \\ d_{r1} \\ 1 \\ \vdots \\ 0 \\ \vdots \\ 0 \end{pmatrix}, \dots, \begin{pmatrix} d_{1s} \\ \vdots \\ d_{rs} \\ 0 \\ \vdots \\ 0 \\ \vdots \\ 1 \end{pmatrix} \right\}$ eine Basis von L_H ist,

muß noch die lineare Unabhängigkeit gezeigt werden. Dazu wird die Gleichung

$$\lambda_1 \begin{pmatrix} d_{11} \\ \vdots \\ d_{r1} \\ 1 \\ \vdots \\ 0 \\ \vdots \\ 0 \end{pmatrix} + \dots + \lambda_s \begin{pmatrix} d_{1s} \\ \vdots \\ d_{rs} \\ 0 \\ \vdots \\ 0 \\ \vdots \\ 1 \end{pmatrix} = \begin{pmatrix} 0 \\ \vdots \\ 0 \end{pmatrix}$$

betrachtet.
Aus dieser Gleichung folgt dann $\lambda_s = 0, \lambda_{s-1} = 0, \dots, \lambda_1 = 0$. Daher handelt es sich um eine Basis von L_H und die Dimension von L_H ist $s = n - r$. Daraus folgt weiter

$$n = r \Leftrightarrow RgL_H = 0 \Leftrightarrow L_H = \{0\},$$

und damit ist das homogene Gleichungssystem genau dann nur trivial lösbar, wenn $n = r$ gilt. Da in jedem Fall $r \leq n$ erfüllt ist, haben wir

H ist nichttrivial lösbar genau dann, wenn $r < n$ ist.

■

Für inhomogene lineare Gleichungssysteme haben wir:

Satz 5.4.2 *(Hauptsatz für inhomogene lineare Gleichungssysteme)*
Es sei $S : Ax = b$ mit $A \in K_{m,n}, RgA = r$ ein inhomogenes lineares Gleichungssystem.

(i) Das System S ist genau dann lösbar, wenn der Rang der Koeffizientenmatrix A mit dem Rang der um den Vektor b erweiterten Matrix übereinstimmt: $RgA = Rg(A, b)$.

(ii) Die Lösungsmenge L_S ermittelt man wie folgt: Ist x_0 eine spezielle Lösung von S, so gilt $L_S = \{x \mid x = x_0 + x_H \wedge x_H \in L_H\}$.

(iii) Das System S hat genau dann genau eine Lösung, wenn $RgA = Rg(A,b) = n$ gilt.

Beweis: (i) Wir setzen $M_1 := \{a_1, \ldots, a_n\}$ und $M_2 := \{a_1, \ldots, a_n, b\}$, wobei $a_1, \ldots, a_n, b$ die Spalten der Matrix A, beziehungsweise die rechten Seiten des Gleichungssystems sind. Das Gleichungssystem S ist genau dann lösbar, wenn b eine Linearkombination der Vektoren $a_1, \ldots, a_n$ ist, das heißt, wenn $b \in \langle M_1 \rangle$ gilt, wobei $\langle M_1 \rangle$ die lineare Hülle von M_1 ist. Nun haben wir zu beweisen, daß $b \in \langle M_1 \rangle$ genau dann gilt, wenn $RgM_1 = RgM_2$. Gehört b zur linearen Hülle von M_1, so ist b eine Linearkombination der Vektoren $a_1, \ldots, a_n$ und daher kann b bei der Rangbestimmung von M_2 unberücksichtigt bleiben und es gilt $RgM_1 = RgM_2$. Ist umgekehrt $RgM_1 = RgM_2$ und sei B eine Basis von M_1 und $b \in B$, so gehört b wegen $B \subseteq \langle B \rangle = M_1 \subseteq \langle M_1 \rangle$ auch zur linearen Hülle von M_1. Ist $b \notin B$, so ist $B \cup \{b\}$ linear abhängig und $b \in \langle B \rangle \subseteq \langle M_1 \rangle$.
(ii) Sei $x = x_0 + x_H$, wobei x_0 eine spezielle Lösung des inhomogenen Systems $Ax = b$ ist und wobei x_H die allgemeine Lösung des homogenen Systems $Ax = 0$ ist. Dann gilt:

$$Ax = A(x_0 + x_H) = Ax_0 + Ax_H = \underline{0} + b = b \Rightarrow x_0 + x_H \in L_S.$$

Sei umgekehrt $x \in L_S$ und sei $x_0 \in L_S$ eine spezielle Lösung. Dann gelten $Ax = b$ und $Ax_0 = b$, sowie $A(x - x_0) = 0$, das heißt, $x - x_0 \in L_H$ ist eine Lösung des zugehörigen homogenen Systems und daher ist $x = x_0 + x_H$. Aus beiden Überlegungen zusammen folgt die Gleichheit.
(iii) Nach (ii) ist das inhomogene Gleichungssystem L_S genau dann eindeutig lösbar und x ist die Lösung, wenn $L_H = \{0\}$ ist. Dies ist genau dann der Fall, wenn $RgA = Rg(A,b) = n$ ist. ■

Ist das lineare Gleichungssystem quadratisch, das heißt stimmt die Anzahl der Gleichungen mit der Anzahl der Unbekannten überein, so kann man zur Berechnung der Lösungen die Determinante der dann quadratischen Koeffizientenmatrix verwenden. Dieser Fall wird mitunter auch der *Hauptfall zur Lösung linearer Gleichungssysteme genannt.* Im Hauptfall erfolgt die Lösung nach der sogenannten *Cramerschen Regel.*

Satz 5.4.3 *Das lineare Gleichungssystem $Ax = b$ hat für $D = |A| \neq 0$ die eindeutig bestimmte Lösung $x_1 = \frac{D_1}{D}, \ldots, x_n = \frac{D_n}{D}$, wobei D_k diejenige Determinante bezeichnet, die aus D durch Ersetzen der k-ten Spalte durch die Spalte b entsteht.*

Beweis: Wir schreiben das lineare Gleichungssystem in der Form

$$S : \sum_{j=1}^{n} a_{ij}x_j = b_i, \ i = 1, \ldots, n.$$

Um den Entwicklungssatz anwenden zu können, multiplizieren wir das Gleichungssystem S zunächst von rechts mit den Adjunkten A_{ik} und bilden danach die Summe $\sum_{i=1}^{n}(\sum_{j=1}^{n} a_{ij}x_j)A_{ik} = \sum_{i=1}^{n} b_i A_{ik} = \begin{vmatrix} a_{11} & \cdots & b_1 & \cdots & a_{1n} \\ & & \vdots & & \\ a_{n1} & \cdots & b_n & \cdots & a_{nn} \end{vmatrix} = D_k.$
Durch Umordnen der Summanden erhält man daraus $\sum_{j=1}^{n} x_j \sum_{i=1}^{n} a_{ij}A_{ik} = D_k$.
Da $\sum_{i=1}^{n} a_{ij}A_{ik} \neq 0$ nur für $j = k$ gilt, folgt daraus $x_k \sum_{i=1}^{n} a_{ik}A_{ik} = D_k$ und weiter $x_k = \frac{D_k}{D}$, wobei davon Gebrauch gemacht wurde, daß nach dem Entwicklungssatz $D = \sum_{i=1}^{n} a_{ik}A_{ik}$ gilt. ∎

Beispiel 5.4.4 Es sei $A = \begin{pmatrix} 1 & 1 & 1 \\ 1 & 2 & 1 \\ 2 & 1 & 1 \end{pmatrix}, b = \begin{pmatrix} 1 \\ 2 \\ 3 \end{pmatrix}$. Zur Lösung des linearen Gleichungssystems $Ax = b$ berechnet man nach der Regel von Sarrus die Determinante $D = 2 + 2 + 1 - 1 - 1 - 4 \neq 0$. Das Gleichungssystem ist daher eindeutig lösbar. Die Berechnung der Determinanten D_1, D_2, D_3 ergibt $D_1 = -2, D_2 = -1, D_3 = 2$ und dann erhalten wir $x_1 = \frac{D_1}{D} = 2$, $x_2 = \frac{D_2}{D} = 1$, $x_3 = \frac{D_3}{D} = -2$.

5.5 Geometrische Anwendungen

In diesem Abschnitt wollen wir den Zusammenhang zwischen den reellen Vektorräumen und den Anschauungsräumen untersuchen.

Definition 5.5.1 Eine Menge $A^{(n)}$ von Punkten $P_1, P_2, \ldots, P_n$ heißt ein *n-dimensionaler affiner Raum*, wenn ein n-dimensionaler reller Vektorraum L_n existiert, der die folgenden Bedingungen erfüllt:

(A1) Jeder Vektor $a \in L_n$ ordnet jedem Punkt $P \in A^{(n)}$ einen Bildpunkt $P+a$ zu. Vermöge $P \mapsto P + a$ für alle $P \in A^{(n)}$ wird eine Funktion $A^{(n)} \to A^{(n)}$ definiert.

(A2) Sind P, Q zwei beliebige Punkte des n-dimensionalen affinen Raumes $A^{(n)}$, so gibt es genau einen Vektor x, der $P + x = Q$ erfüllt. Dieser Vektor x wird mit $x := Q - P$ bezeichnet.

(A3) Sind $a, b \in L_n$ zwei beliebige Vektoren, so gibt es genau einen Vektor, nämlich die Summe $a + b$, der für alle Punkte $P \in A^{(n)}$ die Gleichung $(P + a) + b = P + (a + b)$ erfüllt. (Man beachte, daß das letzte $+$ auf der rechten Seite die Addition im reellen Vektorraum bezeichnet.)

Eine unmittelbare Folgerung aus dieser Definition ist:

Folgerung 5.5.2 *Es sei O ein fester Punkt des $A^{(n)}$ und es sei $\{u_1, \ldots, u_n\}$ eine Basis des L_n. Dann kann jeder Punkt des $A^{(n)}$ eindeutig in der Form $X = O + \sum_{i=1}^{n} x_i u_i$ dargestellt werden.*

Beweis: Dies folgt sofort aus $(A2)$ und der Tatsache, daß der Vektor $a = X - O$ eindeutig als $a = \sum_{i=1}^{n} x_i u_i$ geschrieben werden kann. ∎

Das System $\{O; u_1, \ldots, u_n\}$ wird *Koordinatensystem* genannt.

Wir sind nun in der Lage Gleichungen von Geraden und Ebenen im zwei- beziehungsweise im dreidimensionalen affinen Raum angeben zu können. Es sei g eine Gerade im $A^{(2)}$ oder im $A^{(3)}$. Weiter sei $P_0 \in g$ ein Punkt auf g und a ein vom Nullvektor verschiedener Vektor in Richtung der Geraden g. Dann kann offensichtlich jeder Punkt P in g durch die Gleichung $P = P_0 + ta$ beschrieben werden, falls der *Parameter* t alle reellen Zahlen durchläuft. Die Gleichung $P = P_0 + ta$ wird *Parametergleichung* der Geraden g genannt.
Wird dabei ein Koordinatensystem $\{O; u, v, w\}$ im $A^{(3)}$ beziehungsweise $\{O; u, v\}$ im $A^{(2)}$ zugrundegelegt, so geben wir den Punkt P_0 durch seine Koordinaten x_0, y_0, z_0 (beziehungsweise x_0, y_0) und den Vektor a durch seine Koordinaten a_x, a_y, a_z (a_x, a_y) an und erhalten die Gleichungen

$$g: \begin{pmatrix} x \\ y \\ z \end{pmatrix} = \begin{pmatrix} x_0 \\ y_0 \\ z_0 \end{pmatrix} + t \begin{pmatrix} a_x \\ a_y \\ a_z \end{pmatrix}, \quad \begin{pmatrix} x \\ y \end{pmatrix} = \begin{pmatrix} x_0 \\ y_0 \end{pmatrix} + t \begin{pmatrix} a_x \\ a_y \end{pmatrix}.$$

An Stelle des Vektors a könnten auch zwei verschiedene Punkte P_0, P_1 auf der Geraden g gegeben sein. Dies führt zur Gleichung $P = P_0 + t(P_1 - P_0)$.
Um eine Parametergleichung einer Ebene aufzustellen, benötigt man ein System $\{a, b\}$ linear unabhängiger Vektoren in dieser Ebene, sowie einen festen Punkt P_0 in ihr. Dann ist

$$\varepsilon : P = P_0 + t_1 a + t_2 b, \ t_1, t_2 \in \mathbb{R}$$

eine Parametergleichung der Ebene ε. Anstelle des linear unabhängigen Vektorsystems kann man auch drei nicht auf derselben Geraden liegende Punkte der Ebene verwenden. Dann ergibt sich die Gleichung

$$P = P_0 + t_1(P_1 - P_0) + t_2(P_2 - P_0).$$

Gibt man den Punkt und die Vektoren wieder durch ihre Koordinaten bezüglich eines Koordinatensystems $\{O; u, v, w\}$ an, so erhält man die Gleichung

$$\begin{pmatrix} x \\ y \\ z \end{pmatrix} = \begin{pmatrix} x_0 \\ y_0 \\ z_0 \end{pmatrix} + t_1 \begin{pmatrix} a_x \\ a_y \\ a_z \end{pmatrix} + t_2 \begin{pmatrix} b_x \\ b_y \\ b_z \end{pmatrix}.$$

Aus den drei dabei entstehenden Koordinatengleichungen kann man die Parameter t_1 und t_2 eliminieren und erhält die parameterfreie Gleichung

$$ax + by + cz = d$$

einer Ebene im dreidimensionalen affinen Raum $A^{(3)}$. Für eine Gerade im $A^{(2)}$ erhält man die Gleichung $ax + by = c$. Eine parameterfreie Gleichung für eine Gerade im dreidimensionalen affinen Raum $A^{(3)}$ existiert nicht.

Mit der Kenntnis der Gleichungen von Geraden und Ebenen kann man nun die gegenseitigen Lagebeziehungen dieser geometrischen Objekte untersuchen. Wir gehen dabei von der Anschauung aus und versuchen danach, die verschiedenen Möglichkeiten gegenseitiger Lagebeziehungen auch analytisch zu beschreiben, indem wir unsere algebraische Darstellung der geometrischen Objekte verwenden.

$\varepsilon_1, \varepsilon_2$: Zwei Ebenen können einander schneiden. Die gemeinsamen Punkte sind dann genau alle Punkte einer Geraden, der Schnittgeraden, sie können parallel zueinander liegen oder sie können zusammenfallen. Im zweiten Fall gibt es keine gemeinsamen Punkte, während im dritten Fall alle Punkte der (zusammenfallenden Ebenen) gemeinsame Punkte sind.

Analytisch können die beiden Ebenen durch die Gleichungen

$$\begin{array}{lllllll} \varepsilon_1\colon & P & = & P_0 & + & t_1 a & + & t_2 b, \\ \varepsilon_2\colon & P & = & P_1 & + & t_3 c & + & t_4 d, \end{array}$$

dargestellt werden, wobei $\{a, b\}$ ein System linear unabhängiger Vektoren in ε_1 ist, $P_0 \in \varepsilon_1$ und $\{c, d\}$ ein System linear unabhängiger Vektoren in ε_2 ist, $P_1 \in \varepsilon_2$. Die gemeinsamen Punkte beider Ebenen erfüllen dann die Gleichung

$$t_1 a + t_2 b - t_3 c - t_4 d = P_1 - P_0.$$

Bei Zugrundelegung eines Koordinatensystems und falls Punkte und Vektoren wie folgt durch ihre Koordinaten gegeben sind:

$$P_0 = \begin{pmatrix} x_0 \\ y_0 \\ z_0 \end{pmatrix}, \ P_1 = \begin{pmatrix} x_1 \\ y_1 \\ z_1 \end{pmatrix}, \ a = \begin{pmatrix} a_x \\ a_y \\ a_z \end{pmatrix}, \ b = \begin{pmatrix} b_x \\ b_y \\ b_z \end{pmatrix}, \ c = \begin{pmatrix} c_x \\ c_y \\ c_z \end{pmatrix},$$

$d = \begin{pmatrix} d_x \\ d_y \\ d_z \end{pmatrix}$, ist das lineare Gleichungssystem

$$\begin{pmatrix} a_x \\ a_y \\ a_z \end{pmatrix} t_1 + \begin{pmatrix} b_x \\ b_y \\ b_z \end{pmatrix} t_2 - \begin{pmatrix} c_x \\ c_y \\ c_z \end{pmatrix} t_3 - \begin{pmatrix} d_x \\ d_y \\ d_z \end{pmatrix} t_4 = \begin{pmatrix} x_1 - x_0 \\ y_1 - y_0 \\ z_1 - z_0 \end{pmatrix}$$

zu lösen. Dabei treten genau die folgenden Fälle auf:

1. Fall: $2 = Rg\{a, b, c, d\} \neq Rg\{a, b, c, d, P_1 - P_0\} = 3$: In diesem Fall ist das lineare Gleichungssystem, bestehend aus 3 Gleichungen in 4 Unbekannten, nicht lösbar. Die beiden Ebenen ε_1 und ε_2 haben keine gemeinsamen Punkte, sie liegen also parallel zueinander.

2. Fall: $2 = Rg\{a, b, c, d\} = Rg\{A, B, C, D, P_1 - P_0\} = 2$: In diesem Fall liegt $P_1 - P_0$ auch in ε_1. Wegen $s = n - r = 4 - 2 = 2$ ist die Lösungsmenge zweidimensional, das heißt, alle Punkte der zusammenfallenden Ebenen bilden die Lösungsmenge.

3. Fall: $3 = Rg\{a, b, c, d\} = Rg\{a, b, c, d, P_1 - P_0\} = 3$: Die Lösungsmenge ist wegen $s = n - r = 4 - 3 = 1$ eindimensional und daher eine Gerade. Die beiden Ebenen schneiden sich in dieser Geraden.

g, ε: Die Gerade g kann in der Ebene ε liegen. Dann ist die Menge der gemeinsamen Punkte von Gerade und Ebene die Menge aller Punkte von g; die Gerade g kann parallel zu ε liegen, dann gibt es keine gemeinsamen Punkte oder die Gerade g schneidet die Ebene ε in genau einem Punkt.

Analytisch können die Gerade g und Ebene ε durch die Gleichungen

$$\begin{array}{llllllll} g: & P & = & P_0 & + & t_1 a & & \\ \varepsilon: & P & = & P_0 & + & t_2 c & + & t_3 d \end{array}$$

dargestellt werden, wobei $\{a, b\}$ ein System linear unabhängiger Vektoren in ε ist. Die gemeinsamen Punkte von Gerade und Ebene erfüllen dann die Gleichung

$$t_1 a + t_2 c - t_3 d = P_1 - P_0.$$

In Koordinatendarstellung ergibt sich die Gleichung

$$\begin{pmatrix} a_x \\ a_y \\ a_z \end{pmatrix} t_1 - \begin{pmatrix} c_x \\ c_y \\ c_z \end{pmatrix} t_2 - \begin{pmatrix} d_x \\ d_y \\ d_z \end{pmatrix} t_3 = \begin{pmatrix} x_1 - x_0 \\ y_1 - y_0 \\ z_1 - z_0 \end{pmatrix}.$$

Dies kann als ein aus drei Gleichungen in t_1, t_2, t_3 bestehendes lineares Gleichungssystem aufgefaßt werden. Wir haben genau die folgenden drei Fälle zu unterscheiden:

1. Fall: $2 = Rg\{a, c, d\} = Rg\{a, c, d, P_1 - P_0\} = 2$: In diesem Fall ist die Lösungsmenge wegen $s = n - r = 3 - 2 = 1$ eindimensional, das heißt, die gesamte Gerade und daher liegt die Gerade in der Ebene.

2. Fall: $2 = Rg\{a, c, d\} \neq Rg\{a, c, d, P_1 - P_0\} = 3$: Es gibt keine gemeinsamen Punkte und die Gerade verläuft parallel zur Ebene.

3. Fall: $3 = Rg\{a, c, d\} = Rg\{a, c, d, P_1 - P_0\} = 3$: Die Lösungsmenge ist wegen $n = r$ eindeutig bestimmt, das heißt, sie besteht aus genau einem Punkt.

g_1, g_2: Zwei Geraden können zueinander parallel sein, sie können zusammenfallen, sich in genau einem Punkt schneiden oder sie können *windschief* sein. Analytisch haben wir die Gleichungen

$$\begin{array}{llcll} g_1\colon & P & = & P_0 & + & t_1 a \\ g_2\colon & P & = & P_1 & + & t_2 b \end{array}$$

zu untersuchen. Die gemeinsamen Punkte erfüllen dann die Gleichung

$$t_1 a + t_2 b = P_1 - P_0.$$

In Koordinatendarstellung ergibt sich die Gleichung

$$\begin{pmatrix} a_x \\ a_y \\ a_z \end{pmatrix} t_1 - \begin{pmatrix} b_x \\ b_y \\ b_z \end{pmatrix} t_2 = \begin{pmatrix} x_1 - x_0 \\ y_1 - y_0 \\ z_1 - z_0 \end{pmatrix}.$$

1. Fall: $1 = Rg\{a, b\} \neq Rg\{a, b, P_1 - P_0\} = 2$: In diesem Fall gibt es keine gemeinsamen Punkte, die beiden Geraden sind parallel.

2. Fall: $1 = Rg\{a, b\} = Rg\{a, b, P_1 - P_0\} = 1$: Die Lösungsmenge ist wegen $s = n - r = 2 - 1$ eindimensional, also eine Gerade und die beiden Geraden fallen zusammen.

3. Fall: $2 = Rg\{a,b\} = Rg\{a,b,P_1 - P_0\} = 2$: Wegen $s = n - r = 2 - 2$ ist die Lösungsmenge ein Punkt, die beiden Geraden schneiden sich.

4. Fall: $2 = Rg\{a,b\} \neq Rg\{a,b,P_1 - P_0\} = 3$: Es gibt keinen Schnittpunkt, die Geraden sind aber auch nicht parallel.

5.6 Vektorräume mit Skalarprodukt

In diesem Abschnitt soll das aus dem Schulunterricht für $A^{(2)}, A^{(3)}$ bekannte *Skalarprodukt* auf beliebige reelle Vektorräume verallgemeinert werden.

Definition 5.6.1 Es sei $\mathcal{V}$ ein reeller Vektorraum. Ein reelles Skalarprodukt $\varphi : V \times V \to \mathbb{R}$ ist eine Funktion, die folgende Eigenschaften erfüllt:

(S1) $\forall x, y \in V \; (\varphi(x,y) = \varphi(y,x))$ Symmetrie

(S2) $\forall x, y, z \in V \; (\varphi(x+y,z) = \varphi(x,z) + \varphi(y,z))$ Additivität

(S3) $\forall x, y \in V \; \forall \alpha \in \mathbb{R} \; (\varphi(\alpha \circ x, y) = \alpha\varphi(x,y))$ Homogenität

(S4) $\forall x \in V \; (\varphi(x,x) \geq 0$ und $\varphi(x,x) = 0 \Leftrightarrow x = 0)$.

Folgerung 5.6.2 *Ist φ ein reelles Skalarprodukt, so gelten die folgenden, sich sofort aus der Definition ergebenden Aussagen.*

(i) $\forall a \in V(\; \varphi(a,0) = \varphi(0,a) = 0)$,

(ii) $\forall x, y, z \in V(\varphi(x, y+z) = \varphi(x,y) + \varphi(x,z))$,

(iii) $\forall x, y \in V \forall \lambda, \mu \in R(\varphi(\lambda \circ x, \mu \circ y) = \lambda\mu\varphi(x,y))$. ■

Definition 5.6.3 Ein n-dimensionaler reeller Vektorraum $\mathcal{V} = (V; +, \circ)$ heißt ein euklidischer Raum, wenn in ihm ein Skalarprodukt existiert.

Satz 5.6.4 *Jeder n-dimensionale reelle Vektorraum läßt sich in einen euklidischen Raum überführen.*

Beweis: Da $\mathcal{V}$ die Dimension n hat, existiert eine Basis $B = \{e_1, \ldots, e_n\}$, die aus n Elementen besteht. Jeder Vektor x hat in dieser Basis eine eindeutige

Darstellung der Form $x = x_1e_1 + \cdots + x_ne_n$ mit rellen Zahlen $x_1, \ldots, x_n$. Wir schreiben $x = \begin{pmatrix} x_1 \\ \vdots \\ x_n \end{pmatrix}$. Mit x und $y = \begin{pmatrix} y_1 \\ \vdots \\ y_n \end{pmatrix}$ bilden wir das Matrizenprodukt $x^Ty = x_1y_1 + \cdots + x_ny_n =: \varphi(x,y)$. Dann gelten: $\varphi(x,y) = x^Ty = y^Tx = \varphi(y,x)$, $\varphi(x+y,z) = (x+y)^Tz = x^Tz+y^Tz = \varphi(x,z)+\varphi(y,z)$, $\varphi(\alpha\circ x,y) = (\alpha\circ x)^Ty = \alpha x^Ty = \alpha\varphi(x,y)$, $\varphi(x,x) = x^Tx = \sum_{i=1}^n x_i^2 \geq 0$ und $\sum_{i=1}^n x_i^2 = 0$ gilt genau dann, wenn $x_i = 0$ für alle $i = 1, \ldots, n$, das heißt genau dann, wenn x der Nullvektor ist. Daher ist φ ein Skalarprodukt. ■

Das so definierte Skalarprodukt wird auch als *Standardskalarprodukt* bezeichnet.

Beispiel 5.6.5 $\mathcal{V} = \mathbb{R}^2, x = \begin{pmatrix} x_1 \\ x_2 \end{pmatrix}, y = \begin{pmatrix} y_1 \\ y_2 \end{pmatrix}, \varphi(x,y) := x_1y_1 + 5x_1y_2 + 5x_2y_1 + 26x_2y_2$ erfüllt die Bedingungen $(S1)-(S4)$, ist also ein Skalarprodukt, aber kein Standardskalarprodukt.

Definition 5.6.6 Zwei Vektoren x, y eines euklidischen Vektorraumes werden orthogonal bezüglich eines Skalarprodukts φ genannt, wenn $\varphi(x,y) = 0$ gilt.

Ein Vektorsystem, das aus paarweise orthogonalen Vektoren besteht, wird orthogonal genannt. In natürlicher Weise kann man nach dem Zusammenhang zwischen linear unabhängigen und orthogonalen Vektorsystemen fragen.

Satz 5.6.7 *Jedes orthogonale, den Nullvektor nicht enthaltende Vektorsystem ist linear unabhängig.*

Beweis: Es sei $\{x_1, \ldots, x_n\}$ ein System paarweise orthogonaler Vektoren, von denen keiner der Nullvektor ist. Sei $\alpha_1x_1 + \cdots + \alpha_nx_n = 0$. Durch skalare Multiplikation beider Seiten dieser Gleichung mit x_1 von links erhält man: $\varphi(x_1, \alpha_1x_1+\cdots+\alpha_nx_n) = \varphi(x_1, 0)$ und weiter $\alpha_1\varphi(x_1,x_1)+\alpha_2\varphi(x_1,x_2)+\ldots+\alpha_n\varphi(x_1,x_n) = \alpha_1\varphi(x_1,x_1) = 0$ wegen der Orthogonalität des Vektorsystems. Wegen $\varphi(x_1,x_1) > 0$, folgt $\alpha_1 = 0$. In entsprechender Weise erhält man durch Multiplikation mit $x_2, \ldots, x_n$, daß $\alpha_2 = 0, \ldots, \alpha_n = 0$ gelten. ■

Unter Verwendung des Skalarprodukts definieren wir:

Definition 5.6.8 Die reelle Zahl $|x| := \sqrt{\varphi(x,x)}$ heißt *Norm* von x. Der Vektor x heißt *Einheitsvektor*, falls seine Norm 1 ist. Eine Basis $\{e_1, \ldots, e_n\}$ heißt *orthonormiert*, falls

$$\varphi(e_i, e_j) = \begin{cases} 0 & \text{für} \quad i \neq j \\ 1 & \text{für} \quad i = j \end{cases} \quad \text{gilt.}$$

Eine orthonormierte Basis eines Vektorraumes ist daher ein System paarweise orthogonaler Einheitsvektoren.
Wir beschreiben nun einen Algorithmus, das Schmidtsche Orthogonalisierungsverfahren, der es gestattet, aus einem beliebigen linear unabhängigen Vektorsystem ein orthonormiertes Vektorsystem zu konstruieren.

Folgerung 5.6.9 *Jeder n-dimensionale euklidische Vektorraum besitzt eine orthonormierte Basis.*

Beweis: Sei $\{a_1, \ldots, a_n\}$ eine Basis des n-dimensionalen euklidischen Vektorraumes $\mathcal{V}$. Die Vektoren der zu konstruierenden orthonormierten Basis bezeichnen wir mit $e_1, \ldots, e_n$. Wir setzen $e_1 := a_1$ und machen für e_2 den Ansatz $e_2 = a_2 + \lambda e_1$. Nun wird λ so bestimmt, daß e_1 und e_2 orthogonal sind, das heißt so, daß das Skalarprodukt $\varphi(e_2, e_1) = \varphi(a_2, e_1) + \lambda\varphi(e_1, e_1)$ gleich Null wird. Durch Auflösen der Gleichung $\varphi(a_2, e_1) + \lambda\varphi(e_1, e_1) = 0$ nach λ folgt $\lambda = -\frac{\varphi(a_2,e_1)}{\varphi(e_1,e_1)}$. Dies liefert den zu e_1 orthogonalen Vektor e_2. Für e_3 wird der Ansatz $e_3 = a_3 + \lambda e_1 + \mu e_2$ gemacht und die Parameter λ und μ so bestimmt, daß e_3 zu e_2 und zu e_1 orthogonal ist. Dann erhält man aus den Gleichungen

$$\begin{array}{ccccccccc} \varphi(e_3, e_1) & = & \varphi(a_3, e_1) & + & \lambda\varphi(e_1, e_1) & + & \mu\varphi(e_2, e_1) & = & 0, \\ \varphi(e_3, e_2) & = & \varphi(a_3, e_2) & + & \lambda\varphi(e_1, e_2) & + & \mu\varphi(e_2, e_2) & = & 0 \end{array}$$

für λ und μ die Werte $\lambda = -\frac{\varphi(a_3,e_1)}{\varphi(e_1,e_1)}$ und $\mu = -\frac{\varphi(a_3,e_2)}{\varphi(e_2,e_2)}$. Dieser Algorithmus liefert nach endlich vielen Schritten eine orthogonale Basis $\{e_1, \ldots, e_n\}$. Dazu hat man sich noch zu überlegen, daß keiner der konstruierten Vektoren $e_1, \ldots, e_n$ der Nullvektor ist. Man überlegt sich leicht, daß für jeden der Vektoren e_i der Vektor $\frac{1}{|e_i|}e_i$ ein Einheitsvektor ist. Die konstruierte orthonormierte Basis ist dann $\{\frac{e_1}{|e_1|}, \ldots, \frac{e_n}{|e_n|}\}$. ■

Sei $A^{(n)}$ ein n-dimensionaler affiner Raum, so daß in dem zugrundeliegenden reellen Vektorraum ein Skalarprodukt definiert ist, so spricht man von einem n-dimensionalen euklidischen Raum. Als wichtige Beispiele geben wir einige Anwendungen des Skalarprodukts im zwei-und dreidimensionalen affinen Raum an.

Definition 5.6.10 Ist $\{i, j, k\}$ eine orthonormierte Basis des dreidimensionalen Raums $R^{(3)}$ und ist O ein fester Punkt des $A^{(3)}$, so heißt $\{O; i, j, k\}$ ein *kartesisches Koordinatensystem*

Es sei a eine Vektor des $A^{(3)}$. Dann ist klar, daß jeder Vektor $b \in A^{(3)}$ als Summe einer zu a parallelen und einer zu a orthogonalen Komponente geschrieben werden kann, man spricht von der *Parallelkomponente* und der *Normalkomponente* von b bezüglich a.

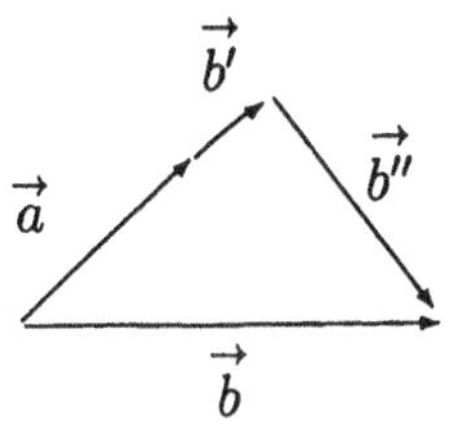

Es gilt hier also $b = b' + b''$ mit $b' \parallel a, b'' \perp a$. Dabei ist b' die Parallelkomponente von a und b'' ist die Normalkomponente von a.

Folgerung 5.6.11 *Das Skalarprodukt bleibt unverändert, wenn einer der Vektoren durch seine Parallelkomponente bezüglich des anderen ersetzt wird.*

Beweis: Es gilt $\varphi(a, b) = \varphi(a, b + b') = \varphi(a, b') + \varphi(a, b'') = \varphi(a, b')$, denn $\varphi(a, b'') = 0$. ■

Aussage 5.6.12 *Für das Skalarprodukt im* $A^{(3)}$ *gilt* $\varphi(a, b) = |a||b| \cos \angle(a, b)$.

Beweis: Aus $\varphi(a, b) = \varphi(a, b')$ und $\varphi(a, b') = |a||b'|$ wegen $b' = \lambda a$ für eine reelle Zahl λ, wobei b' die Parallelkomponente von b bezüglich a ist, folgt $\varphi(a, b) = |a||b'|$ und daher $\varphi(a, b) = |a||b| \cos \angle(a, b)$. ■

Das Skalarprodukt gestattet eine besonders einfache Form von Geraden- und Ebenengleichungen aufzustellen. Sei dazu g eine Gerade, n ein auf der Geraden senkrecht stehender Vektor, genannt *Stellungsvektor* der Geraden g, sei P_0 ein fester Punkt auf g und sei P ein beliebiger Punkt in der Ebene, in der auch g liegt. Dann gilt

$$P \in g \Leftrightarrow \varphi(P - P_0, n) = 0.$$

Wählt man als Stellungsvektor den Einheitsvektor $n^0 := \frac{1}{|n|} n$, so heißt die Gleichung

$$\varphi(P - P_0, n^0) = 0 \qquad (*)$$

Hessesche Normalform der Geradengleichung. Man überlegt sich leicht, daß das Skalarprodukt auf der linken Seite der Hesseschen Normalform für den Fall, daß P nicht auf der Geraden g liegt, den mit Vorzeichen versehenen Abstand des Punktes P von der Geraden g angibt.

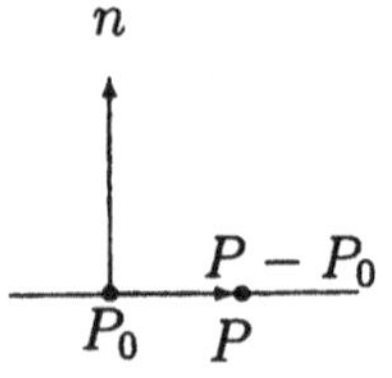

Bei Zugrundelegung eines Koordinatensystems $\{O; i, j\}$ erhält man mit $OP = x = \begin{pmatrix} x_1 \\ x_2 \end{pmatrix}$, $OP_0 = x_0 = \begin{pmatrix} x_{01} \\ x_{02} \end{pmatrix}$ und $n = \begin{pmatrix} a \\ b \end{pmatrix}$ die Gleichung

$$\varphi(\begin{pmatrix} x_1 - x_{01} \\ x_2 - x_{02} \end{pmatrix}, \begin{pmatrix} a \\ b \end{pmatrix}) = a(x_1 - x_{01}) + b(x_2 - x_{02}) = 0$$

oder mit $c := ax_{01} + bx_{02}$ erhält man $ax_1 + bx_2 = c$. Der Vektor $n = \begin{pmatrix} a \\ b \end{pmatrix}$ ist dabei ein Stellungsvektor von g.
Die Gleichung $(*)$ läßt sich als Gleichung der Ebene ε interpretieren, falls n ein Stellungsvektor von ε ist und falls P_0 ein fester Punkt in ε ist. Falls der Punkt P nicht in ε liegt, gibt das Skalarprodukt auf der linken Seite der Hesseschen Normalform wieder den Abstand des Punktes von der Ebene an.

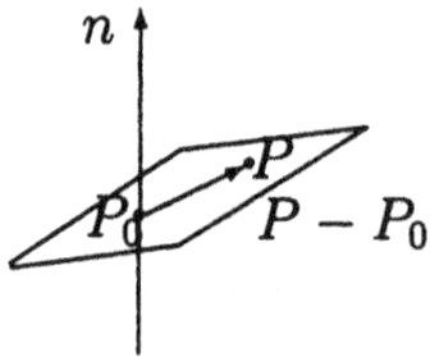

5.7 Lineare Abbildungen

Fertigt man ein Schrägbild eines Würfels an, so handelt es sich dabei mathematisch um eine Abbildung des dreidimensionalen Anschauungsraumes in den zweidimensionalen. Ähnlich verhält es sich mit fotographischen Abbildungen, technischen Zeichnungen oder Darstellungen räumlicher Objekte mit Methoden der darstellenden Geometrie. In vielen Fällen erfüllen derartige Abbildungen Forderungen, die man an *lineare Abbildungen* von Vektorräumen stellt.

Definition 5.7.1 Es seien V, W zwei K-Vektorräume und es sei f eine Funktion von V in W. Dann heißt f eine *lineare Abbildung* oder ein *Homomorphismus* von $\mathcal{V}$ in $\mathcal{W}$, falls die folgenden beiden Bedingungen erfüllt sind:

(i) $f(a+b) = f(a) + f(b)$ für alle a, b aus V,

(ii) $f(\lambda a) = \lambda f(a)$ für alle $a \in V$ und alle $\lambda \in R$.

Ist dabei f surjektiv, so heißt $\mathcal{W}$ homomorphes Bild von $\mathcal{V}$, ist f injektiv und surjektiv, so heißt f Isomorphismus und $\mathcal{W}$ isomorphes Bild von $\mathcal{V}$.

Man beachte, daß die Addition auf der linken Seite der Gleichung (i) in $\mathcal{V}$ ausgeführt wird, während es sich auf der rechten Seite um die Addition in $\mathcal{W}$ handelt. Ähnlich verhält es sich mit der Operatoranwendung in (ii).
Der folgende Satz beschreibt einige sofort aus der Definition folgende Eigenschaften linearer Abbildungen.

Satz 5.7.2 *Es sei $f : \mathcal{V} \to \mathcal{W}$ eine lineare Abbildung des K-Vektorraumes $\mathcal{V}$ in den K-Vektorraum $\mathcal{W}$. Dann gelten die folgenden Aussagen:*

(i) $f(0) = 0' \in W$, das heißt, das Nullelement von $\mathcal{V}$ wird auf das Nullelement von $\mathcal{W}$ abgebildet.

(ii) Für alle $a \in V$ ist $f(-a) = -f(a)$, das heißt, das Bild des entgegengesetzten Elementes ist das entgegengesetzte Element des Bildes.

(iii) $f(V) = \{f(a) \mid a \in V\}$ ist Trägermenge eines Teilraums von $\mathcal{W}$.

(iv) $Ker f := \{a \mid a \in V \text{ und } f(a) = 0'\}$, der Kern von f, ist Trägermenge eines Teilraumes von $\mathcal{V}$.

(v) Die Abbildung f ist genau dann injektiv, wenn $Ker f = \{0\}$ gilt.

Beweis: *(i)* Für jeden Vektor $a \in V$ gilt $f(0) = f(0 \circ a) = 0 \circ f(a) = 0'$.
(ii) Für jeden Vektor $a \in V$ gilt: $f(-a) = f((-e) \circ a) = (-e) \circ f(a) = -f(a)$.
(iii) Da zu zwei beliebigen Elementen $a, b \in V$ Elemente $a', b', \in f(V)$ mit $a = f(a'), b = f(b')$ existieren, haben wir

$$\begin{aligned} a + b &= f(a') + f(b') &&= f(a' + b') \in f(V) \text{ und} \\ \alpha \circ a &= \alpha \circ f(a') &&= f(\alpha \circ a') \in f(V). \end{aligned}$$

Da $f(V)$ wenigstens den Nullvektor $0'$ von $\mathcal{W}$ enthält, sind alle Bedingungen des Teilraumkriteriums erfüllt.
(iv) Für zwei beliebige Elemente a und b des Kerns gilt:

$$f(a) = f(b) = 0' \Rightarrow f(a+b) = f(a) + f(b) = 0' + 0' = 0'.$$

Damit gehört auch die Summe $a + b$ zum Kern von f. Außerdem gilt: $f(\alpha \circ a) = \alpha \circ f(a) = \alpha \circ 0' = 0'$, falls a zum Kern von f gehört. Damit gehört auch $\alpha \circ a$ zum Kern von f. Da der Kern von f wenigstens das Nullelement von V enthält, ist er niemals leer. Damit sind alle Bedingungen des Teilraumkriteriums erfüllt und der Kern ist tatsächlich Trägermenge eines Teilraumes von $\mathcal{V}$.
(v) Ist f injektiv, so wird genau ein Element aus V auf das Nullelement von $\mathcal{W}$ abgebildet und dies kann nur der Nullvektor 0 von $\mathcal{V}$ sein. Daher gilt $Kerf = \{0\}$. Besteht umgekehrt der Kern von f nur aus dem Nullelement, so erhalten wir aus $f(a) = f(b)$ zunächst $f(a) - f(b) = 0'$ und dann $f(a-b) = 0'$ und damit $a - b = 0$, das heißt $a = b$. Dies zeigt die Injektivität von f. ∎

Eine wichtige Frage ist die nach dem Verhalten der Dimension bei linearen Abbildungen.

Satz 5.7.3 *Es seien $\mathcal{V}$ und $\mathcal{W}$ zwei K-Vektorräume mit $dim V = n$ und es sei $f : \mathcal{V} \to \mathcal{W}$ eine lineare Abbildung von $\mathcal{V}$ in $\mathcal{W}$. Dann gilt:*

$$dim(\mathcal{K}erf) + dim(f(\mathcal{V})) = dim(\mathcal{V}) = n.$$

Beweis: Es sei $\{a_1, \ldots, a_t\}$ eine Basis des Vektorraumes $\mathcal{K}erf \subseteq \mathcal{V}$. Diese kann zu einer Basis $B = \{a_1, \ldots, a_t, a_{t+1}, \ldots, a_n\}$ von $\mathcal{V}$ ergänzt werden. Wir betrachten $B' = \{f(a_1), \ldots, f(a_t), f(a_{t+1}), \ldots, f(a_n)\} \subseteq f(V) \subseteq W$ und stellen folgendes fest:
1. B' ist ein Erzeugendensystem von $f(\mathcal{V})$.
Dazu sei $b' \in f(V)$. Dann gibt es ein Element $b \in V$ mit $f(b) = b'$. Aus $b = \alpha_1 a_1 + \cdots + \alpha_t a_t + \cdots + \alpha_n a_n$ folgt $b' = f(a) = \alpha_1 f(a_1) + \cdots + \alpha_n f(a_n)$.
2. $Rg(B') = n - t$.
Aus B' können die Elemente $f(a_1), \ldots, f(a_t)$ wegen $f(a_1) = \cdots = f(a_t) = 0'$ gestrichen werden. Es ist eine leichte Übungsaufgabe zu zeigen, daß $B'' = \{f(a_{t+1}), \ldots, f(a_n)\}$ linear unabhängig ist.
Daher ist $B'' = \{f(a_{t+1}), \ldots, f(a_n)\}$ eine Basis von $f(\mathcal{V})$ und $dim f(\mathcal{V}) = n - t$.
Zusammen ergibt sich $dim f(\mathcal{V}) + dim \mathcal{K}erf = dim \mathcal{V} = n$. ∎

Beispiel 5.7.4 (i) Jeder n-dimensionale K-Vektorraum ist isomorph zum Vektorraum $\mathcal{K}^{(n)}$ aller n-Tupel von Elementen des Körpers $\mathcal{K}$, wenn mit diesen n-Tupeln elementweise unter Anwendung der Rechenoperationen des Körpers $\mathcal{K}$ gerechnet wird. Tatsächlich erhält man einen Isomorphismus, wenn man jedem Vektor $x = \lambda_1 a_1 + \cdots + \lambda_n a_n$, der als Linearkombination der Basiselemente $a_1, \ldots, a_n$ dargestellt ist, das n-Tupel $\begin{pmatrix} \lambda_1 \\ \vdots \\ \lambda_n \end{pmatrix}$ zuordnet. Man hat dazu zu zeigen, daß durch diese Zuordnung eine injektive Funktion vom gegebenen n-dimensionalen K-Vektorraum auf die Menge aller aus Körperelementen gebildeten n-Tupel definiert wird. Weiterhin ist nachzuweisen, daß diese Bijektion die Addition und die K-Vervielfachung bewahrt.

(ii) Es sei $\mathcal{V}$ ein n-dimensionaler und $\mathcal{W}$ ein m-dimensionaler K-Vektorraum, sowie $K_{m,n}$ die Menge aller Matrizen vom Typ (m, n) mit Elementen aus dem Körper K und $A \in K_{m,n}$. Wir definieren eine Abbildung $f : V \to W$, indem wir jedem Vektor a aus V den Vektor $f(a) := Aa$ zuordnen. Entsprechend des ersten Beispiels kann der Vektor $a \in V$ durch ein n-Tupel von Elementen aus K dargestellt werden. Daher bedeutet das Produkt Aa die Multiplikation der Matrix A mit einer Matrix a vom Typ $(m, 1)$ und es gelten

$$f(a + b) = A(a + b) = Aa + Ab = f(a) + f(b)$$

und

$$f(\alpha \circ a) = A(\alpha \circ a) = \alpha \circ (Aa) = \alpha \circ f(a).$$

Daher erhält man eine lineare Abbildung.

Durch $Hom(\mathcal{V}, \mathcal{W})$ soll die Menge aller linearen Abbildungen von $\mathcal{V}$ in $\mathcal{W}$ bezeichnet werden. Definiert man auf der Menge aller dieser linearen Abbildungen eine Addition und eine Operatoranwendung des Körpers K durch

$$(f + g)(a) := f(a) + g(a), (\alpha \circ f)(a) := \alpha \circ f(a) \text{ für alle } a \in V,$$

so erhält man einen K-Vektorraum. Dann läßt sich die Beobachtung des zweiten Beispiels in folgender Weise präzisieren:

Satz 5.7.5 *Es sei $\{u_1, \ldots, u_n\}$ eine feste Basis des (n-dimensionalen) K-Vektorraumes $\mathcal{V}$ und es sei $\{v_1, \ldots, v_m\}$ eine feste Basis des m-dimensionalen K-Vektorraumes $\mathcal{W}$. Dann sind die K-Vektorräume $(Hom(\mathcal{V}, \mathcal{W}); +, \circ)$ und $(K_{m,n}; +, \circ)$ isomorph.*

Beweis: Es sei $f : \mathcal{V} \to \mathcal{W}$ ein Homomorphismus. Wir wollen f eine Matrix vom Typ (m, n) so zuordnen, daß durch diese Zuordnung ein Isomorphismus definiert wird. Dazu stellen wir die Bilder $f(u_1), \ldots, f(u_n)$ der Basisvektoren $u_1, \ldots, u_n$ durch die Basiselemente $v_1, \ldots, v_m$ im Vektorraum $\mathcal{W}$ dar und erhalten:

$$\begin{aligned} f(u_1) &= a_{11}v_1 + \cdots + a_{m1}v_m \\ &\cdots \\ f(u_n) &= a_{1n}v_1 + \cdots + a_{mn}v_m \end{aligned}$$

und bilden die Matrix

$$A = \begin{pmatrix} a_{11} & \cdots & a_{1n} \\ \cdots & & \vdots \\ a_{m1} & \vdots & a_{mn} \end{pmatrix}$$

vom Typ (m, n).
Sei $b \in V$, das heißt $b = b_1u_1 + \cdots + b_nu_n$. Dann ist $f(b) = b_1f(u_1) + \cdots + b_nf(u_n) = b_1(a_{11}v_1 + \cdots + a_{m1}v_m) + \cdots + b_n(a_{1n}v_1 + \cdots + a_{mn}v_m) = (b_1a_{11} + \cdots + b_na_{1n})v_1 + \cdots + (b_1a_{m1} + \cdots + b_na_{mn})v_m$, also

$$f\begin{pmatrix} b_1 \\ \vdots \\ b_n \end{pmatrix} = \begin{pmatrix} a_{11} & \cdots & a_{1n} \\ \vdots & & \\ a_{m1} & \cdots & a_{mn} \end{pmatrix} \begin{pmatrix} b_1 \\ \vdots \\ b_n \end{pmatrix} \begin{pmatrix} v_1 & \cdots & v_n \end{pmatrix}$$

ergibt die Koordinaten von $f(b)$.

Bezeichnet man die dem Homomorphismus f bei fester Basis zugeordnete Matrix mit A_f, so ist die Abbildung $\varphi : Hom(\mathcal{V}, \mathcal{W}) \to K_{m,n}$ vermöge $f \mapsto A_f$ eineindeutig und surjektiv. Außerdem gelten

$$\varphi(f+g) = A_f + A_g, \; \varphi(\alpha \circ f) = \alpha \circ A_f.$$

Die Abbildung φ ist auch ein Isomorphismus. ■
Wir betrachten das folgende Beispiel:

Beispiel 5.7.6 Die lineare Abbildung $f : \mathbb{R}^3 \to \mathbb{R}^2$ sei durch die Vorschrift $f(x_1, x_2, x_3) = (x_1 + x_2, x_2 - x_3)$ gegeben. Man bestimme die Abbildungsmatrix A_f bezüglich der Standardbasen von $\mathbb{R}^3$ und $\mathbb{R}^2$.
Wir überprüfen zunächst, daß f tatsächlich eine lineare Abbildung definiert. Es gelten

$$f\left(\begin{pmatrix} x_1 \\ x_2 \\ x_3 \end{pmatrix} + \begin{pmatrix} y_1 \\ y_2 \\ y_3 \end{pmatrix}\right) = f\begin{pmatrix} x_1 + y_1 \\ x_2 + y_2 \\ x_3 + y_3 \end{pmatrix} = \begin{pmatrix} x_1 + y_1 + x_2 + y_2 \\ x_2 + y_2 - x_3 - y_3 \end{pmatrix}$$

$$= \begin{pmatrix} x_1 + x_2 \\ x_2 - x_3 \end{pmatrix} + \begin{pmatrix} y_1 + y_2 \\ y_2 - y_3 \end{pmatrix} = f\begin{pmatrix} x_1 \\ x_2 \\ x_3 \end{pmatrix} + f\begin{pmatrix} y_1 \\ y_2 \\ y_3 \end{pmatrix}$$

und

$$f\left(\alpha \circ \begin{pmatrix} x_1 \\ x_2 \\ x_3 \end{pmatrix}\right) = f\begin{pmatrix} \alpha x_1 \\ \alpha x_2 \\ \alpha x_3 \end{pmatrix} = \begin{pmatrix} \alpha x_1 + \alpha x_2 \\ \alpha x_2 - \alpha x_3 \end{pmatrix}$$

$$= \alpha \begin{pmatrix} x_1 + x_2 \\ x_2 - x_3 \end{pmatrix} = \alpha \circ f \begin{pmatrix} x_1 \\ x_2 \\ x_3 \end{pmatrix}.$$

Weiter gilt

$$f\begin{pmatrix} 1 \\ 0 \\ 0 \end{pmatrix} = \begin{pmatrix} 1 \\ 0 \end{pmatrix}, f\begin{pmatrix} 0 \\ 1 \\ 0 \end{pmatrix} = \begin{pmatrix} 1 \\ 1 \end{pmatrix}, f\begin{pmatrix} 0 \\ 0 \\ 1 \end{pmatrix} = \begin{pmatrix} 0 \\ -1 \end{pmatrix},$$

$$\begin{pmatrix} 1 \\ 0 \end{pmatrix} = 1\begin{pmatrix} 1 \\ 0 \end{pmatrix} + 0\begin{pmatrix} 0 \\ 1 \end{pmatrix}, \begin{pmatrix} 1 \\ 1 \end{pmatrix} = 1\begin{pmatrix} 1 \\ 0 \end{pmatrix} + 1\begin{pmatrix} 0 \\ 1 \end{pmatrix},$$

$$\begin{pmatrix} 0 \\ -1 \end{pmatrix} = 0\begin{pmatrix} 1 \\ 0 \end{pmatrix} + (-1)\begin{pmatrix} 0 \\ 1 \end{pmatrix}.$$

Dies gibt die Transformationsmatrix

$$A_f = \begin{pmatrix} 1 & 1 & 0 \\ 0 & 1 & -1 \end{pmatrix}.$$

5.8 Anwendung linearer Abbildungen

In 5.2 wurde ein affiner Raum $A^{(n)}$ als Menge von Punkten $P_1, P_2, \ldots$ zusammen mit einem reellen Vektorraum L_n definiert, so daß die Axiome $(A1), (A2), (A3)$ erfüllt sind. Wir können nun auch den linearen Abbildungen eine geometrische Interpretation geben.

Definition 5.8.1 Eine Abbildung $\Phi : A^{(n)} \to A^{(m)}$, die durch die Zuordnung $P \mapsto P' = \Phi(P)$ für alle $P \in A^{(n)}$ definiert ist, heißt affin, falls für alle $P, Q \in A^{(n)}$ und für alle $t \in \mathbb{R}$ gilt

$$\Phi(P + t(Q - P)) = \Phi(P) + t(\Phi(Q) - \Phi(P)).$$

Aus der Definition affiner Abbildungen wird sofort ersichtlich, daß durch affine Abbildungen Geraden in Geraden überführt werden. Man überlegt sich sofort, daß jede affine Abbildung eine lineare Abbildung der zugrundeliegenden reellen Vektorräume definiert.

5.9 Eigenwerte symmetrischer Matrizen

Die Menge aller Punkte auf einer Geraden bildet einen affinen Teilraum der Menge aller Punkte der Ebene, in der die Gerade liegt. Man kann nach Bedingungen fragen, unter denen eine affine Abbildung diesen Teilraum, also die Gerade, auf sich selbst abbildet. Die Gerade ist dann *invariant* bezüglich der gegebenen affinen Abbildung. Dies läßt sich auch algebraisch als Eigenschaft eines Teilraums eines gegebenen Vektorraums definieren.

Definition 5.9.1 Ein Teilraum $\mathcal{U}$ eines Vektorraumes $\mathcal{V}$ heißt invariant bezüglich der linearen Abbildung $f : \mathcal{V} \to \mathcal{V}$, wenn f den Teilraum $\mathcal{U}$ in sich abbildet.

Beispiel 5.9.2 1. Es sei $Kerf := \{a \in V \mid f(a) = 0\}$ der Kern der linearen Abbildung f. Wegen $0 \in Kerf$ ist $\mathcal{K}erf$ ein invarianter Teilraum von $\mathcal{V}$. Der Teilraum $f(\mathcal{V})$ ist ebenfalls ein invarianter Teilraum (von $\mathcal{V}$), denn $f(f(\mathcal{V})) \subseteq f(\mathcal{V})$.

2. Es sei $V = \mathbb{R}^3$ und der Endomorphismus $f : \mathbb{R}^3 \to \mathbb{R}$ bezüglich der Standardbasis sei gegeben durch die Matrix

$$A = \begin{pmatrix} -1 & 2 & 1 \\ 0 & 1 & 1 \\ 3 & 0 & -1 \end{pmatrix}.$$

Dann ist

$$\mathcal{U} = \left\langle \left\{ \begin{pmatrix} 1 \\ 1 \\ 1 \end{pmatrix} \right\} \right\rangle$$

ein bezüglich f invarianter Teilraum.
Es sei

$$\alpha \begin{pmatrix} 1 \\ 1 \\ 1 \end{pmatrix} \in U.$$

Dann folgt

$$\begin{pmatrix} -1 & 2 & 1 \\ 0 & 1 & 1 \\ 3 & 0 & -1 \end{pmatrix} \alpha \begin{pmatrix} 1 \\ 1 \\ 1 \end{pmatrix} = \alpha \begin{pmatrix} -1 & 2 & 1 \\ 0 & 1 & 1 \\ 3 & 0 & -1 \end{pmatrix} \begin{pmatrix} 1 \\ 1 \\ 1 \end{pmatrix} = \alpha \begin{pmatrix} 2 \\ 2 \\ 2 \end{pmatrix}.$$

Soll zum Beispiel eine Gerade im dreidimensionalen affinen Raum, die den Richtungsvektor a besitzt, invariant bezüglich der linearen Abbildung $f : \mathbb{R}^3 \to \mathbb{R}^3$ sein, so läßt sich das durch die Gleichung $f(a) = \lambda a$, zum Ausdruck bringen, wobei λ geeignete reelle Zahlen sind. Verallgemeinernd definieren wir:

Definition 5.9.3 Es sei f eine lineare Abbildung des K-Vektorraumes $\mathcal{V}$ in sich. Ein Element $\lambda \in K$ heißt *Eigenwert* von f, wenn es einen Vektor $a \in V, a \neq 0$, mit $f(a) = \lambda \circ a$ gibt. Der Vektor a heißt dann zum Eigenwert λ gehöriger *Eigenvektor* $(a \neq 0)$.

Bemerkung 5.9.4 1. Die Menge aller zu einem festen Eigenwert λ gehörigen Eigenvektoren der linearen Abbildung f bildet einen K-Vektorraum E_λ, den zu λ gehörigen Eigenraum von f:

$$E_\lambda := \{a \in V \mid f(a) = \lambda \circ a\}.$$

Tatsächlich gelten für $a, b \in E_\lambda$ die Beziehungen $f(a) = \lambda \circ a$, $f(b) = \lambda \circ b$ und damit $f(a + b) = \lambda \circ (a + b) = \lambda \circ a + \lambda \circ b = f(a) + f(b)$, sowie $f(\mu \circ a) = \lambda \circ (\mu \circ a) = \mu \circ (\lambda \circ a) = \mu \circ f(a)$.

2. Der zum Nullelement $0 \in K$ gehörige Eigenraum ist gleich dem Kern der linearen Abbildung f.

Für die zu paarweise verschiedenen Eigenwerten einer linearen Abbildung f gehörigen Eigenvektoren gilt die folgende interessante Aussage:

Satz 5.9.5 *Sind $a_i, i = 1, \ldots, m$ die zu paarweise verschiedenen Eigenwerten $\lambda_1, \ldots, \lambda_m$ von $f : \mathcal{V} \to \mathcal{V}$ gehörigen Eigenvektoren, so ist $\{a_1, \ldots, a_m\}$ linear unabhängig.*

Beweis: Angenommen, $\{a_1, \cdots, a_m\}$ sei linear abhängig. Dann gibt es eine nichttriviale Darstellung des Nullvektors als Linearkombination dieser Vektoren. Es sei

$$\alpha_1 a_1 + \cdots + \alpha_m a_m = 0 \qquad (*)$$

die kürzeste derartige Darstellung und es sei $\alpha_1 \neq 0$. Dann folgt $f(\sum_{i=1}^{m} \alpha_i a_i) = 0$ und $\sum_{i=1}^{m} \alpha_i f(a_i) = \sum_{i=1}^{m} \alpha_i \lambda_i a_i = 0$ und durch Multiplikation von (*) mit λ_1 ergibt sich $\sum_{i=1}^{m} \lambda_1 \alpha_i a_i = 0$. Daraus folgt

$$\sum_{i=1}^{m} \alpha_i \lambda_i a_i - \sum_{i=1}^{m} \alpha_i \lambda_1 a_i = 0.$$

Weiter erhält man

$$\sum_{i=2}^{m} \alpha_i(\lambda_i - \lambda_1)a_i = 0.$$

Da dies im Vergleich zu (*) eine kürzere Darstellung des Nullvektors ist, muß sie trivial sein und es folgt

$$\alpha_i(\lambda_i - \lambda_1) = 0$$

für $2 \leq i \leq m$. Da die Eigenwerte als paarweise verschieden vorausgesetzt wurden, gilt $\alpha_i = 0$ für alle $2 \leq i \leq m$. Damit hat (*) die Form $\alpha_1 a_1 = 0$ mit $\alpha_1 \neq 0$, das heißt $a_1 = 0$. Dies ist ein Widerspruch, denn Eigenvektoren sind nach Definition vom Nullvektor verschieden. ∎

Die folgende Bedingung gestattet die Bestimmung der Eigenwerte einer linearen Abbildung.

Satz 5.9.6 *Die lineare Abbildung $f : \mathcal{V} \to \mathcal{V}$ des n-dimensionalen Vektorraumes $\mathcal{V}$ werde bei fest gewählter Basis von $\mathcal{V}$ durch die Matrix A beschrieben. Dann ist $\lambda \in K$ genau dann ein Eigenwert von f, wenn*

$$|A - \lambda E| = 0$$

gilt.

Beweis: Nach Definition ist $\lambda \in K$ genau dann ein Eigenwert von f, wenn es einen vom Nullvektor verschiedenen Vektor a mit $f(a) = \lambda \circ a$ gibt. Daraus folgt $Aa = \lambda \circ a$ und weiter $Aa - \lambda \circ a = 0$ und daher $Aa - (\lambda E)a = 0$, also $(A - \lambda E)a = 0$. Da a verschieden vom Nullvektor ist, gibt es genau dann Lösungen λ, wenn $|A - \lambda E| = 0$ ist. ∎

Bei genauerem Betrachten der Determinante $|A - \lambda E|$ stellt man fest, daß es sich dabei um ein Polynom n-ten Grades in λ handelt. Wir setzen $p_A(\lambda) := |A - \lambda E|$.

Lemma 5.9.7 *Es sei $A \in K_{n,n}$ eine Matrix vom Typ (n, n) über dem Körper $\mathcal{K}$. Dann gilt*

$$p_A(\lambda) = c_n\lambda^n + c_{n-1}\lambda^{n-1} + \cdots + c_1\lambda + c_0$$

mit $c_n = (-1)^n$, $c_{n-1} = (-1)^{n-1}(a_{11} + a_{22} + \cdots + a_{nn})$, $c_0 = |A|$.

Beweis: Es ist

$$|A - \lambda E| = \begin{vmatrix} a_{11} - \lambda & a_{12} & \cdots & a_{1n} \\ \vdots & & & \\ a_{n1} & a_{n2} & \cdots & a_{nn} - \lambda \end{vmatrix}.$$

Nach Definition der Determinante läßt sich $|A - \lambda E|$ in die Summe aus $(a_{11} - \lambda)\cdots(a_{nn} - \lambda)$ und ein Polynom in λ von höchstens $(n-1)$-tem Grad zerlegen. Nach Ausmultiplizieren des Produkts ergibt sich die Summe aus $(-1)^n\lambda^n$, aus $(-1)^{n-1}(a_{11} + a_{22} + \cdots + a_{nn})\lambda^{n-1}$ und einem Polynom in λ von höchstens $(n-2)$-tem Grad. Daraus folgen die Behauptungen für die Koeffizienten c_n und c_{n-1}. Durch Einsetzen von $\lambda = 0$ erhält man $c_0 = |A|$. ∎
Das Polynom $p_A(\lambda)$ wird das *charakteristische Polynom* der Matrix A genannt.

Bei fest gewählter Basis des n-dimensionalen Vektorraumes $\mathcal{V}$ läßt sich die lineare Abbildung f durch die Matrix A beschreiben. Geht man zu einer anderen Basis über, so erhält man auch eine andere Abbildungsmatrix. Es stellt sich aber heraus, daß das charakteristische Polynom davon unberührt bleibt.
Unsere Überlegungen zeigen, daß die Eigenwerte der linearen Abbildung $f : \mathcal{V} \to \mathcal{V}$ genau die im Körper K liegenden Nullstellen des charakteristischen Polynoms sind. Die Vielfachheit der Nullstelle λ in $p_A(x)$ heißt *algebraische Vielfachheit* von λ, während die Dimension des Eigenraumes E_λ die *geometrische Vielfachheit* von λ genannt wird.
Die letzte und die vorhergehende Bemerkung zeigen, daß es sinnvoll ist, vom *Eigenwert einer Matrix* zu sprechen.

Beispiel 5.9.8 Die lineare Abbildung $f : \mathbb{R}^3 \to \mathbb{R}^3$ werde bezüglich der Standardbasis des $\mathbb{R}^3$ durch die Matrix

$$A = \begin{pmatrix} 0 & -1 & 1 \\ -3 & -2 & 3 \\ -2 & -2 & 3 \end{pmatrix} \text{ gegeben.}$$

Das charakteristische Polynom ist

$$|A - \lambda E| = \begin{vmatrix} -x & -1 & 1 \\ -3 & -2-x & 3 \\ -2 & -2 & 3-x \end{vmatrix} = -x^3 + x^2 + x - 1.$$

Als Nullstellen erhält man $\lambda_1 = 1, \lambda_2 = 1, \lambda_3 = -1$. Daher hat 1 die algebraische Vielfachheit 2 und -1 hat die algebraische Vielfachheit 1. Für -1 lautet das zugehörige homogene lineare Gleichungssystem

$$\begin{array}{rcrcrcl} x_1 & - & x_2 & + & x_3 & = & 0, \\ -3x_1 & - & x_2 & + & 3x_3 & = & 0, \\ -2x_1 & - & 2x_2 & + & 4x_3 & = & 0. \end{array}$$

Weiter erhalten wir

$$E_{-1} = \left\{ \begin{pmatrix} 1 \\ 3 \\ 2 \end{pmatrix} t \mid t \in \mathbb{R} \right\}$$

und

$$E_1 = \left\{ \begin{pmatrix} x \\ y \\ z \end{pmatrix} t \mid -x - y + z = 0 \right\}.$$

Die Dimension von E_{-1} ist 1 und die von E_1 ist 2. Damit erhalten wir die geometrischen Vielfachheiten 1 und 2.

Für reelle symmetrische Matrizen stimmen die beiden Vielfachheiten überein.

Satz 5.9.9 *(Hauptsatz für reelle symmetrische Matrizen) Die Eigenwerte einer symmetrischen reellen Matrix sind reell, für jeden Eigenwert ist seine algebraische Vielfachheit gleich seiner geometrischen und die zu verschiedenen Eigenwerten gehörigen Eigenvektoren sind zueinander orthogonal.*

Beweis: Wir beweisen zunächst, daß die zu verschiedenen Eigenwerten gehörigen Eigenvektoren zueinander orthogonal sind. Sei $\lambda_1 \neq \lambda_2$. Die Eigenwerte λ_1 und λ_2 erfüllen die Gleichungen $(A - \lambda_1 E)a_1 = 0$, $(A - \lambda_2 E)a_2 = 0$. Diese Gleichungen sind genau dann erfüllt, wenn $Aa_1 = \lambda_1 a_1$ und $Aa_2 = \lambda_2 a_2$ erfüllt sind. Weiter erhält man durch Multiplikation mit a_2^T, beziehungsweise mit a_1^T die Gleichungen

$$a_2^T A a_1 = a_2^T \lambda_1 a_1 = \lambda_1 a_2^T a_1 \qquad (*)$$

und

$$a_1^T A a_2 = a_1^T \lambda_1 a_2 = \lambda_2 a_1^T a_2. \qquad (**)$$

Da A symmetrisch ist und damit $A^T = A$ ist, haben wir $a_1^T A a_2 = (a_2^T A a_1)^T$. Der Typ der letzten Matrix ist $(1,1)$, das heißt, es handelt sich um ein Körperelement und damit gilt $a_2^T A a_1 = a_1^T A a_2$. Dann stimmen aber auch die rechten Seiten von (*) und (**) überein: $\lambda_1 a_2^T a_1 = \lambda_2 a_1^T a_2$. Daraus folgt $(\lambda_1 - \lambda_2) a_1^T a_2 = 0$, denn $a_2^T a_1 = a_1^T a_2$. Wegen $\lambda_1 \neq \lambda_2$ folgt $a_1^T a_2 = 0$ und die beiden Eigenvektoren a_1 und a_2 sind orthogonal.
Wir zeigen nun, daß die Eigenwerte immer reelle Zahlen sind. Wäre λ nicht reell, so ließe sich λ in der Form $\lambda = x + iy, x, y \in \mathbb{R}, y \neq 0$ darstellen. Dann wäre $a \in \mathbb{C}^n$, denn anderenfalls wäre in der Gleichung $Aa = \lambda a$ die rechte Seite nicht aus $\mathbb{R}^n$, die linke aber aus $\mathbb{R}^n$. Mit λ ist auch die zu λ konjugiert komplexe Zahl $\overline{\lambda}$ Nullstelle des charakteristischen Polynoms. Der zu $\overline{\lambda}$ gehörige Eigenvektor ist $\overline{a}$, wobei alle Koordinaten die konjugiert komplexen Zahlen der Koordinaten von a sind. Da λ und $\overline{\lambda}$ voneinander verschieden sind, sind die zugehörigen Eigenvektoren a und $\overline{a}$ orthogonal und das Skalarprodukt gleich 0. Andererseits kann das Skalarprodukt des Vektors a und seines konjugiert komplexen Vektors $\overline{a}$ nur dann gleich Null sein, wenn a der Nullvektor ist. Dies

ist aber ein Widerspruch, denn a kann als Eigenvektor nicht der Nullvektor sein. ∎

5.10 Aufgaben

1. Man löse die folgenden linearen Gleichungssysteme nach dem Gaußschen Algorithmus:

a)
$$\begin{array}{rcrcrcr} x_1 & + & & + & 2x_3 & = & 1 \\ 3x_1 & + & 2x_2 & + & x_3 & = & 0 \\ 4x_1 & + & x_2 & + & 3x_3 & = & 0. \end{array}$$

b)
$$\begin{array}{rcrcrcrcr} x_1 & + & x_2 & - & x_3 & + & x_4 & = & 1 \\ 2x_1 & + & 5x_2 & - & 7x_3 & - & 5x_4 & = & -2 \\ 2x_1 & - & x_2 & + & x_3 & + & 3x_4 & = & 4 \\ 5x_1 & + & 2x_2 & - & 4x_3 & + & 2x_4 & = & 6. \end{array}$$

c)
$$\begin{array}{rcrcr} x_2 & + & x_5 & = & 2 \\ x_4 & + & x_5 & = & -1 \\ x_2 & + & x_6 & = & 1. \end{array}$$

2. Man löse das folgende lineare Gleichungssystem in Abhängigkeit von $a \in \mathbb{R}$.

$$\begin{array}{rcrcrcr} x_1 & + & x_2 & + & ax_3 & = & 1 \\ x_1 & + & ax_2 & + & x_3 & = & 1 \\ ax_1 & + & x_2 & + & x_3 & = & 1. \end{array}$$

Für welche a gibt es
a) genau eine Lösung,
b) keine Lösung,
c) unendlich viele Lösungen?
Geben Sie im Fall der Lösbarkeit die Lösungsmenge an!

3. Man bestimme die Lösungsmenge des folgenden linearen Gleichungssystems in Abhängigkeit von $a \in \mathbb{R}$!

$$\begin{array}{rcrcrcr} ax_1 & + & 4x_2 & + & ax_3 & = & 1 \\ x_1 & - & 2x_2 & + & 4x_3 & = & -2 \\ 2x_1 & + & ax_2 & + & 6x_3 & = & 4. \end{array}$$

4. Man finde ein lineares Gleichungssystem mit der folgenden Lösungsmenge

$$L = \left\{ \begin{pmatrix} 1 \\ 1 \\ 2 \end{pmatrix}, \begin{pmatrix} 3 \\ 1 \\ -2 \end{pmatrix} \right\}!$$

5. Gegeben seien die linearen Gleichungssysteme $Ax = b_i, i = 1, 2$ mit

$$A = \begin{pmatrix} -1 & 2 & -1 & 2 \\ 3 & 1 & 0 & -1 \\ 1 & 5 & -2 & 3 \end{pmatrix}, \; b_1 = \begin{pmatrix} -1 \\ -2 \\ 1 \end{pmatrix}, \; b_2 = \begin{pmatrix} 1 \\ 1 \\ 3 \end{pmatrix}.$$

Man löse diese Gleichungssysteme.

6. Man beweise vektoriell:
Verbindet man die Seitenmitten eines Vierecks im $\mathbb{R}^2$, so erhält man ein Parallelogramm.

7. Man beweise, daß die Lösung der Matrizengleichung $AX = E$ im Fall der Lösbarkeit eindeutig bestimmt ist.

8. Man gebe Beispiele für Matrizen A, B gleichen Typs mit $|A| \neq 0, |B| \neq 0$, aber $|A + B| = 0$ an!

9. Begründen Sie, warum es keine parameterfreie Gleichung für eine Gerade im dreidimensionalen affinen Raum $A^{(3)}$ geben kann!

10. Es sei $\mathcal{V} = \mathbb{R}^4$. Ist das Vektorsystem

$$S = \{(1, 1, 1, 1), (2, -4, 11, 2), (0, 2, -3, 0)\}$$

linear unabhängig ? Man gebe eine Teilmenge von S an, die eine Basis für den von S erzeugten Unterraum von $\mathcal{V}$ ist.

11. Es sei $B = \{a_1, a_2, a_3\}$ eine Basis des $\mathbb{R}^3$ und $b = 2a_1 + a_2 + a_3$. Man zeige, daß $\{a_1, a_2, b\}$ wieder eine Basis ist!

12. Welche Lagebeziehung haben die Ebene

$$\varepsilon : \begin{pmatrix} x \\ y \\ z \end{pmatrix} = \begin{pmatrix} 1 \\ 0 \\ 1 \end{pmatrix} + \alpha \begin{pmatrix} 0 \\ 1 \\ 0 \end{pmatrix} + \beta \begin{pmatrix} 2 \\ -1 \\ 1 \end{pmatrix}, \alpha, \beta \in \mathbb{R}$$

und die Gerade

$$\begin{pmatrix} x \\ y \\ z \end{pmatrix} = \begin{pmatrix} 2 \\ 2 \\ 2 \end{pmatrix} + t \begin{pmatrix} -1 \\ 1 \\ 2 \end{pmatrix}$$

zueinander? Man ermittle gegebenenfalls gemeinsame Punkte!

13. Berechnen Sie für beliebige $\lambda \in K$ (K- Körper)

$$\begin{vmatrix} 2-\lambda & 2 & 3 \\ 1 & 2-\lambda & 1 \\ 2 & -2 & 1-\lambda \end{vmatrix}!$$

14. Man ermittle den Abstand der Geraden

$$f : \begin{pmatrix} x \\ y \\ z \end{pmatrix} = \begin{pmatrix} 2 \\ 2 \\ 1 \end{pmatrix} + t \begin{pmatrix} 3 \\ -1 \\ 2 \end{pmatrix},$$

$$g : \begin{pmatrix} x \\ y \\ z \end{pmatrix} = \begin{pmatrix} 1 \\ 1 \\ -2 \end{pmatrix} + t \begin{pmatrix} -3 \\ 2 \\ 1 \end{pmatrix}$$

voneinander.

15. Welche der beiden folgenden Funktionen $\varphi_i : \mathbb{R}^3 \times \mathbb{R}^3 \to \mathbb{R}^3, i = 1, 2$ sind Skalarprodukte in $\mathbb{R}^3$?

a) $\varphi_1(x, y) = (x_1 - y_1)^2 + (x_2 - y_2)^2 + (x_3 - y_3)^2$,

b) $\varphi_2(x, y) = 4x_1y_1 + 3x_2y_2 + x_3y_3 + 2x_1y_2 + 2y_1x_2 - x_2y_3 - y_2x_3$?

$$\left(x = \begin{pmatrix} x_1 \\ x_2 \\ x_3 \end{pmatrix}, y = \begin{pmatrix} y_1 \\ y_2 \\ y_3 \end{pmatrix} \right).$$

16. Man ermittle aus dem linear unabhängigen System $\{x, y, z\}$ mit $x = (2,1,0)^T, y = (1,0,2)^T, z = (1,0,0)^T$ ein orthonormiertes Vektorsystem!

17. Die Abbildung $\varphi : \mathcal{V} \to \mathcal{W}$ sei eine bijektive lineare Abbildung. Man beweise, daß dann auch φ^{-1} eine lineare Abbildung ist!

18. Für die lineare Abbildung $\varphi : \mathbb{R}^2 \to \mathbb{R}^3$ mit $\varphi((x,y)^T) := (x-y, y-x, x)^T$ bestimme man jeweils die Dimension und eine Basis von $Kern\varphi$ und $f(\mathbb{R}^2)$.

19. Man bestimme die Eigenwerte und die Eigenvektoren der folgenden reellen Matrizen

$$A = \begin{pmatrix} 1 & 1 & 1 \\ 1 & 1 & 1 \\ 1 & 1 & 1 \end{pmatrix}, \begin{pmatrix} 1 & 0 & 1 \\ 1 & 1 & 1 \\ 1 & 2 & 1 \end{pmatrix}.$$

Außerdem bestimme man die algebraische und die geometrische Vielfachheit der Eigenwerte.

6 Universelle Algebra

6.1 Operationen in einer Menge, Algebren

Gegenstand der Algebra als mathematische Disziplin ist die Untersuchung von algebraischen Strukturen, die in Anwendungsbereichen und in anderen Wissenschaftsdisziplinen auftreten. Dabei hat man es insbesondere in der Informatik nicht nur mit Gruppen, Ringen, Körpern oder Vektorräumen, sondern mit wesentlich allgemeineren algebraischen Strukturen zu tun. Um die uns schon bekannten Strukturbegriffe zu verallgemeinern, definieren wir zunächst n-stellige Operationen als Verallgemeinerung von binären (zweistelligen Operationen).

Definition 6.1.1 Es sei $n \geq 1$ eine beliebige natürliche Zahl. Eine Funktion $f : A^n \to A$ von der $n-$ten kartesischen Potenz $\underbrace{A \times \cdots \times A}_{n-mal}$ der Menge A in die Menge A heißt eine *$n-$stellige Operation* auf A. Durch $O^{(n)}(A)$ bezeichnen wir die Menge aller $n-$stelligen, auf A definierten Operationen. Wir setzen

$$O(A) := \bigcup_{n=1}^{\infty} O^{(n)}(A).$$

Bemerkung 6.1.2 1. Eine $n-$stellige Operation auf der Menge A kann auch als $(n+1)$- stellige Relation in A aufgefaßt werden.
2. Die Definition 6.1.1 läßt sich auf den Fall $n = 0$ ausweiten. Eine $n-$stellige Operation ordnet jedem $n-$Tupel $(a_1, \ldots, a_n)$ von Elementen $a_1, \ldots, a_n$ aus A ein eindeutig bestimmtes Element aus A zu. Was versteht man unter einer nullstelligen Operation? Was ist ein $0-$Tupel? Dazu haben wir in 1.4 definiert:

$$A^0 := \{\emptyset\}.$$

A^0 ist also diejenige einelementige Menge, deren einziges Element die leere Menge $\emptyset$ ist. Eine *nullstellige Operation* definieren wir als Funktion

$$f : \{\emptyset\} \to A.$$

Die nullstellige Operation f ist durch $f(\emptyset) \in A$ eindeutig bestimmt und zu jedem $a \in A$ gibt es genau eine Abbildung $f_a : \{\emptyset\} \to A$ mit $f_a(\emptyset) = a$. Daher werden nullstellige Operationen auch als *(nullstellige) Konstanten* bezeichnet. Sie zeichnen also ein eindeutig bestimmtes Element der Menge A aus. Nullstellige Operationen können daher nur dann existieren, wenn die Menge A nicht

die leere Menge $\emptyset$ ist.
3. Ist $A = \{0, 1\}$, so werden die Operationen auf dieser Menge bekanntlich als *Boolesche Funktionen* bezeichnet. Konjunktion, Alternative (Disjunktion), Implikation, Äquivalenz und Negation sind Beispiele für Boolesche Funktionen.

Mit Hilfe des soeben eingeführten Begriffs der Operation können wir nun erklären, was wir unter einer Algebra verstehen wollen.

Definition 6.1.3 Eine (nichtindizierte) Algebra ist ein Paar $\mathcal{A} = (A; F^A)$, das aus einer Menge A und einer Menge F^A von auf A definierten Operationen besteht. Faßt man die Menge F^A als Funktion auf, die jedem Element i einer Menge I eine auf A definierte Operation f_i^A zuordnet, das heißt $F^A = (f_i^A)_{i \in I}$, so nennt man $\mathcal{A} = (A; (f_i^A)_{i \in I})$ eine (durch die Menge I) *indizierte Algebra*. Die Menge A heißt *Trägermenge* der Algebra $\mathcal{A}$ und die Menge der Operationen F^A oder $(f_i^A)_{i \in I}$ wird als *Menge der Fundamentaloperationen* von $\mathcal{A}$ bezeichnet. Jedem Element $i \in I$ wird eine natürliche Zahl $n_i, i \in I$, zugeordnet, die wir *Stelligkeit* der Operation f_i^A nennen. Die Folge der Stelligkeiten der Fundamentaloperationen der Algebra $\mathcal{A}$ wird als *Typ* $\tau = (n_i)_{i \in I}$ von $\mathcal{A}$ bezeichnet.

6.2 Beispiele

Wir geben nun verschiedene Beispiele für den Begriff der Algebra an und zeigen insbesondere, wie sich die in Kapitel 3 untersuchten Strukturbegriffe hier einordnen lassen.
1. Ein *Unar* ist eine Algebra $\mathcal{U} = (U; g^U)$ vom Typ $\tau = (1)$.

2. Eine Algebra $(G; \cdot)$ vom Typ (2) heißt *Gruppoid*.
Ein Gruppoid $(G; \cdot)$ heißt *abelsch* oder *kommutativ*, falls zusätzlich gilt

$$(G) \qquad \forall x, y \in G (x \cdot y = y \cdot x) \quad \text{(Kommutativgesetz).}$$

3. Ein Gruppoid $(G; \cdot)$ heißt *Halbgruppe*, wenn die binäre Operation $\cdot$ assoziativ ist, das heißt, es gilt:

$$(G1) \qquad \forall x, y, z \in G (x \cdot (y \cdot z) = (x \cdot y) \cdot z) \quad \text{(Assoziativgesetz).}$$

4. Eine Algebra $\mathcal{M} = (M; \cdot, e)$ vom Typ $(2, 0)$ heißt *Monoid*, falls (G1) und

$$(G2') \qquad \forall x \in G(x \cdot e = e \cdot x = x)$$

erfüllt sind.

5. Eine *Gruppe* ist eine Algebra $\mathcal{G} = (G; \cdot)$ vom Typ (2), die den Axiomen (G1) und

$$(G2) \qquad \forall a, b \in G \exists x, y \in G(a \cdot x = b \text{ und } y \cdot a = b) \text{ (Umkehrbarkeit)}$$

genügt.
Eine Gruppe kann aber auch als Algebra $\mathcal{G} = (G; \cdot, ^{-1}, e)$ vom Typ $(2, 1, 0)$ aufgefaßt werden, wobei die Gültigkeit von (G1),(G2') und

$$(G2'') \qquad \forall x \in G(x \cdot x^{-1} = x^{-1} \cdot x = e)$$

gefordert wird.

6. Eine Algebra $\mathcal{Q} = (Q; \cdot)$ vom Typ (2) heißt *Quasigruppe*, falls $\cdot$ eine eindeutig umkehrbare, aber nicht notwendig assoziative binäre Operation auf der Menge Q ist. Eine Quasigruppe kann auch dadurch charakterisiert werden, daß für alle $a \in Q$ die folgenden Abbildungen von Q in Q Bijektionen sind:

$$x \mapsto a \cdot x \text{ Linksmultiplikation mit } a,$$

$$x \mapsto x \cdot a \text{ Rechtsmultiplikation mit } a.$$

Quasigruppen können als Algebren vom Typ $(2, 2, 2)$ mit den Operationen $\cdot, \backslash, /$ definiert werden, wobei folgende Axiome erfüllt sein müssen:

$$(Q1) \forall x, y \in Q \ (x \backslash (x \cdot y) = y),$$

$$(Q2) \forall x, y \in Q \ ((x \cdot y)/y = x),$$

$$(Q3) \forall x, y \in Q \ (x \cdot (x \backslash y) = y),$$

$$(Q4) \forall x, y \in Q \ ((x/y) \cdot y = x).$$

7. Eine Algebra $\mathcal{R} = (R; +, \cdot, -, 0)$ vom Typ $(2, 2, 1, 0)$ heißt *Ring*, wenn $(R; +, -, 0)$ eine (additiv geschriebene) abelsche (kommutative) Gruppe (mit 0 als Nullelement) ist, $(R; \cdot)$ eine Halbgruppe ist und die *Distributivgesetze*

$$(D1) \quad \forall x, y, z \in R\ (x \cdot (y + z) = x \cdot y + x \cdot z)$$

und

$$(D2) \quad \forall x, y, z \in R\ ((x + y) \cdot z = x \cdot z + y \cdot z)$$

erfüllt sind.
Ein Ring $(R; +, \cdot, -, 0, e)$ mit Einselement e heißt *Körper*, falls $(R \setminus \{0\}; \cdot)$ eine Gruppe ist.

8. Eine Algebra $\mathcal{V} = (V; \wedge, \vee)$ vom Typ $(2, 2)$ ist ein *Verband*, falls die folgenden Gleichungen erfüllt sind:

(V1)	$\forall x, y \in V$	$(x \vee y = y \vee x)$,
(V1')	$\forall x, y \in V$	$(x \wedge y = y \wedge x)$,
(V2)	$\forall x, y, z \in V$	$(x \vee (y \vee z) = (x \vee y) \vee z)$,
(V2')	$\forall x, y, z \in V$	$(x \wedge (y \wedge z) = (x \wedge y) \wedge z)$,
(V3)	$\forall x \in V$	$(x \vee x = x)$,
(V3')	$\forall x \in V$	$(x \wedge x = x)$ (Idempotenz),
(V4)	$\forall x, y \in V$	$(x \vee (x \wedge y) = x)$,
(V4')	$\forall x, y \in V$	$(x \wedge (x \vee y) = x)$ (Absorptionsgesetze).
Gelten zusätzlich:		
(V5)	$\forall x, y, z \in V$	$(x \wedge (y \vee z) = (x \wedge y) \vee (x \wedge z))$,
(V5')	$\forall x, y, z \in V$	$(x \vee (y \wedge z) = (x \vee y) \wedge (x \vee z))$ (Distributivgesetze),

so heißt der Verband *distributiv*. Ein *beschränkter Verband* $(V; \wedge, \vee, 0, 1)$ ist eine Algebra vom Typ $(2, 2, 0, 0)$, die außer den Gleichungen (V1) - (V4),(V1') - (V4') noch

(V6) $\forall x \in V (x \wedge 0 = 0)$ und (V7) $\forall x \in V (x \vee 1 = 1)$

erfüllt.

9. Eine Algebra $\mathcal{S} = (S; \cdot)$ vom Typ (2) heißt *Halbverband*, falls die Operation $\cdot$ eine assoziative, kommutative und idempotente $(x \cdot x = x)$ binäre Operation auf S ist. Halbverbände sind also spezielle Halbgruppen.

10. Eine Algebra $\mathcal{B} = (B; \wedge, \vee, \neg, 0, 1)$ vom Typ $(2, 2, 1, 0, 0)$ heißt *Boolesche Algebra*, falls $(B; \wedge, \vee)$ ein distributiver Verband ist und zusätzlich gelten:

$(B1)$ $\forall x \in B (x \wedge \neg x = 0)$ und (B2) $\forall x \in B (x \vee \neg x = 1)$.

11. Ein K-Vektorraum $\mathcal{V} = (V; +, \circ)$ ist keine Algebra im Sinne unserer Definition, denn die Operatoranwendung $\circ$ ordnet jedem Paar bestehend aus einem Element von K und einem Vektor aus V einen Vektor aus V zu, das heißt, es handelt sich um eine Operation $\circ : K \times V \to V$. Man hat also zwei Trägermengen K und V und der Begriff der Operation muß auf Operationen zwischen zwei verschiedenen Mengen verallgemeinert werden. Solche Algebren werden *mehrbasige* oder *heterogene* Algebren genannt. Wir erwähnen hier, daß sich fast alle Begriffsbildungen und Aussagen, die wir für Algebren kennenlernen werden, sich ohne Probleme auf mehrbasige Algebren übertragen lassen. Dies ist insofern von Bedeutung, da sich auch abstrakte Automaten als mehrbasige Algebren auffassen lassen, wie das folgende Beispiel zeigt.

12. Dieses Beispiel zeigt, wie mehrbasige Algebren in der Theoretischen Informatik angewendet werden können. Ein *Automat ohne Ausgang*, auch *Acceptor* oder *Recognizer* genannt, ist eine mehrbasige Algebra $\mathcal{H} = (Z, X; \delta)$, wobei Z und X nichtleere Mengen sind und Zustandsmenge, beziehungsweise Eingangsalphabet genannt werden und wobei $\delta : Z \times X \to Z$ *Überführungsfunktion* genannt wird. Ein *Automat (mit Ausgang)* ist ein Quintuple $\mathcal{A} = (Z, X, B; \delta, \lambda)$, wobei $(Z, X; \delta)$ ein Acceptor ist, wobei die nichtleere Menge B Ausgangsalphabet genannt wird und wo $\lambda : Z \times X \to B$ die Ausgangsfunktion heißt.

Für einen beliebigen Zustand $z \in Z$ und ein beliebiges Eingangselement $x \in X$ ist $\delta(z, x)$ der Zustand, in den der Automat übergeht, wenn das Eingangssignal x gelesen wird und wenn sich die Maschine im Zustand z befindet. Das Element $\lambda(z, x)$ ist das Ausgangselement, welches durch das Eingangselement x produziert wird, während sich der Automat im Zustand z befindet. Wenn alle Mengen Z, X und B endlich sind, dann heißt der Automat endlich; sonst unendlich. Wenn δ und λ Funktionen sind und damit genau ein Bildelement für jedes Paar (z, x) existiert, heißt der Automat deterministisch; im nichtdeterministischen Fall können δ und λ mehr als einen Wert annehmen oder können für gewisse gegebene Paare (z, x) sogar undefiniert sein. Manchmal wird ein Zustand $z_0 \in Z$ als Anfangszustand gewählt, in diesem Fall schreiben wir $(Z, X; \delta, z_0)$ oder $(Z, X, B; \delta, \lambda, z_0)$. Im endlichen Fall wird ein Automat vollständig durch die Operationstafeln von δ und λ beschrieben, wie wir unten demonstrieren werden.
Wir bemerken noch, daß ein endlicher Automat auch durch einen gerichteten Graphen beschrieben werden kann. Die Knoten des Graphen korrespondieren dabei mit den Zuständen und es gibt eine Kante, bezeichnet durch x, die vom Knoten z zum Knoten y geht, wenn $\delta(z, x) = y$ ist. Die Kanten können auch gleichzeitig durch x und durch $\lambda(z, x)$ bezeichnet werden, wenn der Ausgang

$\lambda(z,x)$ ist. Zum Beispiel beschreibt der unten abgebildete Graph

δ	x_1	...	x_n
z_1	$\delta(z_1,x_1)$	...	$\delta(z_1,x_n)$
.	.		.
.	.		.
.	.		.
z_k	$\delta(z_k,x_1)$	...	$\delta(z_k,x_n)$

λ	x_1	...	x_n
z_1	$\lambda(z_1,x_1)$	...	$\lambda(z_1,x_n)$
.	.		.
.	.		.
.	.		.
z_k	$\lambda(z_k,x_1)$	...	$\lambda(z_k,x_n)$

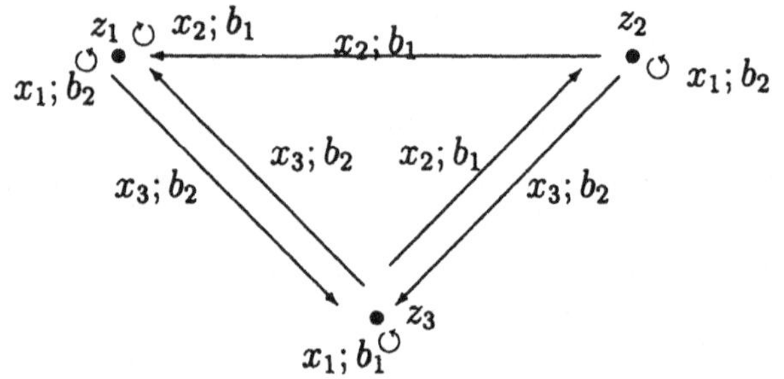

die Arbeitsweise des Automaten mit $Z = \{z_1, z_2, z_3\}$, $X = \{x_1, x_2, x_3\}$, und $B = \{b_1, b_2\}$, und mit den Funktionen δ and λ, die durch nachfolgende Tabellen gegeben sind.

δ	x_1	x_2	x_3
z_1	z_1	z_1	z_3
z_2	z_2	z_1	z_3
z_3	z_3	z_2	z_1

λ	x_1	x_2	x_3
z_1	b_2	b_1	b_2
z_2	b_2	b_1	b_2
z_3	b_1	b_1	b_2

6.3 Unteralgebren, Erzeugung

In diesem Abschnitt wollen wir die Begriffe des Teilraums, der Untergruppe, Unterhalbgruppe, des Unterringes und Unterkörpers verallgemeinern. Das folgende Beispiel soll nochmals zeigen, worum es bei der Definition des Begriffs der Unteralgebra eigentlich gehen soll.

Betrachtet man alle Deckabbildungen eines gleichseitigen Dreiecks

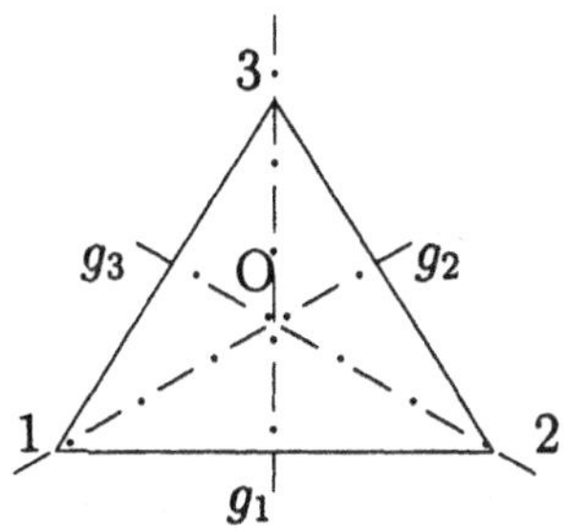

und beschreibt diese durch Permutationen der Menge $\{1, 2, 3\}$, so erhält man

$$D(\Phi) = \{(1), (123), (132), (12), (13), (23)\},$$

wobei $(12), (13), (23)$ den Spiegelungen an den Geraden g_1, g_3 und g_2; $(1), (132), (123)$ den Drehungen um den Punkt O um $0^0, 120^0$ und 240^0 entsprechen. Man stellt fest, daß $D(\Phi)$ bezüglich der Nacheinanderausführung der Abbildungen (der Multiplikation der Permutationen) eine Gruppe bildet.
Die Nacheinanderausführung zweier Drehungen um den Punkt O ist wieder eine Drehung um O. Unsere Operation führt also aus der Teilmenge der Drehungen um O nicht heraus. Das wird auch durch die Operationstafel für die den Drehungen entsprechenden Permutationen belegt:

$\circ$	(1)	(123)	(132)
(1)	(1)	(123)	(132)
(123)	(123)	(132)	(1)
(132)	(132)	(1)	(123)

Diesen Sachverhalt wollen wir durch den Begriff der Unteralgebra erfassen. Man beobachtet, daß die Nacheinanderausführung zweier Spiegelungen an unterschiedlichen Symmetrieachsen keine Spiegelung ist, so daß die bei den Drehungen beobachtete Eigenschaft für die drei Spiegelungen nicht zutrifft.

Definition 6.3.1 Es sei $\mathcal{B} = (B; (f_i^B)_{i\in I})$ eine Algebra vom Typ τ. Dann heißt die Algebra $\mathcal{A}$ eine *Unteralgebra* (oder auch *Teilalgebra*) von $\mathcal{B}$, geschrieben $\mathcal{A} \subseteq \mathcal{B}$, wenn folgendes gilt:
(i) $\mathcal{A} = (A; (f_i^A)_{i\in I})$ ist eine Algebra vom Typ τ,
(ii) $A \subseteq B$,
(iii) $\forall i \in I(f_i^A \subseteq f_i^B)$.
Dabei ist f_i^A(*der Graph der Operation* f_i^A) definiert als

$$f_i^A := \{(a_1, \ldots, a_{n_i}, f_i^A(a_1, \ldots, a_{n_i})) \mid (a_1, \ldots, a_{n_i}) \in A^{n_i}\}.$$

Man sagt auch, $f_i^A \in O^{(n_i)}(A)$ ist die Einschränkung von $f_i^B \in O^{(n_i)}(B)$ auf $A^{n_i} \subseteq B^{n_i}$.

Bemerkung 6.3.2 1. Die Bedingung (iii) bedeutet:

$$\forall i \in I(f_i^A = (A^{n_i} \times B) \cap f_i^B)$$

oder

$$\forall i \in I(f_i^A = f_i^B \mid A^{n_i}).$$

Dabei ist $f_i^B|A^{n_i}$ die Einschränkung von f_i^Bauf A^{n_i}. Wir werden auch kürzer schreiben: $f_i^B|A$.

2. Ist f_i ein nullstelliges Operationssymbol, so gilt

$$f_i^A = (A^0 \times B) \cap f_i^B = (\{\emptyset\} \times B) \cap f_i^B = \{(\emptyset, f_i^B(\emptyset))\} = f_i^B,$$

das heißt, f_i zeichnet in jeder Unteralgebra $\mathcal{A}$ von $\mathcal{B}$ dasselbe Element aus.

Die Unteralgebreneigenschaft läßt sich durch Anwendung des folgenden Kriteriums sehr effektiv überprüfen:

Kriterium 6.3.3 *Es seien $\mathcal{B} = (B; (f_i^B)_{i\in I})$ eine Algebra vom Typ τ und $A \subseteq B$ eine Teilmenge von B, sowie $f_i^A = f_i^B|A$ für alle $i \in I$. Dann gilt: $\mathcal{A} = (A, (f_i^A)_{i\in I})$ ist genau dann eine Unteralgebra von $\mathcal{B} = (B, (f_i^B)_{i\in I})$, wenn A abgeschlossen gegenüber allen $f_i^B, i \in I$, ist, das heißt, wenn $f_i^B(A^{n_i}) \subseteq A$ für alle $i \in I$ gilt.*

Beweis: Es sei $\mathcal{A} \subseteq \mathcal{B}$. Gibt es nullstellige Operationen in $\mathcal{B}$, so ist $A \neq \emptyset$ und $f_i^A = f_i^B|A$ ist für jedes $i \in I$ eine Operation in A. Damit gilt für alle $(a_1, \ldots, a_{n_i}) \in A^{n_i}$ auch

$$f_i^B(a_1, \ldots, a_{n_i}) = f_i^A(a_1, \ldots, a_{n_i}) \in A,$$

das heißt, die Anwendung jeder Operation $f_i^B, i \in I$, von $\mathcal{B}$ auf Elemente von A ergibt stets wieder Elemente von A.

Ist $n_i > 0$ für alle $i \in I$, so ist noch der Fall $A = \emptyset$ zu betrachten. In diesem Fall gilt $f_i^B(\emptyset^{n_i}) = \emptyset \subseteq \emptyset$, das heißt, auch in diesem Fall ist A abgeschlossen gegenüber f_i^B.

Ist umgekehrt A abgeschlossen gegenüber allen $f_i^B, i \in I$, so besagt dies, $f_i^B \mid A^{n_i} \subseteq A^{n_i} \times A$, das heißt, $f_i^B|A^{n_i}$ ist eine Operation von A^{n_i} in A und alle Bedingungen der Definition 6.3.1 sind erfüllt. ∎

Folgerung 6.3.4 *Es seien $\mathcal{A}, \mathcal{B}$ und $\mathcal{C}$ Algebren vom Typ τ. Dann gilt:*

(i) $(\mathcal{A} \subseteq \mathcal{B}) \wedge (\mathcal{B} \subseteq \mathcal{C}) \Rightarrow \mathcal{A} \subseteq \mathcal{C}$,

(ii) $(A \subseteq B \subseteq C) \wedge (\mathcal{A} \subseteq \mathcal{C}) \wedge (\mathcal{B} \subseteq \mathcal{C}) \Rightarrow \mathcal{A} \subseteq \mathcal{B}$.

Beweis: (i) Für alle $i \in I$ gilt: $f_i^A \subseteq f_i^B \subseteq f_i^C$ und daher $f_i^A \subseteq f_i^C$.
(ii) Wir wenden Kriterium 6.3.3 an und erhalten für beliebige n_i–Tupel $(a_1, \ldots, a_{n_i}) \in A^{n_i} : f_i^B(a_1, \ldots, a_{n_i}) = f_i^C(a_1, \ldots, a_{n_i}) = f_i^A(a_1, \ldots, a_{n_i}) \in A$. Damit ist A abgeschlossen gegenüber allen Operationen von $\mathcal{B}$. ∎

Es sei $\mathcal{B} = (B; (f_i^B)_{i \in I})$ eine Algebra vom Typ τ und $\{\mathcal{A}_j \mid j \in J\}$ eine Familie von Unteralgebren von $\mathcal{B}$. Es sei weiter $A := \bigcap\limits_{j \in J} A_j$ und $f_i^A := f_i^B \mid A$ für alle $i \in I$. Dann heißt die Algebra $\mathcal{A} = (A; (f_i^A)_{i \in I})$, (falls sie existiert), der *Durchschnitt* der Algebren $\mathcal{A}_j$:

$$\mathcal{A} := \bigcap_J \mathcal{A}_j.$$

Es muß natürlich erst überprüft werden, ob $\mathcal{A}$ überhaupt eine Algebra des Typs τ ist. Es gilt:

Folgerung 6.3.5 *Der Durchschnitt $\mathcal{A}$ einer Familie $\{\mathcal{A}_j \mid j \in J\}$ von Unteralgebren einer Algebra $\mathcal{B}$ vom Typ τ ist eine Unteralgebra von $\mathcal{B}$.*

Beweis: Es sei $A \neq \emptyset$. Wir zeigen, daß A abgeschlossen gegenüber allen $f_i^B, i \in I$, ist. Es sei

$$(a_1, \ldots, a_{n_i}) \in A^{n_i}, \text{ das heißt, } (a_1, \ldots, a_{n_i}) \in A_j^{n_i}$$

für alle $j \in J$. Daher gilt weiter $f_i^B(a_1, \ldots, a_{n_i}) \in A_j$ für alle $j \in J$ und $i \in I$, da $\mathcal{A}_j \subseteq \mathcal{B}$ für alle $j \in J$. Damit gehört $f_i^B(a_1, \ldots, a_{n_i})$ aber auch zum Durchschnitt $A = \bigcap\limits_{j \in J} A_j$. Ist $A = \emptyset$, so gibt es keine nullstelligen Operationen auf A. Damit ist $\mathcal{A} \subseteq \mathcal{B}$. ∎

Betrachten wir nun eine Algebra $\mathcal{B}$ vom Typ τ und eine Teilmenge $X \subseteq B$ ihrer Trägermenge, so könnte man den Durchschnitt aller Unteralgebren von $\mathcal{B}$ untersuchen, die X als Teilmenge ihrer Trägermengen haben. Dieser Durchschnitt kann, falls $X \neq \emptyset$, nicht die leere Menge als Trägermenge haben. Wir schreiben:

$$\langle X \rangle_{\mathcal{B}} := \cap\{\mathcal{A} \mid \mathcal{A} \subseteq \mathcal{B} \text{ und } X \subseteq A\}$$

und nennen die Unteralgebra $\langle X \rangle_{\mathcal{B}}$ von $\mathcal{B}$ *die von X erzeugte Unteralgebra von $\mathcal{B}$* und X *Erzeugendensystem* dieser Algebra.
Insbesondere kann X die gesamte Algebra $\mathcal{B}$ erzeugen: $\langle X \rangle_{\mathcal{B}} = \mathcal{B}$.

Beispiel 6.3.6 Als Beispiel wird die Algebra

$$\mathcal{Z}_6 = (\{[0]_6, [1]_6, [2]_6, [3]_6, [4]_6, [5]_6, \}; +, -, [0]_6)$$

betrachtet, wobei $[0]_6, [1]_6, [2]_6, [3]_6, [4]_6, [5]_6$ die Restklassen modulo 6 und $+, -$ Addition und Entgegengesetztenbildung sind. Es gilt:

$$\langle\{[0]_6\}\rangle_{\mathcal{Z}_6} = (\{[0]_6\}; +, -, [0]_6), \langle\{[1]_6\}\rangle_{\mathcal{Z}_6} = \langle\{[5]_6\}\rangle_{\mathcal{Z}_6} = \mathcal{Z}_6,$$

$$\langle\{[3]_6\}\rangle_{\mathcal{Z}_6} = (\{[0]_6, [3]_6\}; +, -, [0]_6), \langle\{[2]_6\}\rangle_{\mathcal{Z}_6} = \langle\{[4]_6\}\rangle_{\mathcal{Z}_6} =$$

$$(\{[0]_6, [2]_6, [4]_6\}; +, -, [0]_6), \langle\{[2]_6, [3]_6\}\rangle_{\mathcal{Z}_6} = \langle\{[4]_6, [3]_6\}\rangle_{\mathcal{Z}_6} = \mathcal{Z}_6.$$

Satz 6.3.7 *Sei $\mathcal{A}$ eine Algebra. Für alle Teilmengen $X, Y \subseteq A$ gilt:*

(H1) $X \subseteq \langle X\rangle_{\mathcal{A}}$ *(Extensivität),*

(H2) $X \subseteq Y \Rightarrow \langle X\rangle_{\mathcal{A}} \subseteq \langle Y\rangle_{\mathcal{A}}$ *(Monotonie),*

(H3) $\langle X\rangle_{\mathcal{A}} = \langle\langle X\rangle_{\mathcal{A}}\rangle_{\mathcal{A}}$, *(Idempotenz).*

Beweis: Der Beweis dieser Aussagen ergibt sich unmittelbar aus den Eigenschaften des Operators $\langle\rangle$. ∎

Wir bemerken an dieser Stelle, daß die in Kapitel 5 betrachtete lineare Hülle von Vektoren ebenfalls die Eigenschaften $(H1), (H2), (H3)$ erfüllt.
Eine wichtige Aufgabe ist die Bestimmung der Elemente der Trägermenge einer von einer Teilmenge X von B erzeugten Unteralgebra einer Algebra $\mathcal{B}$ vom Typ τ. Für jede Teilmenge $X \subseteq B$ sei:

$$E(X) := X \cup \{f_i^{\mathcal{B}}(a_1, \ldots, a_{n_i}) \mid i \in I, a_1, \ldots, a_{n_i} \in X\}.$$

Setzt man weiterhin $E^0(X) := X$ und für alle $k \in \mathbb{N} : E^{k+1}(X) := E(E^k(X))$ so gilt:

Satz 6.3.8 *Für eine Algebra $\mathcal{A}$ vom Typ τ und jede Teilmenge $X \subseteq A$ ist $\langle X\rangle_{\mathcal{A}} = \bigcup\limits_{k=0}^{\infty} E^k(X)$.*

Beweis: Es gilt $E^0(X) = X \subseteq \langle X\rangle_{\mathcal{A}}$. Wir führen den Beweis durch Induktion nach k und nehmen an, daß die Aussage $\langle X\rangle_{\mathcal{A}} \supseteq E^k(X)$ richtig ist. Sei nun $a \in E^{k+1}(X)$. Wir können voraussetzen, daß $a \notin E^k(X)$. Dann gibt es ein $i \in I$ und Elemente $a_1, \ldots, a_{n_i} \in E^k(X)$ mit $a = f_i^{\mathcal{A}}(a_1, \ldots, a_{n_i})$. Wegen

$E^k(X) \subseteq \langle X \rangle_{\mathcal{A}}$ und da $\langle X \rangle_{\mathcal{A}}$ Trägermenge einer Unteralgebra von $\mathcal{A}$ ist, gilt $a \in \langle X \rangle_{\mathcal{A}}$ und damit $E^{k+1}(X) \subseteq \langle X \rangle_{\mathcal{A}}$. Daher erhalten wir durch Induktion über k : $\langle X \rangle_{\mathcal{A}} \supseteq \bigcup_{k=0}^{\infty} E^k(X)$.

Wir zeigen nun $\langle X \rangle_{\mathcal{A}} \subseteq \bigcup_{k=0}^{\infty} E^k(X)$. Dazu beweisen wir, daß $\bigcup_{k=0}^{\infty} E^k(X)$ Trägermenge einer Unteralgebra von $\mathcal{A}$ ist. Seien $i \in I$ und $a_1, \ldots, a_{n_i} \in \bigcup_{k=0}^{\infty} E^k(X)$. Dann gibt es für jedes $l \in \{1, \ldots, n_i\}$ ein minimales $k(l) \in \mathbb{N}$ mit $a_l \in E^{k(l)}(X)$. Sei $m := max\{k(l) \mid l = 1, \ldots, n_i\}$ das Maximum dieser $k(l)$. Dann gilt $a_l \in E^m(X)$ für alle $l = 1, \ldots, n_i$ und daher

$$f_i^{\mathcal{A}}(a_1, \ldots, a_{n_i}) \in E^{m+1}(X) \subseteq \bigcup_{k=0}^{\infty} E^k(X).$$

Dies zeigt die Abgeschlossenheit von $\bigcup_{k=0}^{\infty} E^k(X)$ gegenüber $f_i^{\mathcal{A}}, i \in I$. Nach 6.3.3 ist $\bigcup_{k=0}^{\infty} E^k(X)$ Trägermenge einer Unteralgebra von $\mathcal{A}$, die X enthält. Da $\langle X \rangle_{\mathcal{A}}$ nach Definition die kleinste (bzgl. $\subseteq$) Unteralgebra von $\mathcal{A}$ ist, die X enthält, gilt die behauptete Inklusion und aus beiden Inklusionen ergibt sich die Gleichheit $\langle X \rangle_{\mathcal{A}} = \bigcup_{k=0}^{\infty} E^k(X)$. ∎

Wir können nun nach der Struktur der Menge aller Unteralgebren einer Algebra $\mathcal{B}$ vom Typ τ fragen. Diese Menge bezeichnen wir mit $S(\mathcal{B})$. Da nach 6.3.5 der Durchschnitt zweier Unteralgebren von $\mathcal{B}$ wieder eine Unteralgebra von $\mathcal{B}$ ist, wird durch

$$\wedge : S(\mathcal{B}) \times S(\mathcal{B}) \to S(\mathcal{B}) \text{ vermöge } (\mathcal{A}_1, \mathcal{A}_2) \mapsto \mathcal{A}_1 \wedge \mathcal{A}_2 := \mathcal{A}_1 \cap \mathcal{A}_2$$

eine binäre Operation auf $S(\mathcal{B})$ definiert.
Eine zweite binäre Operation erhalten wir, indem wir $(\mathcal{A}_1, \mathcal{A}_2)$ die von der Vereinigungsmenge $A_1 \cup A_2$ erzeugte Unteralgebra von $\mathcal{B}$ zuordnen:

$$\vee : S(\mathcal{B}) \times S(\mathcal{B}) \to S(\mathcal{B}) \text{ vermöge } (\mathcal{A}_1, \mathcal{A}_2) \mapsto \mathcal{A}_1 \vee \mathcal{A}_2 := \langle A_1 \cup A_2 \rangle_{\mathcal{B}}.$$

Satz 6.3.9 *Für jede Algebra $\mathcal{B}$ ist $(S(\mathcal{B}); \wedge, \vee)$ ein Verband (der Unteralgebrenverband von $\mathcal{B}$).*

Beweis: Nach 6.3.5 und nach der Definition der von einer Menge erzeugten Unteralgebra sind $\wedge$ und $\vee$ binäre Operationen auf $S(\mathcal{B})$. Die Gültigkeit der Verbandsaxiome (V1) - (V4); (V1') - (V4') ist leicht zu überprüfen. ∎

Hat eine Algebra $\mathcal{B}$ vom Typ τ ein endliches Erzeugendensystem, so heißt sie *endlich erzeugt*, sonst *unendlich erzeugt*. Es ist klar, daß jede endliche Algebra endlich erzeugt ist, denn jedenfalls bildet die gesamte Trägermenge ein endliches Erzeugendensystem.

Wir wollen zwei Beispiele eingehender untersuchen. Für Anwendungen in der Logik und in der Theorie der Schaltkreise spielen Algebren, deren Trägermengen Mengen von Operationen auf einer Menge sind, eine wichtige Rolle. Anknüpfend an die Bemerkung 6.1.2,3. werde für $A = \{0,1\}$ die Menge durch $O(\{0,1\})$ die Menge aller Booleschen Funktionen bezeichnet. Auf $O(\{0,1\})$ (oder allgemein auf $O(A)$ für jede nichtleere Menge A) lassen sich die folgenden Operationen definieren:

$$* : O^{(n)}(A) \times O^{(m)}(A) \to O^{(m+n-1)}(A) \text{ vermöge } (f,g) \mapsto f * g$$

mit

$$(f * g)(x_1, \ldots, x_m, x_{m+1}, \ldots, x_{m+n-1}) := f(g(x_1, \ldots, x_m), x_{m+1}, \ldots, x_{m+n-1})$$

für alle $x_1, \ldots, x_{m+n-1} \in A$;

$$\xi : O^{(n)}(A) \to O^{(n)}(A) \text{ vermöge } f \mapsto \xi(f)$$

mit

$$\xi(f)(x_1, \ldots, x_n) := f(x_2, \ldots, x_n, x_1);$$

$$\tau : O^{(n)}(A) \to O^{(n)}(A) \text{ vermöge } f \mapsto \tau(f)$$

mit

$$\tau(f)(x_1, \ldots, x_n) := f(x_2, x_1, x_3, \ldots, x_n);$$

$$\Delta : \quad O^{(n)}(A) \to O^{(n-1)}(A) \text{ vermöge } f \mapsto \Delta(f)$$

mit

$$\Delta(f)(x_1, \ldots, x_n) := f(x_1, x_1, x_2, \ldots, x_{n-1})$$

für jedes $n > 1$ und alle $x_1, \ldots, x_n \in A$ und

$$\xi(f) = \tau(f) = \Delta(f) = f, \text{ falls } n = 1.$$

Wir bemerken, daß $O(A)$ auch als $\bigcup_{n=1}^{\infty} O^{(n)}(A)$ aufgefaßt werden kann, wenn nullstellige Operationen als konstante einstellige betrachtet werden. In dieser

Weise erhalten wir eine Algebra $(O(A); *, \xi, \tau, \Delta, e_1^2)$ vom Typ $(2,1,1,1,0)$. Hierbei ist e_1^2 die zweistellige Projektion auf die erste Koordinate, das heißt,

$$e_1^2 : A \times A \to A \text{ vermöge } (a_1, a_2) \mapsto a_1$$

für alle $a_1, a_2 \in A$.
Aus der Logik ist bekannt, daß die Algebra $(O(\{0,1\}); *, \xi, \tau, \Delta, e_1^2)$ endlich erzeugbar ist, denn schon aus $X = \{\wedge, \neg\}$ (Konjunktion, Negation) lassen sich durch Anwendung der Operationen $*, \xi, \tau, \Delta, e_1^2$ alle Booleschen Funktionen erzeugen. Ein wichtiges Problem besteht darin, zu ermitteln, ob für eine Unteralgebra $\mathcal{C} \subseteq (O(A); *, \xi, \tau, \Delta, e_1^2)$ eine vorgegebene Menge $X \subseteq C$ ein Erzeugendensystem ist.
Im zweiten Beispiel fragen wir, ob die Algebra $(\mathbb{N}; \cdot)$ vom Typ (2), wobei $\cdot$ die Multiplikation auf der Menge $\mathbb{N}$ der natürlichen Zahlen ist, endlich erzeugbar ist. Da ein beliebiges Erzeugendensystem die unendliche Menge aller Primzahlen enthalten muß, ist dies nicht der Fall. Die Menge aller Primzahlen ist ein unendliches Erzeugendensystem der Halbgruppe $(\mathbb{N}; \cdot)$, denn jede natürliche Zahl läßt sich als Produkt von Primzahlpotenzen darstellen. Um die Frage klären zu können, ob eine gegebene Menge $X \subseteq A$ Erzeugendensystem einer Algebra $\mathcal{A}$ vom Typ τ ist, definieren wir den Begriff einer maximalen Unteralgebra einer Algebra.

Definition 6.3.10 Eine Algebra $\mathcal{A}$ vom Typ τ heißt *maximale Unteralgebra* der Algebra $\mathcal{B}$ vom Typ τ, wenn es keine Unteralgebra $\mathcal{C}$ mit $\mathcal{A} \subset \mathcal{C} \subset \mathcal{B}$ gibt.

Folgerung 6.3.11 *$\mathcal{A}$ ist genau dann maximale Unteralgebra von $\mathcal{B}$, wenn für alle $q \in B \setminus A$ gilt: $\langle A \cup \{q\}\rangle_{\mathcal{B}} = \mathcal{B}$.*

Beweis: $\Rightarrow$: Sei $\mathcal{A}$ eine maximale Unteralgebra von $\mathcal{B}$. Wegen $q \notin \mathcal{A}$ gilt $\mathcal{A} \subset \langle A \cup \{q\}\rangle_{\mathcal{B}} \subseteq \mathcal{B}$. Aus der Maximalität von $\mathcal{A}$ folgt dann die Behauptung.
$\Leftarrow$: Angenommen, $\mathcal{A}$ wäre nicht maximal in $\mathcal{B}$. Dann gibt es eine Algebra $\mathcal{C}$ mit $\mathcal{A} \subset \mathcal{C} \subset \mathcal{B}$. Für ein beliebiges Element $q \in C \setminus A$, ist dann $\langle A \cup \{q\}\rangle_{\mathcal{B}} \subseteq \mathcal{C} \subset \mathcal{B}$. Die Menge $A \cup \{q\}$ erzeugt also im Widerspruch zur Voraussetzung die Algebra $\mathcal{B}$ nicht. ■

Wir wollen nun als wichtiges Beispiel für eine maximale Unteralgebra eine Unteralgebra der Algebra aller Wahrheitswertfunktionen der klassischen zweiwertigen Aussagenlogik betrachten.

Beispiel 6.3.12 Es sei $C_2 := \{f \in O^{(n)}(\{0,1\}) \mid f(0,\ldots,0) = 0\}$. Dann ist $\mathcal{C}_2 = (C_2; *, \xi, \tau, \Delta, e_1^2)$ maximale Unteralgebra von $(O(\{0,1\}); *, \xi, \tau, \Delta, e_1^2)$,

denn sei $f \in O(\{0,1\}) \setminus C_2$, so muß $f(0,\ldots,0) = 1$ gelten. Durch Anwendung der Operationen $*, \xi, \tau, \Delta, e_1^2$ (durch Superposition) erhält man daraus eine einstellige Operation f mit $f(0) = 1$. Für f gibt es dann genau die folgenden beiden Möglichkeiten:
1.$f = \neg$,
2.f ist die Konstante 1.
Da die Konjunktion $\wedge$ offensichtlich zu C_2 gehört, ergibt sich im ersten Fall:

$$\langle C_2 \cup \{f\}\rangle_{O(\{0,1\})} \supseteq \langle\{\wedge, \neg\}\rangle = O(\{0,1\})$$

und damit $\langle C_2 \cup \{f\}\rangle_{O(\{0,1\})} = O(\{0,1\})$.
Die Addition modulo 2 (bezeichnet durch $+$) gehört wegen $0 + 0 = 0$ ebenfalls zu C_2. Aus der Konstanten 1 und der Addition modulo 2 erhalten wir $\neg x = x + 1$ für alle $x \in \{0,1\}$. Nun können wir wie im ersten Fall schließen.

Jede Unteralgebra $\mathcal{A}$ einer endlich erzeugbaren Algebra $\mathcal{B} = (B; (f_i^A)_{i\in I})$ kann zu einer in $\mathcal{B}$ maximalen Unteralgebra $\mathcal{C}$ ergänzt werden:

$$\mathcal{A} \subseteq \cdots \subseteq \mathcal{C} \subseteq \mathcal{B}.$$

Damit erhalten wir:

Satz 6.3.13 *(Allgemeines Vollständigkeitskriterium für endlich erzeugbare Algebren) Es sei $\mathcal{B}$ eine endlich erzeugbare Algebra. Eine Menge $X \subseteq B$ ist genau dann Erzeugendensystem von $\mathcal{B}$, wenn die Trägermenge keiner der maximalen Unteralgebren von $\mathcal{B}$ die Menge X enthält.*

Beweis: $\Rightarrow$: Es sei $\langle X\rangle_{\mathcal{B}} = \mathcal{B}$. Wäre $X \subseteq M_i$ für eine der maximalen Unteralgebren $\mathcal{M}_i$ von $\mathcal{B}$, so hätten wir wegen

$$\langle X\rangle_{\mathcal{B}} \subseteq \cap\{\mathcal{A} \mid \mathcal{A} \subseteq \mathcal{B} \wedge X \subseteq A\}$$

die Inklusion $\langle X\rangle_{\mathcal{B}} \subseteq \mathcal{M}_i$ im Widerspruch zu $\langle X\rangle_{\mathcal{B}} = \mathcal{B}$.
$\Leftarrow$: Ist $X \not\subseteq M_i$ für jede maximale Unteralgebra $\mathcal{M}_i$ von $\mathcal{B}$ und angenommen, X wäre kein Erzeugendensystem der Algebra $\mathcal{B}$, so könnte $\langle X\rangle_{\mathcal{B}}$ zu einer in $\mathcal{B}$ maximalen Unteralgebra $\mathcal{M}_i$ erweitert werden. Dann wäre aber $X \subseteq M_i$. ■

6.4 Kongruenzrelationen und Faktoralgebren

Jede Funktion $\varphi : A \to B$ von einer Menge A in die Menge B definiert auf der Menge A eine Einteilung in Klassen bildgleicher Elemente. Die zu dieser Klasseneinteilung von A gehörige Äquivalenzrelation wird als *Kern der Funktion* φ

bezeichnet. Für Elemente $a, b \in A$ gilt also

$$(a, b) \in ker\varphi :\Leftrightarrow \varphi(a) = \varphi(b).$$

Aus der Definition des Kerns ist leicht ersichtlich, daß es sich um eine Äquivalenzrelation auf A handelt.
Sei zum Beispiel $\mathbb{Z}$ die Menge der ganzen Zahlen und sei $\mathbb{Z}/m$ die Menge aller Restklassen modulo $m (m \in \mathbb{N}, m \geq 2)$. Dann ist der Kern der Funktion $\varphi : \mathbb{Z} \to \mathbb{Z}/m$ vermöge $a \mapsto [a]_m$, die also jeder ganzen Zahl die Restklasse modulo m, in der sie liegt, zuordnet, offensichtlich die aus Kapitel 1 bekannte Kongruenz modulo m :

$$a \equiv b(m) :\Leftrightarrow \exists g \in \mathbb{Z}(a - b = gm).$$

(Wir schreiben auch $a \equiv b \; mod \; m$). Bezüglich der Addition und Multiplikation im Ring $(\mathbb{Z}; +, \cdot, -, 0)$ der ganzen Zahlen hat die Kongruenz modulo m noch die folgende zusätzliche Eigenschaft (wie wir ebenfalls schon im 1. Kapitel gesehen haben):

$$a_1 \equiv b_1(m) \wedge a_2 \equiv b_2(m) \Rightarrow a_1 + a_2 \equiv b_1 + b_2(m) \wedge a_1 \cdot a_2 \equiv b_1 \cdot b_2(m).$$

Der Kern der Funktion φ ist also mit den Operationen im oben genannten Sinn „verträglich". Diese Beobachtung wollen wir zum Gegenstand einer allgemeinen Definition machen:

Definition 6.4.1 Es sei A eine Menge und $\theta \subseteq A \times A$ sei eine Äquivalenzrelation in A. Dann heißt die $n-$stellige Operation $f \in O^{(n)}(A)$ mit θ *verträglich* (f bewahrt θ), falls für alle $a_1, \ldots, a_n, b_1, \ldots, b_n \in A$ aus

$$(a_1, b_1) \in \theta, \ldots, (a_n, b_n) \in \theta \text{ folgt } (f(a_1, \ldots, a_n), f(b_1, \ldots, b_n)) \in \theta.$$

Bemerkung: Die Definition läßt sich auch auf andere binäre Relationen anwenden. Offenbar sind die monoton wachsenden reellen Funktionen $f : \mathbb{R} \to \mathbb{R}$ genau die mit der Relation kleiner oder gleich ($\leq$) auf $\mathbb{R}$ verträglichen einstelligen Operationen, denn es gilt: $x_1 \leq x_2 \Rightarrow f(x_1) \leq f(x_2)$ für alle x_1, x_2, für die f definiert ist.

Definition 6.4.2 Es sei $\mathcal{A} = (A; (f_i^A)_{i \in I})$ eine Algebra vom Typ τ. Eine Äquivalenzrelation θ auf A heißt *Kongruenzrelation von* $\mathcal{A}$, falls alle f_i^A mit θ verträglich sind. Mit $Con\mathcal{A}$ bezeichnen wir die Menge aller Kongruenzrelationen der Algebra $\mathcal{A}$. Für jede Algebra $\mathcal{A} = (A; (f_i^A)_{i \in I})$ sind die trivialen Äquivalenzrelationen

$$\Delta_A := \{(a, a) \mid a \in A\} \text{ und } \nabla_A = A \times A$$

Kongruenzrelationen. Eine Algebra, die außer Δ_A und ∇_A und keine weiteren Kongruenzrelationen besitzt, heißt *einfach*.

Beispiel 6.4.3 1. Auf jeder Menge sind die konstanten Operationen $f_c : A^n \to A, f_c(x_1, \ldots, x_n) = c$ für alle $x_1, \ldots, x_n \in A$ und die identische Operation $id_A : A \to A$ mit allen auf A definierten Äquivalenzrelationen verträglich. Entsprechendes gilt für die Projektionen $e_i^n : A^n \to A$ vermöge

$$(a_1, \ldots, a_n) \mapsto e_i^n(a_1, \ldots, a_n) = a_i \text{ für alle } a_1, \ldots, a_n \in A \text{ und } 1 \leq i \leq n.$$

2. $\mathcal{A} = (\{a, b, c, d\}; f^A)$ sei eine Algebra vom Typ $\tau = (1)$. Die einstellige Operation f^A sei durch die Tabelle

	a	b	c	d
$f(x)$	b	a	d	c

definiert.
Um alle Kongruenzrelationen von $\mathcal{A}$ zu ermitteln, betrachten wir an Stelle der Äquivalenzrelationen alle möglichen Klasseneinteilungen von A und untersuchen, für welche Klasseneinteilung das Bild einer Klasse wieder eine Klasse ist: $f(A_j) = A_k, j, k \in J$, wobei die Menge aller Klassen eine durch J indizierte Menge ist. Dies ist außer für $\{\{a\}, \{b\}, \{c\}, \{d\}\}$ und $\{\{a, b, c, d\}\}$ noch für

$$\{\{a\}, \{b\}, \{c, d\}, \{a, b\}, \{c\}, \{d\}\} \text{ und } \{\{a, b\}, \{c, d\}\}$$

der Fall.

3. Es sei $(\mathbb{Z}; +, \cdot, -, 0)$ der Ring der ganzen Zahlen und $m \in \mathbb{Z}$ eine ganze Zahl mit $m \geq 2$. Dann ist die auf $\mathbb{Z}$ definierte Kongruenz modulo m eine Kongruenzrelation auf $(\mathbb{Z}; +, \cdot, -, 0)$.

Auch auf der Menge $Con\mathcal{A}$ aller Kongruenrelationen einer Algebra $\mathcal{A}$ lassen sich Operationen definieren. Zunächst gilt:

Satz 6.4.4 *Der Durchschnitt $\theta_1 \cap \theta_2$ zweier Kongruenzrelationen einer Algebra $\mathcal{A} = (A; (f_i^A)_{i \in I})$ ist wieder eine Kongruenzrelation von $\mathcal{A}$.*

Beweis: Offensichtlich ist der Durchschnitt zweier Äquivalenzrelationen auf A wieder eine auf A definierte Äquivalenzrelation. Seien $(a_1, b_1), \ldots, (a_{n_i}, b_{n_i})$ zum Durchschnitt $\theta_1 \cap \theta_2$ gehörige Paare und sei $f_i^A, i \in I$, eine beliebige Fundamentaloperation von $\mathcal{A}$. Dann gilt

$$(f_i^A(a_1, \ldots, a_{n_i}), f_i^A(b_1, \ldots, b_{n_i})) \in \theta_l, l = 1, 2$$

und damit

$$(f_i^{\mathcal{A}}(a_1,\ldots,a_{n_i}), f_i^{\mathcal{A}}(b_1,\ldots,b_{n_i})) \in \theta_1 \cap \theta_2.$$

Daher ist $\theta_1 \cap \theta_2$ eine Kongruenzrelation von $\mathcal{A}$. ■

Bemerkung 6.4.5 Die Aussage von Satz 6.4.4 gilt auch für beliebige Familien von Kongruenzrelationen auf $\mathcal{A}$. Die Vereinigung zweier Kongruenzrelationen einer Algebra $\mathcal{A}$ ist im allgemeinen keine Kongruenzrelation, denn dies gilt nicht einmal für Äquivalenzrelationen, wie das folgende Beispiel zeigt. Wir wählen:

$$A = \{1,2,3\}, \theta_1 = \{(1,1),(2,2),(3,3),(1,2),(2,1)\},$$
$$\theta_2 = \{(1,1),(2,2),(3,3),(2,3),(3,2)\}.$$

Während θ_1 und θ_2 Äquivalenzrelationen sind, ist

$$\theta_1 \cup \theta_2 = \{(1,1),(2,2),(3,3),(1,2),(2,1),(2,3),(3,2)\}$$

keine Äquivalenzrelation in A, da sie nicht transitiv ist:

$$(1,2) \in \theta_1 \cup \theta_2, (2,3) \in \theta_1 \cup \theta_2, \text{aber}(1,3) \notin \theta_1 \cup \theta_1.$$

Diese Beobachtung führt uns zu folgender Definition:

Definition 6.4.6 Unter der von einer binären Relation θ in A *erzeugten Kongruenzrelation* $\langle\theta\rangle_{Con\mathcal{A}}$ einer Algebra $\mathcal{A}$ versteht man den Durchschnitt aller Kongruenzrelationen θ' von $\mathcal{A}$, die θ umfassen:

$$\langle\theta\rangle_{Con\mathcal{A}} := \bigcap\{\theta' \mid \theta' \in Con\mathcal{A} \wedge \theta \subseteq \theta'\}.$$

Man überzeugt sich leicht davon, daß mit θ auch $\langle\theta\rangle_{Con\mathcal{A}}$ reflexiv (bzw. symmetrisch) ist und daß $\langle\theta\rangle_{Con\mathcal{A}}$ die folgenden Eigenschaften hat:

$\theta \subseteq \langle\theta\rangle_{Con\mathcal{A}}$ (Extensivität),
$\theta_1 \subseteq \theta_2 \Rightarrow \langle\theta_1\rangle_{Con\mathcal{A}} \subseteq \langle\theta_2\rangle_{Con\mathcal{A}}$ (Monotonie),
$\langle\langle\theta\rangle_{Con\mathcal{A}}\rangle_{Con\mathcal{A}} = \theta$ (Idempotenz).

Bemerkung 6.4.7 Ähnlich wie in 1.5 kann man sich überlegen, wie aus einer in A definierten binären Relation θ die von θ erzeugte Kongruenzrelation einer Algebra $\mathcal{A}$ mit der Trägermenge A konstruiert wird. Zunächst sind zu θ alle Paare $(a,a), a \in A$, hinzuzunehmen, um die Reflexivität zu garantieren. Zu einer symmetrischen Relation gelangt man, indem man dann zu jedem Paar $(a,b) \in \theta$ das Paar (b,a) hinzufügt. Ebenso muß die Transitivität garantiert sein. Dies muß durch alle Paare ergänzt werden, die sich aus den vorhandenen durch Anwendung der Operationen der Algebra $\mathcal{A}$ ergeben.

Offensichtlich werden durch

$$\wedge : Con\mathcal{A} \times Con\mathcal{A} \to Con\mathcal{A} \text{ vermöge } (\theta_1, \theta_2) \mapsto \theta_1 \cap \theta_2,$$

$$\vee : Con\mathcal{A} \times Con\mathcal{A} \to Con\mathcal{A} \text{ vermöge } (\theta_1, \theta_2) \mapsto \langle \theta_1 \cup \theta_2 \rangle_{Con\mathcal{A}}$$

zwei binäre Operation auf der Menge $Con\mathcal{A}$ definiert und wir erhalten:

Satz 6.4.8 $(Con\mathcal{A}; \wedge, \vee)$ *ist für jede Algebra $\mathcal{A}$ ein Verband.*

Beweis: Da mit $\wedge, \vee$ binäre Operationen auf $Con\mathcal{A}$ definiert sind, ist die Gültigkeit der Verbandsaxiome (V1) - (V4); (V1') - (V4') nachzuweisen. ∎

Ist $\mathcal{A}$ eine Algebra vom Typ τ und $\theta \in Con\mathcal{A}$, so kann die Menge der Äquivalenzklassen bezüglich der Äquivalenzrelation θ, die Faktormenge A/θ, in folgender Weise zu einer Algebra $\mathcal{A}/\theta$ vom Typ τ „strukturiert" werden:
Für jedes $i \in I$ definieren wir eine n_i–stellige Operation $f_i^{A/\theta}$ auf der Faktormenge A/θ durch

$$f_i^{A/\theta} : (A/\theta)^{n_i} \to A/\theta$$

vermöge

$$([a_1]_\theta, \ldots, [a_{n_i}]_\theta) \mapsto f_i^{A/\theta}([a_1]_\theta, \ldots, [a_{n_i}]_\theta) := [f_i^A(a_1, \ldots, a_{n_i})]_\theta$$

Satz 6.4.9 *Durch die obige Definition erhält man zu jeder Algebra $\mathcal{A}$ vom Typ τ und zu jeder Kongruenzrelation $\theta \in Con\mathcal{A}$ eine Algebra $\mathcal{A}/\theta$ vom Typ τ, die Faktoralgebra von $\mathcal{A}$ nach θ.*

Beweis: Es ist zu zeigen, daß durch $f_i^{A/\theta}$ Operationen auf A/θ definiert werden, das heißt, daß aus $[a_i]_\theta = [b_i]_\theta$ für alle $i = 1, \ldots, n_i$ folgt $[f_i^A(a_1, \ldots, a_{n_i})]_\theta = [f_i^A(b_1, \ldots, b_{n_i})]_\theta$ (Unabhängigkeit vom Repräsentanten). Dies ist aber sofort klar, denn $[a_i]_\theta = [b_i]_\theta$ bedeutet $(a_i, b_i) \in \theta$ für alle $i = 1, \ldots, n_i$. Da θ eine Kongruenz der Algebra $\mathcal{A}$ ist, folgt

$$(f_i^A(a_1, \ldots, a_{n_i}), f_i^A(b_1, \ldots, b_{n_i})) \in \theta$$

und daher

$$[f_i^A(a_1, \ldots, a_{n_i})]_\theta = [f_i^A(b_1, \ldots, b_{n_i})]_\theta.$$

∎

Beispiel 6.4.10 Durch

$$[a]_m + [b]_m = [a+b]_m \text{und} [a]_m \cdot [b]_m = [a \cdot b]_m$$

werden auf der Menge $\mathbb{Z}/m$ aller Restklassen modulo m, ($m \in \mathbb{N}, m \geq 2$), zwei binäre Operationen definiert, mit denen $(\mathbb{Z}/m; +, \cdot)$ zu einer Algebra vom Typ $(2,2)$ wird. $(\mathbb{Z}/m; +, \cdot)$ ist ein Ring, der *Restklassenring modulo* m, der für den Fall einer Primzahl $m = p$, sogar ein Körper ist.

6.5 Aufgaben

1. Man ermittle sämtliche Unteralgebren der Algebra

$$\mathcal{A} = (\{0,1,2,3\}; \max(x,y), \min(x,y), x+y(4), 3-x(4)),$$

wobei $max(x,y)$ und $min(x,y)$ das Maximum bzw. das Minimum bezüglich der durch $0 \leq 1 \leq 2 \leq 3$ definierten Ordnung bedeuten, $x+y(4)$ die Addition modulo 4 ist und $3-x(4)$ die Subtraktion modulo 4 bezeichnet.

2. Ist die Algebra $(\mathbb{N}; +)$ vom Typ $\tau = (2)$ endlich erzeugbar? Geben Sie ein Erzeugendensystem an!

3. Ein Erzeugendensystem $X \subseteq A$ einer Algebra $\mathcal{A}$ heißt *Basis* von $\mathcal{A}$, wenn $\langle X \setminus \{a\} \rangle_{\mathcal{A}} \neq \mathcal{A}$ für alle $a \in X$ gilt. Beweisen Sie, daß jede endlich erzeugbare Algebra eine endliche Basis besitzt!

4. Beweisen Sie, daß die Algebra $(\mathbb{N}; \odot)$ vom Typ (1), wobei die unäre Operation $\odot$ definiert ist durch

$$0^{\odot} := 0, \qquad n^{\odot} = n-1 \text{ für } n > 0,$$

keine Basis hat.

5. Man gebe für jede Kongruenzrelation θ der Algebra $\mathcal{A} = (\{a,b,c,d\}; f)$ vom Typ $\tau = (1)$ mit

	a	b	c	d
$f(x)$	b	a	d	c

die Faktoralgebra $\mathcal{A}/\theta$ an.

6. Es sei $(A; t)$ eine Algebra vom Typ $\tau = (3)$, wobei t definiert ist durch

$$t(x,y,z) = \begin{cases} z, & \text{wenn} \quad x = y \\ x, & \text{wenn} \quad x \neq y \end{cases}$$

Man beweise, daß $(A;t)$ einfach ist.

7. Man ermittle alle Unteralgebren und alle Kongruenzrelationen der Algebra $(\{(0),(x),(\square)\};\times)$ vom Typ $\tau = (2)$ mit

$\times$	(0)	(x)	$(\square)$
(0)	(0)	(0)	$(\square)$
(x)	(0)	(x)	(x)
$(\square)$	$(\square)$	(x)	$(\square)$.

7 Homomorphie

Ordnet man jeder reellen Zahl $a \in \mathbb{R}$ ihren Betrag $|a| \in \mathbb{R}_+$ ($\mathbb{R}_+$ - nichtnegative reelle Zahlen) zu, so wird dadurch eine Funktion $h : \mathbb{R} \to \mathbb{R}_+$ definiert, die mit der multiplikativen Struktur von $\mathbb{R}$ wegen $|a \cdot b| = |a| \cdot |b|$ verträglich ist. Die Reihenfolge des „Abbildens" durch h und des Ausführens der Operation durch kann also vertauscht werden. Das Rechnen mit den Bildern erfolgt in gleicher Weise wie das Rechnen mit den Originalen. Eine entsprechende Beobachtung macht man, wenn man einer quadratischen Matrix ihre Determinante oder einer Permutation s auf der Menge $\{1, \ldots, n\}$ ihr Vorzeichen zuordnet. Die „Verträglichkeit" des Abbildens mit der Ausführung der Operationen wird in diesen Fällen durch die Gleichungen

$$\begin{aligned} |A \cdot B| &= |A| \cdot |B| \text{ (Multiplikationssatz)} \quad \text{bzw.} \\ sgn(s_1 \circ s_2) &= sgn s_1 \cdot sgn s_2 \end{aligned}$$

zum Ausdruck gebracht.
Ist die Abbildung h zwischen den Trägermengen der beiden zugrundeliegenden Algebren sogar eine Bijektion, so unterscheiden sich die beiden Algebren nur durch die Bezeichnung der Elemente. Diese Situation erkennen wir beispielsweise bei den Algebren

$$\mathcal{A}_3 = (\{(1), (123), (132)\}; \circ) \text{ und } \mathcal{Z}_3 = (\{[0]_3, [1]_3, [2]_3\}; +)$$

($\mathcal{A}_3$ - Gruppe aller geraden Permutationen der Ordnung 3 (alternierende Gruppe); $\mathcal{Z}_3$ - Restklassenmodul modulo 3). Beides sind Algebren vom Typ $\tau = (2)$, deren Gruppeneigenschaft man leicht überprüft. Aus ihren Strukturtafeln

$\circ$	(1)	(123)	(132)
(1)	(1)	(123)	(132)
(123)	(123)	(132)	(1)
(132)	(132)	(1)	(123)

$+$	$[0]_3$	$[1]_3$	$[2]_3$
$[0]_3$	$[0]_3$	$[1]_3$	$[2]_3$
$[1]_3$	$[1]_3$	$[2]_3$	$[0]_3$
$[2]_3$	$[2]_3$	$[0]_3$	$[1]_3$

ist abzulesen, daß die Bijektion

$$h : \{(1), (123), (132)\} \to \{[0]_3, [1]_3, [2]_3\}$$

vermöge der Zuordnung

$$\begin{aligned} (1) &\mapsto [0]_3 \\ (123) &\mapsto [1]_3 \\ (132) &\mapsto [2]_3 \end{aligned}$$

strukturverträglich ist. So gilt zum Beispiel:

$$h((123) \circ (132)) = h((1)) = [0]_3 = [1]_3 + [2]_3 = h((123)) + h((132)).$$

Diese Beziehung läßt sich für alle anderen Elemente ebenfalls nachprüfen.
Das folgende Beispiel zeigt, daß der beobachtete Zusammenhang auch in ganz „praktischen" Situationen auftritt.
Ein Industrieautomat soll aus gewissen Bauteilen komplexere Maschinenteile konstruieren, dabei gibt es Arbeitsgänge, bei denen jeweils 2 Bauteile verbunden werden (zweistellige Operation), andere, bei denen jeweils 3 Bauteile miteinander kombiniert werden (dreistellige Operation) usw.
Werden die gleichen vorhandenen Bauteile in eine andere Anordnung auf der Arbeitsplattform gebracht (durch eine Abbildung h), so soll der Automat die vorgesehenen Arbeitsgänge trotzdem noch in richtiger Weise ausführen. Er muß auch beim Zusammensetzen der „Bilder" die gleichen Ergebnisse liefern.

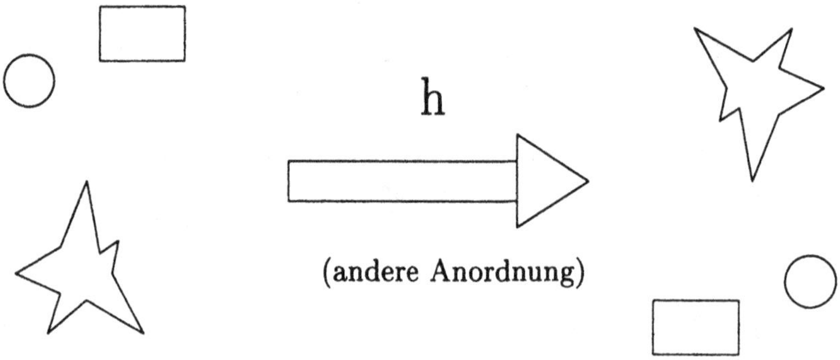

Die Begriffe Homomorphismus und Isomorphismus bilden eine mathematische Modellvorstellung für die von unserem Automaten erwartete „Intelligenz".

7.1 Homomorphiesatz

Definition 7.1.1 Es seien $\mathcal{A} = (A;\ (f_i^A)_{i\in I})$ und $\mathcal{B} = (B;\ (f_i^B)_{i\in I})$ Algebren des gleichen Typs τ. Dann heißt eine Funktion $h : A \to B$ *ein Homomorphismus* $h : \mathcal{A} \to \mathcal{B}$ von $\mathcal{A}$ in $\mathcal{B}$, wenn für alle $i \in I$ gilt:

$$h(f_i^A(a_1, \ldots, a_{n_i})) = f_i^B(h(a_1), \ldots, h(a_{n_i})).$$

Ist dabei $n_i = 0$, so besagt diese Gleichung, daß $h(f_i^A(\emptyset)) = f_i^B(\emptyset)$ gilt. Die durch die nullstelligen Operationen f_i^A und f_i^B in A bzw. in B ausgezeichneten

Elemente werden also aufeinander abgebildet.
Ist die Funktion h bijektiv, (das heißt eineindeutig (injektiv) und „auf" (surjektiv)), so heißt der Homomorphismus $h : \mathcal{A} \to \mathcal{B}$ ein *Isomorphismus* von $\mathcal{A}$ auf $\mathcal{B}$. Ein injektiver Homomorphismus von $\mathcal{A}$ in $\mathcal{B}$ heißt auch eine *Einbettung*.

Ein Homomorphismus $h : \mathcal{A} \to \mathcal{A}$ einer Algebra $\mathcal{A}$ in sich selbst heißt *Endomorphismus* und ein Isomorphismus $h : \mathcal{A} \to \mathcal{A}$ von A auf A heißt *Automorphismus*.

Bemerkung 7.1.2 1. Man überprüft leicht, daß für jede Algebra $\mathcal{A}$ die identische Abbildung $id_A : \mathcal{A} \to \mathcal{A}$ vermöge $id_A(x) = x$ für alle $x \in A$ ein Automorphismus ist.

2. Ebenso einfach ist der Nachweis, daß die Nacheinanderausführung zweier Homomorphismen $h_1 : \mathcal{A} \to \mathcal{B}; h_2 : \mathcal{B} \to \mathcal{C}$ einen Homomorphismus $h_2 \circ h_1 : \mathcal{A} \to \mathcal{C}$ vermöge $(h_2 \circ h_1)(x) = h_2(h_1(x))$ für alle $x \in A$ ergibt. Dabei sind $\mathcal{A}, \mathcal{B}$ und $\mathcal{C}$ von gleichem Typ.

3. Ist θ eine Kongruenzrelation in $\mathcal{A}$ und $\mathcal{A}/\theta$ die zugehörige Faktoralgebra, so ist $h : \mathcal{A} \to \mathcal{A}/\theta$ vermöge $a \mapsto [a]_\theta$ ein surjektiver Homomorphismus. Dieser Homomorphismus wird *natürlicher Homomorphismus* ($nat\theta$) genannt. Tatsächlich gilt:

$$\begin{aligned} h(f_i^A(a_1, \ldots, a_{n_i})) &= [f_i^A(a_1, \ldots, a_{n_i})]_\theta = \\ f_i^{A/\theta}([a_1]_\theta, \ldots, [a_{n_i}]_\theta) &= f_i^{A/\theta}(h(a_1), \ldots, h(a_{n_i})) \end{aligned}$$

für alle $i \in I$.

Die Menge aller Automorphismen der Algebra $\mathcal{A}$ werde durch $Aut\mathcal{A}$ und die Menge aller ihrer Endomorphismen werde durch $End\mathcal{A}$ bezeichnet.
Da die Nacheinanderausführung $\circ$ zweier Automorphismen (Endomorphismen) von $\mathcal{A}$ wieder einen Automorphismus (Endomorphismus) von $\mathcal{A}$ ergibt und $\circ$ assoziativ ist, sind $(Aut\mathcal{A};\ \circ, id_A)$ bzw. $(End\mathcal{A};\ \circ, id_A)$ Monoide, wobei $(Aut\mathcal{A};\ \circ, id_A)$ ein Untermonoid von $(End\mathcal{A};\ \circ, id_A)$ ist.
Ist $h : \mathcal{A} \to \mathcal{A}$ ein Automorphismus von $\mathcal{A}$, so ist $h^{-1} : \mathcal{A} \to \mathcal{A}$ wegen

$$\begin{aligned} h^{-1}(f_i^A(b_1, \ldots, b_{n_i})) &= h^{-1}(f_i^A(h(a_1), \ldots, h(a_{n_i}))) = \\ h^{-1}(h(f_i^A(a_1, \ldots, a_{n_i}))) &= f_i^A(a_1, \ldots, a_{n_i}) \\ &= f_i^A(h^{-1}(b_1), \ldots, h^{-1}(b_{n_i})) \end{aligned}$$

offenbar wieder ein Automorphismus von $\mathcal{A}$, so daß wir erhalten:

Folgerung 7.1.3 *Die Automorphismen einer Algebra $\mathcal{A}$ bilden eine Gruppe, die Automorphismengruppe $Aut(\mathcal{A}) = (Aut(\mathcal{A});\ \circ,\ ^{-1}, id_A)$ von $\mathcal{A}$.* ■

Eine wichtige Frage ist die nach dem Verhalten von Unteralgebren bei homomorphen Abbildungen.

Satz 7.1.4 *Es sei $h : \mathcal{A} \to \mathcal{B}$ ein Homomorphismus der Algebra $\mathcal{A}$ vom Typ τ in die Algebra $\mathcal{B}$ vom Typ τ. Dann gilt:*

(i) Das Bild $\mathcal{B}_1 = h(\mathcal{A}_1)$ einer Unteralgebra $\mathcal{A}_1$ von $\mathcal{A}$ bei dem Homomorphismus h ist eine Unteralgebra von $\mathcal{B}$.

(ii) Das Urbild $h^{-1}(\mathcal{B}') = \mathcal{A}'$ einer Unteralgebra $\mathcal{B}'$ von $h(\mathcal{A}) \subseteq \mathcal{B}$ ist eine Unteralgebra von $\mathcal{A}$.

(iii) Für alle Teilmengen $X \subseteq A$ gilt $\langle h(X)\rangle_{\mathcal{B}} = h(\langle X\rangle_{\mathcal{A}})$.

Beweis: (i) Es ist

$$h(A_1) = \{b \in B \mid \exists a \in A_1\ (h(a) = b)\} \subseteq B.$$

Seien $(b_1, \ldots, b_{n_i}) \in h(A_1)^{n_i}$ und f_i^B n_i–stellig. Dann gilt

$$f_i^B(b_1, \ldots, b_{n_i}) = f_i^B(h(a_1), \ldots, h(a_{n_i})) = h(f_i^A(a_1, \ldots, a_{n_i})) \in h(A_1)$$

für alle $i \in I$, da $f_i^A(a_1, \ldots, a_{n_i}) \in A_1$.
Die Anwendung des Unteralgebrenkriteriums 6.3.3 beweist dann, daß $\mathcal{B}_1 = (h(A_1); (f_i^{B_1})_{i \in I})$ eine Unteralgebra von $\mathcal{B}$ ist.
(ii) Seien $(a_1, \ldots, a_{n_i}) \in (h^{-1}(B'))^{n_i}$ und f_i^A n_i– stellig. Dabei ist

$$h^{-1}(B') = \{a \in A \mid \exists\ b \in B'\ (h(a) = b)\}.$$

Dann gilt

$$f_i^A(a_1, \ldots, a_{n_i}) = f_i^A(h^{-1}(b_1), \ldots, h^{-1}(b_{n_i}))$$

mit $a_1 = h^{-1}(b_1), \ldots, a_{n_i} = h^{-1}(b_{n_i})$.
Da

$$\begin{aligned} h(f_i^A(h^{-1}(b_1), \ldots, h^{-1}(b_{n_i}))) &= f_i^B(h(h^{-1}(b_1)), \ldots, h(h^{-1}(b_{n_i}))) \\ &= f_i^B(b_1, \ldots, b_{n_i}) \in B' \end{aligned}$$

wegen $\mathcal{B}' \subseteq \mathcal{B}$ und $b_1, \ldots, b_{n_i} \in B'$ erfüllt ist, haben wir

$$f_i^A(h^{-1}(b_1), \ldots, h^{-1}(b_{n_i})) = f_i^A(a_1, \ldots, a_{n_i}) \in h^{-1}(B').$$

(*iii*) Es sei E der in 6.3.7 verwendete Operator, das heißt,

$$E(X) := X \cup \{f_i^A(a_1, \ldots, a_{n_i}) \mid i \in I, a_1, \ldots, a_{n_i} \in X\}.$$

Wir zeigen zuerst, daß $E(h(X)) = h(E(X))$ für alle $X \subseteq A$ gilt. Die Menge $E(h(X))$ besteht aus den Elementen $h(y)$ mit $y \in X$ und aus den Elementen der Form

$$f_i^B(h(y_1), \ldots, h(y_{n_i})), \; i \in I, \; y_1, \ldots, y_{n_i} \in X.$$

Die Menge $h(E(X))$ besteht ebenfalls aus den Elementen $h(y)$ mit $y \in X$ und aus den Elementen $h(f_i^A(y_1, \ldots, y_{n_i}))$, die aber mit $f_i^B(h(y_1), \ldots, h(y_{n_i}))$ übereinstimmen.
Durch Induktion über k beweist man nun $E^k(h(X)) = h(E^k(X))$ für alle $k \in \mathbb{N}$. Dann gilt:

$$\begin{aligned} \langle h(X)\rangle_{\mathcal{B}} = \bigcup_{k=0}^{\infty} E^k(h(X)) &= \bigcup_{k=0}^{\infty} h(E^k(X)) \\ = h(\bigcup_{k=0}^{\infty} E^k(X)) &= h(\langle X\rangle_{\mathcal{A}}). \end{aligned}$$

■

Es sei $\mathcal{A} = (A; \; (f_i^A)_{i\in I})$ eine Algebra vom Typ τ und $h : \mathcal{A} \to \mathcal{A}$ ein Automorphismus von $\mathcal{A}$. Ein Element $a \in A$ heißt *Fixpunkt* von h, falls $h(x) = x$ gilt. Jedes $a \in A$ ist Fixpunkt des identischen Automorphismus id_A und es gilt:

Folgerung 7.1.5 *Die Menge aller Fixpunkte eines Automorphismus h von $\mathcal{A}$ ist eine Unteralgebra von $\mathcal{A}$.*

Beweis: Wir betrachten die Menge $F_h := \{a \mid a \in A \wedge h(a) = a\}$, wobei $h : \mathcal{A} \to \mathcal{A}$ ein Automorphismus von $\mathcal{A}$ ist. Angenommen $a_1, \ldots, a_{n_i} \in F_h$ und f_i^A, $i \in I$, sei eine n_i-stellige Operation in $\mathcal{A}$. Dann gilt

$$f_i^A(a_1, \ldots, a_{n_i}) = f_i^A(h(a_1), \ldots, h(a_{n_i})) = h(f_i^A(a_1, \ldots, a_{n_i})),$$

da h ein Automorpismus ist und daher $f_i^A(a_1, \ldots, a_{n_i}) \in F_h$. Nach 6.3.3 ist F_h damit Trägermenge einer Unteralgebra von $\mathcal{A}$. ■

Während wir soeben die Menge aller Elemente von A untersucht haben, die Fixpunkte eines Automorphismus $h : \mathcal{A} \to \mathcal{A}$ sind, kann man nun alle Automorphismen betrachten, die jedes Element einer Teilmenge $B \subseteq A$ als Fixpunkt haben. Nach 7.1.5 ist $\mathcal{B}$ eine Unteralgebra von $\mathcal{A}$. Wir definieren:

Definition 7.1.6 Es seien $\mathcal{A}$ und $\mathcal{A}'$ Algebren gleichen Typs τ und $\mathcal{B}$ eine Unteralgebra sowohl von $\mathcal{A}$ als auch von $\mathcal{A}'$. Ein Isomorphismus $h : \mathcal{A} \to \mathcal{A}'$ mit $h(b) = b$ für alle $b \in B$ heißt *relativer Isomorphismus* zwischen $\mathcal{A}$ und $\mathcal{A}'$ bezüglich $\mathcal{B}$. Entsprechend definiert man den Begriff des *relativen Automorphismus* einer Algebra bezüglich einer ihrer Unteralgebren.

Betrachtet man die bei einem relativen Isomorphismus $h : \mathcal{A} \to \mathcal{A}'$ bezüglich einer gemeinsamen Unteralgebra $\mathcal{B}$ relativ isomorphen Algebren $\mathcal{A}$ und $\mathcal{A}'$ von „unten“, so kann man auch sagen, daß der identische Automorphismus auf $\mathcal{B}$ zum Isomorphismus $h : \mathcal{A} \to \mathcal{A}'$ fortgesetzt wird.
Ist $\mathcal{B}'$ eine Teilalgebra von $\mathcal{A}'$ und $\mathcal{B}$ eine Teilalgebra von $\mathcal{A}$ und sind $g : \mathcal{B} \to \mathcal{B}', h : \mathcal{A} \to \mathcal{A}'$ zwei Isomorphismen, so sagt man, der Isomorphismus h ist die Fortsetzung von g, falls für alle $b \in B$ die Gleichung $g(b) = h(b)$ erfüllt ist.

Folgerung 7.1.7 *Die Menge $Aut_{rel\mathcal{B}}\mathcal{A}$ aller bezüglich einer Unteralgebra $\mathcal{B} \subseteq \mathcal{A}$ relativen Automorphismen von $\mathcal{A}$ bildet eine Untergruppe der Automorphismengruppe von $\mathcal{A}$.* ∎

Es sei $\mathcal{G}$ eine Untergruppe der Gruppe aller relativen Automorphismen von $\mathcal{A}$ bezüglich $\mathcal{B}$. Wir bilden die Menge

$$B' := \{b \mid b \in A \wedge s(b) = b \text{ für alle } s \in G\}.$$

Nach 7.1.5 ist $\mathcal{B}'$ eine Unteralgebra von $\mathcal{A}$, die $\mathcal{B}$ als Unteralgebra hat. So gehört zu jeder Untergruppe $\mathcal{G} \subseteq Aut_{rel\mathcal{B}}\mathcal{A}$ eine Algebra $\mathcal{B}'$ zwischen $\mathcal{B}$ und $\mathcal{A}$, das heißt $\mathcal{B} \subseteq \mathcal{B}' \subseteq \mathcal{A}$.
Es ergibt sich die Frage, ob zu jeder Algebra $\mathcal{B} \subseteq \mathcal{B}' \subseteq \mathcal{A}$ auch eine Untergruppe von $Aut_{rel\mathcal{B}}\mathcal{A}$ gehört, die genau aus den Automorphismen von $\mathcal{A}$ besteht, welche die Elemente aus B' fest lassen. Mit dieser Frage beschäftigt sich die klassische Galoistheorie.
Der aufmerksame Leser hat sicherlich schon erkannt, daß wir es bei den geschilderten Zusammenhängen mit einer Beziehung zwischen den Mengen A und $Aut_{rel\mathcal{B}}\mathcal{A}$ zu tun haben, die mit Hilfe der Relation

$$R := \{(a, s) \mid a \in A \wedge s \in Aut_{rel\mathcal{B}}\mathcal{A} \wedge s(a) = a\}$$

durch

$$\sigma(X) := \{s \in Aut_{rel\mathcal{B}}\mathcal{A} \mid \forall a \in X(s(a) = a)\}$$
$$\tau(Y) := \{a \in A \mid \forall s \in Y((s(a) = a)\}$$

für alle $X \subseteq A$ und $Y \subseteq Aut_{rel\mathcal{B}}\mathcal{A}$ definiert ist.
Dieses Paar (σ, τ) von Abbildungen erfüllt offensichtlich die folgenden Bedingungen:

$$X_1 \subseteq X_2 \Rightarrow \sigma(X_2) \subseteq \sigma(X_1),\ Y_1 \subseteq Y_2 \Rightarrow \tau(Y_2) \subseteq \tau(Y_1),$$
$$Y \subseteq \sigma(\tau(Y)), X \subseteq \tau(\sigma(X)).$$

Das dritte Beispiel nach Definition 7.1.1 hat gezeigt, daß zu jeder Kongruenzrelation einer Algebra $\mathcal{A}$ ein Homomorphismus, nämlich der natürliche Homomorphismus $nat : \mathcal{A} \to \mathcal{A}/\theta$ auf die Faktoralgebra gehört. Wir werden nun sehen, daß umgekehrt zu einem Homomorphismus einer Algebra $\mathcal{A}$ auch eine Kongruenzrelation korrespondiert.
Es sei $f : \mathcal{A} \to \mathcal{B}$ ein Homomorphismus. Da die Funktion $f : A \to B$ im allgemeinen nicht injektiv ist, können verschiedene Elemente gleiche Bilder haben. Wir untersuchen die zur Klasseneinteilung der Menge A in Klassen bildgleicher Elemente gehörige Äquivalenzrelation auf $\mathcal{A}$.

Definition 7.1.8 Es seien $\mathcal{A}$ und $\mathcal{B}$ Algebren gleichen Typs τ und $h : \mathcal{A} \to \mathcal{B}$ ein Homomorphismus. Die folgende binäre Relation heißt der *Kern des Homomorphismus h* :

$$kerh := \{(a,b) \in A^2 |\ h(a) = h(b)\} (= h^{-1} \circ h).$$

Folgerung 7.1.9 *Der Kern eines Homomorphismus $h : \mathcal{A} \to \mathcal{B}$ ist eine Kongruenzrelation von $\mathcal{A}$.*

Beweis: Entsprechend der Definition ist $kerh$ eine Äquivalenzrelation auf A. Es sei $f_i^A, i \in I$, eine n_i–stellige Fundamentaloperation von $\mathcal{A}$ und

$$(a_1, b_1), \ldots, (a_{n_i}, b_{n_i}) \in kerh, \text{ das heißt, } h(a_1) = h(b_1), \ldots, h(a_{n_i}) = h(b_{n_i}).$$

Wendet man die Operation f_i^B auf die linken und die rechten Seiten dieser Gleichungen an, so ergibt sich die Gleichung:

$$f_i^B(h(a_1), \ldots, h(a_{n_i})) = f_i^B(h(b_1), \ldots, h(b_{n_i})).$$

Da $h : \mathcal{A} \to \mathcal{B}$ ein Homomorphismus von $\mathcal{A}$ in $\mathcal{B}$ ist, folgt weiter

$$h(f_i^A(a_1, \ldots, a_{n_i})) = h(f_i^A(b_1, \ldots, b_{n_i}))$$

und damit

$$(f_i^A(a_1, \ldots, a_{n_i}), f_i^A(b_1, \ldots, b_{n_i})) \in kerh.$$

■

Betrachtet man für einen Homomorphismus $h : \mathcal{A} \to \mathcal{B}$ die Faktoralgebra $\mathcal{A}/kerh$, so bildet der natürliche Homomorphismus $nat(kerh) : \mathcal{A} \to \mathcal{A}/kerh$ die Algebra $\mathcal{A}$ auf diese Faktoralgebra ab. Es ergibt sich die Frage, welche Beziehungen zwischen beiden homomorphen Bildern bestehen.

Satz 7.1.10 (Allgemeiner Homomorphiesatz)
Es seien $h : \mathcal{A} \to \mathcal{B}$ und $g : \mathcal{A} \to \mathcal{C}$ Homomorphismen und es sei g surjektiv. Dann gelten:

(i) Ein Homomorphismus $f : \mathcal{C} \to \mathcal{B}$, der $f \circ g = h$ erfüllt, existiert genau dann, wenn $ker g \subseteq ker h$ gilt.

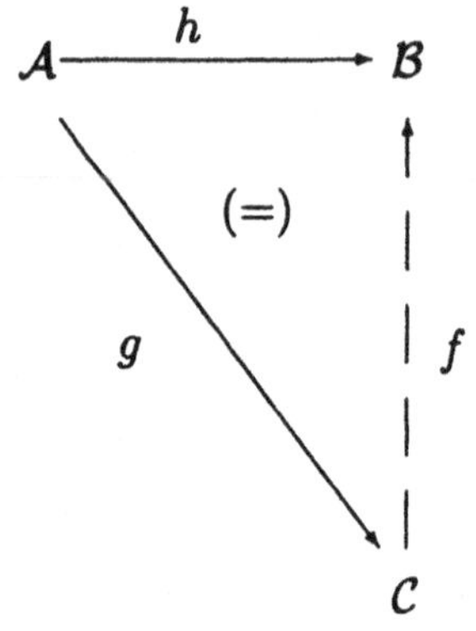

$f \circ g = h$ bringt die „Kommutativität" des Diagramms zum Ausdruck.

(ii) f ist durch $f = h \circ g^{-1}$ eindeutig bestimmt.

(iii) f ist genau dann injektiv, wenn $ker g = ker h$ erfüllt ist.

(iv) f ist genau dann surjektiv, wenn h surjektiv ist.

Beweis: (i) Angenommen, es existiert ein Homomorphismus $f : \mathcal{C} \to \mathcal{B}$, der $f \circ g = h$ erfüllt und es sei $(a, b) \in ker g$, das heißt, $g(a) = g(b)$ und damit $f(g(a)) = f(g(b))$, also $(f \circ g)(a) = (f \circ g)(b)$. Wegen $f \circ g = h$ folgt $h(a) = h(b)$, also $(a, b) \in ker h$. Damit gilt $ker g \subseteq ker h$.
Es sei umgekehrt $ker g \subseteq ker h$ erfüllt. Wir definieren $f := h \circ g^{-1}$. Offenbar ist f eine Funktion von C in B mit $f \circ g = h$, denn der Definitionsbereich von f ist C, da g surjektiv ist und f ist wegen:

$$\forall c_1, c_2 \in C \exists a_1, a_2 \in A \ (g(a_1) = c_1, \ g(a_2) = c_2),$$

also

$$c_1 = c_2 \Leftrightarrow g(a_1) = g(a_2) \Leftrightarrow (a_1, a_2) \in ker g \Rightarrow (a_1, a_2) \in ker h$$

$$\Rightarrow h(a_1) = h(a_2) \Rightarrow h(g^{-1}(c_1)) = h(g^{-1}(c_2))$$

und

$$f(c_1) = (h \circ g^{-1})(c_1) = (h \circ g^{-1})(c_2) = f(c_2)$$

eindeutig. Weiter ist $f : \mathcal{C} \to \mathcal{B}$ ein Homomorphismus, denn seien f_i^C, $i \in I$, n_i–stellig, und $c_1, \ldots, c_{n_i} \in C$, so folgt:

$$\begin{aligned} f(f_i^C(c_1, \ldots, c_{n_i})) &= f(f_i^C(g(a_1), \ldots, g(a_{n_i}))) \\ &= f(g(f_i^A(a_1, \ldots, a_{n_i}))) = (f \circ g)(f_i^A(a_1, \ldots, a_{n_i})) \\ &= f_i^B((f \circ g)(a_1), \ldots, (f \circ g)(a_{n_i})) \\ &= f_i^B(f(g(a_1)), \ldots, f(g(a_{n_i}))) \\ &= f_i^B(f(c_1, \ldots, c_{n_i})), \end{aligned}$$

da $h = f \circ g$ ein Homomorphismus ist.

(*ii*) Jeder Homomorphismus $f' : \mathcal{C} \to \mathcal{B}$ mit $f' = h \circ g^{-1}$ stimmt mit $f = h \circ g^{-1}$ überein, denn aus $f \circ g = h$ und $f' \circ g = h$, also $f \circ g = f' \circ g$, folgt für alle $a \in A$:

$$(f \circ g)(a) = (f' \circ g)(a), \text{ das heißt, } f(g(a)) = f'(g(a)).$$

Damit ist wegen der Surjektivität von g auch $f(c) = f'(c)$ für alle $c \in C$ erfüllt, und es gilt $f = f'$.

(*iii*) Es sei f injektiv und $(a_1, a_2) \in kerh$, das heißt, $h(a_1) = h(a_2)$ mit $a_1, a_2 \in A$. Wegen $f \circ g = h$ bedeutet dies

$$(f \circ g)(a_1) = (f \circ g)(a_2), \text{ das heißt, } f(g(a_1)) = f(g(a_2)).$$

Aus der Injektivität von f erhält man daraus $g(a_1) = g(a_2)$ und daher $(a_1, a_2) \in kerg$. Dies bedeutet $kerh \subseteq kerg$ und zusammen mit der Voraussetzung über die Existenz von $f(kerg \subseteq kerh)$ haben wir die Gleichheit.

Ist umgekehrt $kerg = kerh$, so folgt aus $(a_1, a_2) \in kerh$, das heißt, $h(a_1) = h(a_2)$, auch $f(g(a_1)) = f(g(a_2))$ und weiter $g(a_1) = g(a_2)$. Da wegen der Surjektivität von g jedes Paar von Elementen c_1, c_2 in der Form $c_1 = g(a_1), c_2 = g(a_2)$ darstellbar ist, folgt aus $f(c_1) = f(c_2)$, daß $c_1 = c_2$ und daher f injektiv ist.

(*iv*) Es sei f surjektiv, das heißt, zu jedem $b \in B$ gibt es ein $c \in C$ mit $f(c) = b$. Da g auch surjektiv ist, existiert zu $c \in C$ ein $a \in A$ mit $c = g(a)$. Daher gibt es zu jedem $b \in B$ ein $a \in A$ mit $h(a) = f(g(a)) = f(c) = b$ und h ist surjektiv. Ist umgekehrt h surjektiv, so ist wegen $f \circ g = h$ auch $f \circ g$ surjektiv, das heißt, zu jedem $b \in B$ existiert ein $a \in A$ mit $(f \circ g)(a) = f(g(a)) = b$. Damit gibt es zu jedem $b \in B$ ein Element aus C, nämlich $g(a)$, das durch f auf b abgebildet wird und f ist surjektiv. ∎

Nun kommen wir auf das vor 7.1.10 gestellte Problem zurück und beweisen:

Satz 7.1.11 (Homomorphiesatz)
Es sei $h : \mathcal{A} \to \mathcal{B}$ ein surjektiver Homomorphismus. Dann existiert genau ein Isomorphismus f mit $f \circ nat(kerh) = h$.

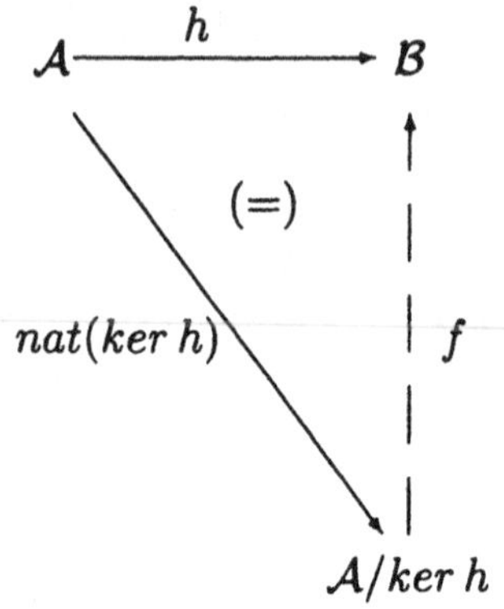

Beweis: Nach 7.1.10 (*iv*) ist f ein surjektiver Homomorphismus. Außerdem gilt $ker(nat(kerh)) = kerh$, denn

$$(a_1, a_2) \in ker(nat(kerh)) \Leftrightarrow [a_1]_{kerh} = (nat(kerh))(a_1)$$

$$= (nat(kerh))(a_2) = [a_2]_{kerh} \Leftrightarrow (a_1, a_2) \in kerh.$$

Die Anwendung von 7.1.10(*iii*) ergibt dann, daß f ein Isomorphismus ist. ∎

Unsere Überlegungen zeigen damit, daß ein homomorphes Bild einer Algebra, das meist „außerhalb" dieser Algebra liegt, schon „innerhalb" der Algebra, nämlich als Faktoralgebra nach dem Kern des Homomorphismus, bis auf Isomorphie charakterisiert werden kann. Darin besteht die eigentliche Bedeutung des Homomorphiesatzes. Um alle homomorphen Bilder einer Algebra kennenzulernen, genügt es, die Kongruenzrelationen der Algebra zu ermitteln, da jede Kongruenzrelation als Kern eines Homomorphismus in Frage kommt.

7.2 Isomorphiesätze

Als nächstes wollen wir untersuchen, wie der Homomorphiesatz auf Unteralgebren einer Algebra angewendet werden kann. Das führt uns zum

Satz 7.2.1 (1. Isomorphiesatz)
Es seien $\mathcal{A}$ und $\mathcal{B}$ Algebren des Typs τ und $h : \mathcal{A} \to \mathcal{B}$ ein Homomorphismus. Es sei $\mathcal{A}_1$ eine Unteralgebra von $\mathcal{A}$ und $h(\mathcal{A}_1) \subseteq \mathcal{B}$ ihr Bild. Es sei weiter $\mathcal{A}_1^*$

das Urbild von $h(\mathcal{A}_1)$ und $h_1 = h|A_1$ die Einschränkung von h auf A_1, sowie $h_1^* = h|A_1^*$ die Einschränkung von h auf A_1^*. Dann ist

$$\varphi : \mathcal{A}_1/ker h_1 \to \mathcal{A}_1^*/ker h_1^* \text{ vermöge } [a]_{ker h_1} \mapsto [a]_{ker h_1^*}$$

ein Isomorphismus.

Beweis: Nach Definition der Funktionen h_1 und h_1^* erhält man zunächst das folgende kommutative Diagramm:

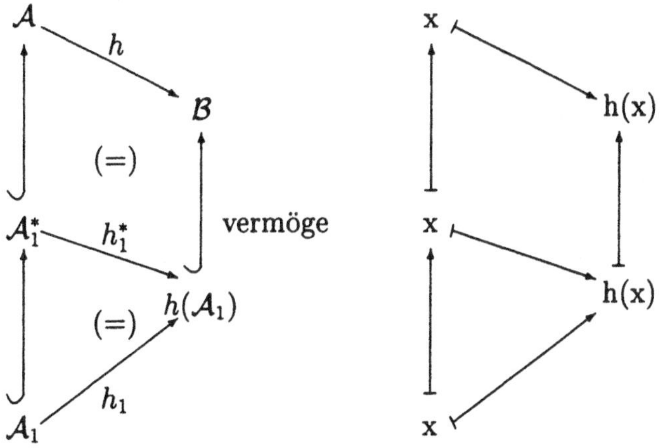

Nach 7.1.11 ergibt sich dann, da h_1 und h_1^* surjektiv sind, die Existenz von Isomorphismen f_1, f_1^* mit

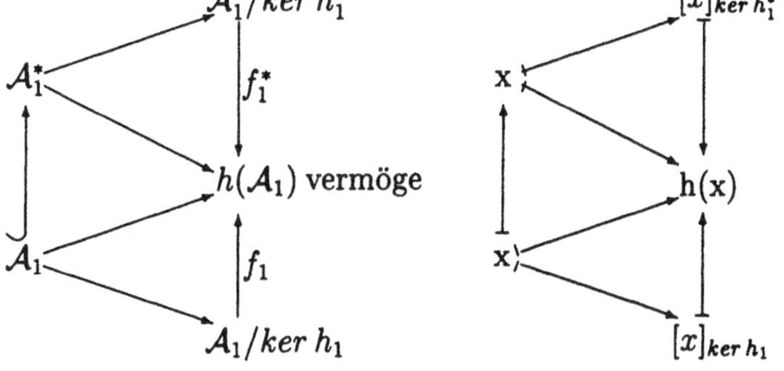

Damit ist $\varphi := f_1^{*-1} \circ f_1$ ein Isomorphismus. ■

Sind $\theta_1, \theta_2 \in Con\mathcal{A}$ und $\theta_1 \subseteq \theta_2$, so definieren wir:

$$\theta_2/\theta_1 := \{([a]_{\theta_1}, [b]_{\theta_1}) | (a, b) \in \theta_2\}$$

und beweisen den

Satz 7.2.2 (2. Isomorphiesatz)
θ_2/θ_1 ist eine Kongruenzrelation von $\mathcal{A}/\theta_1$ und

$$\varphi : (\mathcal{A}/\theta_1)/(\theta_2/\theta_1) \to \mathcal{A}/\theta_2 \text{ vermöge } [[a]_{\theta_1}]_{\theta_2/\theta_1} \mapsto [a]_{\theta_2}$$

ist ein Isomorphismus.

Beweis: Die Inklusion $\theta_2/\theta_1 \subseteq A/\theta_1 \times A/\theta_1$ ist klar. Nach Definition ist θ_2/θ_1 eine Äquivalenzrelation auf A/θ_1.
Es sei f_i^{A/θ_1}, $i \in I$, eine Fundamentaloperation der Algebra $\mathcal{A}/\theta_1$ und

$$([a_1]_{\theta_1}, [b_1]_{\theta_1}) \in \theta_2/\theta_1, \ldots, ([a_{n_i}]_{\theta_1}, [b_{n_i}]_{\theta_1}) \in \theta_2/\theta_1.$$

Dann folgt

$$\begin{aligned} f_i^{A/\theta_1}([a_1]_{\theta_1}, \ldots, [a_{n_i}]_{\theta_1}) &= [f_i^A(a_1, \ldots, a_{n_i})]_{\theta_1} \text{ und} \\ f_i^{A/\theta_1}([b_1]_{\theta_1}, \ldots, [b_{n_i}]_{\theta_1}) &= [f_i^A(b_1, \ldots, b_{n_i})]_{\theta_1}. \end{aligned}$$

Aus der Voraussetzung ergibt sich

$$(a_1, b_1) \in \theta_2, \ldots, (a_{n_i}, b_{n_i}) \in \theta_2$$

und damit

$$(f_i^A(a_1, \ldots, a_{n_i}), f_i^A(b_1, \ldots, b_{n_i})) \in \theta_2,$$

das heißt,

$$([f_i^A(a_1, \ldots, a_{n_i})]_{\theta_1}, [f_i^A(b_1, \ldots, b_{n_i})]_{\theta_1}) \in \theta_2/\theta_1,$$

also

$$(f_i^{A/\theta_1}([a_1]_{\theta_1}, \ldots, [a_{n_i}]_{\theta_1}), f_i^{A/\theta_1}([b_1]_{\theta_1}, \ldots, [b_{n_i}]_{\theta_1})) \in \theta_2/\theta_1.$$

Aus der Existenz der beiden surjektiven Homomorphismen

$$nat\theta_2 : \mathcal{A} \to \mathcal{A}/\theta_2 \text{ und } nat\theta_1 : \mathcal{A} \to \mathcal{A}/\theta_1$$

folgt nach dem Allgemeinen Homomorphiesatz (7.1.10) die Existenz eines surjektiven Homomorphismus

$$f : \mathcal{A}/\theta_1 \to \mathcal{A}/\theta_2 \text{ (vermöge } [a]_{\theta_1} \mapsto [a]_{\theta_2}).$$

Da θ_2/θ_1 eine Kongruenzrelation von $\mathcal{A}/\theta_1$ ist, gibt es außer diesem surjektiven Homomorphismus den surjektiven Homomorphismus

$$nat(\theta_2/\theta_1) : \mathcal{A}/\theta_1 \to (\mathcal{A}/\theta_1)/(\theta_2/\theta_1).$$

Damit existiert (wieder nach 7.1.10) ein surjektiver Homomorphismus

$$\varphi : (\mathcal{A}/\theta_1)/(\theta_2/\theta_1) \to \mathcal{A}/\theta_2.$$

Weiter gilt:

$$\begin{array}{llllll} ([a_1]_{\theta_1}, [a_2]_{\theta_1}) \in ker f & \Leftrightarrow & f([a_1]_{\theta_1}) = f([a_2]_{\theta_1}) & \Leftrightarrow & [a_1]_{\theta_2} = [a_2]_{\theta_2} \Leftrightarrow \\ (a_1, a_2) \in \theta_2 & \Leftrightarrow & ([a_1]_{\theta_1}, [a_2]_{\theta_1}) \in \theta_2/\theta_1 & \Leftrightarrow & ([a_1]_{\theta_1}, [a_2]_{\theta_1}) \\ & & & & \in ker(nat(\theta_2/\theta_1)) \end{array}$$

(wegen $ker(nat(\theta_2/\theta_1)) = \theta_2/\theta_1$). Nach 7.1.10(iii) ergibt sich dann, daß φ ein Isomorphismus ist. ■

7.3 Aufgaben

1. Es sei A eine Menge, Θ eine Äquivalenzrelation auf A und $f : A \to A$ eine Funktion. Man zeige, daß f genau dann mit Θ verträglich ist, wenn es eine Abbildung $g : A \to A$ gibt mit

$$ker g \subseteq \Theta \subseteq ker(g \circ f).$$

Hinweis: Man wähle g so, daß $ker g = \Theta$ gilt.

2. Es seien $\mathcal{A}$ und $\mathcal{B}$ Algebren des Typs τ. Weiter sei $h : A \to B$ eine Funktion auf A. Dann ist h genau dann ein Homomorphismus, wenn $\{(a, h(a)) \mid a \in A\}$ eine Unteralgebra von $\mathcal{A} \times \mathcal{B}$ ist.

3. Es seien $\mathcal{G} = (\{0,1,2,3\}; +, 0)$, wobei $+$ die Addition modulo 4 bedeutet, und $\mathcal{A} = (\{e,a\}; \cdot, e)$ mit $a = e \cdot a = a \cdot e, e \cdot e = a \cdot a = e$ Algebren vom Typ $(2,0)$. Definiert die Abbildung $h : G \to A$ vermöge $0 \mapsto e, 1 \mapsto e, 2 \mapsto a, 3 \mapsto a$ einen Homomorphismus?

4. Man beweise, daß die Verkettung zweier surjektiver (injektiver, bijektiver) Homomorphismen wieder surjektiv (injektiv, bijektiv) ist.

5. Man beweise, daß bei einem Homomorphismus von einer Gruppe $\mathcal{G}$ auf eine Gruppe $\mathcal{G}'$ der Kern bereits durch die Kongruenzklasse des Nullelementes (bei

additiver Schreibweise der Gruppen) eindeutig bestimmt wird.

6. Man beweise, daß bei einem Homomorphismus von einer Gruppe $\mathcal{G}$ auf eine Gruppe $\mathcal{G}'$ die Kongruenzklasse des Nullelementes bezüglich des Kerns des Homomorphismus eine Untergruppe von $\mathcal{G}$ ist.

8 Produkte von Algebren

8.1 Direkte Produkte

Die Bildung von Unteralgebren oder homomorphen Bildern führt zu Algebren mit kleinerer oder höchstens gleicher Mächtigkeit. Produktbildungen, die in diesem Abschnitt beschrieben werden sollen, können auch zu Algebren mit größerer Kardinalzahl führen.

Definition 8.1.1 Es sei $(\mathcal{A}_j)_{i\in J}$ eine Familie von Algebren des Typs τ. Das *direkte Produkt* $\prod_{j\in J} \mathcal{A}_j$ von $\mathcal{A}_j, j \in J$, ist als Algebra mit der Trägermenge

$$P := \prod_{j\in J} A_j := \{(x_j)_{j\in J} | \forall j \in J \ (x_j \in A_j)\}$$

und den Operationen

$$(f_i^P(\underline{a}_1, \ldots, \underline{a}_{n_i}))(j) = f_i^{\mathcal{A}_j}(\underline{a}_1(j), \ldots, \underline{a}_{n_i}(j)); \underline{a}_1, \ldots, \underline{a}_{n_i} \in P,$$

das heißt,

$$f_i^P((a_{1j})_{j\in J}, \ldots, (a_{n_ij})_{j\in J}) = (f_i^{\mathcal{A}_j}(a_{1j}, \ldots, a_{n_ij})_{j\in J})$$

definiert.
Ist $\mathcal{A}_j = \mathcal{A}$ für alle $j \in J$, so schreibt man auch $\mathcal{A}^J$ anstelle von $\prod_{j\in J} \mathcal{A}_j$. Ist $J = \emptyset$, so sei $\mathcal{A}^\emptyset$ die einelementige (triviale) Algebra vom Typ τ. Ist $J = \{1, \ldots, n\}$, so schreibt man das direkte Produkt als $\mathcal{A}_1 \times \cdots \times \mathcal{A}_n$.
Die Projektionen des direkten Produktes $\prod_{j\in J} \mathcal{A}_j$ sind die Homomorphismen

$$p_i : \prod_{j\in J} \mathcal{A}_j \to \mathcal{A}_i \text{vermöge } (a_j)_{j\in J} \mapsto a_i.$$

Man überzeugt sich schnell davon, daß die Projektionen des direkten Produkts surjektive Homomorphismen sind.

Bemerkung 8.1.2 Es seien $\mathcal{A}$ eine Algebra des Typs τ, $(\mathcal{A}_j)_{j\in J}$ eine Familie von Algebren des Typs τ und $(f_j : \mathcal{A} \to \mathcal{A}_j)_{j\in J}$ eine Familie von Homomorphismen. Dann existiert genau ein Homomorphismus $f : \mathcal{A} \to \prod_{j\in J} \mathcal{A}_j$ mit

$p_j \circ f = f_j$ für alle $j \in J$, nämlich $f = (f_j)_{j \in J}$, das heißt, das folgende Diagramm ist kommutativ:

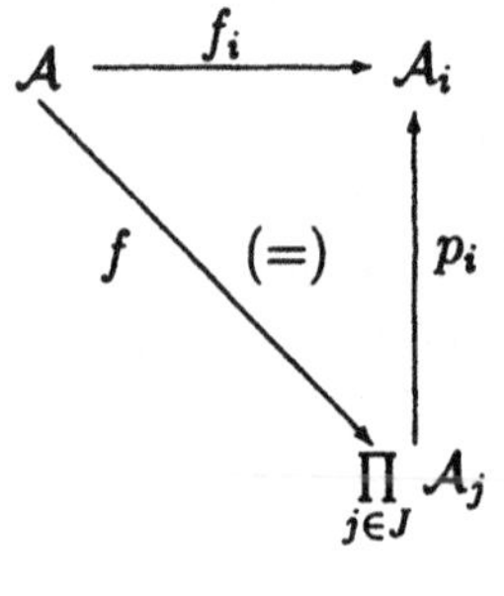

vermöge der Zuordnungen

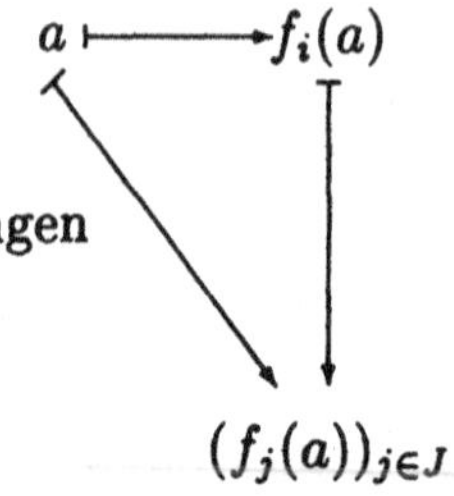

Beispiel 8.1.3 Als Beispiel betrachten wir das direkte Produkt der Permutationsgruppen

$$\mathcal{S}_2 = (\{\tau_0, \tau_1\}; \circ, ^{-1}, \tau_0) \text{ und } \mathcal{A}_3 = (\{\tau_0, \alpha_1, \alpha_2\}; \circ, ^{-1}, \tau_0).$$

mit

$$\tau_0 := (1), \tau_1 := (12), \alpha_1 := (123), \alpha_2 := (132)$$

und

$$\gamma_{00} := ((1), (1)), \gamma_{01} := ((1), (123)), \gamma_{02} := ((1), (132)),$$

$$\gamma_{10} := ((12), (1)), \ \gamma_{11} := ((12), (123)), \gamma_{12} := ((12), (132)).$$

Es gilt

$$S_2 \times A_3 = \{\gamma_{00}, \gamma_{01}, \gamma_{02}, \gamma_{10}, \gamma_{11}, \gamma_{12}\}.$$

Die binäre Operation $\circ$ des direkten Produkts ist dann durch die folgende Strukturtafel definiert:

$\circ$	γ_{00}	γ_{01}	γ_{02}	γ_{10}	γ_{11}	γ_{12}
γ_{00}	γ_{00}	γ_{01}	γ_{02}	γ_{10}	γ_{11}	γ_{12}
γ_{01}	γ_{01}	γ_{02}	γ_{00}	γ_{11}	γ_{12}	γ_{10}
γ_{02}	γ_{02}	γ_{00}	γ_{01}	γ_{12}	γ_{10}	γ_{11}
γ_{10}	γ_{10}	γ_{11}	γ_{12}	γ_{00}	γ_{01}	γ_{02}
γ_{11}	γ_{11}	γ_{12}	γ_{10}	γ_{01}	γ_{02}	γ_{00}
γ_{12}	γ_{12}	γ_{10}	γ_{11}	γ_{02}	γ_{00}	γ_{01}

Für die Projektionsabbildungen des aus zwei Faktoren bestehenden direkten Produkts wollen wir die Eigenschaften der Kongruenzrelationen $kerp_1$ und $kerp_2$ untersuchen. Dazu erinnern wir zunächst an die Definition des Relationenprodukts zweier binärer Relationen θ_1, θ_2 auf A:

$$\theta_1 \circ \theta_2 := \{(a,b) | \exists c \in A \ ((a,c) \in \theta_2 \wedge (c,b) \in \theta_1)\}.$$

Zwei binäre Relationen θ_1, θ_2 auf A heißen *vertauschbar*, falls gilt: $\theta_1 \circ \theta_2 = \theta_2 \circ \theta_1$.

Lemma 8.1.4 *Es seien $\mathcal{A}_1, \mathcal{A}_2$ zwei Algebren des Typs τ und $\mathcal{A}_1 \times \mathcal{A}_2$ ihr direktes Produkt. Dann gilt:*

(i) $kerp_1 \wedge kerp_2 = \Delta_{A_1 \times A_2}$;

(ii) $kerp_1 \circ kerp_2 = kerp_2 \circ kerp_1$;

(iii) $kerp_1 \vee kerp_2 = (A_1 \times A_2)^2$.

Beweis: (*i*) Da $kerp_1$ und $kerp_2$ Äquivalenzrelationen auf $A_1 \times A_2$ sind, ist $kerp_1 \wedge kerp_2$ ebenfalls eine Äquivalenzrelation auf $A_1 \times A_2$ und es gilt $\Delta_{A_1 \times A_2} \subseteq kerp_1 \wedge kerp_2$. Es sei umgekehrt $(x,y) \in kerp_1 \wedge kerp_2$, das heißt, $(x,y) \in kerp_1$. Dann ist mit $x = (a_1, b_1), y = (a_2, b_2)$,

$$a_1 = p_1((a_1, b_1)) = p_1((a_2, b_2)) = a_2.$$

Aus $(x,y) \in kerp_2$ folgt mit $x = (a_1, b_1), y = (a_2, b_2)$

$$b_1 = p_2((a_1, b_1)) = p_2((a_2, b_2)) = b_2.$$

Daher gilt $x = y$ und $(x,y) \in \Delta_{A_1 \times A_2}$, und weiter

$$kerp_1 \wedge kerp_2 \subseteq \Delta_{A_1 \times A_2}$$

und insgesamt

$$kerp_1 \wedge kerp_2 = \Delta_{A_1 \times A_2}.$$

(*ii*) Es seien $(x,y) \in (A_1 \times A_2)^2$, $x = (a_1, b_1)$ und $y = (a_2, b_2)$ mit $a_1, a_2 \in A_1; b_1, b_2 \in A_2$. Aus

$$((a_1, b_1), (a_1, b_2)) \in kerp_1 \text{ und } ((a_1, b_2), \ (a_2, b_2)) \in ker\, p_2$$

folgt dann

$$((a_1, b_1), (a_2, b_2)) \in kerp_2 \circ kerp_1.$$

Daraus folgt

$$(A_1 \times A_2)^2 \subseteq kerp_2 \circ kerp_1.$$

Da umgekehrt auch

$$kerp_2 \circ kerp_1 \subseteq (A_1 \times A_2)^2$$

gilt, haben wir

$$kerp_2 \circ kerp_1 = (A_1 \times A_2)^2.$$

Entsprechend erhält man auch

$$kerp_1 \circ kerp_2 = (A_1 \times A_2)^2$$

und damit $kerp_1 \circ kerp_2 = kerp_2 \circ kerp_1$. Dies beweist (*ii*).
(*iii*) Wir beweisen nun, daß aus

$$kerp_1 \circ kerp_2 = kerp_2 \circ kerp_1 = (A_1 \times A_2)^2$$

folgt

$$kerp_1 \vee kerp_2 = (A_1 \times A_2)^2.$$

Dies ergibt sich aber aus der bekannten Tatsache, daß für zwei beliebige Äquivalenzrelationen θ_1 und θ_2 gilt:

$$\theta_1 \vee \theta_2 = \theta_1 \circ \theta_2,$$

falls θ_1 und θ_2 vertauschbar sind.
Tatsächlich ist

$$kerp_1 \vee kerp_2 = kerp_1 \vee (kerp_2 \circ kerp_1) \vee (kerp_2 \circ kerp_1 \circ kerp_2) \vee \cdots \quad ([6])$$

und daraus folgt mit $kerp_1 \circ kerp_2 = kerp_2 \circ kerp_1$,

$$kerp_1 \circ kerp_2 = (A_1 \times A_2)^2 \subseteq kerp_1 \vee kerp_2.$$

Zusammen mit $kerp_1 \vee kerp_2 \subseteq (A_1 \times A_2)^2$ erhält man die Gleichheit. ■

Satz 8.1.5 *Es sei $\mathcal{A}$ eine Algebra und $\theta_1, \theta_2 \in Con\mathcal{A}$ sei ein Paar von Kongruenzrelationen mit den folgenden Eigenschaften:*

(i) $\theta_1 \wedge \theta_2 = \Delta_A$;

(ii) $\theta_1 \vee \theta_2 = A^2$;

(iii) $\theta_1 \circ \theta_2 = \theta_2 \circ \theta_1$.

Dann ist $\mathcal{A}$ isomorph zum direkten Produkt $\mathcal{A}/\theta_1 \times \mathcal{A}/\theta_2$:

$$\mathcal{A} \cong \mathcal{A}/\theta_1 \times \mathcal{A}/\theta_2.$$

Ein Isomorphismus

$$\varphi : \mathcal{A} \to \mathcal{A}/\theta_1 \times \mathcal{A}/\theta_2$$

wird gegeben durch

$$\varphi(a) = ([a]_{\theta_1}, [a]_{\theta_2}), a \in A.$$

Beweis: φ ist injektiv, denn sei

$$\varphi(a) = \varphi(b), \text{ also } [a]_{\theta_1} = [b]_{\theta_1} \text{ und } [a]_{\theta_2} = [b]_{\theta_2}.$$

Dann folgt $(a, b) \in \theta_1 \wedge \theta_2$, also $a = b$ nach (i).
φ ist auch surjektiv, denn für jedes Paar $(a, b) \in A^2$ gibt es wegen (ii) und (iii) ein $c \in A$ mit $(a, c) \in \theta_1$ und $(c, b) \in \theta_2$. Daher ist

$$([a]_{\theta_1}, [b]_{\theta_2}) = ([c]_{\theta_1}, [c]_{\theta_2}) = \varphi(c).$$

φ ist sogar Isomorphismus, denn sei $f_i, i \in I$, ein n_i- stelliges Operationssymbol und $a_1, \ldots, a_{n_i} \in A$, so gilt

$$\begin{aligned}
&\varphi(f_i^A(a_1, \ldots, a_{n_i}))\\
&= ([f_i^A(a_1, \ldots, a_{n_i})]_{\theta_1}, [f_i^A(a_1, \ldots, a_{n_i})]_{\theta_2})\\
&= (f_i^{A/\theta_1}([a_1]_{\theta_1}, \ldots, [a_{n_i}]_{\theta_1}), f_i^{A/\theta_2}([a_1]_{\theta_2}, \ldots, [a_{n_i}]_{\theta_2}))\\
&= f_i^{A/\theta_1 \times A/\theta_2}(([a_1]_{\theta_1}, [a_1]_{\theta_2}), ([a_2]_{\theta_1}, [a_2]_{\theta_2}), \ldots, ([a_{n_i}]_{\theta_1}, [a_{n_i}]_{\theta_2}))\\
&= f_i^{A/\theta_1 \times A/\theta_2}(\varphi(a_1), \ldots, \varphi(a_{n_i})).
\end{aligned}$$

■

Definition 8.1.6 Eine Algebra $\mathcal{A}$ heißt *direkt irreduzibel*, wenn aus $\mathcal{A} \cong \mathcal{B}_1 \times \mathcal{B}_2$ immer $|B_1| = 1$ oder $|B_2| = 1$ folgt.

Folgerung 8.1.7 *Eine Algebra $\mathcal{A}$ ist genau dann direkt irreduzibel, wenn $(\Delta_A, A \times A)$ das einzige Paar von Kongruenrelationen auf $\mathcal{A}$ ist, das die Bedingungen (i) - (iii) von 8.1.5 erfüllt.*

Beweis: Es sei $\mathcal{A}$ direkt irreduzibel und $\theta_1, \theta_2 \in Con\mathcal{A}$ erfülle $(i) - (iii)$ von Satz 8.1.5. Dann ist $\mathcal{A} \cong \mathcal{A}/\theta_1 \times \mathcal{A}/\theta_2$ also o.B.d.A. $|A/\theta_1| = 1$. Dann folgt $\theta_1 = A \times A$ und wegen (i) $\theta_2 = \Delta_A$.
Es sei nun umgekehrt $(\Delta_A, \mathcal{A} \times \mathcal{A})$ das einzige Paar mit den Eigenschaften $(i) - (iii)$, und es sei $\mathcal{A} \cong \mathcal{A}_1 \times \mathcal{A}_2$. Dann ist $(\Delta_{A_1 \times A_2}, (A_1 \times A_2)^2)$ auch das

einzige Paar von Kongruenzrelationen auf $\mathcal{A}_1 \times \mathcal{A}_2$ mit (i) – (iii). Es erfüllen aber auch die Kerne der Projektionsabbildungen p_1 und p_2 nach Lemma 8.1.4 die Bedingungen (i) – (iii). Also gilt

$$kerp_1 = \Delta_{A_1 \times A_2} \text{ oder } kerp_2 = \Delta_{A_1 \times A_2},$$

daher $|A_1| = 1$ oder $|A_2| = 1$. ■

8.2 Subdirekte Produkte

Außer dem direkten Produkt sind weitere Produktbildungen von Algebren möglich.

Definition 8.2.1 Es sei $(\mathcal{A}_j)_{j\in J}$ eine Familie von Algebren des Typs τ. Eine Unteralgebra $\mathcal{B} \subseteq \prod_{i\in J} \mathcal{A}_i$ des direkten Produktes der $\mathcal{A}_j$ heißt *subdirektes Produkt* der $\mathcal{A}_j$, falls für alle Projektionsabbildungen $p_i : \prod_{j\in J} \mathcal{A}_j \to \mathcal{A}_i$ gilt

$$p_i(\mathcal{B}) = \mathcal{A}_i\ .$$

Beispiel 8.2.2 1. Jedes direkte Produkt ist auch ein subdirektes Produkt.

2. Für jede Algebra $\mathcal{A}$ ist die Diagonale $\Delta_A = \{(a,a) | a \in A\}$ Trägermenge eines subdirekten Produkts, denn Δ_A ist wegen

$$(a_1,a_1) \in \Delta_A, \ \ldots, \ (a_{n_i},a_{n_i}) \in \Delta_A \Rightarrow (f_i^A(a_1,\ldots,a_{n_i}), f_i^A(a_1,\ldots,a_{n_i})) \in \Delta_A$$

für alle $i \in I$, eine Unteralgebra von $\mathcal{A} \times \mathcal{A}$ und es gilt $p_1(\Delta_A) = p_2(\Delta_A) = \mathcal{A}$.

3. Wir betrachten die beiden Verbände

$\mathcal{C}_2$

und

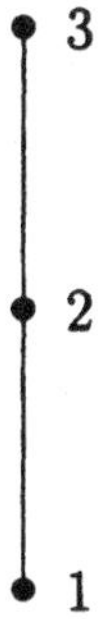

$\mathcal{C}_3$

Ihr direktes Produkt ist der durch das Diagramm

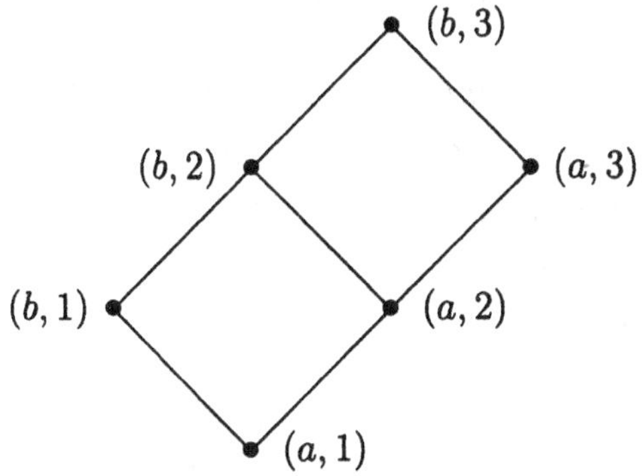

beschriebene Verband.
Der Unterverband $\mathcal{L} \subseteq \mathcal{C}_2 \times \mathcal{C}_3$, der durch das Diagramm

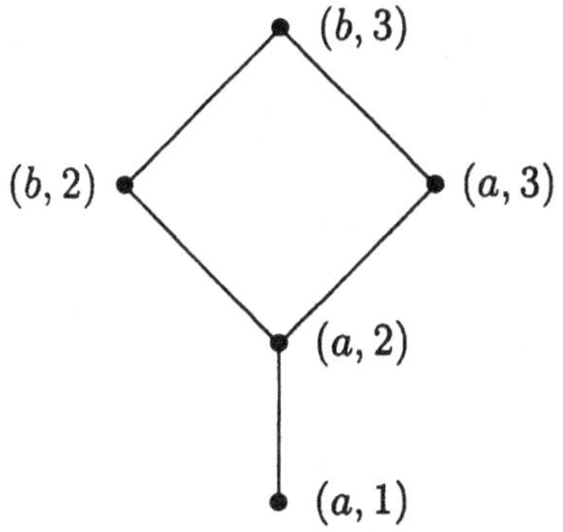

beschrieben wird, ist offenbar ein subdirektes Produkt von $\mathcal{C}_2$ und $\mathcal{C}_3$.

Satz 8.2.3 *Es sei $\mathcal{B}$ ein subdirektes Produkt der Familie $(\mathcal{A}_j)_{j\in J}$ von Algebren des Typs τ. Dann gilt für die Projektionsabbildungen $p_i : \prod_{j\in J} \mathcal{A}_j \to \mathcal{A}_i$ die Gleichung $\bigcap_{j\in J} ker(p_j|B) = \Delta_B$.*

Beweis: Aus $(a,b) \in \bigcap_{j\in J} ker(p_j|B)$ folgt $p_i(a) = p_i(b)$ für alle $i \in J$, das heißt, jede Komponente von a stimmt mit der entsprechenden Komponente von b überein. Dies bedeutet aber $a = b$ und daher $(a,b) \in \Delta_B$. Umgekehrt gilt $\Delta_B \subseteq ker(p_i|B)$ für alle p_i und daher ist Δ_B für alle p_j in $\bigcap_{j\in J} ker(p_j|B)$ enthalten. Aus beiden Inklusionen zusammen folgt die Gleichheit. ∎

Durch diese Eigenschaft und die Tatsache, daß alle $p_i|B$ surjektiv sind, werden subdirekte Produkte schon charakterisiert.

Satz 8.2.4 *Es sei $\mathcal{A}$ eine Algebra. Für die Kongruenzrelationen $\theta_j \in Con\mathcal{A}$, $j \in J$, gelte $\bigcap_{j\in J} \theta_j = \Delta_A$. Dann ist $\mathcal{A}$ isomorph zu einem subdirekten Produkt der Algebren $\mathcal{A}/\theta_j$ $j \in J$. Durch $\varphi(a) := ([a]_{\theta_j} | j \in J)$ wird eine Einbettung $\varphi : \mathcal{A} \to \prod_{j\in J} (\mathcal{A}/\theta_j)$ definiert und $\varphi(\mathcal{A})$ ist ein subdirektes Produkt der Algebren $\mathcal{A}/\theta_j$.*

Beweis: φ ist ein Homomorphismus, denn sei f_i, $i \in I$, ein n_i-stelliges Operationssymbol und seien $b_1, \ldots, b_{n_i} \in A$. Dann gilt

$$\begin{aligned} \varphi(f_i^A(b_1,\ldots,b_{n_i})) &= ([f_i^A(b_1,\ldots,b_{n_i})]_{\theta_j})_{j\in J} = \\ (f_i^{A/\theta_j}([b_1]_{\theta_j}, \ \ldots, \ [b_{n_i}]_{\theta_j}))_{j\in J} &= (f_i^{A/\theta_j}(\varphi(b_1), \ \ldots, \ \varphi(b_{n_i})))_{j\in J}. \end{aligned}$$

φ ist injektiv, denn aus $\varphi(a) = \varphi(b)$ folgt $[a]_{\theta_j} = [b]_{\theta_j}$ und daher $(a,b) \in \theta_j$ für alle $j \in J$. Also gilt auch $(a,b) \in \bigcap_{j\in J} \theta_j = \Delta_A$ und damit $a = b$. Dies beweist die Isomorphie von $\mathcal{A}$ und $\varphi(\mathcal{A})$.
Bezeichnet $p_i : \prod_{j\in J} (\mathcal{A}/\theta_j) \to \mathcal{A}/\theta_i$ die i-te Projektionsabbildung, so gilt nach Definition von φ : $p_i(\varphi(\mathcal{A})) = \mathcal{A}/\theta_i$ für alle $i \in J$. Daher ist $\varphi(\mathcal{A})$ subdirektes Produkt der Algebren $\mathcal{A}/\theta_j$. ∎

Definition 8.2.5 Eine Algebra $\mathcal{A}$ vom Typ τ heißt *subdirekt irreduzibel*, wenn jede Familie $\{\theta_j | j \in J\} \subseteq Con\mathcal{A}$ von Kongruenzrelationen von $\mathcal{A}$, die von Δ_A verschieden sind, einen von Δ_A verschiedenen Durchschnitt besitzt. (8.2.3 ist daher nicht erfüllt, damit ist keine Darstellung von $\mathcal{A}$ als subdirektes Produkt möglich.)

Bemerkung 8.2.6 Man sieht leicht, daß dies genau dann der Fall ist, wenn Δ_A im Kongruenzenverband $Con\mathcal{A}$ genau einen oberen Nachbarn hat. Der Kongruenzenverband hat dann die Form:

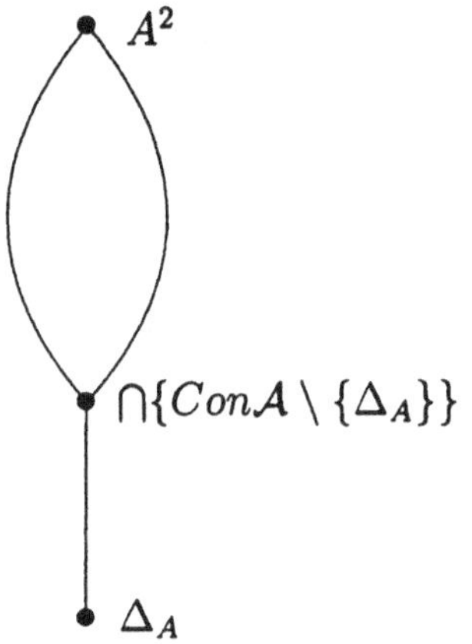

Beispiel 8.2.7 1. Jede einfache Algebra ist subdirekt irreduzibel. Da eine beliebige zweielementige Algebra einfach ist, ist sie subdirekt irreduzibel.

2. Eine dreielementige Algebra, die nicht mehr als eine von A^2 und Δ_A verschiedene Kongruenz hat, ist subdirekt irreduzibel.

Für die Lösung der Aufgabe, jede Algebra eines gewissen Typs in „kleinste", nicht weiter zerlegbare Bestandteile aufzugliedern, sind direkte Produkte nicht immer geeignet, denn nicht jede Algebra ist isomorph zu einem direkten Produkt von direkt irreduziblen Algebren. Es gilt aber der folgende auf G. Birkhoff ([1]) zurückgehende Satz, den wir ohne Beweis angeben wollen.

Satz 8.2.8 *Jede Algebra ist isomorph zu einem subdirekten Produkt subdirekt irreduzibler Algebren.* ∎

8.3 Aufgaben

1. Man beweise: Ist $\mathcal{A}$ eine endliche Algebra, so ist $\mathcal{A}$ isomorph zu einem direkten Produkt von direkt irreduziblen Algebren.

2. Jede zweielementige Algebra und jede einfache Algebra sind subdirekt irreduzibel.

3. Sind $\mathcal{A}, \mathcal{B}$ Algebren desselben Typs und hat $\mathcal{A}$ eine einelementige Unteralgebra, so hat das direkte Produkt $\mathcal{A} \times \mathcal{B}$ eine zu $\mathcal{B}$ isomorphe Unteralgebra.

4. Man beweise, daß für eine beliebige Algebra $\mathcal{A}$ die diagonale Relation $\Delta_A := \{(a, a) \mid a \in A\}$ Trägermenge eines subdirekten Produkts ist.

9 Terme und Bäume

In den vorangehenden Kapiteln haben wir vier algebraische Konstruktionen untersucht: die Bildung von Unteralgebren, homomorphen Bildern, Faktoralgebren und Produkten. Wir beginnen nun damit, uns einen davon gänzlich verschiedenen Zugang zu Algebren und Klassen von Algebren zu verschaffen. Dabei werden Gleichungen und das Erfülltsein von Gleichungen in einer Algebra betrachtet. Man kann hierbei mehr von einem logischen Zugang sprechen. Im Anschluß daran wird der Zusammenhang zwischen beiden Wegen dargestellt. Um Gleichungen zu definieren, benötigt man Terme. Treten in den Termen außer Variablen auch Konstanten auf, so spricht man von Polynomen. Terme und Polynome kann man durch Bäume, das heißt durch zusammenhängende kreisfreie Graphen mit einem ausgezeichneten Knoten als Wurzel veranschaulichen. Terme und Polynome über einer Algebra $\mathcal{A}$ definieren spezielle Arten von Operationen auf der Trägermenge A. Diese werden als Termoperationen beziehungsweise als Polynomoperationen bezeichnet. Mit Hilfe der Termoperationen einer Algebra $\mathcal{A}$ werden wir den Begriff der in einer Algebra erfüllten Identität erklären.

9.1 Terme und Bäume

Halbgruppen wurden als Algebren $(G; \cdot)$ vom Typ $\tau = (2)$ definiert, in denen das Assoziativgesetz

$$x \cdot (y \cdot z) \approx (x \cdot y) \cdot z$$

erfüllt ist. Dies bedeutet, daß für alle Elemente $x, y, z \in G$ die Gleichung $x \cdot (y \cdot z) = (x \cdot y) \cdot z$ erfüllt ist. Um diese Gleichung aufzuschreiben, benötigen wir die Symbole x, y und z. Aber diese Symbole sind nicht selbst Elemente von G; sie sind nur Zeichen, für die Elemente von G eingesetzt werden können. Solche Symbole werden Variablen genannt. Um Identitäten einer Algebra aufschreiben zu können, benötigen wir eine Sprache, die sowohl Variablen als auch Symbole zur Darstellung von Operationen enthält. Im obigen Assoziativgesetz haben wir nicht zwischen der Bezeichnung der Operation und dem Symbol der Operation unterschieden, sondern haben für beide das Zeichen $\cdot$ verwendet. Aber in der von uns zukünftig verwendeten formalen Sprache muß zwischen beiden unterschieden werden. Diese formale Sprache soll nun definiert werden. Es sei $n \geq 1$ eine natürliche Zahl, und $X_n = \{x_1, \ldots, x_n\}$ sei eine n-elementige Menge. Die Menge X_n heißt *Alphabet* und ihre Elemente heißen *Variablen*. Wir benötigen auch eine Menge $\{f_i | i \in I\}$ von Operationssymbolen, die durch die Menge I indiziert sind. Die Mengen X_n und $\{f_i | i \in I\}$ müssen disjunkt sein, das heißt, ihr Durchschnitt ist die leere Menge. Jedem Operationssymbol f_i ordnen wir eine natürliche Zahl $n_i \geq 1$ als Stelligkeit von f_i zu. Wie in der Definition einer Algebra wird die Folge $\tau = (n_i)_{i \in I}$ aller Stelligkeiten der *Typ* der Sprache genannt. Mit diesen Bezeichnungen sind wir nun in der Lage, Terme des Typs τ zu definieren.

Definition 9.1.1 Es sei $n \geq 1$. Dann sind *n-stellige Terme* des Typs τ in der folgenden Weise induktiv definiert:
(i) Jede Variable $x_i \in X_n$ ist ein n-stelliger Term.
(ii) Wenn $t_1, \ldots, t_{n_i}$ n-stellige Terme sind und wenn f_i ein n_i-stelliges Operationssymbol ist, dann ist $f_i(t_1, \ldots, t_{n_i})$ ein n-stelliger Term.
(iii) Die Menge $W_\tau(X_n) = W_\tau(x_1, \ldots, x_n)$ aller n-stelligen Terme ist die kleinste Menge, die $x_1, \ldots, x_n$ enthält und bezüglich endlichfacher Anwendung von (ii) abgeschlossen ist.

Bemerkung 9.1.2 1. Unmittelbar aus der Definition folgt, daß jeder n-stellige Term auch k-stellig für $k > n$ ist.
2. Unsere Definition gestattet keine nullstelligen Terme. Diese können wir zusätzlich durch eine vierte Bedingung definieren, die zum Ausdruck bringt, daß jedes nullstellige Operationssymbol unseres Typs ein n-stelliger Term ist. Wir könnten unsere Sprache auch durch Hinzufügen einer dritten Art von Symbolen anreichern, die als konstante oder nullstellige Terme verwendet werden; dies soll etwas später geschehen.

Beispiel 9.1.3 Es sei $\tau = (2)$, mit einem binären Operationssymbol f. Es sei $X_2 = \{x_1, x_2\}$. Dann sind $f(f(x_1, x_2), x_2)$, $f(x_2, x_1)$, x_1, x_2 und $f(f(f(x_1, x_2), x_1), x_2)$ binäre Terme. Der Ausdruck $f(f(x_3, f(x_1, x_2)), x_4)$ ist ein vierstelliger Term, aber $f(f(x_1, x_2), x_3$ ist kein Term (eine Klammer fehlt).

Beispiel 9.1.4 Es sei $\tau = (1)$, mit einem einstelligen Operationssymbol f. Es sei $X_1 = \{x_1\}$. Dann sind die einstelligen Terme dieses Typs die Ausdrücke x_1, $f(x_1)$, $f(f(x_1))$, $f(f(f(x_1)))$, und so weiter. Wir bemerken, daß $W_{(1)}(X_1)$ unendlich ist. In speziellen Anwendungen, zum Beispiel in der Gruppentheorie wird die einstellige Operation durch $^{-1}$ an Stelle von f bezeichnet, und die Terme werden in der Form x_1, $x_1^{-1}, (x_1^{-1})^{-1}$, usw., notiert. Im Fall von Gruppen werden die Terme x_1 und $(x_1^{-1})^{-1}$ als gleich aufgefaßt. Aber diese Gleichheit hängt von der speziellen Anwendung ab. Die von uns definierten Terme sind in dem Sinne absolut frei, daß wir außer der Festlegung der Stelligkeit keinerlei Einschränkungen oder Annahmen über die Eigenschaften der Operationssymbole machen.

Unsere Definition ist induktiv und stützt sich auf die Anzahl der Operationssymbole, die im Term vorkommen. Diese Anzahl wird auch als *Termkomplexität* bezeichnet. Die meisten Beweise, die wir in diesem Zusammenhang führen werden, sind ebenfalls Beweise mit vollständiger Induktion nach der Termkomplexität. Will man nachweisen, daß eine gewisse Eigenschaft für alle Terme erfüllt ist, so beweist man sie zunächst für Variable, das heißt für Komplexität 0 und dann unter der Annahme, daß die Terme $t_1, \ldots, t_{n_i}$ die betreffende Eigenschaft erfüllen, beweist man sie für Terme der Form $f_i(t_1, \ldots t_{n_i})$, das heißt für den Fall, daß die Komplexität um 1 größer ist.

Außer der Anzahl der Operationssymbole, die in einem Term vorkommen, gibt es verschiedene andere Komplexitätsmaße für Terme. Wir erwähnen hier noch die *Tiefe* (*depth*) eines Terms. Die Tiefe eines Terms wird durch die folgenden Schritte definiert:

(i) $depth(t) = 0$ wenn $t = x_i$ eine Variable ist,

(ii) $depth(t) = \max\{depth(t_1), \ldots, depth(t_{n_i})\} + 1$, wenn $t = f_i(t_1, \ldots, t_{n_i})$ ist.

In der Informatik ist es sehr gebräuchlich, Terme durch Bäume zu veranschaulichen, man spricht genauer von *semantischen Bäumen*. Der semantische Baum eines Terms t ist definiert durch:

(i) Wenn $t = x_i$, dann besteht der semantische Baum von t nur aus einem Knoten, der durch x_i bezeichnet wird und dieser Knoten heißt auch *Wurzel* des Baums.

(ii) Wenn $t = f_i(t_1, \ldots, t_{n_i})$ ist, dann hat der semantische Baum von t einen der Knoten als Wurzel und diese wird durch f_i bezeichnet. Von dieser Wurzel gehen n_i Kanten aus, die von links beginnend den Teiltermen $t_1, \ldots, t_{n_i}$ entsprechen.

Betrachten wir zum Beispiel den Typ $\tau = (2, 1)$ mit einem binären Operationssymbol f_2 und einem einstelligen Operationssymbol f_1, und $X_3 = \{x_1, x_2, x_3\}$ als Menge der Variablen. Dann gehört zu dem Term $t = f_2(f_1(f_2(f_2(x_1, x_2), f_1(x_3))), f_1(f_2(f_1(x_1), f_1(f_1(x_2)))))$ der unten abgebildete semantische Baum.

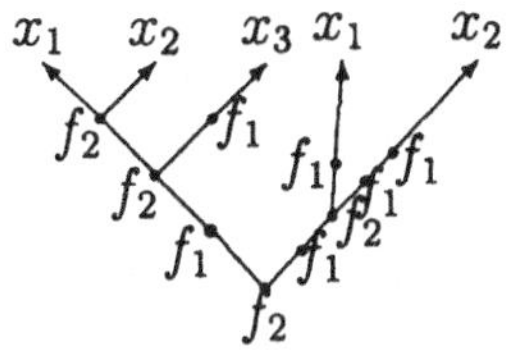

Die von einem beliebigen Knoten ausgehenden Kanten des semantischen Baumes werden von links nach rechts durchlaufen, das heißt, wir beginnen mit der Variablen, die im Term t von links nach rechts geordnet betrachtet, am weitesten links steht. Für einen beliebigen Knoten des Baumes kann man den Weg von der Wurzel zu diesem Knoten durch eine Folge über der Menge $\mathbb{N}^+$ der positiven natürlichen Zahlen beschreiben. Die Wurzel des Baumes wird durch das Symbol e bezeichnet; wir bezeichnen es als leere Folge. Die Knoten auf der zweiten Stufe werden durch $1, \ldots, n_i$, von links nach rechts bezeichnet. In dieser Weise fortfahrend können wir schließlich jedem Zweig des Baumes eine Folge über $\mathbb{N}^+$ zuordnen. Zum Beispiel werden die Zweige des Baumes in unserem Beispiel so bezeichnet, wie es das nachfolgende Diagramm angibt.

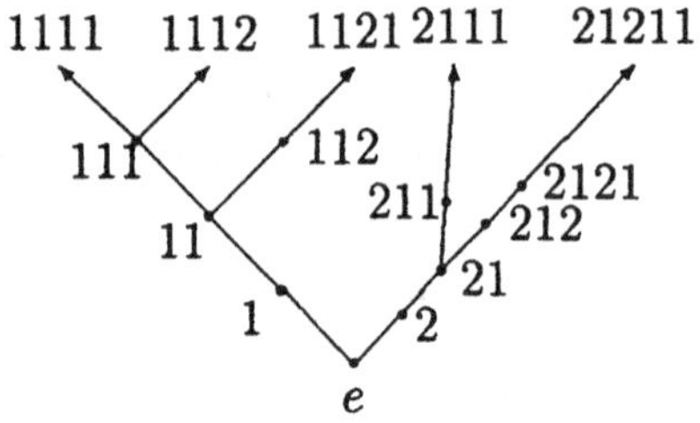

Die jedem Knoten zugeordneten Folgen werden auch als *Adressen* bezeichnet. Es sei τ ein fester Typ. Es sei X die Vereinigung aller Mengen X_n von Variablen, das heißt, $X = \{x_1, x_2, \ldots\}$.
Durch $W_\tau(X)$ bezeichnen wir die Menge aller Terme des Typs τ über dem abzählbar unendlichen Alphabet X:

$$W_\tau(X) \quad = \quad \bigcup_{n=1}^{\infty} W_\tau(X_n).$$

Wir wollen nun auf der Menge $W_\tau(X)$ Operationen so definieren, daß eine Algebra vom Typ τ mit $W_\tau(X)$ als Trägermenge entsteht. Welche Operationen können mit Termen ausgeführt werden? Für jedes $i \in I$ definieren wir eine n_i-stellige Operation $\bar{f}_i$ auf $W_\tau(X)$ mit

$$\bar{f}_i : W_\tau(X)^{n_i} \to W_\tau(X) \quad \text{definiert durch} \quad (t_1, \ldots, t_{n_i}) \mapsto f_i(t_1, \ldots, t_{n_i}).$$

Man beachte wieder den Unterschied zwischen der konkreten Operation $\bar{f}_i$, definiert auf der Menge aller Terme, und dem formalen Operationssymbol f_i, das zur Bildung von Termen verwendet wird. Der zweite Schritt von Definition 9.1.1 zeigt, daß das Element $f_i(t_1, \ldots, t_{n_i})$ in unserer Definition zu $W_\tau(X)$ gehört und daher ist die Operation $\bar{f}_i$ wohl definiert.

Definition 9.1.5 Die Algebra $\mathcal{F}_\tau(X) := (W_\tau(X); (\bar{f}_i)_{i\in I})$ heißt *Termalgebra*, oder *absolute freie Algebra*, vom Typ τ über der Menge X.

Das folgende Resultat ist eine einfache Folgerung aus unserer induktiven Definition der Terme.

Lemma 9.1.6 *Für einen beliebigen Typ τ, wird die Termalgebra $\mathcal{F}_\tau(X)$ durch die Menge X erzeugt.*

Beweis: Definition 9.1.1 (i) zeigt, daß $X \subseteq W_\tau(X)$, und 9.1.1 (ii) führt zu $\langle X\rangle_{\mathcal{F}_\tau(X)} = \mathcal{F}_\tau(X)$. ∎

An Stelle von $\mathcal{F}_\tau(X)$, könnte man auch die Algebra $\mathcal{F}_\tau(X_n) := (W_\tau(X_n); (\bar{f}_i)_{i\in I})$ betrachten, wobei $\bar{f}_i$ jetzt die Einschränkungen der Operationen, die ursprünglich auf $W_\tau(X)$ definiert werden, auf die Teilmenge $W_\tau(X_n)$ sind. Nach Definition 9.1.1 sind diese Einschränkungen ebenfalls auf $W_\tau(X_n)$ definierte Operationen. Diese Algebra heißt *absolut freie Algebra* oder *Termalgebra* vom Typ τ über der Menge X_n von n Erzeugenden. Wie in Lemma 9.1.6, wird die Algebra $\mathcal{F}_\tau(X_n)$ durch die Menge X_n erzeugt.

Wie wir bereits erwähnt haben, ist die hier definierte Termalgebra absolut frei in dem Sinne, daß außer der Stelligkeit keine weiteren Eigenschaften der Operationssymbole gefordert werden. Von einer absolut freien Algebra kann man auch wegen der in folgendem Satz formulierten Eigenschaft der Termalgebren sprechen.

Satz 9.1.7 *Für jede Algebra $\mathcal{A} \in Alg(\tau)$ und jede Abbildung $f : X \to A$ gibt es einen eindeutigen Homomorphismus $\hat{f} : \mathcal{F}_\tau(X) \to \mathcal{A}$, der die Abbildung f fortsetzt, so daß gilt $\hat{f} \circ \varphi = f$, wobei $\varphi : X \to \mathcal{F}_\tau(X)$ die Einbettung von X in $\mathcal{F}_\tau(X)$ ist. Dieser Homomorphismus schließt das folgende Diagramm kommutativ.*

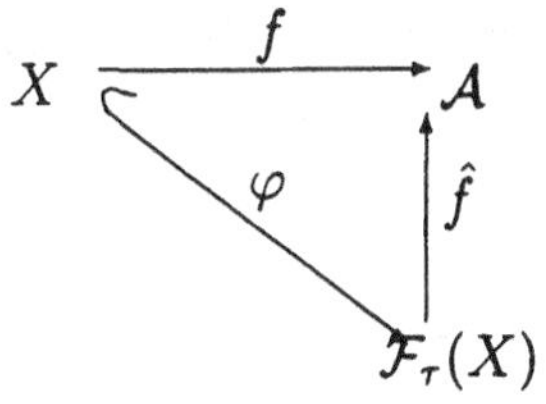

Beweis: Wir definieren $\hat{f}$ in der folgenden Weise:

$$\hat{f}(t) := \begin{cases} f(t), & \text{wenn } t = x \in X \text{eine Variable ist,} \\ f_i^{\mathcal{A}}(\hat{f}(t_1), \ldots, \hat{f}(t_{n_i})), & \text{wenn } t = f_i(t_1, \ldots, t_{n_i}). \end{cases}$$

Hier bedeutet f_i^A die Fundamentaloperation der Algebra $\mathcal{A}$, die zu dem Operationssymbol f_i korrespondiert. Diese Definition ist wieder induktiv, da wir in der zweiten Bedingung annehmen, daß jedes $\hat{f}(t_j)$, für $1 \leq j \leq n_i$ schon definiert ist. Es ist klar, daß, $\hat{f}(\overline{f}_i(t_1, \ldots, t_{n_i})) = \hat{f}(f_i(t_1, \ldots, t_{n_i})) = f_i^A(\hat{f}(t_1), \ldots, \hat{f}(t_{n_i}))$ die Homomorphismuseigenschaft von $\hat{f}$ ist und unmittelbar aus der Definition folgt, daß $\hat{f}$ die Funktion f fortsetzt. ∎

Wir haben bisher Terme mit Hilfe der Variablen $x_1, x_2, \ldots, x_n, \ldots$ gebildet. Man sollte erwarten, daß es bei der Gültigkeit von Identitäten in Algebren nicht auf die Bezeichnung der Variablen ankommt, daß man sie also zum Beispiel auch mit $Y = y_1, y_2, \ldots, y_n, \ldots$ bezeichnen kann. Unsere durchaus vernünftigen Erwartungen lassen sich mathematisch bestätigen. Dazu bilden wir die Menge $W_\tau(Y)$ aller Terme des Typs τ über der Menge Y von Variablen, definieren auf dieser Menge Operationen wie vorher, so daß eine Algebra $\mathcal{F}_\tau(Y)$ entsteht, die durch Y erzeugt wird und die auch die Aussagen des Theorems 9.1.7 erfüllt. Dann gilt:

Satz 9.1.8 *Es seien Y und Z Alphabete derselben Mächtigkeit. Dann sind die Termalgebren $\mathcal{F}_\tau(Y)$ und $\mathcal{F}_\tau(Z)$ zueinander isomorph.*

(Zwei Mengen Y und Z heißen gleichmächtig, wenn es eine Bijektion zwischen ihnen gibt. Die Gleichmächtigkeit ist eine Äquivalenzrelation, deren Äquivalenzklassen als Kardinalzahlen der in ihnen enthaltenen Mengen bezeichnet werden).

Beweis: Ist $|Y| = |Z|$, wobei $|Y|$ die Mächtigkeit (Kardinalzahl) der Menge Y ist, so gibt es eine Bijektion $\varphi : Y \to Z$. Da $\mathcal{F}_\tau(Z) \in \text{Alg}\,(\tau)$ ist, können wir nach Theorem 9.1.7 die Abbildung φ zu einem Homomorphismus $\hat{\varphi} : \mathcal{F}_\tau(Y) \to \mathcal{F}_\tau(Z)$ fortsetzen. Jetzt wenden wir Satz 9.1.7 erneut auf die Abbildung $\varphi^{-1} : Z \to Y$ an und erhalten einen Homomorphismus $(\varphi^{-1})\hat{} : \mathcal{F}_\tau(Z) \to \mathcal{F}_\tau(Y)$. Wir werden durch Induktion nach der Komplexität des Terms t zeigen, daß $(\varphi^{-1})\hat{} \circ \hat{\varphi} = id_{W_\tau(Y)}$ und $\hat{\varphi} \circ (\varphi^{-1})\hat{} = id_{W_\tau(Z)}$ erfüllt sind. Dies zeigt dann, daß $\hat{\varphi}$ ein Isomorphismus mit $(\varphi^{-1})\hat{}$ als Inversem ist. Für den Fall $t = x$ ist dies klar. Wir nehmen also an, daß $t = f_i(t_1, \ldots, t_{n_i})$ ist und daß die Aussage für die Terme $t_1, \ldots, t_{n_i}$ wahr ist. Dann gilt $((\varphi^{-1})\hat{} \circ \hat{\varphi})(t) = (\varphi^{-1})\hat{}(\hat{\varphi}(t)) = (\varphi^{-1})\hat{}(f_i^{\mathcal{F}_\tau(Z)}(\hat{\varphi}(t_1), \ldots, \hat{\varphi}(t_{n_i}))) = (\varphi^{-1})\hat{}(f_i(\hat{\varphi}(t_1), \ldots, (\hat{\varphi}(t_{n_i}))) = f_i^{\mathcal{F}_\tau(Y)}(((\varphi^{-1})\hat{} \circ \varphi)(t_1), \ldots, ((\varphi^{-1})\hat{} \circ \varphi)(t_{n_i})) = f_i(t_1, \ldots, t_{n_i}) = t$. Der Beweis für $\hat{\varphi} \circ (\varphi^{-1})\hat{}$ ist ähnlich. ∎

9.2 Termoperationen

Terme sind formale Ausdrücke unserer formalen Sprache vom Typ τ. Um mit Hilfe von Termen Aussagen zu formulieren, die in einer gegebenen Algebra $\mathcal{A}$ wahr oder falsch sein können, haben wir die in den Termen vorkommenden Variablen durch Elemente einer konkreten Menge A zu ersetzen und die Operationssymbole durch konkrete Operationen auf dieser Menge zu interpretieren. Dieses Vorgehen produziert aus Termen die zugehörigen Termoperationen. Wie bisher bezeichnen wir durch X die abzählbar unendliche Menge $\{x_1, x_2, x_3, \ldots\}$ von Variablen.

Definition 9.2.1 Es sei $\mathcal{A}$ eine Algebra vom Typ τ, und es sei t ein n-stelliger Term vom Typ τ über X. Dann induziert t eine n-stellige Operation $t^{\mathcal{A}}$ auf $\mathcal{A}$, welche die *Termoperation induziert durch den Term t auf der Algebra* $\mathcal{A}$ genannt wird, und in folgender Weise definiert ist:
(i) Wenn $t = x_j \in X_n$ eine Variable ist, dann ist $t^{\mathcal{A}} = x_j^{\mathcal{A}} = e_j^{n,A}$; hier ist $e_j^{n,A}$ die n-stellige Projektion auf A, definiert durch $e_j^{n,A}(a_1, \ldots, a_n) = a_j$ für alle $a_1, \ldots, a_n \in A$.
(ii) Wenn $t = f_i(t_1, \ldots, t_{n_i})$ ein n-stelliger Term vom Typ τ ist und wenn $t_1^{\mathcal{A}}, \ldots, t_{n_i}^{\mathcal{A}}$ die Termoperationen sind, welche durch $t_1, \ldots, t_{n_i}$ auf $\mathcal{A}$ induziert werden, dann ist $t^{\mathcal{A}} = f_i^{\mathcal{A}}(t_1^{\mathcal{A}}, \ldots, t_{n_i}^{\mathcal{A}})$.

Im zweiten Teil dieser Definition bedeutet die rechte Seite der Gleichung die Komposition (oder Superposition) der Operationen. Dies bedeutet

$$t^{\mathcal{A}}(a_1, \ldots, a_n) := f_i^{\mathcal{A}}(t_1^{\mathcal{A}}(a_1, \ldots, a_n), \ldots, t_{n_i}^{\mathcal{A}}(a_1, \ldots, a_n)),$$

für alle $a_1, \ldots, a_n \in A$.

Da jede konkrete Operation auf einer Menge eine eindeutig bestimmte Stelligkeit hat, muß auch der Term, der diese Termoperation induziert, eine fixierte Stelligkeit haben. Dies ist der Grund für die Fixierung der Stelligkeit eines Terms in der Termdefinition. Dieser Prozeß des Induzierens von Termoperationen durch Terme wird genauer dadurch beschrieben, daß wir den in t vorkommenden Variablen x_j durch eine Funktion $f : X \to A$ Elemente $a_1, \ldots, a_n$ von A zuordnen und dann die Termoperation $t^{\mathcal{A}}$ als Ergebnis der eindeutigen Fortsetzung $\hat{f} : \mathcal{F}_\tau(X) \to \mathcal{A}$ aus Satz 9.1.7 erhalten. Durch $W_\tau(X_n)^{\mathcal{A}}$ wollen wir die Menge aller n-stelligen Termoperationen auf der Algebra $\mathcal{A}$ und durch $W_\tau(X)^{\mathcal{A}}$ die Menge aller (endlichstelligen) Termoperationen auf $\mathcal{A}$ bezeichnen.

Es gibt noch einen anderen Weg, um die Menge $W_\tau(X)^{\mathcal{A}}$ aller Termoperationen auf $\mathcal{A}$ zu erhalten. Auf der Menge A als Grundmenge betrachten wir die Menge $O(A)$ aller endlichstelligen Operationen auf A. Die Menge $O(A)$ ist abgeschlossen bezüglich Komposition.

Definition 9.2.2 Es sei $C \subseteq O(A)$ eine Menge von Operationen auf einer Menge A. Dann ist der durch C erzeugte Klon, bezeichnet durch $\langle C \rangle$, die kleinste Teilmenge von $O(A)$ die C enthält, bezüglich Komposition abgeschlossen ist und alle Projektionen $e_i^{n,A} : A^n \to A$ für beliebige $n \geq 1$ und $1 \leq i \leq n$ enthält.

Dann besteht der folgende Zusammenhang zu unserer Termalgebra.

Satz 9.2.3 *Es sei $\mathcal{A} = (A; (f_i^{\mathcal{A}})_{i \in I})$ eine Algebra des Typs τ, und es sei $W_\tau(X)$ die Menge aller Terme vom Typ τ über X. Dann ist $W_\tau(X)^{\mathcal{A}}$ ein Klon auf A, genannt der Termklon von $\mathcal{A}$. Der Klon $W_\tau(X)^{\mathcal{A}}$ wird durch die Menge aller Fundamentaloperationen der Algebra $\mathcal{A}$ erzeugt. Dies bedeutet: $W_\tau(X)^{\mathcal{A}} = \langle \{f_i^{\mathcal{A}} | i \in I\} \rangle$.*

Beweis: Wir beweisen zuerst, daß $W_\tau(X)^{\mathcal{A}}$ tatsächlich ein Klon ist. Da $x_i \in X_n$ gilt, haben wir $x_i^{\mathcal{A}} = e_i^{n,A} \in W_\tau(X)^{\mathcal{A}}$ für alle $n \geq 1$. Daher enthält $W_\tau(X)^{\mathcal{A}}$ alle Projektionen. Jetzt sei $f^{\mathcal{A}}$, $g_1^{\mathcal{A}}$, …, $g_n^{\mathcal{A}}$ in $W_\tau(X)^{\mathcal{A}}$ mit $f^{\mathcal{A}}$ n-stellig und jede der Operationen $g_1^{\mathcal{A}}$, …, $g_n^{\mathcal{A}}$ m-stellig. Dann ist $f(x_1, \ldots, x_n)$ und die $g_i(x_1, \ldots, x_m)$, für $1 \leq i \leq n$ sind Terme, welche die Termoperationen $f^{\mathcal{A}}$, $g_1^{\mathcal{A}}$, …, $g_n^{\mathcal{A}}$ induzieren. Dann ist $f(g_1(x_1, \ldots, x_n), \ldots, g_n(x_1, \ldots, x_n))$ auch ein Term und die induzierte Termoperation ist $f^{\mathcal{A}}(g_1^{\mathcal{A}}, \ldots, g_n^{\mathcal{A}}) \in W_\tau(X)^{\mathcal{A}}$. Daher ist $W_\tau(X)^{\mathcal{A}}$ bezüglich Komposition von Operationen und damit ein Klon.

Es ist klar, daß, $\{f_i^{\mathcal{A}} | i \in I\} \subseteq W_\tau(X)^{\mathcal{A}}$, und daher gilt auch $\langle \{f_i^{\mathcal{A}} | i \in I\} \rangle \subseteq W_\tau(X)^{\mathcal{A}}$. Wir werden die umgekehrte Inklusion durch Induktion nach der Komplexität des Terms t zeigen. Wenn t eine Variable $x_i \in X_n$ ist, dann ist die induzierte Termoperation eine Projektion, die zum Klon $\langle \{f_i^{\mathcal{A}} | i \in I\} \rangle$ gehört. Wenn $t = f_i(t_1, \ldots, t_{n_i})$ and $t^{\mathcal{A}} \in W_\tau(X)^{\mathcal{A}}$ ist und wir annehmen, daß $t_1^{\mathcal{A}}$, …, $t_{n_i}^{\mathcal{A}} \in \langle \{f_i^{\mathcal{A}} | i \in I\} \rangle$ ist, so gilt $f_i^{\mathcal{A}}(t_1^{\mathcal{A}}, \ldots, t_{n_i}^{\mathcal{A}}) = t^{\mathcal{A}} \in \langle \{f_i^{\mathcal{A}} | i \in I\} \rangle$, da $\langle \{f_i^{\mathcal{A}} | i \in I\} \rangle$ ein Klon ist. Daher ist $\langle \{f_i^{\mathcal{A}} | i \in I\} \rangle \supseteq W_\tau(X)^{\mathcal{A}}$, und zusammen haben wir Gleichheit. ■

Wir betonen an dieser Stelle, daß für partielle Algebren, das heißt für den Fall, daß die Operationen nicht überall auf der Menge A definiert sind, die Menge der Termoperationen nicht mit der Menge der durch Superposition aus den Fundamentaloperationen abgeleiteten Operationen übereinstimmt.

Termoperationen verhalten sich bezüglich der Teilalgebren, bezüglich der Homomorphismen und Kongruenzrelationen ähnlich wie Fundamentaloperationen.

Satz 9.2.4 *Es sei $\mathcal{A}$ eine Algebra vom Typ τ, und es sei $t^{\mathcal{A}}$ die durch den n-stelligen Term $t \in W_\tau(X)$ induzierte Termoperation.*

(i) Wenn $\mathcal{B}$ eine Teilalgebra von $\mathcal{A}$ ist, dann gilt $t^{\mathcal{A}}(b_1, \ldots, b_n) \in B$, für alle $b_1, \ldots, b_n \in B$. (ii) Wenn $\mathcal{B}$ eine Algebra vom Typ τ ist und $\varphi : \mathcal{A} \to \mathcal{B}$ ein Homomorphismus ist, so ist

$$\varphi(t^{\mathcal{A}}(a_1, \ldots, a_n)) = t^{\mathcal{B}}(\varphi(a_1), \ldots, \varphi(a_n))$$

für alle a_1, …, a_n in A.

(iii) Wenn θ eine Kongruenzrelation auf $\mathcal{A}$ ist, dann haben wir

$$(t^{\mathcal{A}}(a_1, \ldots, a_n), t^{\mathcal{A}}(b_1, \ldots, b_n)) \in \theta$$

für alle Paare (a_1, b_1), …, (a_n, b_n) in θ.

Beweis: Für (i) und (ii) geben wir einen Beweis durch Induktion nach der Komplexität des Terms $t \in W_\tau(X_n)$. Wenn t für $1 \leq i \leq n$ eine Variable x_i ist, dann gilt

$$x_i^{\mathcal{A}}(b_1, \ldots, b_n) = e_i^{n,\mathcal{A}}(b_1, \ldots, b_n) = b_i \in B \quad \text{und}$$

$$\varphi(e_i^{n,\mathcal{A}}(a_1, \ldots, a_n)) = \varphi(a_i) = e_i^{n,\mathcal{B}}(\varphi(a_1), \ldots, \varphi(a_n)).$$

Jetzt sei $t = f_i(t_1, \ldots, t_{n_i})$ und angenommen, daß (i) und (ii) für die Termoperationen $t_1^{\mathcal{A}}, \ldots, t_{n_i}^{\mathcal{A}}$ erfüllt sind. Dann ist $t^{\mathcal{A}}(b_1, \ldots, b_n) = f_i^{\mathcal{A}}(t_1^{\mathcal{A}}, \ldots, t_n^{\mathcal{A}})(b_1, \ldots, b_n) = f_i^{\mathcal{A}}(t_1^{\mathcal{A}}(b_1, \ldots, b_n), \ldots, t_n^{\mathcal{A}}(b_1, \ldots, b_n))$ und dies gehört zu B, da alle $t_j^{\mathcal{A}}(b_1, \ldots, b_n)$ zu B gehören und da $\mathcal{B}$ eine Teilalgebra von $\mathcal{A}$ ist.

Für Homomorphismen haben wir

$$\begin{aligned}
&\varphi(t^{\mathcal{A}}(a_1, \ldots, a_n)) \\
&\quad = \varphi(f_i^{\mathcal{A}}(t_1^{\mathcal{A}}, \ldots, t_{n_i}^{\mathcal{A}})(a_1, \ldots, a_n)) \\
&\quad = \varphi(f_i^{\mathcal{A}}(t_1^{\mathcal{A}}(a_1, \ldots, a_n), \ldots, t_{n_i}^{\mathcal{A}}(a_1, \ldots, a_n))) \\
&\quad = f_i^{\mathcal{B}}(\varphi(t_1^{\mathcal{A}}(a_1, \ldots, a_n)), \ldots, \varphi(t_{n_i}^{\mathcal{A}}(a_1, \ldots, a_n))) \\
&\quad = f_i^{\mathcal{B}}(t_1^{\mathcal{B}}(\varphi(a_1), \ldots, \varphi(a_n)), \ldots, t_{n_i}^{\mathcal{B}}(\varphi(a_1), \ldots, \varphi(a_n))) \\
&\quad = f_i^{\mathcal{B}}(t_1^{\mathcal{B}}, \ldots, t_{n_i}^{\mathcal{B}})(\varphi(a_1), \ldots, \varphi(a_n))
\end{aligned}$$

$$= t^{\mathcal{B}}(\varphi(a_1), \ldots, \varphi(a_n)).$$

Dies zeigt, daß (i) und (ii) erfüllt sind.

(iii) Es sei θ eine Kongruenzrelation auf $\mathcal{A}$, und es seien (a_1, b_1), ..., (a_n, b_n) Elemente von θ. Wir wissen bereits, daß θ der Kern des korrespondierenden natürlichen Homomorphismus $nat\theta : \mathcal{A} \to \mathcal{A}/\theta$ ist. Daher bedeutet $(a_1, b_1) \in \theta, \ldots, (a_n, b_n) \in \theta$, daß $(a_1, b_1) \in kernat\theta, \ldots, (a_n, b_n) \in kernat\theta$, und dann ist $nat\theta(a_1) = nat\theta(b_1), \ldots, nat\theta(a_n) = nat\theta(b_n)$. Wenn wir nun (ii) auf diesen Homomorphismus anwenden, so erhalten wir $nat\theta(t^{\mathcal{A}}(a_1, \ldots, a_n))$ $= t^{\mathcal{A}/\theta}(nat\theta(a_1), \ldots, nat\theta(a_n)) = t^{\mathcal{A}/\theta}(nat\theta(b_1), \ldots, nat\theta(b_n)) = nat\theta(t^{\mathcal{A}}(b_1,$ $\ldots, b_n))$. Daraus schließen wir, daß $(t^{\mathcal{A}}(a_1, \ldots, a_n), t^{\mathcal{A}}(b_1, \ldots, b_n)) \in \theta$ gilt. ∎

9.3 Polynome und Polynomoperationen

Polynome vom Typ τ werden ähnlich definiert wie Terme mit dem Unterschied, daß noch eine dritte Art von Symbolen benötigt wird; dies sind Symbole für Konstanten.

Es sei $\overline{A}$ unsere Menge von Symbolen für Konstante. Diese Menge wird als paarweise verschieden von den beiden anderen Mengen, der Variablenmenge X und der Menge $\{f_i \mid i \in I\}$ der Operationssymbole, vorausgesetzt. Wir definieren *Polynome vom Typ τ über $\overline{A}$* (kurz *Polynome*) induktiv in folgender Weise:

(i) Wenn $x \in X$, dann ist x ein Polynom.

(ii) Wenn $\overline{a} \in \overline{A}$, dann ist $\overline{a}$ ein Polynom.

(iii) Wenn $p_1, \ldots, p_{n_i}$ Polynome sind und wenn f_i ein n_i-stelliges Operationssymbol ist, dann ist $f_i(p_1, \ldots, p_{n_i})$ ein Polynom.

(iv) Die Menge $P_\tau(X, \overline{A})$ alle Polynome vom Typ τ über $\overline{A}$ ist die kleinste Menge, die $X \cup \overline{A}$ enthält und bezüglich endlichfacher Anwendung von (iii) abgeschlossen ist.

Die Überlegungen, die wir für Terme angestellt haben, gelten auch für Polynome. Insbesondere können wir eine Polynomalgebra $P_\tau(X, \overline{A})$ vom Typ τ über $\overline{A}$ definieren, die durch $X \cup \overline{A}$ erzeugt wird. Für diese Algebra kann man ähnliche Resultate wie für Termalgebren beweisen. So wie Terme Termoperationen über einer Algebra induzieren, so induzieren Polynome Polynomoperationen. Dabei werden den Symbolen für Konstanten nullstellige Operationen der Algebra zugeordnet. Damit für jedes Element jeder Algebra aus der betrachteten Klasse von Algebren ein Symbol vorhanden ist, muß die Menge der Symbole groß genug gewählt werden. Wir nehmen an, daß $|A| \geq |\overline{A}|$ und betrachten

eine Teilmenge $A_1 \subseteq A$, die zu $\overline{A}$ gleichmächtig ist. Dann kann man analog zu den Termoperationen auch Polynomoperationen über einer Algebra $\mathcal{A}$ bilden. Es sei $P_\tau(X,\overline{A})^{\mathcal{A}}$ die Menge aller Polynomoperationen.
Ganz analog zu den Termoperationen gilt dann

Satz 9.3.1 *$P_\tau(X,\overline{A})^{\mathcal{A}}$ ist ein Klon, er wird durch die Menge $\{f_i^A | i \in I\} \cup \{c_a | a \in A\}$ erzeugt, wobei c_a die nullstellige Operation ist, die a aus A auswählt. Wir schreiben $P_\tau(X,\overline{A})^{\mathcal{A}} = \langle\{f_i^A | i \in I\} \cup \{c_a | a \in A\}\rangle$.* ∎

Es ist sehr einfach zu sehen, daß jede Polynomoperation einer Algebra $\mathcal{A}$ mit allen Kongruenzrelationen verträglich ist. Dabei genügen sogar schon die einstelligen Polynomoperationen, um Äquivalenzrelationen als Kongruenzrelationen nachzuweisen.

Aussage 9.3.2 *Eine Äquivalenzrelation θ einer Algebra $\mathcal{A}$ ist genau dann eine Kongruenzrelation auf $\mathcal{A}$ wenn θ mit allen einstelligen Polynomoperationen von $\mathcal{A}$ kompatibel ist.* ∎

9.4 Aufgaben

1. Es sei $\mathcal{L} = (\{a,b,c,d\}; \overset{L}{\wedge}, \overset{L}{\vee})$ ein Verband mit den Operationen $\overset{L}{\wedge}$ und $\overset{L}{\vee}$ gegeben durch die folgenden Strukturtafeln:

$\overset{L}{\wedge}$	a	b	c	d
a	a	a	a	a
b	a	b	a	b
c	a	a	c	c
d	a	b	c	d

$\overset{L}{\vee}$	a	b	c	d
a	a	b	c	d
b	b	b	d	d
c	c	d	c	d
d	d	d	d	d

Es sei h die binäre Operation auf der Menge L gegeben durch die Tafel:

h	a	b	c	d
a	a	b	a	b
b	b	b	b	b
c	a	b	a	b
d	b	b	b	b

Ist h eine Termoperation oder eine Polynomoperation auf $\mathcal{L}$?

2. Es sei $\mathcal{L}$ der Verband aus der vorigen Übung. Es sei f eine Funktion $f : \{x, y, z\} \to \{a, b, c, d\}$, mit $x \mapsto b$, $y \mapsto c$, $z \mapsto c$. Es sei Y die Menge $\{x, y, z\}$. Nach Satz 9.1.7 gibt es eine eindeutige Fortsetzung $\hat{f}$ von f auf die Termalgebra $\mathcal{F}_\tau(Y)$. Man berechne $\hat{f}(t)$ für die Terme $t = x \wedge y$ und $t = (x \vee y) \wedge z$.

3. Man bestimme alle einstelligen Termoperationen und alle einstelligen Polynomoperationen der Algebra $(\mathbb{N}; \neg)$, wobei $\neg x := x + 1$.

4. Man zeige: Wenn Y und Z nichtleere Mengen mit $|Y| \leq |Z|$ sind, dann kann die Algebra $\mathcal{F}_\tau(Y)$ in natürlicher Weise in $\mathcal{F}_\tau(Z)$ eingebettet werden.

5. Man beweise, daß die Polynomalgebra des Typs τ über $\overline{A}$ ähnliche Eigenschaften wie die Termalgebra erfüllt.

6. Man beweise, daß alle Polynomoperationen einer Algebra $\mathcal{A}$ mit allen Kongruenzrelationen von $\mathcal{A}$ kompatibel sind. Dies bedeutet, daß für eine Kongruenz θ auf $\mathcal{A}$ und eine Polynomoperation $p^{\mathcal{A}}$ gilt: Wenn $(a_1, b_1), \ldots, (a_n, b_n) \in \theta$, dann gehört auch $(p^{\mathcal{A}}(a_1, \ldots, a_n), p^{\mathcal{A}}(b_1, \ldots, b_n))$ zu θ.

10 Identitäten und Varietäten

Wir haben Terme und Polynome definiert, um Gleichungen und Identitäten zu bilden. Eine Gleichung ist eine Aussage der Form $t_1 \approx t_2$, wobei t_1 und t_2 Terme sind. Wir werden nun erklären, was es bedeutet, wenn eine Gleichung in einer Algebra erfüllt ist, oder, wie wir auch sagen werden, wenn sie eine Identität in der Algebra ist.

10.1 Die Galoisverbindung (Id, Mod)

Eine Gleichung vom Typ τ ist ein Paar (s,t) von Termen von $W_\tau(X)$; solche Paare werden gewöhnlich als $s \approx t$ geschrieben. Eine Gleichung $s \approx t$ heißt eine *Identität* in der Algebra $\mathcal{A}$ vom Typ τ, wenn $s^{\mathcal{A}} = t^{\mathcal{A}}$ gilt, das heißt, wenn die durch s und t in der Algebra $\mathcal{A}$ induzierten Termoperationen gleich sind. In diesem Fall sagen wir, die Gleichung $s \approx t$ ist in der Algebra $\mathcal{A}$ erfüllt, und wir schreiben $\mathcal{A} \models s \approx t$. Dies kann auch in folgender Weise interpretiert werden. Es sei $\mathcal{A}$ eine Algebra und $s \approx t$ eine Gleichung vom Typ τ. Es sei weiter $X_n = \{x_1, \ldots, x_n\}$ die Menge aller Variablen, die in der Gleichung $s \approx t$ vorkommen. Wir erinnern daran, daß jede Abbildung $f : X_n \to A$ eine eindeutige Fortsetzung $\hat{f} : \mathcal{F}_\tau(X_n) \to \mathcal{A}$ auf die freie Termalgebra über X_n hat. Dann bedeutet die Gleichung $s^{\mathcal{A}} = t^{\mathcal{A}}$, daß für jede Abbildung $f : X_n \to A$ gilt: $\hat{f}(s) = \hat{f}(t)$ oder $(s,t) \in ker\ \hat{f}$. Dies bedeutet, daß das Paar (s,t) zum Durchschnitt aller Kerne aller dieser Abbildungen $\hat{f}$ gehören muß. Daher ist eine Identität $s \approx t$ in einer Algebra $\mathcal{A}$ (oder in einer Klasse K von Algebren) genau dann erfüllt, wenn (s,t) für jede Abbildung $f : X \to A$ (und für jede Algebra $\mathcal{A}$ in K) im Durchschnitt der Kerne von $\hat{f}$ liegt.
Von dieser Charakterisierung von Identitäten wird im folgenden des öfteren Gebrauch gemacht.
Wir betrachten nun die Klasse $Alg(\tau)$ aller Algebren vom Typ τ und die Klasse $W_\tau(X) \times W_\tau(X)$ aller Gleichungen vom Typ τ. Das Erfülltsein einer Gleichung in einer Algebra definiert eine Relation zwischen diesen beiden Mengen. Dabei handelt es sich um die Relation $\models$ aller Paare $(\mathcal{A}, s \approx t)$ für die $\mathcal{A} \models s \approx t$ gilt. Für eine beliebige Teilmenge $\Sigma \subseteq W_\tau(X) \times W_\tau(X)$ und eine beliebige Teilklasse $K \subseteq Alg(\tau)$ definieren wir

$$Mod\Sigma := \{\mathcal{A} \in Alg(\tau) \mid \forall s \approx t \in \Sigma\ (\mathcal{A} \models s \approx t)\} \text{ und}$$

$$IdK := \{s \approx t \in W_\tau(X)^2 \mid \forall \mathcal{A} \in K\ (\mathcal{A} \models s \approx t)\}.$$

Man überprüft, daß dieses Paar (Id, Mod) von Operatoren die folgenden Bedingungen erfüllt:

Satz 10.1.1 *Es sei τ ein fester Typ.*

(i) Dann gelten für alle Teilmengen Σ und Σ' von $W_\tau(X) \times W_\tau(X)$ und für alle Teilklassen K und K' von $Alg(\tau)$
$\Sigma \subseteq \Sigma' \Rightarrow Mod\Sigma \supseteq Mod\Sigma'$ *und* $K \subseteq K' \Rightarrow IdK \supseteq IdK'$.

(ii) Für alle Teilmengen Σ von $W_\tau(X) \times W_\tau(X)$ und für alle Teilklassen K von $Alg(\tau)$ haben wir $\Sigma \subseteq IdMod\Sigma$ und $K \subseteq ModIdK$.

(iii) Die Abbildungen $IdMod$ und $ModId$ sind Hüllenoperatoren auf $W_\tau(X) \times W_\tau(X)$, beziehungsweise auf $Alg(\tau)$.

(iv) Die bezüglich $ModId$ abgeschlossenen Mengen sind genau die Mengen der Form $Mod\Sigma$ für eine gewisse Teilmenge $\Sigma \subseteq W_\tau(X) \times W_\tau(X)$ und die bezüglich $IdMod$ abgeschlossenen Mengen sind genau die Mengen der Form IdK für gewisse $K \subseteq Alg(\tau)$.

Beweis: (i) und (ii) kann man sich leicht überlegen und (iii) und (iv) sind Folgerungen aus (i) und (ii). ■

Paare von Funktionen, welche die Eigenschaften (i) und (ii) haben, heißen Galoisverbindungen. Das Paar (Id, Mod) ist folglich eine solche Galoisverbindung. Galoisverbindungen gestatten den Übergang von einem Universum zu einem anderen und erlauben es, Zusammenhänge in dem ersten Universum durch die zugehörigen im zweiten zu beschreiben. Die erste bekannte Galoisverbindung zwischen Erweiterungen eines gegebenen Körpers und Gruppen von Permutationen hat einen entscheidenden Durchbruch bei der Auflösung algebraischer Gleichungen gebracht. Diese Untersuchungen gehen auf den französischen Mathematiker Evariste Galois zurück. Jede Relation zwischen zwei Mengen führt zu einer Galoisverbindung.
In der Theoretischen Informatik untersucht man formale Sprachen und deterministische Automaten, die in der Lage sind, Sprachen zu erkennen. Die Beziehung, der Automat **A** erkennt die Sprache L, definiert eine Relation zwischen Automaten und formalen Sprachen. Untersucht man zu jeder Menge von Automaten die Menge aller Sprachen, die von jedem dieser Automaten erkannt werden und zu jeder Menge von Sprachen die Menge aller Automaten, die jede

dieser Sprachen erkennen, so definiert dies eine Galoisverbindung.

Wir kommen nun zu unserer Galoisverbindung (Id, Mod) zurück.

Definition 10.1.2 Eine Klasse $K \subseteq Alg(\tau)$ heißt eine *gleichungsdefinierte Klasse*, wenn es eine Menge Σ von Gleichungen so gibt, daß $K = Mod\Sigma$ ist. Eine Menge $\Sigma \subseteq W_\tau(X) \times W_\tau(X)$ heißt eine *Gleichungstheorie*, wenn es eine Klasse $K \subseteq Alg(\tau)$ so gibt, daß $\Sigma = IdK$ erfüllt ist.

Aus Satz 10.1.1, Teil *(iv)* folgt, daß die gleichungsdefinierten Klassen genau die abgeschlossenen Mengen oder Fixpunkte bezüglich des Hüllenoperators $ModId$ sind und die Gleichungstheorien sind genau die abgeschlossenen Mengen oder Fixpunkte bezüglich des Hüllenoperators $IdMod$. Man kann beweisen, daß solche abgeschlossenen Mengen vollständige Verbände bilden.

Satz 10.1.3 *Die Gesamtheit aller gleichungsdefinierten Klassen des Typs τ bildet einen vollständigen Verband $\mathcal{L}(\tau)$ und die Gesamtheit aller Gleichungstheorien vom Typ τ bildet ebenfalls einen vollständigen Verband, den wir mit $\mathcal{E}(\tau)$ bezeichnen. Diese Verbände sind dual isomorph zueinander, das heißt, es existiert eine Bijektion $\varphi : \mathcal{L}(\tau) \to \mathcal{E}(\tau)$, welche die Bedingungen $\varphi(K_1 \vee K_2) = \varphi(K_1) \wedge \varphi(K_2)$ und $\varphi(K_1 \wedge K_2) = \varphi(K_1) \vee \varphi(K_2)$ erfüllt.*

Beweis: Die Tatsache, daß diese Mengen vollständige Verbände bilden, folgt aus allgemeinen Resultaten über Galoisverbindungen und Hüllenoperatoren (vgl. z.B. [4]). Für beliebige Teilklassen K von $\mathcal{L}(\tau)$ ist das Infimum von K der mengentheoretische Durchschnitt $\bigwedge K = \bigcap K$ und das Supremum ist die Varietät, die durch die mengentheoretische Vereinigung erzeugt wird, das heißt $\bigvee K = \bigcap\{K' \in \mathcal{L}(\tau) | K' \supseteq \bigcup K\}$. Weiter erhält man $\bigvee K =$ Mod Id $(\bigcup K)$. Die Verbandsoperationen für $\mathcal{E}(\tau)$ erhält man ähnlich.
Jetzt definieren wir die Abbildung durch $\varphi : \mathcal{L}(\tau) \to \mathcal{E}(\tau)$ vermöge $K \mapsto IdK$ für jede gleichungsdefinierte Klasse K von $\mathcal{L}(\tau)$. Nach Definition 10.1.2 ist das Bild IdK eine Gleichungstheorie vom Typ τ; daher ist die Abbildung φ wohldefiniert. Nach Definition 10.1.2 und Theorem 10.1.1 (iv), wissen wir, daß φ auch surjektiv ist. Weiter folgen aus $IdK_1 = IdK_2$ die Gleichungen $K_1 = ModIdK_1 = ModIdK_2 = K_2$, indem wir Satz 10.1.1 *(iii)* und die Tatsache, daß Gleichungsklassen genau die Fixpunkte bezüglich des Hüllenoperators $ModId$ sind, anwenden. Daher ist φ eine Bijektion auf $\mathcal{L}(\tau)$.
Jetzt zeigen wir, daß φ die Verbandsoperationen bewahrt. Wir haben nach Definition $\varphi(K_1 \wedge K_2) = Id(K_1 \cap K_2)$. Da der Operator Id Inklusionen umkehrt, enthält unsere Menge $Id(K_1 \cap K_2)$ sowohl IdK_1 als auch IdK_2. Da es sich um eine Gleichungstheorie handelt, ist auch $IdK_1 \vee IdK_2$. Dies stimmt mit $\varphi(K_1) \vee \varphi(K_2)$ überein. Daraus erhält man die Inklusion $\varphi(K_1 \wedge K_2) \supseteq$

$\varphi(K_1) \vee \varphi(K_2)$.

Um die entgegengesetzte Inklusion zu beweisen, beginnen wir mit der Tatsache, daß für jedes $i = 1,2$ gilt $IdK_i \subseteq IdK_1 \vee IdK_2$. Durch Anwendung des Operators Mod und unter Verwendung von $K_i = ModIdK_i$ für Gleichungsklassen, haben wir $K_i \supseteq Mod(IdK_1 \vee IdK_2)$. Damit ergibt sich

$$Mod(IdK_1 \vee IdK_2) \subseteq K_1 \cap K_2.$$

Wendet man darauf den Operator Id an, so folgt

$$IdMod(IdK_1 \vee IdK_2) \supseteq Id(K_1 \cap K_2).$$

Da $IdK_1 \vee IdK_2$ eine Gleichungstheorie ist und daher bezüglich $IdMod$ abgeschlossen ist, erhalten wir

$$Id(K_1 \cap K_2) \subseteq IdK_1 \vee IdK_2.$$

Damit ergibt sich die Inklusion $\varphi(K_1 \wedge K_2) \subseteq \varphi(K_1) \vee \varphi(K_2)$, und somit die gewünschte Gleichheit.
Schließlich betrachten wir die andere Verbandsoperation. Da φ Inklusionen umkehrt, folgt aus $K_i \subseteq K_1 \vee K_2$ für $i = 1,2$, die Beziehung $\varphi(K_1 \vee K_2) \subseteq \varphi(K_i)$. Dies liefert schon eine Richtung, nämlich $\varphi(K_1 \vee K_2) \subseteq \varphi(K_1) \wedge \varphi(K_2)$. Umgekehrt wissen wir, daß $IdK_1 \wedge IdK_2 = IdK_1 \cap IdK_2 \subseteq IdK_i$, für $i = 1,2$ erfüllt ist und damit erhält man nach Anwendung von Mod die Beziehungen $Mod(IdK_1 \wedge IdK_2) \supseteq ModIdK_i$ für $i = 1,2$. Da K_1 und K_2 bezüglich $ModId$ abgeschlossen sind, erhalten wir $Mod(IdK_1 \wedge IdK_2) \supseteq K_1 \vee K_2$. Nochmalige Anwendung von Id ergibt $IdMod(IdK_1 \wedge IdK_2) \subseteq Id(K_1 \vee K_2)$. Weiter ist $IdK_1 \wedge IdK_2$ eine Gleichungstheorie und damit bezüglich $IdMod$ abgeschlossen; damit hat man schließlich $IdK_1 \wedge IdK_2 \subseteq Id(K_1 \vee K_2)$. Dies führt zu $\varphi(K_1) \wedge \varphi(K_2) \subseteq \varphi(K_1 \vee K_2)$ und vervollständigt den Beweis der Gleichung $\varphi(K_1) \cap \varphi(K_2) = \varphi(K_1 \vee K_2)$. ■

10.2 Vollinvariante Kongruenzrelationen

Wie wir im vorangehenden Abschnitt gesehen haben, bildet die Gesamtheit aller Gleichungstheorien eines Typs τ einen vollständigen Verband, den man als Verband von abgeschlossenen Mengen aus der Galoisverbindung (Id, Mod) erhält. In diesem Abschnitt charakterisieren wir solche Gleichungstheorien unter Verwendung des Begriffs einer vollinvarianten Kongruenzrelation.

Definition 10.2.1 Eine Kongruenzrelation θ einer Algebra $\mathcal{A}$ vom Typ τ heißt *vollinvariant*, wenn für jeden Endomorphismus φ von $\mathcal{A}$ aus $(x, y) \in \theta$ folgt $(\varphi(x), \varphi(y)) \in \theta$. Dies bedeutet, daß θ mit allen Endomorphismen φ von $\mathcal{A}$ verträglich ist.

Satz 10.2.2 *Es sei $\Sigma \subseteq W_\tau(X) \times W_\tau(X)$ eine Menge von Gleichungen des Typs τ. Dann ist Σ genau dann eine Gleichungstheorie, wenn Σ eine vollinvariante Kongruenzrelation auf der Termalgebra $\mathcal{F}_\tau(X)$ ist.*

Beweis: Wenn Σ eine Gleichungstheorie vom Typ τ ist, dann existiert eine Klasse $K \subseteq Alg(\tau)$ von Algebren des Typs τ, so daß $\Sigma = IdK$ ist. Die Menge IdK ist eine binäre Relation auf der Menge $W_\tau(X)$. Für jeden Term $t \in W_\tau(X)$ haben wir $t \approx t \in IdK$, da $t^{\mathcal{A}} = t^{\mathcal{A}}$ für jede Algebra $\mathcal{A}$ aus der Klasse K erfüllt ist. Die Symmetrie und Transitivität von IdK können ähnlich einfach verifiziert werden, so daß $\Sigma = IdK$ wenigstens eine Äquivalenzrelation auf $W_\tau(X)$ ist. Für den Nachweis der Kongruenzeigenschaft nehmen wir an, daß $s_1 \approx t_1, \ldots, s_{n_i} \approx t_{n_i}$ Identitäten in K sind. Dies bedeutet, daß $s_1^{\mathcal{A}} = t_1^{\mathcal{A}}, \ldots, s_{n_i}^{\mathcal{A}} = t_{n_i}^{\mathcal{A}}$ für jede Algebra $\mathcal{A}$ aus K gilt. Es sei f_i ein n_i-stelliges Operationssymbol. Dann bedeutet unsere Annahme, daß $f_i^{\mathcal{A}}(s_1^{\mathcal{A}}, \ldots, s_{n_i}^{\mathcal{A}}) = f_i^{\mathcal{A}}(t_1^{\mathcal{A}}, \ldots, t_{n_i}^{\mathcal{A}})$ gilt. Nach Anwendung der induktiven Definition der durch einen Term induzierten Termoperation ergibt sich $[f_i(s_1, \ldots, s_{n_i})]^{\mathcal{A}} = [f_i(t_1, \ldots, t_{n_i})]^{\mathcal{A}}$, und weiter $f_i(s_1, \ldots, s_{n_i}) \approx f_i(t_1, \ldots, t_{n_i}) \in Id\mathcal{A}$. Daher ist $f_i(s_1, \ldots, s_{n_i}) \approx f_i(t_1, \ldots, t_{n_i}) \in IdK$, wie für eine Kongruenz gefordert.
Um die Vollinvarinz zu beweisen, haben wir zu zeigen, daß IdK durch beliebige Endomorphismen φ von $\mathcal{F}_\tau(X)$ bewahrt wird. Mit $(s, t) \in IdK = \Sigma$ zeigen wir, daß $(\varphi(s), \varphi(t))$ auch in Σ liegt. Dazu nutzen wir, daß $\Sigma = IdK$ gleich dem Durchschnitt der Kerne von Homomorphismen $\hat{f}$ für alle Abbildungen $f : X \to A$ und alle Algebren $\mathcal{A}$ in K ist. Für eine beliebige Algebra $\mathcal{A}$ und eine beliebige Abbildung f ist die Abbildung $\hat{f} \circ \varphi$ ebenfalls ein Homomorphismus von $\mathcal{F}_\tau(X)$ in $\mathcal{A}$ und ist die Fortsetzung einer gewissen Abbildung g von X in A. Daher muß das Paar (s, t) aus Σ ebenfalls im Kern dieses neuen Homomorphismus $\hat{f} \circ \varphi$ liegen. Das bedeutet, das Paar $(\varphi(s), \varphi(t))$ muß in $ker\ \hat{f}$ liegen. Da dies für alle Algebren $\mathcal{A}$ und alle Abbildungen $f : X \to A$ zutrifft, haben wir $(\varphi(s), \varphi(t)) \in \Sigma$. Daher ist Σ eine vollinvariante Kongruenz.
Umgekehrt nehmen wir an, daß θ eine vollinvariante Kongruenzrelation auf $\mathcal{F}_\tau(X)$ ist. Wir zeigen, daß θ die Gleichungstheorie IdK für die Klasse K, die aus der Quotientenalgebra $\mathcal{F}_\tau(X)/\theta$ besteht, ist.
Zunächst sei $s \approx t \in Id(\mathcal{F}_\tau(X)/\theta)$. Wir betrachten die Abbildung $f : X \to \mathcal{F}_\tau(X)/\theta$ definiert durch $f(x) = [x]_\theta$ für alle $x \in X$. Da $\mathcal{F}_\tau(X)/\theta$ eine Algebra vom Typ τ ist, hat diese Abildung f eine eindeutige homomorphe Fortsetzung $\hat{f} : \mathcal{F}_\tau(X) \to \mathcal{F}_\tau(X)/\theta$. Der natürliche Homomorphismus

$nat\theta : \mathcal{F}_\tau(X) \to \mathcal{F}_\tau(X)/\theta$ hat die gleiche Eigenschaft und damit folgt aus der eindeutigen Bestimmtheit von $\hat{f}$ die Gleichung $\hat{f} = nat\theta$.
Die Annahme, daß $s \approx t$ eine Identität in $\mathcal{F}_\tau(X)/\theta$ ist, bedeutet, daß (s,t) in $ker\hat{f}$ liegt. Dies führt zu $nat\theta(s) = nat\theta(t)$ und damit $(s,t) \in \theta$. Daher haben wir $Id(\mathcal{F}_\tau(X)/\theta) \subseteq \theta$.
Für die entgegengesetzte Inklusion genügt es zu zeigen, daß für eine beliebige Abbildung $f : X \to \mathcal{F}_\tau(X)/\theta$ gilt $\theta \subseteq ker\ \hat{f}$, wobei wie üblich $\hat{f}$ die eindeutige Fortsezung von f ist. Dazu definieren wir zuerst eine Abbildung $g : X \to \mathcal{F}_\tau(X)$ durch $x \mapsto s$ derart, daß wir jedem x einen Repräsentanten $s \in \hat{f}(x) = [x]_\theta$ zuordnen. Dann erhalten wir das unten stehende kommutative Diagramm mit φ als natürlicher Einbettung. Durch Kombination von $\hat{g} \circ \varphi = g$ und $nat\theta \circ g = \hat{f} \circ \varphi$ ergibt sich $nat\theta \circ \hat{g} \circ \varphi = \hat{f} \circ \varphi$ und da φ eine Einbettung ist, haben wir $nat\theta \circ \hat{g} = \hat{f}$. Für beliebiges $(s,t) \in \theta$ bedeutet die Vollinvarianz von θ, daß $(\hat{g}(s), \hat{g}(t)) \in \theta$ ist. Daher ist $\hat{f}(s) = [\hat{g}(s)]_\theta = [\hat{g}(t)]_\theta = \hat{f}(t)$ und $(s,t) \in ker\hat{f}$. ■

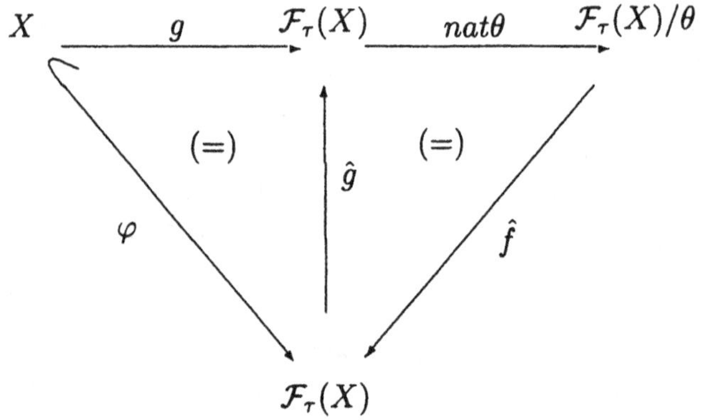

Als Konsequenz dieses Satzes sehen wir, daß alle vollinvarianten Kongruenzen der freien Algebra $\mathcal{F}_\tau(X)$ einen vollständigen Verband $Con_{fi}\ \mathcal{F}_\tau(X)$ bilden, der seinerseits ein Teilverband des Kongruenzenverbandes $Con\mathcal{F}_\tau(X)$ ist.

10.3 Die algebraische Folgerungsrelation

In diesem Abschnitt definieren wir eine Folgerungsrelation auf Mengen von Gleichungen. Wir wählen zunächst zwei verschiedene Zugänge, die sich dann aber als zueinander äquivalent erweisen werden. Der erste Zugang basiert auf der Deduktion neuer Gleichungen aus gegebenen unter Verwendung gewisser Schlußregeln. Wir schreiben $\Sigma \vdash s \approx t$ und lesen dies als "Σ ergibt $s \approx t$," wenn es eine formale Deduktion von $s \approx t$ beginnend mit Identitäten in Σ

unter Anwendung der folgenden fünf *Schlußregeln* (oder *Ableitungsregeln*, auch *Deduktionsregeln*) gibt:

(1) $\emptyset \vdash s \approx s$,

(2) $\{s \approx t\} \vdash t \approx s$,

(3) $\{t_1 \approx t_2, t_2 \approx t_3\} \vdash t_1 \approx t_3$,

(4) $\{t_j \approx t_j' : 1 \leq j \leq n_i\} \vdash f_i(t_1, \ldots, t_{n_i}) \approx f_i(t_1', \ldots, t_{n_i}')$, für jedes Operationssymbol f_i $(i \in I)$ (*Ersetzungsregel*),

(5) Es seien $s, t, r \in W_\tau(X)$, und es seien $\tilde{s}, \tilde{t}$ die Terme, die man aus s, t durch Ersetzen jedes Vorkommens einer Variablen $x \in X$ durch r erhält. Dann ist $s \approx t \vdash \tilde{s} \approx \tilde{t}$ (*Substitutionsregel*).

Diese Regeln (1) - (5) geben die Eigenschaften einer vollinvarianten Kongruenzrelation wieder. Gleichungstheorien Σ sind genau solche Mengen von Gleichungen, die bezüglich endlichfacher Anwendungen der Regeln (1) - (5) abgeschlossen sind.

Der zweite Zugang zum Folgerungsbegriff ist algebraisch. Wir sagen, $s \approx t$ folgt aus einer Menge Σ von Identitäten, wenn $s \approx t$ als Identität in jeder Algebra $\mathcal{A}$ vom Typ τ erfüllt ist, in der alle Gleichungen aus Σ als Identitäten erfüllt sind. In diesem Fall schreiben wir $\Sigma \models s \approx t$. Der Zusammenhang zwischen beiden Zugängen wird durch den Satz der Vollständigkeit und den der Widerspruchsfreiheit der Gleichungslogik hergestellt. Für $\Sigma \subseteq W_\tau(X) \times W_\tau(X)$ und $s \approx t \in W_\tau(X) \times W_\tau(X)$ haben wir

$$\Sigma \models s \approx t \quad \Leftrightarrow \quad \Sigma \vdash s \approx t.$$

Die "$\Rightarrow$"-Richtung dieses Satzes wird Vollständigkeit genannt und die "$\Leftarrow$"-Richtung heißt Widerspruchsfreiheit.

10.4 Relativ freie Algebren

Es sei Y eine nichtleere Menge von Variablen, und es sei $\mathcal{F}_\tau(Y)$ die absolut freie Algebra vom Typ τ erzeugt durch Y. Es sei weiter $K \subseteq Alg(\tau)$ eine Klasse von Algebren, und es sei IdK die Menge aller Identitäten über dem Alphabet Y, die in K (das heißt in jeder Algebra aus K) erfüllt sind. Da IdK eine (vollinvariante) Kongruenzrelation auf der freien Algebra $\mathcal{F}_\tau(Y)$ ist, können wir die

Quotientenalgebra $\mathcal{F}_\tau(Y)/IdK$ bilden. Diese Quotientenalgebra der absolute freien Algebra hat gewissse "Freiheits-" Eigenschaften und wird die *relativ freie Algebra* bezüglich der Klasse K über der Menge Y genannt. Wir bemerken, daß die absolut freie Algebra $\mathcal{F}_\tau(Y)$ durch Y erzeugt wird und daß die Quotientenalgebra durch das Bild $\overline{Y}$ von Y bei dem natürlichen Homomorphismus $natIdK$ erzeugt wird.

Definition 10.4.1 Es sei Y eine nichtleere Menge von Variablen, und es sei K eine Klasse von Algebren vom Typ τ. Die Algebra $\mathcal{F}_K(Y) := \mathcal{F}_\tau(Y)/IdK$ heißt die *K-freie Algebra über Y* oder die *freie Algebra relativ zu K* erzeugt durch $\overline{Y} = Y/IdK$.

Bemerkung 10.4.2 1. Da $\mathcal{F}_K(Y)$ durch die Menge $\overline{Y} = Y/IdK = \{[y]_{IdK} | y \in Y\}$ erzeugt wird, sollte man an Stelle von $\mathcal{F}_K(Y)$ besser schreiben $\mathcal{F}_K(\overline{Y})$; aber aus Gründen der Übersichtlichkeit wird dies üblicherweise nicht getan.

2. $\mathcal{F}_K(Y)$ existiert genau dann, wenn $\mathcal{F}_\tau(Y)$ existiert und dies ist genau dann der Fall, wenn $Y \neq \emptyset$. Daher gibt es zu jeder nichtleeren Menge Y eine K-freie Algebra vom Typ τ.

3. Wenn $|Y| = |Z| \neq 0$, dann gilt $\mathcal{F}_K(Y) \cong \mathcal{F}_K(Z)$ bezüglich einer isomorphen Abbildung $\overline{Y} \to \overline{Z}$. Der Beweis dieser Aussage ist ähnlich zum Beweis von Satz 9.1.8. Dies bedeutet, daß (bis auf Isomorphie) nur die Kardinalzahl (Mächtigkeit) der erzeugenden Menge Y wichtig ist und nicht die spezielle Wahl der Variablen.

4. Für den Fall, daß Y die Menge $X_n = \{x_1, \ldots, x_n\}$ ist, schreiben wir $\mathcal{F}_K(n)$ an Stelle von $\mathcal{F}_K(X_n)$. In diesem Fall wird die betrachtete relativ freie Algebra die *K-freie Algebra von n Erzeugenden* genannt.

Die Algebra $\mathcal{F}_K(Y)$ erfüllt eine relative "Freiheits-" Eigenschaft, die zur absoluten Freiheit von Satz 9.1.7 korrespondiert:

Satz 10.4.3 *Es sei Y eine beliebige nichtleere Menge von Variablen. Für jede Algebra $\mathcal{A} \in K \subseteq Alg(\tau)$ und jede Abbildung $f : \overline{Y} \to A$ existiert ein eindeutiger Homomorphismus $\hat{f} : \mathcal{F}_K(Y) \to \mathcal{A}$, der f fortsetzt.*

Beweis: Es sei $\mathcal{A} \in \mathcal{K}$, und es sei f eine Abbildung $f : \overline{Y} \to A$. Es sei φ die Einbettungsabbildung von $\overline{Y}$ in die absolut freie Algebra $\mathcal{F}_\tau(Y)$. Wegen der Freiheit dieser letzten Algebra gibt es nach Satz 9.1.7 einen eindeutig bestimmten Homomorphismus $\overline{f} : \mathcal{F}_\tau(Y) \to \mathcal{A}$, der f fortsetzt, so daß gilt

$\overline{f} \circ \varphi = f$. Jetzt betrachten wir den Homomorphismus $natIdK$ von $\mathcal{F}_\tau(Y)$ nach $\mathcal{F}_K(Y)$. Der Kern dieses Homomorphismus ist gerade IdK und in $ker\overline{f}$ enthalten. Da wir nun zwei Homomorphismen haben, die auf $\mathcal{F}_\tau(Y)$ definiert sind, so daß der Kern des einen im Kern des anderen enthalten ist, können wir den Allgemeinen Homomorphiesatz anwenden, um auf die Existenz eines Homomorphismus $\hat{f}$ von $\mathcal{F}_K(Y)$ nach $\mathcal{A}$ mit $\hat{f} \circ natIdK = \overline{f}$ zu schließen (siehe das unten stehende Diagramm). Darüber hinaus gilt $\hat{f} \circ natIdK|Y = \hat{f} \circ natIdK \circ \varphi = \hat{f} \circ \varphi = f$ und $\hat{f}$ setzt f fort. Nach dem Homomorphiesatz ist $\hat{f}$ eindeutig durch K und f bestimmt. ∎

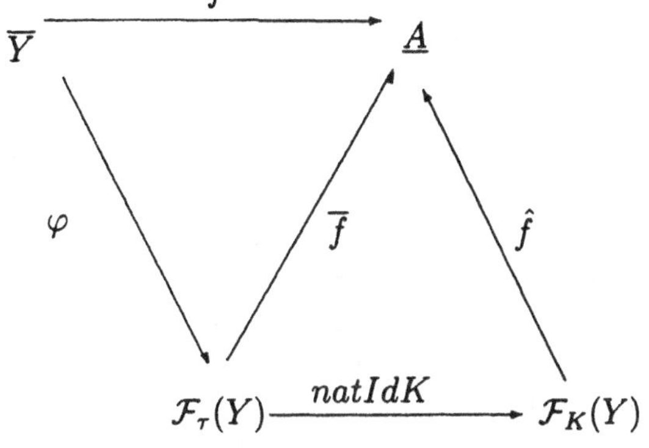

Die freie Algebra bezüglich einer Klasse K ist (bis auf Isomorphie) durch die relative Freiheitseigenschaft von Satz 10.4.3 eindeutig bestimmt.

Satz 10.4.4 *Es sei K eine Klasse von Algebren des Typs τ. Es sei $\mathcal{F}$ eine Algebra in K mit der Eigenschaft, daß $\mathcal{F}$ durch eine Teilmenge $Y \subseteq F$ erzeugt wird und daß für eine beliebige Algebra $\mathcal{A} \in \mathcal{K}$ und für eine beliebige Abbildung $f : Y \to A$ ein Homomorphismus $\hat{f} : \mathcal{F} \to \mathcal{A}$ existiert, der f fortsetzt. Dann ist $\mathcal{F}$ isomorph zu $\mathcal{F}_K(Y)$.*

Beweis: Es sei φ die Einbettungsabbildung von Y in F. Da $\mathcal{F}$ eine Algebra vom Typ τ ist, kann die Abbildung $\varphi : Y \to F$ nach Satz 9.1.7 zu einem eindeutig bestimmten Homomorphismus $\overline{\varphi} : \mathcal{F}_\tau(Y) \to F$ fortgesetzt werden. Dieser Homomorphismus ist surjektiv, da sein Bild $\varphi(Y)$ die Menge $\mathcal{F}$ erzeugt. Daher folgt aus dem Homomorphiesatz, daß $\mathcal{F}$ isomorph zur Quotientenalgebra $\mathcal{F}_\tau(Y)/ker\ \overline{\varphi}$ ist. Da unsere relativ freie Algebra gerade die Algebra $\mathcal{F}_\tau(Y)/IdK$ ist, genügt es zu beweisen, daß $ker\overline{\varphi} = IdK$ gilt.

Zunächst haben wir, da $\mathcal{F} \in \mathcal{K}$ gilt, $IdK \subseteq ker\ \overline{\varphi}$. Um umgekehrt zu zeigen, daß $ker\overline{\varphi} \subseteq IdK$ gilt, betrachten wir eine beliebige Algebra $\mathcal{A}$ in K und eine beliebige Abbildung $f : Y \to A$. Mit der Einbettung $\varphi : Y \to F$ und wegen der

Freiheit von $\mathcal{F}$ (nach Voraussetzung) folgt, daß es einen eindeutig bestimmten Homomorphismus $\hat{f} : \mathcal{F} \to \mathcal{A}$ gibt, der f fortsetzt. Aber dann ist $\hat{f} \circ \overline{\varphi}$ der eindeutig bestimmte Homomorphismus von $\mathcal{F}_\tau(Y)$ nach $\mathcal{A}$ und wir haben $ker\overline{\varphi} \subseteq ker(\hat{f} \circ \overline{\varphi})$. Dies zeigt, daß $ker\overline{\varphi}$ in IdK enthalten ist und dies beendet den Beweis. ∎

Ein Beispiel für eine relativ freie Algebra haben wir bereits in 3.1.4 mit der Worthalbgruppe gegeben.

10.5 Varietäten

In diesem Abschnitt soll der Zusammenhang zwischen unseren beiden Wegen, Klassen von Algebren gleichen Typs zu beschreiben, hergestellt werden. Wir führen die Operatoren **H**, **S** and **P** auf Klassen von Algebren ein, welche die Konstruktionen homomorpher Bilder, von Teilalgebren und von direkten Produkten beschreiben. Eine Klasse von Algebren, die bezüglich dieser Operatoren abgeschlossen ist, wird Varietät genannt.
Das Hauptergebnis dieses Abschnittes ist der Beweis der Äquivalenz von Varietäten und gleichungsdefinierten Klassen.

Definition 10.5.1 Wir definieren die folgenden Operatoren auf der Menge $Alg(\tau)$ aller Algebren eines festen Typs τ. Für eine beliebige Klasse $K \subseteq Alg(\tau)$ seien:

$\mathbf{S}(K)$ die Klasse aller Unteralgebren von Algebren von K,
$\mathbf{H}(K)$ die Klasse aller homomorphen Bilder von Algebren von K,
$\mathbf{P}(K)$ die Klasse aller direkten Produkte von Familien von Algebren von K,
$\mathbf{I}(K)$ die Klasse aller Algebren, die zu Algebren von K isomorph sind,
$\mathbf{P}_S(K)$ die Klasse aller subdirekten Produkte von Familien von Algebren von K.

Man kann diese Operatoren auch miteinander verknüpfen, um neue zu erhalten. So bedeutet **IP** die Komposition von **I** und **P**. Wir erinnern daran, daß ein Operator als Hüllenoperator bezeichnet wird, wenn er extensiv, monoton und idempotent ist. Einige der soeben eingeführten Operatoren sind tatsächlich Hüllenoperatoren.

Lemma 10.5.2 *Die Operatoren* **H**, **S** *und* **IP** *sind Hüllenoperatoren auf der Menge* $Alg(\tau)$.

Beweis: Wir beweisen dies nur für **H**; die anderen Beweise verlaufen ähnlich. Für beliebige Teilklassen K und L von $Alg(\tau)$ folgt aus der Inklusion $K \subseteq L$ die Inklusion $\mathbf{H}(K) \subseteq \mathbf{H}(L)$ und da eine beliebige Algebra ein homomorphes Bild von sich selbst bei dem identischen Homomorphismus ist, gilt immer $K \subseteq \mathbf{H}(K)$. Zum Beweis der Idempotenz von **H** bemerken wir, daß aus der Extensivität und der Monotonie folgt $\mathbf{H}(K) \subseteq \mathbf{H}(\mathbf{H}(K))$. Umgekehrt sei $\mathcal{A} \in \mathbf{H}(\mathbf{H}(\mathcal{K}))$. Dann gibt es eine Algebra $\mathcal{B} \in \mathbf{H}(\mathcal{K})$ und einen surjektiven Homomorphismus $\varphi : \mathcal{B} \to \mathcal{A}$. Zu $\mathcal{B} \in \mathbf{H}(\mathcal{K})$ existiert eine Algebra $C \in K$ und ein surjektiver Homomorphismus $\psi : \mathcal{C} \to \mathcal{B}$. Dann ist die Komposition $\varphi \circ \psi : \mathcal{C} \to \mathcal{A}$ auch ein surjektiver Homomorphismus und daher gilt $\mathcal{A} \in \mathbf{H}(\mathcal{K})$. ∎

Wir bemerken noch, daß der Operator **P** kein Hüllenoperator ist, da er nicht idempotent ist: $A_1 \times (A_2 \times A_3)$ ist nicht gleich $(A_1 \times A_2) \times A_3$, aber sie sind isomorph.

Definition 10.5.3 Eine Klasse $K \subseteq Alg(\tau)$ heißt *Varietät*, wenn K abgeschlossen ist bezüglich der Operatoren **H**, **S** and **P**; dies bedeutet, wenn $\mathbf{H}(K) \subseteq K$, $\mathbf{S}(K) \subseteq K$ und $\mathbf{P}(K) \subseteq K$ gelten.

Wir untersuchen nun die Eigenschaften dieser Operatoren, insbesondere, wie man sie miteinander verknüpfen kann.

Lemma 10.5.4 *Es sei K eine Klasse von Algebren vom Typ τ. Dann gelten*

(i) $\mathbf{SH}(K) \subseteq \mathbf{HS}(K)$,

(ii) $\mathbf{PS}(K) \subseteq \mathbf{SP}(K)$,

(iii) $\mathbf{PH}(K) \subseteq \mathbf{HP}(K)$.

Beweis: (*i*) Es sei $\mathcal{A}$ ein Element von $\mathbf{SH}(K)$. Dann ist $\mathcal{A}$ eine Teilalgebra einer Algebra $\mathcal{B}$, die ihrerseits ein homomorphes Bild einer Algebra $\mathcal{C}$ in K bei einem surjektiven Homomorphismus $\varphi : \mathcal{C} \to \mathcal{B}$ ist. Wegen $\mathcal{A} \subseteq \mathcal{B}$, ist das Urbild $\varphi^{-1}(\mathcal{A})$ eine Teilalgebra von $\mathcal{C}$. Dieses Urbild erfüllt $\varphi(\varphi^{-1}(\mathcal{A})) = \mathcal{A}$, wodurch $\mathcal{A}$ zu einem homomorphen Bild der Unteralgebra $\varphi^{-1}(\mathcal{A})$ von C wird. Daher gilt $\mathcal{A} \in \mathbf{HS}(\mathcal{K})$.

(*ii*) Wenn $\mathcal{A} \in \mathbf{PS}(\mathcal{K})$ gilt, dann ist $\mathcal{A} = \prod_{j \in J} \mathcal{B}_j$ für gewisse Algebren $\mathcal{B}_j \in \mathbf{S}(K)$, und für jedes Element $j \in J$ gibt es eine Algebra $\mathcal{C}_j$ in K mit $\mathcal{B}_j \subseteq \mathcal{C}_j$. Da $\prod_{j \in J} \mathcal{B}_j$ dann eine Unteralgebra von $\prod_{j \in J} \mathcal{C}_j$ ist, haben wir $\mathcal{A} \in \mathbf{SP}(\mathcal{K})$.

(*iii*) Wenn $\mathcal{A} \in \mathbf{PH}(\mathcal{K})$, dann ist $\mathcal{A} = \prod_{j \in J} \mathcal{B}_j$ für gewisse Algebren $\mathcal{B}_j \in \mathbf{H}(K)$, und für jedes Element $j \in J$ gibt es eine Algebra $\mathcal{C}_j$ in K und einen surjektiven Homomorphismus $\varphi_j : \mathcal{C}_j \to \mathcal{B}_j$. Für die Projektionsabbildung $p_\ell : \prod_{j \in J} \mathcal{C}_j \to \mathcal{C}_\ell$ ist die Komposition $\varphi_j \circ p_\ell : \prod_{j \in J} \mathcal{C}_j \to \mathcal{B}_\ell$ ein surjektiver Homomorphismus. Dann existiert ein Homomorphismus $\prod_{j \in J} \mathcal{C}_j \to \prod_{j \in J} \mathcal{B}_j$, der surjektiv ist. Dies ergibt $\mathcal{A} = \prod_{j \in J} \mathcal{B}_j \in \mathbf{HP}(K)$. ∎

Unter Benutzung dieses Lemmas erhalten wir eine Charakterisierung der kleinsten Varietät, welche die Klasse K von Algebren enthält.

Satz 10.5.5 *Für eine beliebige Klasse K von Algebren vom Typ τ ist die Klasse* $\mathbf{HSP}(K)$ *die kleinste Varietät (bezüglich Mengeninklusion), die K enthält.*

Beweis: Wir zeigen zunächst, daß $\mathbf{HSP}(K)$ eine Varietät ist, das heißt, daß diese Klasse von Algebren bezüglich der Anwendung der Operatoren **H**, **S** und **P** abgeschlossen ist. Wir haben $\mathbf{H}(\mathbf{HSP}(K)) = \mathbf{HSP}(K)$ wegen der Idempotenz von **H** und $\mathbf{S}(\mathbf{HSP}(K)) \subseteq \mathbf{H}(\mathbf{SSP}(K)) = \mathbf{HSP}(K)$ nach Lemma 10.5.4 (*i*) und der Idempotenz von **S**. Für **P** gilt $\mathbf{P}(\mathbf{HSP}(K)) \subseteq \mathbf{HPSP}(K) \subseteq \mathbf{HSPP}(K) \subseteq \mathbf{HSIPIP}(K) = \mathbf{HSIP}(K) \subseteq \mathbf{HSHP}(K) \subseteq \mathbf{HHSP}(K) = \mathbf{HSP}(K)$ unter Verwendung der Eigenschaften von 10.5.2 und 10.5.4.

Daher ist $\mathbf{HSP}(K)$ eine Varietät. Es sei nun K' eine beliebige Varietät, die K enthält. Dann ist $\mathbf{HSP}(K) \subseteq \mathbf{HSP}(K') \subseteq K'$, da K' als Varietät bezüglich aller drei Operatoren abgeschlossen ist. ∎

Für eine beliebige Klasse K von Algebren des gleichen Typs heißt $\mathbf{HSP}(K)$ die durch K erzeugte Varietät. Sie wird durch $V(K)$ bezeichnet. Wenn K aus einer einzelnen Algebra $\mathcal{A}$ besteht, schreiben wir gewöhnlich $V(\mathcal{A})$.

Nach Satz 10.5.5 gilt $K \subseteq \mathbf{HSP}(K)$ für eine beliebige Klasse K. Wenn K eine Varietät ist, dann ergibt die Hülle von K bezüglich der Operatoren **H**, **S** und **P** die Inklusion $\mathbf{HSP}(K) \subseteq K$ und daher ist $\mathbf{HSP}(K) = K$. Ist umgekehrt $\mathbf{HSP}(K) = K$, so ist K eine Varietät, wie wir im ersten Teil des Beweises von Satz 10.5.5 gezeigt haben.
Damit ergibt sich:

Folgerung 10.5.6 *Eine Klasse K von Algebren des Typs τ ist genau dann eine Varietät, wenn* $\mathbf{HSP}(K) = K$ *gilt.* ∎

In Kapitel 8 (Satz 8.2.8) wurde bereits festgestellt, daß jede Algebra isomorph zu einem subdirekten Produkt von subdirekt irreduziblen Algebren ist. Jetzt können wir das stärkere Resultat beweisen, daß jede Algebra einer Varietät K isomorph zu einem subdirekten Produkt von subdirekt irreduziblen Algebras aus K ist.

Satz 10.5.7 *Jede Algebra einer Varietät K ist isomorph zu einem subdirekten Produkt von subdirekt irreduziblen Algebren von K.*

Beweis: Nach Satz 8.2.8 ist jede Algebra $\mathcal{A}$ in K isomorph zu einem subdirekten Produkt von subdirekt irreduziblen Algebren $\mathcal{A}_j$. Nach den entsprechenden Aussagen von Kapitel 8 ist jede Algebra $\mathcal{A}_j$ isomorph zu einer Quotientenalgebra von $\mathcal{A}$ und daher ein homomorphes Bild von $\mathcal{A}$. Da $\mathcal{A} \in \mathcal{K}$ und da K eine Varietät ist, sehen wir, daß $\mathcal{A}_j \in \mathbf{H}(K) \subseteq K$ gilt. ∎

Das nächste Lemma zeigt, daß jede gleichungsdefinierte Klasse von Algebren gleichen Typs eine Varietät ist.

Lemma 10.5.8 *Es sei K eine gleichungsdefinierte Klasse von Algebren des Typs τ. Dann ist K eine Varietät.*

Beweis: Es sei K eine gleichungsdefinierte Klasse von Algebren des Typs τ. Daher existiert eine Menge Σ von Gleichungen vom Typ τ über dem Alphabet X, so daß $K = Mod\ \Sigma$ ist. Um zu sehen, daß $Mod\ \Sigma$ bezüglich $\mathbf{H}$, $\mathbf{S}$ and $\mathbf{P}$ abgeschlossen ist, sei $s \approx t \in \Sigma$ eine beliebige Identität in Σ. Dann haben wir $s^{\mathcal{A}} = t^{\mathcal{A}}$ für eine Algebra $\mathcal{A} \in \mathcal{K}$. Wenn $\mathcal{B}$ eine Teilalgebra von $\mathcal{A} \in \mathcal{K}$ ist, dann ist $t^{\mathcal{B}} = t^{\mathcal{A}}|B$ und daher $s^{\mathcal{B}} = t^{\mathcal{B}}$; dies bedeutet, daß $s \approx t$ in $\mathcal{B}$ gilt und $\mathcal{B}$ zu K gehört. Damit ist $\mathbf{S}(K) \subseteq K$. In ähnlicher Weise zeigen wir, daß $\mathbf{H}(K) \subseteq K$. Schließlich, sei $\mathcal{A}_j \in K$ und angenommen, $\mathcal{A}_j$ erfülle $s \approx t$ für jedes Element $j \in J$. Dann ist für $\underline{a}_1, \ldots, \underline{a}_n \in C = \prod_{j \in J} \mathcal{A}_j$ auch $s^{\mathcal{A}_j}(\underline{a}_1(j), \ldots, \underline{a}_n(j)) = t^{\mathcal{A}_j}(\underline{a}_1(j), \ldots, \underline{a}_n(j)) \Rightarrow (s^{\mathcal{C}}(\underline{a}_1, \ldots, \underline{a}_n))(j) = (t^{\mathcal{C}}(\underline{a}_1, \ldots, \underline{a}_n))(j)$ für alle $j \in J$ und damit $s^{\mathcal{C}} = t^{\mathcal{C}}$. Daher liegt das Produkt $\mathcal{C}$ von Algebren aus K in K, und dies zeigt, daß $\mathbf{P}(K) \subseteq K$. ∎

Bevor wir die andere Richtung unserer Äquivalenz zeigen können, brauchen wir einen weiteren Fakt. Wir zeigen, daß die freie Algebra $\mathcal{F}_K(Y)$ bezüglich K für eine beliebige Klasse K von Algebren vom Typ τ und für eine Menge Y von Variablen zu $\mathbf{ISP}(K)$ gehört.

Satz 10.5.9 *Für jede Klasse $K \subseteq Alg(\tau)$ und jede nichtleere Menge Y von Variablen gehört die relativ freie Algebra $\mathcal{F}_K(Y)$ zu $\mathbf{ISP}(K)$.*

Beweis: Wir wollen Satz 8.2.4 anwenden, um die Algebra $\mathcal{F}_K(Y)$ als subdirektes Produkt zu schreiben. Dazu verifizieren wir zuerst, daß der Durchschnitt aller Kongruenzen auf $\mathcal{F}_K(Y)$ die identische Relation ist. Als erstes bemerken wir, daß $\mathcal{F}_K(Y)$ die Quotientenalgebra $\mathcal{F}_\tau(Y)/IdK$ ist. Eine beliebige Kongruenz auf dieser Algebra ist der Kern eines Homomorphismus auf einer gewissen Algebra $\mathcal{A} \in \mathcal{K}$ und jeder Homomorphismus dieser Art ist die Fortsetzung $\hat{f}$ einer Abbildung $f : Y \to A$. Daher genügt es zu zeigen, daß der Durchschnitt der Kerne aller solcher $\hat{f}$ auf $\mathcal{F}_\tau(Y)$ die identische Relation auf $\mathcal{F}_\tau(Y)/IdK$ ist. Wegen der Definition von IdK trifft dies aber zu.
Nach Satz 8.2.4 ist die Algebra $\mathcal{F}_\tau(Y)/IdK$ isomorph zu einem subdirekten Produkt von Algebren $(\mathcal{F}_\tau(Y)/IdK)/((\ker \hat{f})/IdK)$. Für jede dieser Algebren erhält man nach dem Homomorphiesatz und dem 2. Isomorphiesatz sowie wegen der Definition von $\hat{f}$ die Beziehungen $(\mathcal{F}_\tau(Y)/IdK)/((\ker \hat{f})/IdK) \cong \mathcal{F}_\tau(Y)/\ker \hat{f} \cong \hat{f}(\mathcal{F}_\tau(Y))$. Die letzte Algebra ist eine Teilalgebra der Algebra $\mathcal{A}$, die zu K und damit zu $\mathbf{S}(K)$ gehört. Daher ist die relativ freie Algebra isomorph zu einem subdirekten Produkt von Algebren, die isomorph zu Teilalgebren von K sind. Insgesamt haben wir $\mathcal{F}_\tau(Y)/IdK = \mathcal{F}_K(Y) \in \mathbf{ISP}(\mathbf{IS}(K))$. Unter Verwendung der Eigenschaften von Lemma 10.5.4 (die für $\mathbf{I}$ und auch für $\mathbf{H}$ gelten) und mit Lemma 10.5.2 erhalten wir $\mathcal{F}_K(Y) \subseteq \mathbf{ISP}(\mathbf{S}(K)) \subseteq \mathbf{ISP}(K)$. ■

Da Varietäten auch bezüglich der Operatoren $\mathbf{I}$, $\mathbf{S}$ und $\mathbf{P}$ abgeschlossen sind, folgt aus diesem Satz, daß jede Varietät K alle relativ freien Algebren $\mathcal{F}_K(Y)$ für jede nichtleere Menge Y enthält.
Nun zeigen wir, daß die Identitäten, die in einer Klasse K von Algebren vom Typ τ erfüllt sind, genau alle die Identitäten sind, die in der freien Algebra $\mathcal{F}_K(X)$, wobei X unsere abzählbar unendliche Menge von Variablen ist, erfüllt sind.

Lemma 10.5.10 *Es sei K eine Varietät von Algebren vom Typ τ, und es seien s und t Terme in $W_\tau(X)$.*
Dann gilt

$$K \models s \approx t \quad \Leftrightarrow \quad \mathcal{F}_K(X) \models s \approx t.$$

Beweis: Da K eine Varietät ist, ergibt sich aus obiger Bemerkung, daß die relativ freie Algebra $\mathcal{F}_K(X)$ zu K gehört. Dies bedeutet, daß eine beliebige Identität von K insbesondere in $\mathcal{F}_K(X)$ gilt, was uns eine Richtung der Aussage liefert.
Wenn umgekehrt $\mathcal{F}_K(X)$ die Gleichung $s \approx t$ erfüllt, dann ist $s^{\mathcal{F}_K(X)} = t^{\mathcal{F}_K(X)}$. Da $\mathcal{F}_K(X)$ die Quotientenalgebra von $\mathcal{F}_\tau(X)$ nach IdK ist, folgt daraus $[s]_{IdK} = [t]_{IdK}$; und daraus erhalten wir weiter $(s,t) \in \ker natIdK = IdK$

und so erfüllt K die Gleichung $s \approx t$. ∎

Mit diesen Vorbereitungen können wir nun unser Hauptergebnis, das auch als Satz von Birkhoff bezeichnet wird, beweisen.

Satz 10.5.11 *(Hauptsatz der Gleichungstheorie) Eine Klasse K von Algebren vom Typ τ ist genau dann gleichungsdefiniert, wenn sie eine Varietät ist.*

Beweis: Eine Richtung dieses Satzes wurde bereits in Lemma 10.5.8 formuliert und bewiesen. Wir zeigen die Umkehrung, daß jede Varietät K eine gleichungsdefinierte Klasse ist; insbesondere werden wir zeigen, daß K mit der Klasse K' $:= ModIdK$ übereinstimmt. Nach Lemma 10.5.8 ist diese Klasse eine Varietät und damit haben wir $K \subseteq ModIdK = K'$. Unter Anwendung des Operators Id auf $K' = ModIdK$ ergeben sich $IdK = IdModIdK' = IdK'$ da $IdMod$ ein Hüllenoperator ist. Aber dann haben wir $\mathcal{F}_K(Y) = \mathcal{F}_\tau(Y)/IdK = \mathcal{F}_\tau(Y)/IdK'$ $= \mathcal{F}_{K'}(Y)$ für jede nichtleere Menge Y von Variablen. Jetzt sei $\mathcal{A}$ eine beliebige Algebra in K', und es sei Y eine Menge von Variablen, so daß $|Y| = |A|$ ist. Damit gibt es eine Abbildung $f : Y \to A$ welche surjektiv ist und nach Satz 10.4.3 wissen wir, daß diese Abbildung eine eindeutige Fortsetzung zu einem Homomorphismus von $\mathcal{F}_{K'}(Y)$ auf $\mathcal{A}$ hat, also surjektiv ist. Damit ist $\mathcal{A}$ ein homomorphes Bild von $\mathcal{F}_{K'}(Y)$ und diese Algebra stimmt mit $\mathcal{F}_K(Y)$ überein. Aber diese relativ freie Algebra gehört zur Varietät K und K ist bezüglich homomorpher Bilder abgeschlossen, daher gehört $\mathcal{A}$ zu K. Dies zeigt, daß K' $\subseteq K$ und beendet unseren Beweis, daß $K = K' = ModIdK$ ist. ∎

Wie wir gezeigt haben, existieren absolut oder relativ freie Algebren über beliebigen nichtleeren Variablenmengen. Man kann beweisen, daß man sich dabei auf Mengen mit endlicher oder abzählbar unendlicher Kardinalzahl beschränken kann. Eine Konsequenz dieses Ergebnisses, die wir ohne Beweis mitteilen wollen, ist, daß eine beliebige Varietät durch eine relativ freie Algebra mit einer abzählbar unendlichen Menge von Erzeugenden oder durch die Gesamtheit aller relativ freien Algebren mit n Erzeugenden für jede natürliche Zahl $n \geq 1$, erzeugt werden kann.

Satz 10.5.12 *Für jede Varietät K gilt:*

$$K = \mathbf{HSP}(\{\mathcal{F}_K(n) \mid n \in \mathbb{N}, n \geq 1\}) = \mathbf{HSP}(\{\mathcal{F}_K(X)\}).$$

Damit sind zwei Varietäten K und K' gleich, wenn alle ihre freien Algebren $\mathcal{F}_K(n)$ und $\mathcal{F}_{K'}(n)$ für jede natürliche Zahl n übereinstimmen.

10.6 Der Verband aller Varietäten

Im Abschnitt 10.1 haben wir bewiesen, daß die Gesamtheit aller gleichungsdefinierten Klassen von Algebren eines festen Typs τ (über einem abzählbar unendlichen Alphabet) einen vollständigen Verband $\mathcal{L}(\tau)$ bildet, der dual isomorph zum Verband aller Gleichungstheorien vom Typ τ ist. Das größte Element dieses Verbandes $\mathcal{L}(\tau)$ aller Varietäten vom Typ τ ist die Varietät aller Algebren vom Typ τ; diese Varietät wird durch $Alg(\tau)$ bezeichnet. Es gilt $Alg(\tau) = Mod\{x \approx x\}$. Das kleinste Element im Verband $\mathcal{L}(\tau)$ ist die triviale Varietät T, die genau aus allen einelementigen Algebren vom Typ τ besteht; hier haben wir $T = Mod\{x \approx y\}$. Auf der dualen Seite der Gleichungstheorien ist das größte Element im Verband $\mathcal{E}(\tau)$ die Gleichungstheorie, die durch $\{x \approx y\}$ erzeugt wird (unter Verwendung der fünf Ableitungsregeln) und das kleinste Element in $\mathcal{E}(\tau)$ ist die Gleichungstheorie erzeugt durch $\{x \approx x\}$.

Eine Teilklasse W einer Varietät V, die ebenfalls eine Varietät ist, heißt *Untervarietät* (auch *Teilvarietät*) von V. Die Varietät V ist eine *minimale*, oder *gleichungsvollständige* Varietät, wenn V nicht trivial ist, aber die einzige Untervarietät von V, die nicht gleich V ist, die triviale Varietät ist.
Wir zeigen jetzt, daß jede nichttriviale Varietät $V \in \mathcal{L}(\tau)$ eine minimale Untervarietät enthält.

Satz 10.6.1 *Es sei V eine nichttriviale Varietät. Dann enthält V eine minimale Untervarietät.*

Beweis: Da $V = ModIdV$ gilt, definiert die Menge aller Identitäten von V die Varietät V und nach Satz 10.2.2 ist die Menge IdV eine vollinvariante Kongruenzrelation auf $\mathcal{F}_\tau(X)$. Da V nichttrivial ist, ist diese vollinvariante Kongruenzrelation nicht die gesamte Menge $F_\tau(X) \times F_\tau(X)$. Da $F_\tau(X) \times F_\tau(X)$ die vollinvariante Kongruenz ist, die durch ein beliebiges Paar (x, y) mit $x \neq y$ erzeugt wird, folgt, daß $F_\tau(X) \times F_\tau(X)$ als eine vollinvariante Kongruenz endlich erzeugt ist. Unter Verwendung eines Axioms der Mengenlehre, genannt Zorns Lemma, können wir IdV zu einer maximalen vollinvarianten Kongruenzrelation erweitern. Nach Satz 10.2.2 wegen der Tatsache, daß die Menge $Con_{fi}\mathcal{F}_\tau(X)$ einen Teilverband von $Con\mathcal{F}_\tau(X)$ bildet und wegen der Eigenschaften der Galoisverbindung (Id, Mod), ergibt dies eine minimale Varietät, die in V enthalten ist. ∎

Es ist zum Beispiel bekannt, daß die Varietät aller Booleschen Algebren und die Varietät aller distributiven Verbände minimal sind. Eine Varietät von Gruppen ist genau dann minimal, wenn sie abelsch und von Primzahlordnung ist (das heißt, wenn sie aus allen abelschen Gruppen besteht, welche die Identität $x^p \approx e$ erfüllen, wobei p eine feste Primzahl ist). Die folgenden Varietäten von Halbgruppen sind minimal:

$SL = Mod\{x(yz) \approx (xy)z,\ xy \approx yx,\ x^2 \approx x\}$, die Varietät der Halbverbände,

$LZ = Mod\{xy \approx x\}$, die Varietät der Linksnullhalbgruppen,
$RZ = Mod\{xy \approx y\}$, die Varietät der Rechtsnullhalbgruppen
$Z = Mod\{xy \approx zt\}$, die Varietät der Nullhalbgruppen und
$A_p = Mod\{x(yz) \approx (xy)z, xy \approx yx, x^p y \approx y\}$, die Varietät der abelschen Gruppen von Primzahlordnung p.

Wenn V eine gegebene Varietät vom Typ τ ist, dann bildet die Gesamtheit aller Untervarietäten von V ebenfalls einen vollständigen Verband $\mathcal{L}(V) := \{W | W \in \mathcal{L}(\tau) \text{ und } W \subseteq V\}$. Dieser Verband heißt der *Untervarietätenverband* von V.

Eine andere wichtige Frage in der Universellen Algebra ist die nach der endlichen Axiomatisierbarkeit einer Algebra oder einer Varietät.

Man fragt, ob die Menge aller Identitäten, die in einer Varietät V gelten, mit Hilfe der fünf Ableitbarkeitsregeln aus einer endlichen Teilmenge abgeleitet werden kann.

R. C. Lyndon bewies in [8] daß jede zweielementige Algebra in diesem Sinne endlich axiomatisierbar ist, ein Ergebnis, das wegen der Bedeutung zweielementiger Algebren in der Informatik beachtenswert ist. Endliche Gruppen und endliche Ringe sind ebenfalls endlich axiomatisierbar. Man könnte annehmen, daß jede endliche Algebra oder jede Varietät, die von einer endlichen Algebra erzeugt wird, endlich axiomatisierbar ist. Es war eine große Überraschung, als Lyndon im Jahre 1954 eine siebenelementige Algebra fand, die nicht endlich axiomatisierbar ist ([9]). Versuche, die Anzahl der Elemente weiter zu reduzieren, führten schließlich zur Entdeckung einer dreielementigen, nicht endlich axiomatisierbaren Algebra vom Typ (2) durch V. L. Murskij in [10]. Dies ist die Algebra mit der Trägermenge $A = \{0, 1, 2\}$ und der binären Operation gegeben durch

	0	1	2
0	0	0	0
1	0	0	1
2	0	2	2

.

10.7 Aufgaben

1. Man beweise, daß das Paar (Id, Mod) eine Galoisverbindung zwischen den Mengen $Alg(\tau)$ und $W_\tau(X)^2$ bildet.

2. Man beweise, daß die Menge aller vollinvarianten Kongruenzrelationen $Con_{fi}\mathcal{A}$ einer Algebra $\mathcal{A}$ einen Teilverband des Verbandes $Con\mathcal{A}$ aller Kongruenzrelationen auf $\mathcal{A}$ bildet.

3. Man bestimme alle Elemente von $\mathcal{F}_{RB}(\{x,y\})$, wobei $RB = Mod\{x(yz) \approx (xy)z, xyz \approx xz, x^2 \approx x\}$ die Varietät aller rektangulären Bands ist.

4. Es sei L die Varietät aller Verbände. Man bestimme alle Elemente von $\mathcal{F}_L(\{x\})$ und von $\mathcal{F}_L(\{x,y\})$.

5. Man beweise, daß $Id\mathbf{HSP}(\mathcal{A}) = Id\mathcal{A}$ ist.

6. Man zeige, daß $\mathbf{ISP}(K)$ die kleinste Klasse ist, die K enthält und bezüglich **I**, **S** und **P** abgeschlossen ist.

7. Man verwende die Normalformbeschreibung für Halbgruppenterme, um den freien Halbverband auf der Menge X_n von n Erzeugenden zu beschreiben.

11 Anwendungen

Wir wollen auf einige Anwendungen der in diesem Buch entwickelten algebraischen Begriffsbildungen eingehen. Dabei kann kein Anspruch auf Vollständigkeit erhoben werden, schon deshalb nicht, weil immer neue Anwendungsgebiete erschlossen werden. Eine Verbreiterung der Anwendungsfelder algebraischer Denkweisen, Begriffe und Aussagen setzt einerseits Vertrautsein mit algebraischen Überlegungen beim Anwender, andererseits die Aufgeschlossenheit des Algebraikers gegenüber Anwendungen voraus. Die Behandlung von Grundideen der Allgemeinen Algebra in diesem Buch ist auch durch das Auftreten von Strukturen, die verschieden von Gruppen, Ringen, Körpern und Vektorräumen sind, in verschiedenen Anwendungsgebieten motiviert. Die hier betrachteten Anwendungsgebiete wurden so ausgewählt, daß Probleme der Datenerkennung, Datenerfassung, Datenübertragung und der Auswertung von Datenmengen eine Rolle spielen.

11.1 Algebren und Automaten

Wir beginnen mit der Algebraisierung des Erkennens von Daten durch *endliche deterministische Automaten.* In Anlehnung an 6.2, Beispiel 12 sind Automaten Folgen $\mathbf{A} := (Z, X; \delta, z_0, Z')$, wobei

Z eine nichtleere endliche Menge ist und *Zustandsmenge* von $\mathbf{A}$ genannt wird,

X eine zu Z disjunkte nichtleere endliche Menge ist, die *Eingabealphabet* genannt wird,

δ eine Funktion von $Z \times X$ in Z ist und *Überführungsfunktion* heißt,

$Z' \subseteq Z$ eine Teilmenge von Z ist und *Menge der Terminalzustände* genannt wird und

$z_0 \in Z$ als *Initialzustand* bezeichnet wird.

Automaten in diesem Sinne sind Algebren mit zwei Trägermengen. Aber auch Algebren mit nur einer Trägermenge kann man schon als Automaten auffassen. Dazu sei $\mathcal{A} = (A; f_1^{\mathcal{A}}, \ldots, f_n^{\mathcal{A}})$ eine endliche Algebra mit der endlichen

Trägermenge A und endlich vielen nur einstelligen Fundamentaloperationen $f_1^{\mathcal{A}}, \ldots, f_n^{\mathcal{A}}$. Wir setzen $Z = A$, $X = \{f_1, \ldots, f_n\}$, $\delta : A \times \{f_1, \ldots, f_n\} \to A$ vermöge $\delta(a, f_i) := f_i^{\mathcal{A}}(a)$ für $i = 1, \ldots, n$, wobei $f_i^{\mathcal{A}}$ die durch das Operationssymbol f_i eindeutig bestimmte Termoperation der Algebra $\mathcal{A}$ ist, $Z' = A' \subseteq A$ und $z_0 = a \in A$. Zu $\{f_1, \ldots, f_n\}$ nimmt man noch das leere Wort λ, dem in der Algebra $\mathcal{A}$ die identische Funktion id_A entspricht, hinzu, und bildet das freie Monoid $\langle\{f_1, \ldots, f_n, \lambda\}\rangle^*$. Die Funktion δ kann dann durch $\delta^*(a, f_i) := \delta(a, f_i) = f_i^{\mathcal{A}}(a)$ für alle $i = 1, \ldots, n$, $\delta^*(a, \lambda) := id_A(a) = a$ und $\delta^*(a, f_i \circ t) := \delta(\delta^*(a, t), f_i) = (f_i^{\mathcal{A}} \circ t^{\mathcal{A}})(a) = f_i^{\mathcal{A}}(t^{\mathcal{A}}(a))$ zu einer durch δ eindeutig bestimmten Funktion $\delta^* : A \times \langle\{f_1, \ldots, f_n, \lambda\}\rangle^* \to A$ fortgesetzt werden.

Ist t ein beliebiger einstelliger Term, gebildet aus einer Variablen x und den einstelligen Operationssymbolen $f_1, \ldots, f_n$, so heißt t *erkennbar* durch den Automaten $\mathbf{A} = (A, \{f_1, \ldots, f_n\}, \delta, a, A')$, wenn $\delta^*(a, t) \in A'$ gilt. Unären Termen $t = f_{i_1}(f_{i_2}(\cdots f_{i_l}(x) \cdots))$ entsprechen Bäume der Form

Dieser Baum wird durch den Automaten $\mathbf{A}$ erkannt, wenn nach Einsetzen des Initialelementes a für die Variable x und nach Einsetzen der Fundamentaloperationen der Algebra $\mathcal{A}$ für die in diesem Baum vorkommenden Operationssymbole ein Wert in A' entsteht. Unter der vom Automaten $\mathbf{A}$ akzeptierten Sprache versteht man die Menge

$$L(\mathbf{A}) := \{t \mid t \in W_{(1,\ldots,1)}(\{x\}) \text{ und } t^{\mathcal{A}}(a) \in A'\}.$$

Dieser Begriff eines Automaten kann zu einem Automatenbegriff verallgemeinert werden, der nicht nur Monoidwörter, sondern n-stellige Terme eines beliebigen Typs erkennt.

Definition 11.1.1 Ein $\tau - X$-*Baumautomat* ist eine Folge

$$\mathbf{A} = (\mathcal{A}, \{f_i \mid i \in I\}, X, \alpha, A'),$$

wobei $\mathcal{A} := (A; (f_i^{\mathcal{A}})_{i \in I})$ eine endliche Algebra des Typs τ mit Operationssymbolen $f_1, \ldots, f_n$ ist, wobei X eine endliche Menge von Variablen bezeichnet,

$\alpha : X \longrightarrow A$ eine Funktion, die Bewertungsfunktion, ist und A' eine Teilmenge von A bedeutet.

Die Bewertungsfunktion α ordnet jeder Variablen aus X ein Element von A zu. Gehören auch nullstellige Operationssymbole zum Typ, so wird die Bewertungsfunktion auf die Vereinigungsmenge von X und der Menge der nullstelligen Operationssymbole fortgesetzt und jedem nullstelligen Operationssymbol der Wert der zugehörigen nullstelligen Fundamentaloperation in A zugeordnet. Jede Bewertungsfunktion α kann nach Satz 9.1.7 eindeutig zu einem Homomorphismus $\hat{\alpha} : \mathcal{F}_\tau(X) \longrightarrow \mathcal{A}$ der absolut freien Algebra des Typs τ in die Algebra $\mathcal{A}$ fortgesetzt werden.

Die Menge

$$T(\mathbf{A}) := \{t \mid t \in W_\tau(X) \text{ und } \hat{\alpha}(t) \in A'\}$$

heißt die durch den Baumautomaten $\mathbf{A}$ erkannte Sprache. Eine Sprache, das heißt eine Menge von Termen des Typs τ heißt *erkennbar*, wenn es einen $\tau-X$-Baumautomaten $\mathbf{A}$ mit $T = T(\mathbf{A})$ gibt.

Wir illustrieren die Definition an einem Beispiel.

Beispiel 11.1.2 Es sei $\tau = (2,2,1)$ mit einem einstelligen Operationssymbol h und einem zweistelligen Operationssymbol f und einem weiteren zweistelligen Operationssymbol g. Wir betrachten das zweielementige Alphabet $X = \{x_1, x_2\}$ und die zweielementige Boolesche Algebra $\mathcal{A} = (\{0,1\}; \wedge, \vee, \neg)$, wobei $h^A = \neg$, $f^A = \wedge$ und $g^A = \vee$ bezeichnen. Wir definieren eine Bewertungsfunktion α durch $\alpha(x_1) = 1$ und $\alpha(x_2) = 0$. Weiterhin sei $A' = \{1\}$. Wir betrachten den Term $t = f(h(f(x_2, x_1)), g(h(x_2), x_1))$. Dieser Term, beziehungsweise der zu ihm gehörige Baum, wird durch den oben definierten Baumautomaten erkannt, denn es ist

$$\hat{\alpha}(t) = (\neg(0 \wedge 1)) \wedge (\neg(0) \vee 1) = 1 \in A'.$$

11.2 Lateinische Quadrate

Die nächste Anwendung algebraischer Strukturen beschreibt eine wichtige Methode bei der Erfassung von Daten.

Definition 11.2.1 Unter einem *lateinischen* $(n \times n)-$*Quadrat* versteht man eine quadratische Matrix vom Typ (n, n), in der jede der Zahlen von 1 bis n in jeder Zeile und in jeder Spalte einmal vorkommt.

Wir geben folgendes Beispiel:

$$\begin{matrix} 4 & 1 & 2 & 3 \\ 1 & 2 & 3 & 4 \\ 2 & 3 & 4 & 1 \\ 3 & 4 & 1 & 2 \end{matrix}$$

Natürlich entspricht dieser Matrix die Strukturtafel der additiv geschriebenen Gruppe $\mathbb{Z}/_{(4)} = (\{1,2,3,4\};\ +)$. Entsprechend ist die Strukturtafel der additiv geschriebenen zyklischen Gruppe $\mathbb{Z}/_{(n)}$ ein lateinisches $(n \times n)-$Quadrat. Weiter bildet für eine beliebige $n-$elementige Gruppe $\mathcal{G}$ mit den Elementen $a_1, \ldots, a_n$ die zur Strukturtafel von $\mathcal{G}$ gehörige Matrix der Indizes der $a_1, \ldots, a_n$ ein lateinisches $(n \times n)-$Quadrat.
Weiter definieren wir:

Definition 11.2.2 Zwei lateinische $n \times n$-Quadrate heißen *orthogonal*, wenn an den $n \times n$ Positionen jedes geordnete Paar $(i, j), i, j \in \{1, \ldots, n\}$, genau einmal vorkommt.

Lateinische Quadrate sind zum Beispiel im landwirtschaftlichen Versuchswesen von Interesse. Wir wollen dazu einige Beispiele angeben.

Beispiel 11.2.3 (i) Fünf Weizenzuchtstämme sollen auf ihren Ertrag getestet werden. Sie werden dazu auf einem rechteckigen Versuchsfeld angebaut. Der Ertrag hängt aber nicht nur von der Qualität des Zuchtstammes, sondern auch von der Bodenfruchtbarkeit ab, die an verschiedenen Stellen des Versuchsfeldes unterschiedlich sein kann. Nehmen wir zum Beispiel an, daß die Nordseite des Versuchsfeldes fruchtbarer ist als seine Südseite, was dem Experimentator aber nicht bekannt ist. Würde er die Zuchtstämme 1-5 in folgender Weise anbauen

1	Nordseite
2	–
3	–
4	–
5	Südseite

so würde der Zuchtstamm 1 infolge der besseren Bodenqualität auf der Nordseite bessere Ergebnisse liefern als der Zuchtstamm 5. Die genetischen Unterschiede der Zuchtstämme aber würden nicht erkennbar werden.

Teilt man das Versuchsfeld in 5 Reihen und 5 Spalten (Blöcke und Säulen) ein, so daß jeder Zuchtstamm in jedem Block und jeder Säule genau einmal vorkommt, so wird der Einfluß der unterschiedlichen Bodenfruchtbarkeit eliminiert. Ein geeigneter Weg dazu ist die Wahl eines lateinischen (5×5)–Quadrates, zum Beispiel des folgenden:

$$\begin{matrix} 1 & 2 & 3 & 4 & 5 \\ 2 & 4 & 5 & 3 & 1 \\ 4 & 3 & 1 & 5 & 2 \\ 5 & 1 & 4 & 2 & 3 \\ 3 & 5 & 2 & 1 & 4 \end{matrix}$$

(ii) Zusätzlich zu den fünf Weizenzuchtstämmen sollen 5 Arten von Fertilizern getestet werden. Es soll dabei eine Versuchsanordnung in Form eines lateinischen (5×5)–Quadrates so gewählt werden, daß jede Fertilizer-Art auf jeden Zuchtstamm angewendet werden kann. Dazu sind zwei orthogonale lateinische (5×5)–Quadrate gesucht. Dies bedeutet: jedes geordnete Paar (Zuchtstamm, Fertilizer) kommt auf einer Parzelle genau einmal vor. Eine mögliche Lösung ist folgendes Paar lateinischer (5×5)– Quadrate:

$$I: \begin{matrix} 1 & 2 & 3 & 4 & 5 \\ 2 & 4 & 5 & 3 & 1 \\ 4 & 3 & 1 & 5 & 2 \\ 5 & 1 & 4 & 2 & 3 \\ 3 & 5 & 2 & 1 & 4 \end{matrix} \qquad II: \begin{matrix} 1 & 2 & 3 & 4 & 5 \\ 4 & 3 & 1 & 5 & 2 \\ 5 & 1 & 4 & 2 & 3 \\ 3 & 5 & 2 & 1 & 4 \\ 2 & 4 & 5 & 3 & 1 \end{matrix}$$

Weizenzuchtstamm Fertilizer

Soll zusätzlich simultan die Wirkung von fünf Arten von Fungiziden auf den Ertrag getestet werden, und soll jedes Fungizid mit jedem Fertilizer und mit jedem Weizenzuchtstamm getestet werden, so ist ein weiteres lateinisches (5×5)–Quadrat gesucht, das zu jedem der beiden oberen orthogonal ist. Eine mögliche Lösung ist folgendes lateinische Quadrat:

$$III: \begin{matrix} 1 & 2 & 3 & 4 & 5 \\ 5 & 1 & 4 & 2 & 3 \\ 3 & 5 & 2 & 1 & 4 \\ 2 & 4 & 5 & 3 & 1 \\ 4 & 3 & 1 & 5 & 2 \end{matrix}$$

Fungizide

Wollen wir ebenso parallel fünf Arten von Herbiziden testen, so ist ein weiteres lateinisches (5×5)–Quadrat gesucht, das zu jedem der beiden anderen orthogonal ist. Eine Lösung ist das folgende Quadrat:

$$IV: \quad \begin{matrix} 1 & 2 & 3 & 4 & 5 \\ 3 & 5 & 2 & 1 & 4 \\ 2 & 4 & 5 & 3 & 1 \\ 4 & 3 & 1 & 5 & 2 \\ 5 & 1 & 4 & 2 & 3 \end{matrix}$$

Herbizide

Soll nun die Wirkung von fünf verschiedenen Düngemittelgaben getestet werden, so ist ein weiteres lateinisches Quadrat gesucht, das zu jedem der vorangegangenen orthogonal ist. Dies existiert aber nicht. Um das zu sehen, versuchen wir eines zu konstruieren. In die erste Zeile können wir der Reihe nach 1, 2, 3, 4, 5 setzen. Das Element a in der Position $(2,1)$ muß verschieden von 2, 4, 5 und 3 sein. Das Element a muß auch verschieden von 1 sein.
Dieses Beispiel wirft das folgende Problem auf.
Problem: Gegeben sei eine natürliche Zahl $m \geq 2$. Wie viele paarweise orthogonale lateinische $(m \times m)$–Quadrate gibt es?
Die Antwort gibt der folgende Satz, den wir ohne Beweis mitteilen:

Satz 11.2.4 *Es sei $m \geq 2$ eine natürliche Zahl. Dann gilt: (i) Es gibt nicht mehr als $m-1$ paarweise orthogonale lateinische $(m \times m)$–Quadrate.*
(ii) Existiert ein Körper mit m Elementen, so gibt es $m-1$ paarweise orthogonale lateinische $(m \times m)$–Quadrate.

Aus einer bekannten Aussage der Körpertheorie folgt weiter:

Folgerung 11.2.5 *Zu jeder Primzahl p und jedem Exponenten n gibt es $p^n - 1$ paarweise orthogonale lateinische $(p^n \times p^n)$–Quadrate.* ■

Ist m keine Primzahlpotenz, so ist die Frage nach der Anzahl der lateinischen paarweise orthogonalen $(m \times m)$–Quadrate für den allgemeinen Fall noch ungelöst.
Die Zahl $m = 6$ ist die kleinste natürliche Zahl, die keine Primzahlpotenz ist. Für diesen Fall stimmt das oben formulierte Problem mit einem bekannten Problem von Euler überein, dem Problem der 36 Offiziere. 36 Offiziere sollen in einem (6×6)–Quadrat plaziert werden. Diese Offiziere kommen aus 6 verschiedenen Regimentern und jedes Regiment wird durch 6 Offiziere mit 6

verschiedenen Rängen repräsentiert. In jeder Zeile und jeder Spalte des Quadrates soll ein Offizier aus jedem Regiment und ein Offizier von jedem Rang stehen. Ist dies möglich? Euler vermutete, das Problem sei nicht lösbar. Erst 1901 konnte M. G. Tarry den Unmöglichkeitsbeweis führen.

11.3 Fehlerkorrigierende Codes

Während wir uns im Abschnitt 11.4 mit der Frage beschäftigen werden, wie man der nahezu erdrückenden Fülle der täglich erfaßten Daten unter begrifflichem Aspekt Herr werden kann, soll es nun um die Übertragung von Daten gehen. Dabei wird vor allem ihre Sicherung gegen zufällige Störungen eine Rolle spielen. Wir wollen hier nur einige wenige Aspekte der Codierungstheorie unter dem Gesichtspunkt der Anwendung algebraischer Methoden und Denkweisen beleuchten. Um mehr Informationen über dieses Gebiet zu erhalten, sei der Leser auf [5] oder [7] verwiesen.

Bei der Speicherung und Übertragung von Daten auf Disketten, Festplatten, CD's, Magnetbändern oder Schallplatten, durch Telefonnetze, Richtfunkverbindungen oder Computernetze kann es zu Fehlern kommen, indem Daten nicht den gewünschten Übertragungsweg nehmen oder durch andere zufällige Störungen (Rauschquellen) beeinträchtigt werden. Soll zum Beispiel die Nachricht

„Viele liebe Grüße und 1000 Küsse
Dein Otto "

per e-mail übermittelt werden, so könnte der Empfänger die folgende gestörte Nachricht erhalten:

„Viele liebe Gr ♡♣ se und 900 K ♡ sse
Dein Otto "

Die Empfängerin Anneliese kann den ihr von Otto gesendeten Text wahrscheinlich immer noch verstehen, denn Sprache ist redundant, enthält also mehr Information als zum Verständnis unbedingt erforderlich ist. Der empfangenen Zahl dagegen ist nicht ohne weiteres anzusehen, daß Fehler aufgetreten sind. Soll der Text für Dritte nicht mehr verständlich sein, so müßte er vom Absender codiert und vom Empfänger wieder decodiert werden. Außerdem soll aus der durch äußere Einflüsse gestörten, codierten Nachricht die gesendete rekonstruierbar sein.

Als erstes Beispiel wollen wir den im Buchhandel verwendeten ISBN-Code erläutern (ISBN bedeutet Internationale-Standard-Buch-Nummer). In der

ISBN-Nummer ISBN 3-596-12298-8 symbolisiert die erste Ziffer das Erscheinungsland (3 = Deutschland, 0 = USA), die zweite Zifferngruppe 596 den Verlag und 12298 ist eine verlagsinterne, diesem betreffenden Buch zugeordnete Ziffernfolge. Die Ziffer 8 ist eine Prüfziffer und wird, wenn die Ziffern der Reihe nach von vorn beginnend mit $z_1 z_2 z_3 z_4 z_5 z_6 z_7 z_8 z_9$ bezeichnet werden, durch

$$z_{10} = \sum_{k=1}^{9} k z_k \; modulo \; 11$$

ermittelt. In unserem Beispiel ist also

$$z_{10} = 3 + 2 \cdot 5 + 3 \cdot 9 + 4 \cdot 6 + 5 \cdot 1 + 6 \cdot 2 + 7 \cdot 2 + 8 \cdot 9 + 9 \cdot 8 = 239$$

und $239 \equiv 8(11)$. Sind bei der Übertragung der ISBN-Nummer Fehler aufgetreten, so ist dies an der Prüfziffer erkennbar. Eine automatische Fehlerkorrektur ist beim ISBN-Code allerdings nicht möglich.
Die codierte Datenübertragung kann man sich schematisch wie folgt vorstellen:

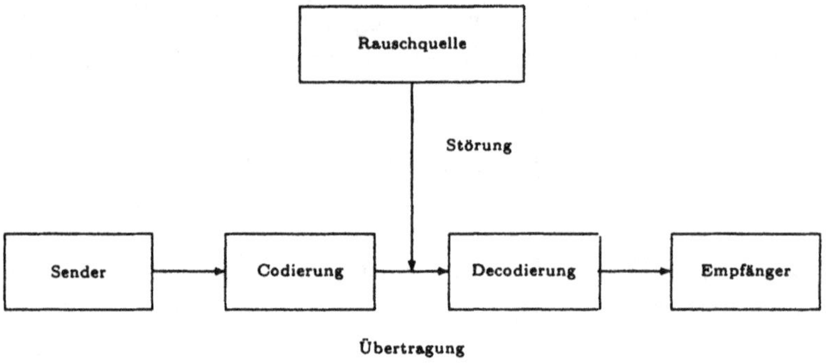

Wir werden nun die hier benötigten Begriffe definieren.

Definition 11.3.1 Es sei A ein Alphabet. Ein *Code* über A ist eine nichtleere Teilmenge C von $\bigcup_{k=1}^{\infty} A^k$. Die Elemente von C heißen *Codewörter*. Gilt $C \subseteq A^n$, so heißt C ein *Blockcode* der Länge n. Ist $A = \{0, 1\}$, so spricht man von einem *binären Code*.

Ein binärer Blockcode der Länge n ist also nichts anderes als eine n-stellige Relation auf $\{0, 1\}$. Im folgenden sollen ausschließlich binäre Blockcodes betrachtet werden.

Mit dem Code $\{(00000), (11111)\}$ könnte sich zum Beispiel die folgende Situation ergeben:

Nachricht	→	codiert	→	gestörtes Wort	→	vermutetes Wort	→	vermutete Nachricht
0	→	(00000)	→	(01001)	→	(00000)	→	0

In diesem Beispiel ist das Resultat der Decodierung dasjenige Codewort, das sich von dem wirklich empfangenen an möglichst wenig Stellen unterscheidet. Um dieses sinnvolle Decodierungsprinzip (*Maximum-Likelihood-Methode*) weiter verfolgen zu können, muß der Abstand zwischen zwei Codewörtern definiert werden.

Definition 11.3.2 Der *Hamming-Abstand* zweier Codewörter $x := (x_1, \ldots, x_n)$ und $y := (y_1, \ldots, y_n)$ über $\{0, 1\}$ ist die Anzahl der Positionen, in denen sich x und y unterscheiden:

$$d(x, y) := |\{i \mid x_i \neq y_i, i = 1, \ldots, n\}|.$$

Das empfangene Wort x' kann man dadurch decodieren, daß man $d(x, x')$ für alle $x \in C$ berechnet und dann das Minimum $d_{min} := min\{d(x, x') \mid x, x' \in C, x \neq x'\}$ der berechneten Werte ermittelt. Legt man dabei den zweielementigen Körper $\mathbb{Z}/_{(2)} = (\{0, 1\};\ +, \cdot)$ beziehungsweise dessen n-tes direktes Produkt zugrunde, so ist $d(x, y)$ offensichtlich die Anzahl der von 0 verschiedenen Stellen von $x + y$. Diese Anzahl $v(x + y)$ wird auch das Gewicht von $x + y$ genannt.

Besonders einfach lassen sich *lineare Codes* behandeln. Dazu betrachtet man den n-dimensionalen $\mathbb{Z}/_{(2)}$-Vektorraum $(\mathbb{Z}/_{(2)})^n$, das heißt, den Vektorraum aller n-Tupel, die aus 0 und 1 bestehen.

Definition 11.3.3 Ein Code $C \subseteq \{0, 1\}^n$ heißt *linearer Code*, falls C Trägermenge eines Untervektorraumes von $(\mathbb{Z}/_{(2)})^n$ ist.

(Der Einfachheit halber bezeichnen wir hier und an anderen Stellen die Trägermenge einer Algebra und die Algebra selbst durch das gleiche Symbol.) Dies bedeutet: ein Code C ist genau dann linear, wenn aus $x, y \in C$ stets $x + y \in C$ folgt (den Nullvektor erhält man als $x + x$). Offensichtlich gilt für lineare Codes entsprechend der obigen Bemerkung:

$$d_{min} = min\{v(x) \mid x \in C\}$$

Weiter definieren wir:

Definition 11.3.4 Ein Code $C \subseteq \{0,1\}^n$ heißt *systematisch* in den Stellen $i_1, \dots, i_k$, wenn zu jedem $u = (u_1, \dots, u_k) \in \{0,1\}^k$ genau ein Codewort $c = (c_1, \dots, c_n)$ mit $c_{i_1} = u_1, \dots, c_{i_k} = u_k$ existiert. Den Vektor u nennt man dann die als das Codewort c codierte Nachricht. Ein $[n,k]$-Code ist ein in k Stellen systematischer Code der Länge n. Ein $[n,k,d]$-Code ist ein $[n,k]$-Code mit Minimalabstand d.

Ein systematischer $[n,k]$-Code kann offensichtlich durch eine Funktion

$$f : \{0,1\}^k \to \{0,1\}^n$$

beschrieben werden.

Beispiel 11.3.5 Der Code $\{(000), (011), (101), (110)\}$ ist ein $[3,2,2]$-Code, der in den ersten beiden, aber auch in der zweiten und dritten oder in der ersten und dritten Stelle systematisch ist.

Definition 11.3.6 Es sei C ein linearer $[n,k]$-Code. Die Codewörter $x_1 = (x_{11}, \dots, x_{1n}), \dots, x_k = (x_{k1}, \dots, x_{kn})$ mögen eine Basis des Vektorraumes C bilden. Dann nennt man die Matrix $G = (x_{ij})$ vom Typ (k,n), deren Zeilen die Codewörter $x_1, \dots, x_k$ sind, eine *Generatormatrix* von C.

Der betrachtete Code besteht also genau aus den Linearkombinationen $c = b_1x_1 + \cdots + b_kx_k$ mit $b_1, \dots, b_k \in \{0,1\}$, das heißt, es gilt $c = b\,G$ mit $b = (b_1, \dots, b_k)$. Ist C ein linearer Code, der in den ersten k Stellen systematisch ist, so hat C eine (*kanonische*) Generatormatrix der Form $G = (E_k|A)$, wobei E_k die Einheitsmatrix vom Typ (k,k) und A eine Matrix vom Typ $(k, n-k)$ ist. Dies ist klar, denn nach Voraussetzung gibt es zu jeder Nachricht $u = (u_1, \dots, u_k)$ genau ein Codewort $c = (u_1, \dots, u_k, c_{k+1}, \dots, c_n) \in C$. Dann kann C durch $c = u\,G$ berechnet werden, wobei G die angegebene Form hat.

Beispiel 11.3.7 Der Code $\{(000), (011), (101), (110)\}$ hat die kanonische Generatormatrix

$$G = \begin{pmatrix} 1 & 0 & 1 \\ 0 & 1 & 1 \end{pmatrix}.$$

Ist (u_1, u_2) die Nachricht, so wird sie durch

$$(c_1, c_2, c_3) = (u_1, u_2) \begin{pmatrix} 1 & 0 & 1 \\ 0 & 1 & 1 \end{pmatrix} = (u_1, u_2, u_1 + u_2)$$

codiert. Um zu erkennen, ob ein Vektor zum Code gehört, kann man natürlich für jede mögliche Nachricht (u_1, u_2) alle möglichen Produkte

$$(c_1, c_2, c_3) = (u_1, u_2) \begin{pmatrix} 1 & 0 & 1 \\ 0 & 1 & 1 \end{pmatrix} = (u_1, u_2, u_1 + u_2)$$

ausrechnen und erhält damit alle Codewörter. In unserem Beispiel gehört ein Vektor genau dann zum Code C, wenn das Produkt aus $(1,1,1)$ und der Transponierten des betrachteten Vektors 0 ergibt. Tatsächlich sind

$$(1,1,1)\begin{pmatrix} 0 \\ 0 \\ 0 \end{pmatrix} = (1,1,1)\begin{pmatrix} 0 \\ 1 \\ 1 \end{pmatrix} = (1,1,1)\begin{pmatrix} 1 \\ 0 \\ 1 \end{pmatrix} = (1,1,1)\begin{pmatrix} 1 \\ 1 \\ 0 \end{pmatrix} = 0,$$

$$(1,1,1)\begin{pmatrix} 1 \\ 0 \\ 0 \end{pmatrix} \neq 0, \quad (1,1,1)\begin{pmatrix} 0 \\ 1 \\ 0 \end{pmatrix} \neq 0, \quad (1,1,1)\begin{pmatrix} 0 \\ 0 \\ 1 \end{pmatrix} \neq 0,$$

$$(1,1,1)\begin{pmatrix} 1 \\ 1 \\ 1 \end{pmatrix} \neq 0.$$

Eine Matrix mit dieser Eigenschaft wird *Kontrollmatrix* genannt.

Definition 11.3.8 Es sei C ein linearer Code der Länge n. Eine Matrix $H = (h_{ij}), h_{ij} \in \{0,1\}$, vom Typ (l,n) heißt *Kontrollmatrix* von C, falls für alle Vektoren $x \in (\mathbb{Z}/_{(2)})^n$ gilt:

$$x \in C \Leftrightarrow Hx^T = \mathbf{0},$$

wobei x^T der zu x transponierte Vektor und $\mathbf{0}$ der Nullvektor bedeuten. (Dies bedeutet, x ist zu allen Zeilenvektoren von H orthogonal und C besteht aus genau diesen Vektoren.)

Dann gilt:

Aussage 11.3.9 *Ist C ein linearer $[n,k]$-Code und G eine Generatormatrix, so ist eine Matrix vom Typ (l,n) genau dann eine Kontrollmatrix von C, wenn $HG^T = \mathbf{0}$ ist und der Rang von H gleich $n-k$ ist. (Durch $\mathbf{0}$ bezeichnen wir die Nullmatrix des entsprechenden Typs und durch G^T die zu G transponierte Matrix.)*

Beweis: Ist H eine Kontrollmatrix von C, so hat H den Typ (l, n) und es gilt:

$$x \in C \Leftrightarrow Hx^T = \mathbf{0}.$$

Damit ist C der Lösungsraum des homogenen linearen Gleichungssystems $Hx^T = \mathbf{0}$. Das zeigt man durch folgende Überlegungen. Da die Zeilen g_i der Generatormatrix G ebenfalls zum Code gehören, gilt $Hg_i^T = \mathbf{0}$ für $i = 1, \ldots, k$ und daher $HG^T = \mathbf{0}$. Für die Dimension des Lösungsraumes von $Hx^T = \mathbf{0}$ gilt $DimC = n - RangH$. Da C die Dimension k hat, ist der Rang von H gleich $n - k$. Aus $HG^T = \mathbf{0}$ folgt $Hg_i^T = \mathbf{0}$ für alle Zeilen g_i von G. Jedes Codewort x ist eine Linearkombination der g_i und daher erhält man $Hx^T = \mathbf{0}$ für alle $x \in C$. Demnach ist C jedenfalls ein Unterraum des Lösungsraumes L von $Hx^T = \mathbf{0}$. Für die Dimension gilt

$$k = DimC \leq DimL = n - RangH = n - (n - k) = k.$$

Aus $DimC = DimL$ folgt $C = L$. ∎

Liegt eine kanonische Generatormatrix vor, so findet man sehr leicht eine Kontrollmatrix.

Satz 11.3.10 *Hat der lineare $[n, k]$-Code C die kanonische Generatormatrix $G = (E_k|A)$, so ist die Matrix $H := (A^T|E_{n-k})$ eine Kontrollmatrix von C. Sie wird kanonische Kontrollmatrix genannt.*

Beweis: Durch Rechnung über dem zweielementigen Körper $\mathbb{Z}/_{(2)}$ erhält man $HG^T = \mathbf{0}$. ∎

Beispiel 11.3.11 Wir bestimmen eine kanonische Kontrollmatrix des Codes $C = \{(000), (011), (101), (110)\}$. Da die kanonische Generatormatrix die Matrix

$$G = \begin{pmatrix} 1 & 0 & 1 \\ 0 & 1 & 1 \end{pmatrix}$$

ist, folgt

$$H = \begin{pmatrix} 1 & 1 & 1 \end{pmatrix}, \; (n - k = 3 - 2 = 1, \; E_1 = (1)).$$

Die Kontrollmatrix gestattet es festzustellen, ob ein Vektor zum Code gehört. Wir haben uns bereits überlegt, daß man aus einem fehlerhaft übertragenen Codewort das gesendete Codewort durch Vergleich mit allen Codewörtern rekonstruieren kann. Dieses Verfahren kann sehr aufwendig sein. Für lineare Codes ergeben sich einfachere Varianten. Wir betrachten dazu die additive

Gruppe $((\mathbb{Z}/_{(2)})^n;\ +,-,0)$ des Vektorraumes $(\mathbb{Z}/_{(2)})^n$, das heißt das n-te direkte Produkt der zweielementigen Gruppe $(\{0,1\};\ +,-,0)$. Dann ist der lineare Code C Trägermenge einer Untergruppe von $((\mathbb{Z}/_{(2)})^n;\ +,-,0)$.
Bei der Übertragung des Codewortes $x \in C$ sei der fehlerhafte Vektor $x' \in C$ angekommen. Der Fehler kann durch den Fehlervektor $f = x' - x$ gekennzeichnet werden. Da C eine Untergruppe von $((\mathbb{Z}/_{(2)})^n;\ +,-,0)$ ist, gilt $f \in C$. Der Vektor x' liegt in genau einer als Nebenklasse bezeichneten Menge $a_i + C := \{a_i + c \mid c \in C\}$, das heißt, es gibt einen Vektor $v \in C$ mit $x' = a_i + v$. Da andererseits $x' = x + f$ gilt, erhalten wir $x + f = a_i + v$ und $f = a_i + (v - x)$. Da $v - x$ ebenfalls in C liegt, ist f ein Element der Nebenklasse $a_i + C$. Unter den Vektoren der Nebenklasse $a_i + C$ suchen wir also solche mit minimalem Gewicht. Wir decodieren also nach folgendem Prinzip: Decodiere das Codewort $x' \in a_i + C$ als dasjenige Codewort $v = x' + a_i$, für das a_i minimales Gewicht hat. Diese Decodierungsmethode läßt sich mit Hilfe eines *Standardfeldes* durchführen. In die erste Zeile dieses Feldes werden dabei die Codewörter $c_1, \ldots, c_r$ eingegeben, wobei mit dem *Klassenanführer* $a_1 = c_1 = 0 \in C$ begonnen wird. In die nächste Zeile kommen in der entsprechenden Reihenfolge die anderen Nebenklassen mit den Repräsentanten $a_i : a_i + c_1 = a_i, a_i + c_2, \ldots, a_i + c_r$. Der Vektor $x' = a_i + c_j$ wird dann durch das in derselben Spalte ganz oben stehende Codewort decodiert, nämlich als c_j.

Beispiel 11.3.12 Wir betrachten wieder den Code $C = \{(000), (011), (101), (110)\}$. Das Standardfeld hat die Form

$$\begin{array}{lcccccc} \text{Codewort} & \rightarrow & 0\ 0\ 0 & 0\ 1\ 1 & 1\ 0\ 1 & 1\ 1\ 0 \\ & & 0\ 0\ 1 & 0\ 1\ 0 & 1\ 0\ 0 & 1\ 1\ 1. \\ & & \uparrow & & & \\ & & \text{Klassenanführer} & & & \end{array}$$

Das Decodieren mit dem Standardfeld kann durch das sogenannte *Syndrom* verbessert werden.

Definition 11.3.13 Es sei C ein linearer Code mit der Kontrollmatrix H. Dann heißt $s = Hx'^T$ das *Syndrom* des Vektors $x' \in (\mathbb{Z}/_{(2)})^n$.

Ist $x' = x$ das gesendete Codewort, ist also bei der Übertragung kein Fehler entstanden, so ist entsprechend der Definition der Kontrollmatrix $s = \mathbf{0}$. Sonst haben wir mit dem Fehlervektor $f : x' = x + f$ mit $x \in C$. Damit erhalten wir für das Syndrom von $x' : s = H(x+f)^T = Hx^T + Hf^T$, also $s = Hf^T$. Hat der Fehlervektor f die Form $f = (0\ldots010\ldots010\ldots010\ldots)$, wobei Fehler an

den Stellen i, j, k aufgetreten sind, so ist das Syndrom die Summe der Spalten von H, in denen die Fehler aufgetreten sind. Liegen zwei Vektoren x'_1, x'_2 in derselben Nebenklasse von C, das heißt, gilt $x'_1 = a_i + c_j$ und $x'_2 = a_i + c_k$ mit $c_i, c_k \in C$, so haben sie wegen $H(a_i^T + c_j^T) = Ha_i^T = H(a_i^T + c_k^T)$ dasselbe Syndrom. Haben x'_1 und x'_2 umgekehrt dasselbe Syndrom, so liegen sie in derselben Nebenklasse von C, denn H hat den Rang $n - k$.
Mit Hilfe des Syndroms kann man nach folgender Regel decodieren:
Man berechnet das Syndrom $s = Hx'^T$ und decodiert x' als $x = x' + a_i$ wobei a_i der zum Syndrom s gehörige Klassenanführer ist.

Beispiel 11.3.14 Wir betrachten wieder den Code $C = \{(000), (011), (101), (110)\}$. Die Kontrollmatrix wurde zu $H = (111)$ berechnet. Die Syndrome der Klassenanführer sind

Klassenanführer	Syndrome
000	0
001	1

Soll $x' = (100)$ decodiert werden, so berechnet man das Syndrom $(111)\begin{pmatrix}1\\0\\0\end{pmatrix} = (1)$ und erhält $a_i = (001)$ und weiter $x = (100) + (001) = (101)$.
Der Vektor $x' = (100)$ wird also durch das Codewort (101) decodiert.

Die Qualität eines Codes wird durch die Wahrscheinlichkeit, daß ein Codewort falsch decodiert wird, gemessen. Unter der Annahme, daß jedes der Wörter $0, 1$ mit der gleichen Wahrscheinlichkeit p übertragen wird, ist die Wahrscheinlichkeit, daß bei der Übertragung eines Codewortes der Länge n ein vorgegebener Fehlervektor vom Gewicht i auftritt:

$$p^i(1-p)^{n-i}.$$

Da genau die Fehlervektoren korrekt erkannt werden, die als Klassenanführer auftreten, ist die Wahrscheinlichkeit, daß bei einem linearen Code der Länge n und der Anzahl α_i der Klassenanführer vom Gewicht i die Decodierung das richtige Codewort ergibt, (wenn man mit Hilfe eines Standardfeldes arbeitet) gleich

$$\sum_{i=0}^{n} \alpha_i p^i (1-p)^{n-i}.$$

Die Fehlerwahrscheinlichkeit ist dann

$$w(p) = 1 - \sum_{i=0}^{n} \alpha_i p^i (1-p)^{n-i}.$$

Während für die bisher untersuchten Codes Vektorräume und deren additive Gruppen der geeignete strukturelle Hintergrund waren, arbeitet man bei den *zyklischen Codes* vorteilhaft mit Methoden der Ringtheorie.

Definition 11.3.15 Ein Code $C \subseteq \{0,1\}^n$ heißt *zyklisch*, falls aus $(c_0, \ldots, c_{n-2}, c_{n-1}) \in C$ immer $(c_{n-1}, c_0, \ldots, c_{n-2}) \in C$ folgt, das heißt, falls C gegen zyklisches Vertauschen abgeschlossen ist.

Offenbar ist der bisher betrachtete Code $C = \{(000), (011), (101), (110)\}$ zyklisch. Vom zweielementigen Körper $\mathbb{Z}/_{(2)} = (\{0,1\};\ +, \cdot)$ gehen wir nun zu seinem Polynomring $\mathbb{Z}/_{(2)}[x]$ in einer Unbestimmten x über. Durch die Zuordnung $c = (c_0, \ldots, c_{n-1}) \mapsto c(x) = c_0 + c_1 x + c_2 x^2 + \cdots + c_{n-1} x^{n-1}$ wird jedem Element aus dem Vektorraum $(\mathbb{Z}/_{(2)})^n$ ein Polynom $n-1$-ten Grades, (falls $c_{n-1} \neq 0$) zugeordnet. Durch Multiplikation von $c(x)$ mit x ergibt sich $xc(x) = c_0 x + c_1 x^2 + c_2 x^3 + \cdots + c_{n-1} x^n \equiv c_{n-1} + c_0 x + \cdots + c_{n-2} x^{n-1}\ (x^n - 1)$. Das zu $xc(x)$ gehörige n-Tupel ist offenbar $(c_{n-1}, c_0, \ldots, c_{n-2})$. Dabei wurde modulo $p(x) = x^n - 1$ gerechnet, also im Faktorring $\mathbb{Z}/_{(2)}[x]/(x^n - 1)$. Wir können also zyklische binäre Blockcodes der Länge n als Teilmengen von $\mathbb{Z}/_{(2)}[x]/(x^n - 1)$ auffassen. Eine solche Teilmenge ist genau dann ein zyklischer Blockcode, wenn $xc(x) \in C$ aus $c(x) \in C$ folgt.

11.4 Formale Begriffsanalyse

In diesem Abschnitt sollen einige Grundprinzipien der Datenverarbeitung unter begrifflichem Aspekt erläutert werden. Wissen muß mit Hilfe von Aussagen ein begriffliches Denken ermöglichen. Nach diesem Verständnis von „Wissen" ist jede Wissensverarbeitung auch eine begriffliche Wissensverarbeitung. In der Aristotelesschen Pilosophie ist ein Begriff durch Begriffsumfang und Begriffsinhalt bestimmt. Der Begriffsumfang ist die Gesamtheit aller Gegenstände, die unter den Begriff fallen. Der Begriffsinhalt ist die Gesamtheit der Merkmale (Prädikate), die einen Begriff charakterisieren. Ein Begriff X ist einem Begriff Y untergeordnet, wenn jeder Gegenstand, der unter X fällt, auch unter Y fällt, aber nicht umgekehrt. Es ist klar, daß ein Unterbegriff durch mehr Merkmale charakterisiert wird als der Begriff, dessen Unterbegriff er ist. Der aufmerksame Leser wird schon bemerkt haben, daß auch in diesem Fall eine Galoisverbindung im Hintergrund steht. Um diese jedoch beschreiben zu können, ist es notwendig, die Gesamtheit der betrachteten Gegenstände und die Gesamtheit der betrachteten Merkmale einzugrenzen. Deswegen arbeitet man in einem spezifischen Kontext, in dem Objekte und Attribute fixiert sind.

Definition 11.4.1 Ein *Kontext* ist ein Tripel (G, M, I), wobei G und M Mengen sind und $I \subseteq G \times M$ eine Relation zwischen G und M ist. Dabei heißt G Menge der Gegenstände und M Menge der Merkmale. Die Relation I ist definiert durch

$$I := \{(g, m) \mid g \in G \text{ und } m \in M \text{ und der Gegenstand } g \text{ hat das Merkmal } m\}.$$

Sind $X \subseteq G$ und $Y \subseteq M$ Teilmengen der Menge der Gegenstände bzw. der Menge der Merkmale, so wissen wir, daß mit Hilfe der Relation I durch die Abbildungen

$$\sigma : \mathcal{P}(G) \to \mathcal{P}(M), \tau : \mathcal{P}(M) \to \mathcal{P}(G)$$

vermöge

$$\sigma(X) := \{m \in M \mid \forall g \in X \ ((g, m) \in I)\}$$

und

$$\tau(Y) := \{g \in G \mid \forall m \in Y \ ((g, m) \in I)\}$$

eine Galoisverbindung zwischen G und M definiert wird.

Definition 11.4.2 Ein *Begriff* des Kontextes (G, M, I) ist ein Paar (X, Y) mit $X \subseteq G, Y \subseteq M, \sigma(X) = Y, \tau(Y) = X$. Der *Umfang* des Begriffs ist die Menge X, während sein *Inhalt* die Menge Y ist.

Durch diese Definition sind Begriffe gerade diejenigen Paare $(X, Y), X \subseteq G, Y \subseteq M$, für die X und Y bezüglich der Hüllenoperatoren $\tau\sigma$ bzw. $\sigma\tau$ abgeschlossene Mengen sind. Durch $\mathcal{B}(G, M, I)$ bezeichnen wir die Menge aller zum Kontext (G, M, I) gehörigen Begriffe. Auf der Menge $\mathcal{B}(G, M, I)$ führen wir eine partielle Ordnungsrelation $\leq$ durch

$$(X_1, Y_1) \leq (X_2, Y_2) :\Leftrightarrow X_1 \subseteq X_2 (\Leftrightarrow Y_1 \supseteq Y_2)$$

ein und sagen in diesem Fall, daß (X_1, Y_1) ein Unterbegriff des Begriffs (X_2, Y_2) ist oder daß (X_2, Y_2) ein Oberbegriff von (X_1, Y_1) ist.

Da das Paar (σ, τ) eine Galoisverbindung bildet, erhalten wir sofort

Lemma 11.4.3 *(i)* $X \subseteq X' \Rightarrow \sigma(X) \supseteq \sigma(X'), \ \ Y \subseteq Y' \Rightarrow \tau(Y) \supseteq \tau(Y'),$

(ii) $X \subseteq \tau\sigma(X), \ \ Y \subseteq \sigma\tau(Y),$

(iii) $\sigma(X) = \sigma\tau\sigma(X), \ \ \tau(Y) = \tau\sigma\tau(Y),$

(iv) $\sigma(\bigcup_{j \in J} X_j) = \bigcap_{j \in J} \sigma(X_j), \ \ \tau(\bigcup_{j \in J} Y_j) = \bigcap_{j \in J} \tau(Y_j).$

Beweis: Die Bedingungen (*i*) und (*ii*) stimmen mit den eine Galoisverbindung definierenden Bedingungen überein. Aussage (*iii*) ist ebenfalls leicht zu beweisen. Wir beweisen (*iv*). Aus $X_j \subseteq \bigcup_{j\in J} X_j$ für alle $j \in J$ folgt $\sigma(X_j) \supseteq \sigma(\bigcup_{j\in J} X_j)$ und daher auch $\sigma(\bigcup_{j\in J} X_j) \subseteq \bigcap_{j\in J} \sigma(X_j)$. Ist umgekehrt $m \in \bigcap_{j\in J} \sigma(X_j)$, so gilt $(g, m) \in I$ für alle $g \in \bigcup_{j\in J} X_j$, das heißt, $m \in \sigma(\bigcup_{j\in J} X_j)$ und damit $\bigcap_{j\in J} \sigma(X_j) \subseteq \sigma(\bigcup_{j\in J} X_j)$. ■

Beispiel 11.4.4 Als Beispiel geben wir den folgenden Kontext über die Planeten unseres Sonnensystems an.

	klein	mittel	groß	nah	weit	ja	nein
Merkur	x			x			x
Venus	x			x			x
Erde	x			x		x	
Mars	x			x		x	
Jupiter			x		x	x	
Saturn			x		x	x	
Uranus		x			x	x	
Neptun		x			x	x	
Pluto	x				x	x	

Die Objekte sind dabei die Planeten und die Merkmale sind die sieben aufgeführten, die sich auf die Größe, die Entfernung von der Sonne und die Tatsache, ob Monde vorhanden sind oder nicht, beziehen. Ein „x" in der Tabelle bedeutet, daß der in der betreffenden Zeile stehende Gegenstand das in der zum Kreuz gehörenden Spalte anzutreffende Merkmal hat. Um einen Begriff in diesem Kontext zu finden, wählt man einen Gegenstand, sagen wir Jupiter, und gibt die Menge Y aller Merkmale an, die der Planet Jupiter hat, also $Y = \{$groß, von der Sonne weit entfernt, besitzt Monde$\}$. Dann suchen wir die Menge X aller Planeten, die diese drei Merkmale besitzen und erhalten $X = \{$Jupiter, Saturn$\}$. Damit ist (X, Y) ein Begriff.

Etwas allgemeiner kann man statt mit einem einzigen Gegenstand mit einer Menge von Gegenständen beginnen. In entsprechender Weise kommt man zu einem Begriff, wenn man mit einer Menge von Merkmalen beginnt. Man überprüft schnell, daß auch (X', Y') mit $X' = \{$Jupiter, Saturn, Uranus, Neptun,

Pluto}, $Y' = \{$von der Sonne weit entfernt, besitzt Monde$\}$ ein Begriff ist. Da X eine Teilmenge von X' ist, bildet das Paar (X,Y) einen Unterbegriff des Paares (X',Y').
Um die partiell geordnete Menge $(\mathcal{B}(G,M,I);\leq)$ näher charakterisieren zu können, definieren wir: eine Teilmenge P einer partiell geordneten Menge Q heißt *vereinigungsdicht* in Q, wenn es für jedes Element $s \in Q$ eine Teilmenge A von P so gibt, da $s = \bigvee A$ ist. Der Begriff der durchschnittsdichten Menge wird dual definiert. Dann gilt die folgende Aussage, die wir ohne Beweis mitteilen.

Satz 11.4.5 *Es sei (G,M,I) ein Kontext. Dann ist $(\mathcal{B}(G,M,I);\leq)$ ein vollständiger Verband, in dem die Verbandsoperationen durch*

$$\bigvee_{j\in J}(X_j,Y_j) = (\tau\sigma(\bigcup_{j\in J}X_j), \bigcap_{j\in J}Y_j),$$

$$\bigwedge_{j\in J}(X_j,Y_J) = (\bigcap_{j\in J}X_j, \sigma\tau(\bigcup_{j\in J}Y_j))$$

definiert sind. Ist umgekehrt L ein vollständiger Verband, so ist L genau dann isomorph zu einem Verband $(\mathcal{B}(G,M,I);\leq)$, wenn es Abbildungen $\gamma : G \to L$ und $\mu : M \to L$ so gibt, daß $\gamma(G)$ vereinigungsdicht in L ist und $\mu(M)$ durchschnittsdicht in L ist. Dabei ist $(g,m) \in I$ äquivalent zu $\gamma(g) \leq \mu(m)$ für jedes $g \in G$ und jedes $m \in M$. Insbesondere ist L isomorph zu $\mathcal{B}(L,L,\leq)$ für jeden vollständigen Verband L.

Beispiel 11.4.6 Wir kehren zurück zum Kontext „Planetensystem". Um die Begriffe des Kontextes zu finden, bilden wir für alle $g \in G$ die Paare $(\tau\sigma(\{g\}), \sigma(\{g\}))$, beziehungsweise für alle $m \in M$ die Paare der Form $(\tau(\{m\}), \sigma\tau(\{m\}))$. Dabei wählen wir für die Planeten die folgenden Abkürzungen:

Merkur	-	Me	Saturn	-	S
Mars	-	Ma	Uranus	-	U
Erde	-	E	Neptun	-	N
Jupiter	-	J	Pluto	-	P.

Für die Merkmale wählen wir die Abkürzungen:

klein	-	k	weit	-	w
mittel	-	m	Monde ja	-	j
groß	-	g	Monde nein	-	ne
nah	-	n.			

Nach der beschriebenen Methode ergeben sich die folgenden Begriffe:
$(\{Me,V\},\{k,n,ne\}),(\{E,Ma\},\{k,n,j\}),(\{J,S\},\{g,w,j\}),$
$(\{U,N\},\{m,w,j\}),(\{P\},\{k,w,j\}),(\{Me,V,E,Ma\},\{k,n,\}),$
$(\{J,S,U,N,P\},\{w,j\}),(\{E,Ma,J,S,Um,N,P\},\{j\}).$
Dann ergibt sich das folgende Diagramm, wobei die Knoten des Graphen den Begriffsumfang kennzeichnen.

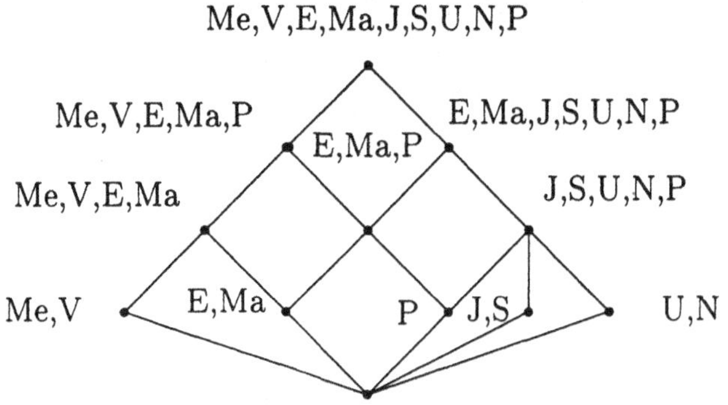

Die Abbildungen γ und μ des Satzes 11.4.5 gestatten es, Begriffsinhalt und Begriffsumfang für jeden Begriff in der Form

$$(\{g \in G \mid \gamma(g) \leq x\}, \ \{m \in M \mid x \leq \mu(m)\}),$$

wobei x ein Element des Verbandes ist, zu bestimmen. So erhält man zum Beispiel noch den Begriff ({E,Ma,P}, {k,j}). Weitere Begriffe erhält man durch Bildung von Durchschnitten.

Die Hauptprobleme der formalen Begriffsanalyse bestehen also darin, alle Begriffe des Kontextes und deren Hierarchie sowie alle Implikationen zwischen den Attributen zu finden. Mehr Informationen über die formale Begriffsanalyse kann der interessierte Leser der umfangreichen Literatur über dieses Gebiet entnehmen (vgl. z.B. [11]).

11.5 Aufgaben

1. Man beweise, daß ein linearer Code mit Kontrollmatrix H genau dann Minimalabstand d hat, wenn je $d-1$ Spalten von H linear unabhängig sind, es aber d linear abhängige Spalten gibt.

2. Man berechne für den Code $\{(00000),(01101),(10111),(11010)\}$ das Standardfeld, eine Kontrollmatrix und die zugehörigen Syndrome.

3. Man bestimme alle Begriffe eines aus den Gegenständen Drachenviereck, Parallelogramm, Rhombus, Trapez, Rechteck und den Eigenschaften 4 gleich lange Seiten, 2 Paare gleich langer benachbarter Seiten, 2 Paare gleich langer Gegenseiten, 1 Paar paralleler Seiten, 2 Paare paralleler Seiten, bestehenden Kontextes und zeichne das Hasse-Diagramm des Begriffsverbandes.

4. Man entwickle mit Hilfe einer zweielementigen Algebra vom Typ $\tau = (1, 1)$ einen Automaten, der genau die ungeraden natürlichen Zahlen (dargestellt im Dualsystem) erkennt.

Lösung der Aufgaben

Das Hauptanliegen dieses Abschnitts besteht darin, dem Leser Anregungen zu vermitteln, wie Aufgaben und Probleme bearbeitet werden könnten. Beachten Sie, daß nicht in jedem Fall eine komplette Lösung angegeben wird, sondern mitunter nur erste Schritte und Hinweise zur Lösung erfolgen.

1.7

1. Durch Multiplikation mit 10^l ergibt sich aus $a = a_0, a_1 \cdots a_l \overline{b_1 \cdots b_k}$ die Gleichung

$$10^l \cdot a = a_0 a_1 \cdots a_l + 0, \overline{b_1 \cdots b_k}.$$

Wir setzen $y = 0, \overline{b_1 \cdots b_k}$ und bilden $10^k y = b_1 \cdots b_k + y$. Daraus folgt $(10^k - 1)y = b_1 \cdots b_k$ und $y = \frac{b_1 \cdots b_k}{10^k - 1}$ und daher $10^l \cdot a = a_0 a_1 \cdots a_l + \frac{b_1 \cdots b_k}{10^k - 1}$, also $a = \frac{a_0 a_1 \cdots a_l}{10^l} + \frac{b_1 \cdots b_k}{(10^k - 1)10^l}$. Aus dieser Darstellung ergeben sich sofort die beiden Formeln.

2. Man zerlegt $n = a_0 + a_1 g + \cdots + a_k g^k$ in folgender Weise:
$n = (a_0 + a_1 g)(g^2)^0 + (a_2 + a_3 g)(g^2)^1 + (a_4 + a_5 g)(g^2)^2 + \cdots + (a_{k-1} + a_k g)(g^2)^{\frac{k-1}{2}}$.
Nun hat man zu beweisen, daß für alle j mit $0 \leq j \leq k-1$ die Zahlen $a_j + a_{j+1} g$ g^2-adische Ziffern sind, das heißt, daß $a_j + a_{j+1} g < g^2$ gilt.

3. $\frac{18}{25}, \frac{8}{11}, \frac{143}{198}, \frac{13}{8}, \frac{1}{7}$.

4. $(1000000111000)_2, (100001010111)_2, (1011101011)_2, (10110100010000)_2,$
$(10070)_8, (4127)_8, (1353)_8, (26420)_8,$
$(1038)_{16}, (857)_{16}, (2EB)_{16}, (2DA)_{16}$.

5. a) $(22255)_8$, b) $(110001111)_2$

6. $m = 13$, denn $7 \cdot m^2 + 7 \cdot m + 8 = 1282$,
$m = 12$, denn $9 \cdot 12^2 + 8 \cdot 12^1 + 7 \cdot 12^0 = (10101110111)_2 = (1399)_{10}$,
$m = 3$, denn $1 \cdot 3^2 + 1 \cdot 3^1 + 2 \cdot 3^0 = 14$.

7. Aus $b \geq a, d \geq c$ und $0 < a, b, c, d$ folgt $bd \geq ac$ und damit $bd - ac \geq 0$. Weiter is $c - a \geq 0$ und $d - b \geq o$. Daraus ergibt sich $(c-a)(d-b)(bd-ac) \geq 0$ und damit auch $a^2cd + ab^2d + abc^2 + bcd^2 - b^2cd - ac^2d - abd^2 - a^2bc \geq 0$, $\frac{a^2cd+ab^2d+abc^2+bcd^2}{abcd} \geq \frac{b^2cd+ac^2d+abd^2+a^2bc}{abcd}$. Daraus folgt dann die Behauptung. Gleichheit ergibt sich genau dann, wenn $c - a = 0$ oder $d - b = 0$ oder $bd - ac = 0$, das heißt, wenn $a = c$ oder $b = d$ oder $bd = ac$ ist.

8. $\frac{1}{4} = (0,25)_{10} = (0,01)_2$,
$\frac{1}{3} = (0,\overline{3})_{10} = (0,1)_3$,
$\frac{17}{12} = (1,41\overline{7})_{10} = (1,23)_6$.

9. Man schreibt: $\frac{37}{99} = \frac{37}{10^2-1} = \frac{37(10^2+1)}{(10^2-1)(10^2+1)} = \frac{3737}{9999} = \frac{37(10^4+10^2+1)}{(10^2-1)(10^4+10^2+1)} = \frac{373737}{999999}$.
Ein ähnliches Beispiel ist $\frac{5}{9}, \frac{55}{999}, \frac{5555}{9999}$.

10. Wir überführen c_1, c_2, c_3, c_4 in folgender Weise in Brüche der Form $\frac{p}{q}$:
$10000c_1 = a_1a_2a_3a_4 + c_1 \Rightarrow 9999c_1 = a_1a_2a_3a_4 \Rightarrow c_1 = \frac{a_1a_2a_3a_4}{9999}$.
Entsprechend erhält man $c_2 = \frac{a_4a_1a_2a_3}{9999}$, $c_3 = \frac{a_3a_4a_1a_2}{9999}$, $c_4 = \frac{a_2a_3a_4a_1}{9999}$.
Diese Brüche sind zu kürzen, um sie in die reduzierte Bruchdarstellung zu überführen. Dazu wird 9999 in Primfaktoren zerlegt: $9999 = 3^2 \cdot 11 \cdot 101$. Die Ziffern der Zahlen in den Zählern von c_1, c_2, c_3, c_4 gehen durch zyklisches Vertauschen auseinander hervor. Wir untersuchen, ob die Teiler des Nenners auch Teiler der Zähler sind, und erhalten:

$$3/a_1a_2a_3a_4 \Leftrightarrow 3/a_4a_1a_2a_3 \Leftrightarrow 3/a_3a_4a_1a_2 \Leftrightarrow 3/a_2a_3a_4a_1,$$

denn 3 teilt eine Zahl genau dann, wenn sie die Quersumme dieser Zahl teilt und die Quersummen der vier Zahlen stimmen offensichtlich überein. Ebenso verfährt man, falls 9 Teiler einer der Zahlen im Zähler ist. Die alternierenden Quersummen der vier Zahlen stimmen entweder überein oder unterscheiden sich nur durch das Vorzeichen. Da eine Zahl genau dann durch 11 teilbar ist, wenn ihre alternierende Quersumme durch 11 teilbar ist, sind entweder alle vier Zahlen durch 11 teilbar oder keine von ihnen. (Zu den Teilbarkeitsregeln vgl. auch Aufgabe 3.7.1). Man überprüft leicht, daß eine vierstellige Zahl genau dann durch 101 teilbar ist, wenn sie die Form $b_1b_2b_1b_2$ hat. Hat eine der vier

Zahlen diese Form, so jede von ihnen.

11. Da a eine echt gebrochene Zahl ist, gilt $p < q = 1000$ und daher kann p höchstens 999 sein. Dann ist $\frac{p}{q} = 0,00999\overline{0}$ und die Vorperiodenlänge ist höchstens 5.

12. a) $ggT(3584, 497) = 7 = 19 \cdot 3584 - 137 \cdot 497$,
b) $ggT(987987, 635635) = 1001 = 143 \cdot 635635 - 92 \cdot 987987$,
c) $ggT(168, 108, 117) = 3 = 20 \cdot 168 - 30 \cdot 108 - 117$,
d) $ggT(2123, 825, 1045) = 11 = 7 \cdot 2123 - 18 \cdot 825$.

13. Der Beweis wird durch vollständige Induktion nach n geführt. Für $n = 0$, das heißt, wenn die betrachtete Menge die leere Menge ist, gibt es genau eine ($= 2^0$) Teilmenge, nämlich die leere Menge. Sei die Behauptung für jede n-elementige Menge bewiesen und sei M eine Menge mit $n + 1$ Elementen. Da die Anzahl der k-elementigen Teilmengen der $n+1$-elementige Menge für jede Zahl $0 \leq k \leq n+1$ gleich $\binom{n+1}{k}$ beträgt, hat man nur zu überprüfen, daß

$$\binom{n+1}{0} + \binom{n+1}{1} + \cdots + \binom{n+1}{n+1} = 2^{n+1}$$

ist. Nach Induktionsvoraussetzung wird die Gültigkeit dieser Formel für n vorausgesetzt. Multipliziert man beide Seiten mit 2 und faßt auf der linken Seite geeignet zusammen, so ergibt sich die Behauptung.

14. Sei f eine bijektive Funktion von M auf N. Dann ist f^{-1} surjektiv und es gilt

$$f^{-1}(y) = f^{-1}(y') \Rightarrow y = y'.$$

Daher ist f^{-1} bijektiv. Wenn f und g bijektiv sind, dann ist $f \circ g$ surjektiv und es gilt:

$$(f \circ g)(x) = (f \circ g)(y) \Rightarrow f(g(x)) = f(g(y)) \Rightarrow g(x) = g(y) \Rightarrow x = y$$

und $f \circ g$ is auch injektiv.

15. Der Beweis kann geführt werden, indem man die Wahrheitswerttabellen von $\neg(A \wedge B)$ und von $\neg A \vee \neg B$, beziehungsweise von $\neg(A \vee B)$ und von

$\neg A \wedge \neg B$ miteinander vergleicht.

16.

$$\begin{aligned}\rho_1 \circ (\rho_2 \circ \rho_3) &= \{(x,y) \mid \exists z((x,z) \in \rho_2 \circ \rho_3 \wedge (z,y) \in \rho_1\} \\ &= \{(x,y) \mid \exists z, w((x,w) \in \rho_3 \wedge (w,z) \in \rho_2) \wedge (z,y) \in \rho_1\} \\ &= \{(x,y) \mid \exists w((x,w) \in \rho_3 \wedge (w,y) \in \rho_1 \circ \rho_2\} \\ &= (\rho_1 \circ \rho_2) \circ \rho_3.\end{aligned}$$

Die zweite Formel wird ähnlich bewiesen.

17. Es gilt:

$$\begin{aligned}(x,y) \in (\cup_{i \in I} \rho_i) \circ \sigma &\Leftrightarrow \exists z((x,y) \in \sigma \wedge (y,z) \in \cup_{i \in I} \rho_i) \\ &\Leftrightarrow \exists z((x,y) \in \sigma \wedge \exists i_0 \in I((y,z) \in \rho_{i_0})) \\ &\Leftrightarrow \exists z, i_0 \in I((x,z) \in \rho_{i_0} \circ \sigma \\ &\Leftrightarrow (x,y) \in \cup_{i \in I} \rho_{i_0} \circ \sigma.\end{aligned}$$

Die zweite Gleichung kann in ähnlicher Weise überprüft werden.

18. Die Beweise erfolgen in ähnlicher Weise wie die Beweise der Gleichungen in 17.

19. a) Aus $(a,a) \in \rho$ folgt $a \in [a]_\rho$,
b) Aus $b \in [a]_\rho$ folgt $(b,a) \in \rho$. Sei $z \in [a]_\rho$. Dann ist $(a,z) \in \rho$ und die Transitivität ergibt dann $(b,z) \in \rho$ und daher $z \in [b]_\rho$ und dies bedeutet, $[a]_\rho \subseteq [b]_\rho$. In entsprechender Weise beweist man $[b]_\rho \subseteq [a]_\rho$ und damit die Gleichheit.
c) Ist $[a]_\rho \cap [b]_\rho \neq \emptyset$, so gibt es ein Element z mit $z \in [a]_\rho$ und $z \in [b]_\rho$. Dann ist $(a,z) \in \rho$ und $(z,b) \in \rho$. Aus der Transitivität folgt $(a,b) \in \rho$ und aus b) bekommt man die Gleichheit.

20. Reflexivität, Symmetrie und Transitivität der Parallelität sind offensichtlich.

21. Eine Gerade steht nicht senkrecht auf sich selbst und wenn g_1 senkrecht zu g_2 ist und g_2 senkrecht zu g_3 ist, so kann g_1 auch parallel zu g_3 sein.

22. Der Beweis erfolgt wieder dadurch, daß man Reflexivität, Symmetrie und Transitivität der Parität nachweist. Die Aussage über die Faktormenge ist ebenfalls klar.

23. Für zwei beliebige reelle Zahlen a und b gilt $a \leq b$ oder $b \leq a$.

2.4

1. Die Anzahl aller zweistelligen Operationen auf $\{0,1\}$ wird dadurch berechnet, daß man zunächst die Anzahl aller möglichen Paare von Elementen der Menge $\{0,1\}$ bestimmt. Dies ist die Anzahl der Variationen zweiter Ordnung von Elementen einer zweielementigen Menge, also 2^2. Dann bestimmt man die Anzahl aller Variationen 2^2-ter Ordnung der zweielementigen Menge, da jedem der Paare von Elementen aus $\{0,1\}$ genau eines der beiden Elemente zugeordnet ist und erhält als Anzahl der zweistelligen Operationen 2^{2^2}.
In entsprechender Weise ermittelt man 2^{2^3} als Anzahl aller dreistelligen Operationen auf $\{0,1\}$. Durch vollständige Induktion nach n kann man dann beweisen, daß es 2^{2^n} n-stellige Operationen auf $\{0,1\}$ gibt.
Die folgende Tabelle beschreibt alle zweistelligen Operationen auf der Menge $\{0,1\}$.

x	y	c_0^2	c_1^2	$\wedge$	$\vee$	e_1^2	e_2^2	g_2	g_3	g_4
0	0	0	1	0	0	0	0	0	1	1
0	1	0	1	0	1	0	1	0	0	0
1	0	0	1	0	1	1	0	1	0	0
1	1	0	1	1	1	1	1	0	0	1

x	y	$+$	g_5	g_1	$\neg(e_1^2)$	$\neg(e_2^2)$	g_6	g_7
0	0	0	1	0	1	1	1	1
0	1	1	0	1	1	0	1	1
1	0	1	1	0	0	1	0	1
1	1	0	1	0	0	0	1	0.

2. Man setzt $a = b = 1$ und erhält die Gleichung 2.3.6 (*iii*).

3. Die natürlichen Zahlen kleiner als 1000 lassen sich im Dezimalsystem in der Form $a_0 + a_1 10 + a_2 10^2$ mit $0 \leq a_0, a_1, a_2 \leq 9$ darstellen. Soll die Zahl die Ziffer 3 nicht enthalten, müssen a_0, a_1, a_2 beliebig aus der Menge $\{0,1,2,4,5,6,7,8,9\}$ gewählt werden. Daher ist die Anzahl aller Variationen einer 9-elementigen

Menge (mit Wiederholungen) zu ermitteln. Die Anzahl beträgt 9^3. Ebenso gibt es 9^3 natürliche Zahlen kleiner als 1000, die 4 nicht enthalten.
Es gibt 7^3 natürliche Zahlen kleiner als 1000, die keine der Zahlen 3, 4 und 5 enthalten.

4. Seien $x_1, x_2, x_3, y_1, y_2, y_3, z_1, z_2, z_3$ die Anzahlen der Dateien mit $100K$, $200K$ und $500K$ im ersten, zweiten, beziehungsweise im dritten Speicher, so müssen die folgenden Gleichungen erfüllt sein:

$$\begin{array}{lllllll} 100x_1 & + & 200x_2 & + & 500x_3 & = & 1000, \\ 100y_1 & + & 200y_2 & + & 500y_3 & = & 1000, \\ 100z_1 & + & 200z_2 & + & 500z_3 & = & 1000, \end{array}$$

$$\begin{array}{lllllll} x_1 & + & y_1 & + & z_1 & = & 10, \\ x_2 & + & y_2 & + & z_2 & = & 5, \\ x_3 & + & y_3 & + & z_3 & = & 2, \end{array}$$

$$x_1 + x_2 + x_3 + y_1 + y_2 + y_3 + z_1 + z_2 + z_3 = 17.$$

Durch Diskussion aller Fälle erhält man alle Möglichkeiten.

5.

a)	*(i)* 4	*(ii)* 2	*(iii)* 2	*(iv)* 2
b)	*(i)* 9	*(ii)* 6	*(iii)* 0	*(iv)* 2
c)	*(i)* 243	*(ii)* 0	*(iii)* 150	*(iv)* 2
d)	*(i)* 1	*(ii)* 1	*(iii)* 1	*(iv)* 2
e)	*(i)* 0	*(ii)* 0	*(iii)* 0	*(iv)* 2
f)	*(i)* 1	*(ii)* 1	*(iii)* 0	*(iv)* 2
g)	*(i)* $\aleph_0$	*(ii)* $\aleph_0$	*(iii)* 0	*(iv)* 0

3.7

1. a) Es gelten:
$a_n 10^n + \cdots + a_1 10 + a_0 \equiv 0(2) \Leftrightarrow a_0 \equiv 0(2)$, da $a_i 10 \equiv 0(2)$ für alle $i \geq 1$,
$a_n 10^n + \cdots + a_1 10 + a_0 \equiv 0(4) \Leftrightarrow a_0 + a_1 10 \equiv 0(4)$ für alle $i \geq 2$,
$a_n 10^n + \cdots + a_1 10 + a_0 \equiv 0(2) \Leftrightarrow a_2 10^2 + a_1 10 + a_0 \equiv 0(8)$ für alle $i \geq 3$.

b) Es gilt $a_n 10^n + \cdots + a_1 10 + a_0 \equiv 0(3) \Leftrightarrow a_0 + \cdots + a_n \equiv 0(3)$, denn $10 \equiv 1(3) \Rightarrow 10^i \equiv 1(3)$ für alle $i \in \mathbb{N}$ und daraus folgt die Behauptung. Für

die Teilbarkeit durch 9 schließt man in entsprechender Weise.
Zum Beweis der Teilbarkeitsregel für 11 beachte man, daß $10 \equiv -1(11)$ gilt und daß damit die Potenzen von 10 kongruent zu 1 oder zu -1 modulo 11 sind.

2. Das Einselement e ist selbstverständlich eine Einheit. Sind ε_1 und ε_2 Einheiten des Ringes $\mathcal{R}$, gibt es also Ringelemente b_1, b_2 mit

$$\varepsilon_1 b_1 = b_1\varepsilon_1 = e \text{ und } b_2\varepsilon_2 = e,$$

so folgt

$$\begin{array}{rcccl} \varepsilon_1\varepsilon_2 b_2 b_1 & = & \varepsilon_1 e b_1 & = & \varepsilon_1 b_1 = e \text{ und} \\ b_2 b_1 \varepsilon_1\varepsilon_2 & = & b_2 e \varepsilon_2 & = & e, \text{ sowie} \\ \varepsilon_i^{-1} b_i^{-1} = \varepsilon_i^{-1} b_i^{-1} e & = & (\varepsilon_i^{-1} b_i^{-1})(b_i\varepsilon_i) & = & \varepsilon_i^{-1}(b_i^{-1} b_i)\varepsilon_i = e \text{ und} \\ b_i^{-1}\varepsilon_i^{-1} = e b_i^{-1}\varepsilon_i^{-1} & = & (\varepsilon_i b_i)(b_i^{-1}\varepsilon_i^{-1}) & = & \varepsilon_i(b_i^{-1} b_i)\varepsilon_i^{-1} = e, \ i = 1, 2, \end{array}$$

das heißt, die Elemente: e, $\varepsilon_1\varepsilon_2$ und $\varepsilon_i^{-1}, i = 1, 2$ gehören zu E.
Entsprechend dieser Überlegungen bilden die Einheiten des Ringes $\mathcal{R}$ eine multiplikative Gruppe $\mathcal{E}$. Da $\mathcal{E}$ genau aus allen invertierbaren Elementen von R besteht, ist $\mathcal{E}$ maximale der Halbgruppe $(R; \cdot)$.

3. Es sei $d_1 = ggT(a_1, \ldots, a_n)$ und $d_2 = ggT(ggT(a_1, \ldots, a_{n-1}), a_n)$. Dann gilt

$$(\forall i = 1, \ldots, n \ (d_1|a_i)) \Rightarrow (d_1|ggT(a_1, \ldots, a_{n-1}) \text{ und } d_1|a_n),$$

sowie

$$(\forall i = 1, \ldots, n \ (d_1'|a_i) \Rightarrow d_1'|d_1) \Rightarrow ((d_1'|ggT(a_1, \ldots, a_{n-1}) \text{ und } d_1'|a_n) \Rightarrow d_1'|d_1).$$

Dies beweist, daß d_1 der größte gemeinsame Teiler von $ggT(a_1, \ldots, a_{n-1})$ und a_n ist und daher $d_1 = d_2$ gilt. Ähnlich schließt man für das kleinste gemeinsame Vielfache.

4. Es sei $d(x) = ggT(f_1(x), \ldots, f_n(x))$. Für jeden anderen gemeinsamen Teiler $d'(x)$ von $f_1(x), \ldots, f_n(x)$ ist $d'(x)|d(x)$. Daraus folgt aber $grd(d'(x)) \leq grd(d(x)$. Für das kleinste gemeinsame Vielfache schließt man analog.

5. Sei ε eine Einheit und e das Einselement des Ringes. Aus $\varepsilon|e$, das heißt $e = q\varepsilon$ für ein Ringelement q folgt entsprechend der Definition der euklidischen

Norm $g(e) = g(q\varepsilon) \geq g(\epsilon)$ und aus $\varepsilon = \varepsilon e$ folgt $g(\varepsilon) = g(\varepsilon e) \geq g(e)$. Zusammen ergibt sich die Gleichheit. Man hat noch die Umkehrung zu beweisen.

6. Der größte gemeinsame Teiler der beiden Polynome ist $x+1$ und die Linearkombination lautet: $x+1 = (x^3+x^2-2x-2)(2x^6+3x^5-4x^4-5x^3-2x-2)+(-2x^4-5x^3+x^2+9x+6)(x^5-2x^3-1)$.

7. Die Zahl m ist ein gemeinsames Vielfaches von $a, b, \ldots$ Da $kgV(a,b,\ldots)$ das kleinste gemeinsame Vielfache von $a, b, \ldots$ ist, gilt nach Definition $kgV(a,b,\ldots)|m$. Aus $a'|kgV(a',b',\ldots), b'|kgV(a',b',\ldots)\ldots$ und $a|a', b|b', \ldots$ folgt $a|kgV(a',b',\ldots)$, $b|kgV(a',b',\ldots)$, $\ldots$ Daher ist $kgV(a',b',\ldots)$ ein gemeinsames Vielfaches von $a, b, \ldots$ und daher auch ein Vielfaches des kleinsten gemeinsamen Vielfachen dieser Zahlen.

8. Es gilt $f(x) = (x^2+1)(x^2-1)^2(x+1)$. Daher hat -1 die Vielfachheit 3, 1 hat die Vielfachheit 2 und i, $-i$ haben jeweils Vielfachheit 1.

9. Der euklidische Algorithmus liefert als größten gemeinsamen Teiler das Polynom $25(x^4-1)$.

10. Da gemeinsame Nullstellen auch Nullstellen des größten gemeinsamen Teilers sind, hat der größte gemeinsame Teiler keine Nullstellen, ist also konstant.

4.7

1. Es handelt sich um die Äquivalenz von (i) und (iv) von Satz 4.3.3. Man gebe einen direkten Beweis an!

2. Nach Satz 4.3.3 hat ein Baum mit drei Ecken zwei Kanten. Daher muß eine Ecke den Grad 2 haben, während die beiden anderen vom Grad 1 sind. Durch diese Bedingung wird bis auf Isomorphie genau ein Baum mit drei Ecken bestimmt. Man begründe die letzte Aussage!

3. Ein Knoten wird als Wurzel des Baumes ausgezeichnet. Die Wurzel des Baumes wird mit Farbe 1 gefärbt und die Nachbarn der Wurzel mit Farbe 2, die Nachbarn dieser Knoten bekommen wieder die Farbe 1, etc. Da die auf unterschiedlichen Zweigen liegenden Nachbarn der Wurzel nicht benachbart sein können, erhält man so eine Färbung mit zwei Farben. Ein exakter Beweis sollte durch vollständige Induktion über die Höhe des Baumes geführt werden.

4. Der Graph $K_{3,3}$ ist nicht planar. Eine Färbung mit 4 Farben ergibt sich, indem man die 3 Knoten der unteren Reihe mit der Farbe 1 färbt und den drei verbleibenden Knoten die Farben $2, 3, 4$ zuordnet.

5.10

1. a) $L = \left\{ \begin{pmatrix} -1 \\ 1 \\ 1 \end{pmatrix} \right\}.$

b) nicht lösbar.

c) $\mathrm{L} = \left\{ \begin{pmatrix} x_2 \\ x_4 \\ x_5 \\ x_6 \end{pmatrix} \mid \begin{pmatrix} x_2 \\ x_4 \\ x_5 \\ x_6 \end{pmatrix} = \begin{pmatrix} 1 \\ -2 \\ 1 \\ 0 \end{pmatrix} + t_1 \begin{pmatrix} -1 \\ -1 \\ 1 \\ 1 \end{pmatrix},\ t_1 \in \mathbb{R} \right\}.$

2. Für $a = 1$ gibt es unendlich viele Lösungen und die Lösungsmenge ist

$$L = \left\{ \begin{pmatrix} x_1 \\ x_2 \\ x_3 \end{pmatrix} \mid \begin{pmatrix} x_1 \\ x_2 \\ x_3 \end{pmatrix} = \begin{pmatrix} 1 \\ 0 \\ 0 \end{pmatrix} + t_1 \begin{pmatrix} -1 \\ 1 \\ 0 \end{pmatrix} + t_2 \begin{pmatrix} -1 \\ 0 \\ 1 \end{pmatrix},\ t_1, t_2 \in \mathbb{R} \right\}.$$

Für $a = -2$ ist das Gleichungssystem nicht lösbar und für $a \neq 1, a \neq -2$ gibt es die eindeutig bestimmte Lösung $(x_1, x_2, x_3)^T$ mit $x_1 = \frac{1}{a+2}, x_2 = \frac{1}{a+2}, x_3 = \frac{1}{a+2}$.

4. Der Lösungsraum ist die durch die Vektoren $(1, 1, 2)^T$ und $(3, 1, -2)^T$ aufgespannte Ebene. Eine Parametergleichung dieser Ebene ist durch

$$L = \left\{ \begin{pmatrix} x_1 \\ x_2 \\ x_3 \end{pmatrix} \mid \begin{pmatrix} x_1 \\ x_2 \\ x_3 \end{pmatrix} = \begin{pmatrix} 1 \\ 1 \\ 2 \end{pmatrix} + t \begin{pmatrix} 2 \\ 0 \\ -4 \end{pmatrix}, t \in \mathbb{R} \right\}$$

gegeben. Durch Eliminierung des Parameters erhält man die parameterfreie Gleichung $2x_1 - 4x_2 + x_3 = 0$. Dieses Gleichungssystem besitzt die angegebene Lösungsmenge.

5. Für b_1 ist das Gleichungssystem nicht lösbar und für b_2 lautet die Lösungsmenge

$$L = \left\{ \begin{pmatrix} x_1 \\ x_2 \\ x_3 \\ x_4 \end{pmatrix} \mid \begin{pmatrix} x_1 \\ x_2 \\ x_3 \\ x_4 \end{pmatrix} = \begin{pmatrix} -1 \\ 0 \\ 0 \\ 0 \end{pmatrix} + t_1 \begin{pmatrix} 2 \\ 0 \\ 0 \\ 1 \end{pmatrix} + t_2 \begin{pmatrix} -1 \\ 0 \\ 1 \\ 0 \end{pmatrix} + t_3 \begin{pmatrix} 2 \\ 1 \\ 0 \\ 0 \end{pmatrix}, t_i \in \mathbb{R} \right\}.$$

6. Sind a, b, c, d Vektoren in Richtung der vier Seiten, so haben wir für die Vektoren in Richtung der Verbindungsstrecken der Seitenmitten $f = \frac{1}{2}(a+b), g = -\frac{1}{2}(c+d), h = -\frac{1}{2}(a+d), l = \frac{1}{2}(b+c)$. Aus $a+b+c+d = 0$ folgt $a+b = -(c+d), a+d = -(b+c)$. Daraus folgen $f = g$ und $h = l$, was die Parallelität beweist.

7. Aus der Lösbarkeit der Gleichungen $AX_1 = E, AX_2 = E$ folgen die Existenz von A^{-1} und die Gleichung $A(X_1 - X_2) = 0$. Aus der letzten Gleichung folgt durch Multiplikation mit A^{-1} von links $X_1 = X_2$.

8. Für $A = \begin{pmatrix} 1 & 0 \\ 0 & 1 \end{pmatrix}$ und $B = \begin{pmatrix} -1 & 0 \\ 0 & -1 \end{pmatrix}$ folgen $|A| = 1, |B| = 1, A + B = \begin{pmatrix} 0 & 0 \\ 0 & 0 \end{pmatrix}$ und daher $|A + B| = 0$.

9. Eine parameterfreie Gleichung einer Geraden im $A^{(3)}$ ist eine lineare Gleichung in drei Variablen, hat also die Form $ax_1 + bx_2 + cx_3 = d$. Dies ist aber für beliebige $a, b, c, d \in \mathbb{R}$ die Gleichung einer Ebene.

10. Das System S ist wegen

$$2\begin{pmatrix}1\\1\\1\\1\end{pmatrix}+(-3)\begin{pmatrix}0\\2\\-3\\0\end{pmatrix}=\begin{pmatrix}2\\-4\\11\\2\end{pmatrix}$$

linear abhängig. Eine Basis von S ist

$$B=\left\{\begin{pmatrix}1\\1\\1\\1\end{pmatrix},\begin{pmatrix}0\\2\\-3\\0\end{pmatrix}\right\}.$$

11. Aus $x_1a_1+x_2a_2+x_3(2a_1+a_2+a_3)=(x_1+2x_3)a_1+(x_2+x_3)a_2+x_3a_3=0$ ergibt sich das homogene lineare Gleichungssystem

$$\begin{array}{ccccccc} x_1 & + & & + & 2x_3 & = & 0\\ & & x_2 & + & x_3 & = & 0\\ & & & & x_3 & = & 0,\end{array}$$

das nur trivial lösbar ist. Dies zeigt die lineare Unabhängigkeit. Da es eine Basis aus drei Elementen gibt, ist $\{a_1,a_2,b\}$ eine Basis.

12. Durch Gleichsetzen erhält man ein lineares Gleichungssystem, das die eindeutig bestimmte Lösung

$$\begin{pmatrix}x_1\\x_2\\x_3\end{pmatrix}=\frac{1}{5}\begin{pmatrix}11\\9\\8\end{pmatrix}$$

hat. Die Gerade durchstößt in diesem Punkt die Ebene.

13. $-\lambda^3+5\lambda^2-2\lambda-8$

14. Die Richtungsvektoren der Geraden sind

$$a_1=\begin{pmatrix}3\\-1\\2\end{pmatrix},a_2=\begin{pmatrix}-3\\2\\1\end{pmatrix}.$$

Das Vektorprodukt $a_1 \times a_2$ steht senkrecht auf beiden Geraden. Sind Q_1 und Q_2 die Punkte auf den beiden Geraden, in denen sie den kürzesten Abstand haben, so gibt es eine reelle Zahl λ mit $|Q_2 - Q_1| = \lambda(a_1 \times a_2)$. Da Q_1 und Q_2 auf den Geraden liegen, erfüllen sie deren Gleichungen und man erhält $Q_2 - Q_1 = P_2 - P_1 + t_2 a_2 - t_1 a_1$, wobei P_1, P_2 die gegebenen Punkte auf den Geraden sind. Nach skalarer Multiplikation dieser Gleichung mit $a_1 \times a_2$ erhält man für den Abstand die Formel

$$|Q_2 - Q_1| = \frac{|(P_2 - P_1)(a_1 \times a_2)|}{|a_1 \times a_2|}.$$

15. Man hat zu überprüfen, ob φ_1, φ_2 die Bedingungen $(S1) - (S4)$ für das Skalarprodukt erfüllen. (Der Ausdruck φ_1 ist zum Beispiel nicht additiv).

16. Man wendet das Schmidtsche Orthogonalisierungsverfahren an und macht den Ansatz

$$e_1 = \begin{pmatrix} 2 \\ 1 \\ 0 \end{pmatrix}, e_2 = \begin{pmatrix} 1 \\ 0 \\ 2 \end{pmatrix} + \lambda \begin{pmatrix} 2 \\ 1 \\ 0 \end{pmatrix}.$$

Aus der zweiten Gleichung wird $\lambda = -\frac{2}{5}$ unter Beachtung der Orthogonalität ermittelt. Durch Einsetzen dieses Wertes für λ berechnet man so e_2. Der Ansatz $e_3 = a_3 + \lambda e_2 + \mu e_1$ gestattet unter Berücksichtigung der paarweisen Orthogonalität die Berechnung von e_3. Aus den ermittelten paarweise orthogonalen Vektoren erhält man nach Division durch den Betrag Einheitsvektoren.

17. Da φ bijektiv ist, gibt es zu $u, v \in W$ Vektoren $u', v' \in V$ mit $u = \varphi(u'), v = \varphi(v')$. Damit ist $\varphi^{-1}(u+v) = \varphi^{-1}(\varphi(u') + \varphi(v')) = \varphi^{-1}(\varphi(u'+v')) = u' + v' = \varphi(u) + \varphi(v)$. In entsprechender Weise beweist man $\varphi^{-1}(\alpha \circ u) = \alpha \circ \varphi^{-1}(u)$.

18. $Ker\varphi = \left\{ \begin{pmatrix} 0 \\ 0 \end{pmatrix} \right\}$ hat die Dimension 0. Dann folgt nach dem Dimensionssatz

$$Dim f(V) = Dim V - Dim Ker\varphi,$$

also $Dim f(V) = 2$. Eine Basis des Bildraumes ist

$$B = \left\{ \begin{pmatrix} 1 \\ -1 \\ 1 \end{pmatrix}, \begin{pmatrix} -1 \\ 1 \\ 0 \end{pmatrix} \right\}.$$

19. Die Eigenwerte sind in beiden Fällen $\lambda_1 = 0$ und $\lambda_2 = 3$ mit den algebraischen Vielfachheiten 2, beziehungsweise 1. Für die erste Matrix ist

$$E_0 = \left\{ \begin{pmatrix} x_1 \\ x_2 \\ x_3 \end{pmatrix} \mid \begin{pmatrix} x_1 \\ x_2 \\ x_3 \end{pmatrix} = t_1 \begin{pmatrix} -1 \\ 0 \\ 1 \end{pmatrix} + t_2 \begin{pmatrix} -1 \\ 1 \\ 0 \end{pmatrix} + \begin{pmatrix} -1 \\ 1 \\ 0 \end{pmatrix}, t_1, t_2 \in \mathbb{R} \right\}$$

und

$$E_3 = \left\{ \begin{pmatrix} x_1 \\ x_2 \\ x_3 \end{pmatrix} \mid \begin{pmatrix} x_1 \\ x_2 \\ x_3 \end{pmatrix} = t \begin{pmatrix} 1 \\ 1 \\ 1 \end{pmatrix}, \ t \in \mathbb{R} \right\}.$$

Die geometrischen Vielfachheiten der beiden Eigenwerte sind folglich 2, beziehungsweise 1, und stimmen mit den algebraischen überein.
Für die zweite Matrix ist

$$E_0 = \left\{ \begin{pmatrix} x_1 \\ x_2 \\ x_3 \end{pmatrix} \mid \begin{pmatrix} x_1 \\ x_2 \\ x_3 \end{pmatrix} = \begin{pmatrix} -1 \\ 0 \\ 1 \end{pmatrix} t, \ t \in \mathbb{R} \right\}$$

und

$$E_3 = \left\{ \begin{pmatrix} x_1 \\ x_2 \\ x_3 \end{pmatrix} \mid \begin{pmatrix} x_1 \\ x_2 \\ x_3 \end{pmatrix} = \begin{pmatrix} \frac{1}{2} \\ \frac{3}{4} \\ 1 \end{pmatrix} t, \ t \in \mathbb{R} \right\}$$

und die geometrischen Vielfachheiten sind für beide Eigenwerte 1, stimmen also nicht mit den algebraischen überein (die zweite Matrix ist nicht symmetrisch).

6.5

1. Es gibt keine echten Unteralgebren.

2. $\{0, 1\}$ ist ein endliches Erzeugendensystem, denn jede natürliche Zahl läßt sich als Summe dieser beiden Zahlen darstellen.

3. Es sei X ein endliches Erzeugendensystem der Algebra $\mathcal{A}$. Gibt es kein $a_1 \in A$ mit $a_1 \in \langle X \setminus \{a_1\}\rangle$, so ist X eine endliche Basis von $\mathcal{A}$. Gibt es ein solches a_1, so kann es gestrichen werden. Wir setzen $X_1 := X \setminus \{a_1\}$. Gibt es kein $a_2 \in A$ mit $a_2 \in \langle X_1 \setminus \{a_2\}\rangle$, so ist $X_1 \setminus \{a_1\}$ eine Basis, sonst wird a_2 gestrichen. Dieser Algorithmus liefert nach endlich vielen Schritten eine Basis von $\mathcal{A}$.

4. Es sei A ein Erzeugendensystem von $(\mathbb{N}; \odot)$. Dann enthält A wegen $0^\odot = 0$ ein von Null verschiedenes Element n. Wegen $n^\odot = n - 1$ haben wir $\langle A \setminus \{n-1\}\rangle = \mathbb{N}$. Dieser Widerspruch zeigt, daß $(\mathbb{N}, \odot)$ keine Basis hat.

5. Die folgenden Klasseneinteilungen führen zu Kongruenzrelationen: $\theta_1 := \{\{a\}, \{b\}, \{c\}, \{d\}\}$, $\theta_2 := \{a, b\}, \{c, d\}\}$, $\theta_3 := \{\{a, c\}, \{b, d\}\}$, $\theta_4 := \{\{a, b\}, \{c\}, \{d\}\}$, $\theta_5 := \{\{a\}, \{b\}, \{c, d\}\}$, $\theta_6 := \{\{a, b, c, d\}\}$. Mit Hilfe der Operationstafel von f bestimmt man nun leicht die Operationen der Faktoralgebren.

6. Angenommen, $\theta \neq \Delta_A$ ist eine Kongruenzrelation auf der Algebra $(A; t)$. Dann gibt es ein Paar (a, b) von Elementen aus A mit $a \neq b$ und $(a, b) \in \theta$. Sei $c \in A$ beliebig. Aus $(a, b) \in \theta, (a, a) \in \theta, (c, c) \in \theta$ folgt $(t(a, a, c), t(b, a, c)) = (c, b) \in \theta$ und $\theta = A^2$. Dies beweist, daß $(A; t)$ einfach ist.

7. Jede nichtleere Teilmenge der Menge $\{(0), (x), (\Box)\}$ ist Trägermenge einer Unteralgebra. Die Algebra ist einfach.

7.3

1. Angenommen, es gibt eine Abbildung $g : A \to A$, so daß für $f : A \to A$ die Inklusionen $ker g \subseteq \theta \subseteq ker(g \circ f)$ erfüllt sind. Dann gilt
$(a, b) \in \theta \Rightarrow (a, b) \in ker(g \circ f) \Rightarrow (g \circ f)(a) = (g \circ f)(b) \Rightarrow (f(a), f(b)) \in ker g \Rightarrow (f(a), f(b)) \in \theta$.
Also ist f mit θ verträglich.
Es sei umgekehrt f mit θ verträglich. Wir wählen $g : A \to A$ mit $g(b) = a$ genau dann, wenn $b \in [a]_\theta$. Dann ist $ker g = \theta$ und daher
$(a, b) \in \theta \Rightarrow (f(a), f(b)) \in \theta \Rightarrow (f(a), f(b)) \in ker g \Rightarrow g(f(a)) = g(f(b)) \Rightarrow (a, b) \in ker(g \circ f)$.

2. Es sei $h : \mathcal{A} \to \mathcal{B}$ ein Homomorphismus und $S := \{(a, h(a)) \mid a \in A\}$. Dann gilt für alle $i \in I$ die Gleichung $h(f_i^{\mathcal{A}}(a_1, \ldots, a_{n_i})) = f_i^{\mathcal{B}}(h(a_1), \ldots, h(a_{n_i}))$ und aus $(a_1, h(a_1)), \ldots, (a_{n_i}, h(a_{n_i})) \in S$ folgt $f_i^{\mathcal{A}\times\mathcal{B}}((a_1, h(a_1)), \ldots, (a_{n_i}, h(a_{n_i}))) = (f_i^{\mathcal{A}}(a_1, \ldots, a_{n_i}), h(f_i^{\mathcal{A}}(a_1, \ldots, a_{n_i}))) \in S$. Daher ist S Trägermenge einer Unteralgebra von $\mathcal{A} \times \mathcal{B}$.
Ist umgekehrt S Trägermenge einer Unteralgebra von $\mathcal{A} \times \mathcal{B}$, so folgt aus

$$(a_1, h(a_1)), \ldots, (a_{n_i}, h(a_{n_i})) \in S$$

auch

$$(f_i^{\mathcal{A}}(a_1, \ldots, a_{n_i}), f_i^{\mathcal{A}}(h(a_1), \ldots, h(a_{n_i}))) \in S$$

und daher $h(f_i^{\mathcal{A}}(a_1, \ldots, a_{n_i})) = f_i^{\mathcal{B}}(h(a_1), \ldots, h(a_{n_i}))$ und h ist ein Homomorphismus.

3. Die Abbildung h ist kein Homomorphismus, denn
$h(1 + 1) = h(2) = a \neq e = e \cdot e = h(1) \cdot h(1)$.

4. Es seien $f : \mathcal{A} \to \mathcal{B}$ und $g : \mathcal{B} \to \mathcal{C}$ injektive Homomorphismen. Dann ist $f \circ g$ ein Homomorphismus und es gilt:
$\forall a_1, a_2 \in A((f \circ g)(a_1) = (f \circ g)(a_2) \Rightarrow f(g(a_1)) = f(g(a_2)) \Rightarrow g(a_1) = g(a_2) \Rightarrow a_1 = a_2)$
wegen der Injektivität von f und von g. Daher ist $f \circ g$ ein injektiver Homomorphismus. Entsprechend zeigt man, daß die Verkettung surjektiver Homomorphismen surjektiv und die Verkettung bijektiver Homomorphismen bijektiv ist.

8.3

1. Es sei $\mathcal{A}$ endlich. Der Beweis wird durch vollständige Induktion über die Anzahl $|A|$ der Elemente von A geführt. Jede Algebra $\mathcal{A}$ mit $|A| = 1$ ist direkt irreduzibel. Angenommen, die Behauptung sei für alle Algebren $\mathcal{A}'$ mit $|A'| < |A|$ schon bewiesen. Ist $\mathcal{A}$ direkt irreduzibel, so ist nichts zu beweisen. Gilt $\mathcal{A} \cong \mathcal{B} \times \mathcal{C}$ mit $|B|, |C| > 1$, so gilt auch $|B| < |A|$ und $|C| < |A|$ und nach Induktionsvoraussetzung können $\mathcal{B}$ und $\mathcal{C}$ in direkt irreduzible Algebren zerlegt werden. Aus diesen beiden Zerlegungen erhält man die Zerlegung von $\mathcal{A}$ in ein direktes Produkt von direkt irreduziblen Algebren.

2. Dies folgt sofort aus der Definition.

3. Es sei $\{a\}$ die Trägermenge der einelementigen Unteralgebra von $\mathcal{A}$. Dann ist $\{a\} \times B$ Trägermenge einer Unteralgebra von $\mathcal{A} \times \mathcal{B}$, denn aus $(a, b_1), \ldots, (a, b_{n_i}) \in \{a\} \times B$ und $i \in I$ folgt

$$f_i^{\mathcal{A}\times\mathcal{B}}((a, b_1), \ldots, (a, b_{n_i})) = (f_i^{\mathcal{A}}(a, \ldots, a), f_i^{\mathcal{B}}(b_1, \ldots, b_{n_i})) =$$

$$(a, f_i^{\mathcal{B}}(b_1, \ldots, b_{n_i})) \in \{a\} \times B.$$

Die Abbildung $\varphi : \{a\} \times B \to B$ vermöge $b \mapsto (a, b)$ für alle $b \in B$ bildet die Algebra $\mathcal{B}$ isomorph auf die Unteralgebra mit der Trägermenge $\{a\} \times B$ ab.

9.4

1. Die Operation h kann in der Form $h(x, y) = x \vee (b \wedge y)$ dargestellt werden und ist eine Polynomoperation auf $\mathcal{L}$. Sie ist keine Termoperation, denn da die erzeugenden Termoperationen surjektiv sind, müßte h auch surjektiv sein.

2. $\hat{f}(x \wedge y) = f(x) \overset{L}{\wedge} f(y) = b \overset{L}{\wedge} c = a$,
$\hat{f}((x \vee y) \wedge z) = (f(x) \overset{L}{\vee} f(y)) \overset{L}{\wedge} f(z) = (b \overset{L}{\vee} c) \overset{L}{\wedge} c = d \overset{L}{\wedge} c = c.$

3. $\{f^n(x) = x + n \mid n \in \mathbb{N}\}$ ist die Menge aller einstelligen Termoperationen und $\{f^n(x) = x + n \mid n \in \mathbb{N}\} \cup \{c_n \mid c_n(x) \equiv n \wedge n \in \mathbb{N}\}$ ist die Menge aller einstelligen Polynomoperationen.

4. Aus $|Y| \leq |Z|$ folgt die Existenz einer injektiven Abbildung $\varphi : Y \to Z$. Da Y und $\varphi(Y)$ gleichmächtig sind, sind die Termalgebren $\mathcal{F}_\tau(Y)$ und $\mathcal{F}_\tau(\varphi(Y))$ nach Satz 9.1.8 zueinander isomorph. Da $\mathcal{F}_\tau(Y)$ eine Unteralgebra von $\mathcal{F}_\tau(Z)$ ist, kann $\mathcal{F}_\tau(Y)$ in $\mathcal{F}_\tau(Z)$ eingebettet werden.

5. Man hat zu beweisen, daß $\mathcal{P}_\tau(X \cup \overline{A})$ von $X \cup \overline{A})$ erzeugt wird, daß $\mathcal{P}_\tau(Y \cup \overline{A})$ und $\mathcal{P}_\tau(Z \cup \overline{A})$ für gleichmächtige Alphabete Y und Z isomorph sind und daß die Fortsetzungseigenschaft gilt. Für welche Klasse von Algebren des Typs τ gilt die Fortsetzungseigenschaft ?

6. Der Beweis beruht darauf, daß alle konstanten Operationen mit allen Kongruenzrelationen von $\mathcal{A}$ kompatibel sind und daß alle Polynomoperationen als Superposition von Termoperationen und Konstanten erzeugt werden können.

10.7

1. Man überlege sich dazu die Eigenschaften (i) und (ii) von Satz 10.1.1.

2. Es ist klar, daß $Con_{fi}\mathcal{A} \subseteq Con\mathcal{A}$ gilt. Es sei $\varphi : \mathcal{A} \to \mathcal{A}$ ein Endomorphismus und $(a, b) \in \theta_1 \cap \theta_2$. Dann ist $(\varphi(a), \varphi(b)) \in \theta_i, i = 1, 2$ und damit auch $(\varphi(a), \varphi(b)) \in \theta_1 \wedge \theta_2 = \theta_1 \cap \theta_2$. Aus $(\varphi(a), \varphi(b)) \in \theta_i, i = 1, 2$ folgt $(\varphi(a), \varphi(b)) \in \theta_1 \cup \theta_2 \subseteq \theta_1 \vee \theta_2$.

3. $F_{RB}(\{x, y\} = \{[x]_{IdRB}, [y]_{IdRB}, [xy]_{IdRB}, [yx]_{IdRB}\}$.

4. $F_L(\{x\}) = \{[x]_{IdL}\}$
$F_L(\{x, y\}) = \{[x]_{IdL}, [y]_{IdL}, [x \wedge y]_{IdL}, [x \vee y]_{IdL}\}$

5. Da für jede Algebra $\mathcal{B} \in V(\mathcal{A})$ gilt $Id\mathcal{B} \supseteq Id\mathcal{A}$, haben wir $Id\mathbf{HSP}(\mathcal{A}) \supseteq Id\mathcal{A}$. Wegen $Id\mathbf{HSP}(\mathcal{A}) = \bigcap\{Id\mathcal{B} \mid \mathcal{B} \in \mathbf{HSP}(\mathcal{A})\}$ und $\mathcal{A} \in \mathbf{HSP}(\mathcal{A})$ haben wir $Id\mathbf{HSP}(\mathcal{A}) \subseteq Id\mathcal{A}$. Zusammen ergibt sich Gleichheit.

6. Es gilt $K \subseteq \mathbf{ISP}(K)$. Ähnlich wie im Beweis von Satz 10.5.5 zeigt man, daß $\mathbf{ISP}(K)$ bezüglich der Operatoren $\mathbf{I}, \mathbf{S}, \mathbf{P}$ abgeschlossen ist. Es sei K eine Klasse von Algebren gleichen Typs, die K enthält und bezüglich der Operatoren $\mathbf{I}, \mathbf{S}, \mathbf{P}$ abgeschlossen ist. Dann erhält man $\mathbf{ISP}(K) \subseteq \mathbf{ISP}(K') \subseteq K'$. Also ist $\mathbf{ISP}(K)$ die kleinste Klasse von Algebren mit den angegebenen Eigenschaften.

11.5

1. Es sei d der Minimalabstand des Codes C, und es sei c ein Codewort vom Gewicht d. Dann ist $Hc = 0$, das heißt, die Summe der d Spalten von H an den Stellen, wo c Einsen hat, ist 0. Für jeden Vektor $v \neq 0$ von geringerem Gewicht gilt $Hv \neq 0$, das heißt, weniger als d Spalten sind linear unabhängig.

2. Der Code hat das folgende Standardfeld:

	Klassen-anführer			
Codewörter	00000	01101	10111	11010
	00001	01100	10110	11011
	00010	01111	10101	11000
	00100	01001	10011	11110
	01000	00101	11111	10010
	10000	11101	00111	01010
	00011	01110	10100	11001
	00110	01011	10001	11100

Die Kontrollmatrix ist

$$\begin{pmatrix} 1 & 1 & 1 & 0 & 0 \\ 1 & 0 & 0 & 1 & 0 \\ 1 & 1 & 0 & 0 & 1 \end{pmatrix}.$$

Die Syndrome sind

Klassen-anführer	Syndrome als Zeilen
00000	000
00001	001
00010	010
00100	100
01000	101
10000	111
00011	011
00110	110

3. Der Kontext wird durch die folgende Tabelle gegeben:

	4gl	2glbn	2PglG	1Ppar	2Ppar
D		x			
P			x	x	x
Rh	x	x	x	x	x
T				x	
R			x	x	x

Dann bestimmt man alle Begriffe dieses Kontexts. Begriffe sind zum Beispiel $\{D, Rh\}, \{Rh\}, \{P, Rh, R\}$. Danach zeichnet man das Hasse-Diagramm des Begriffsverbandes.

4. Man wähle $\mathcal{A} = (\{0,1\}; c_0, c_1)$ als Algebra vom Typ $\tau = (1,1)$, wobei c_0 und c_1 die einstelligen konstanten Operationen mit dem Wert 0, beziehungsweise mit dem Wert 1 sind. Weiter sei $\{0\}$ der Initialzustand und $\{1\}$ der einzige Terminalzustand. Dann wird zum Beispiel das Wort $c_1c_0c_1c_1$, das einer ungeraden Zahl entspricht, wegen $c_1(c_1(c_0(c_1(0)))) = 1$ vom Automaten erkannt, während das einer geraden Zahl entsprechende Wort $c_1c_1c_1c_0$ wegen $c_0(c_1(c_1(c_1(0)))) = 0$ nicht erkannt wird.

Literaturverzeichnis

[1] Birkhoff, G.: *The structure of abstract algebras.* Proc. Cambridge Philosophical Society **31** (1935), 433 - 454.

[2] Denecke, K., Todorov, K.: *Algebraische Grundlagen der Arithmetik.* Berlin: Heldermann-Verlag 1994.

[3] Denecke, K., Todorov, K.: *Allgemeine Algebra und Anwendungen.* Aachen: Shaker-Verlag 1996.

[4] Denecke, K., Wismath,S. L.: *Universal Algebra and Applications in Theoretical Computer Science.* Boca Raton, London, Washington, D.C.: Chapman & Hall/CRC 2002.

[5] Heise, W., Quattrocchi, P.: *Informations-und Codierungstheorie.* Berlin, Heidelberg, New York: Springer-Verlag 1995.

[6] Ihringer, Th.: *Allgemeine Algebra.* Stuttgart: Verlag B.G. Teubner 1993.

[7] Ihringer, Th.: *Diskrete Mathematik.* Stuttgart: Verlag B.G. Teubner 1999.

[8] Lyndon, R. C.: *Identities in two-valued calculi.* Trans. Amer. Math. Soc. **71** (1954), 457 - 465.

[9] Lyndon, R. C.: *Identities in finite algebras.* Proc. Amer. Math. Soc. **5** (1954), 8 - 9.

[10] Murskij, V. L.: *The existence in the three-valued logic of a closed class with a finite basis not having a finite complete system of identities.* Soviet Math. Dokl. **6** (1965), 1020 - 1024.

[11] Wille, R.: *Bedeutungen von Begriffsverbänden. In: B. Ganter, R. Wille, K. E. Wolff (Hrsg.): Beiträge zur Begriffsanalyse.* Mannheim: Bibliographisches Institut 1987.

Index